Biotechnologie

Owen P. Ward

Bioreaktionen

Prinzipien, Verfahren, Produkte

Aus dem Englischen übersetzt von
Dr. Barbara Vollert-Schmid

Überarbeitet von
Prof. Dr. Christoph Syldatk

Mit 100 Abbildungen und 30 Tabellen

Springer-Verlag
Berlin Heidelberg New York
London Paris Tokyo
Hong Kong Barcelona Budapest

Prof. Owen P. Ward
University of Waterloo, Ontario, Canada
Microbial Biotechnology Centre
N2L 3G1 Ontario, Canada

Dr. Barbara Vollert-Schmid
Zum Kohlwaldfeld 6
65817 Eppstein/Taunus, FRG

Prof. Dr. Christoph Syldatk
Institut für Bioverfahrenstechnik
Lehrgebiet Physiologische Mikrobiologie
Allmandring 31, 70569 Stuttgart, FRG

Originalausgabe:
Owen P. Ward, Fermentation Biotechnology
First published 1989 by Open University Press
Reprinted 1992 by John Wiley & Sons Ltd.
Baffins Lane, Chichester, West Sussex PO19 1UD, England
©1989 Owen P. Ward. All rights reserved.
Authorized translation from English language edition
published by John Wiley & Sons Ltd.

ISBN-13: 978-3-540-56723-3   e-ISBN-13: 978-3-642-93544-2
DOI: 10.1007/978-3-642-93544-2

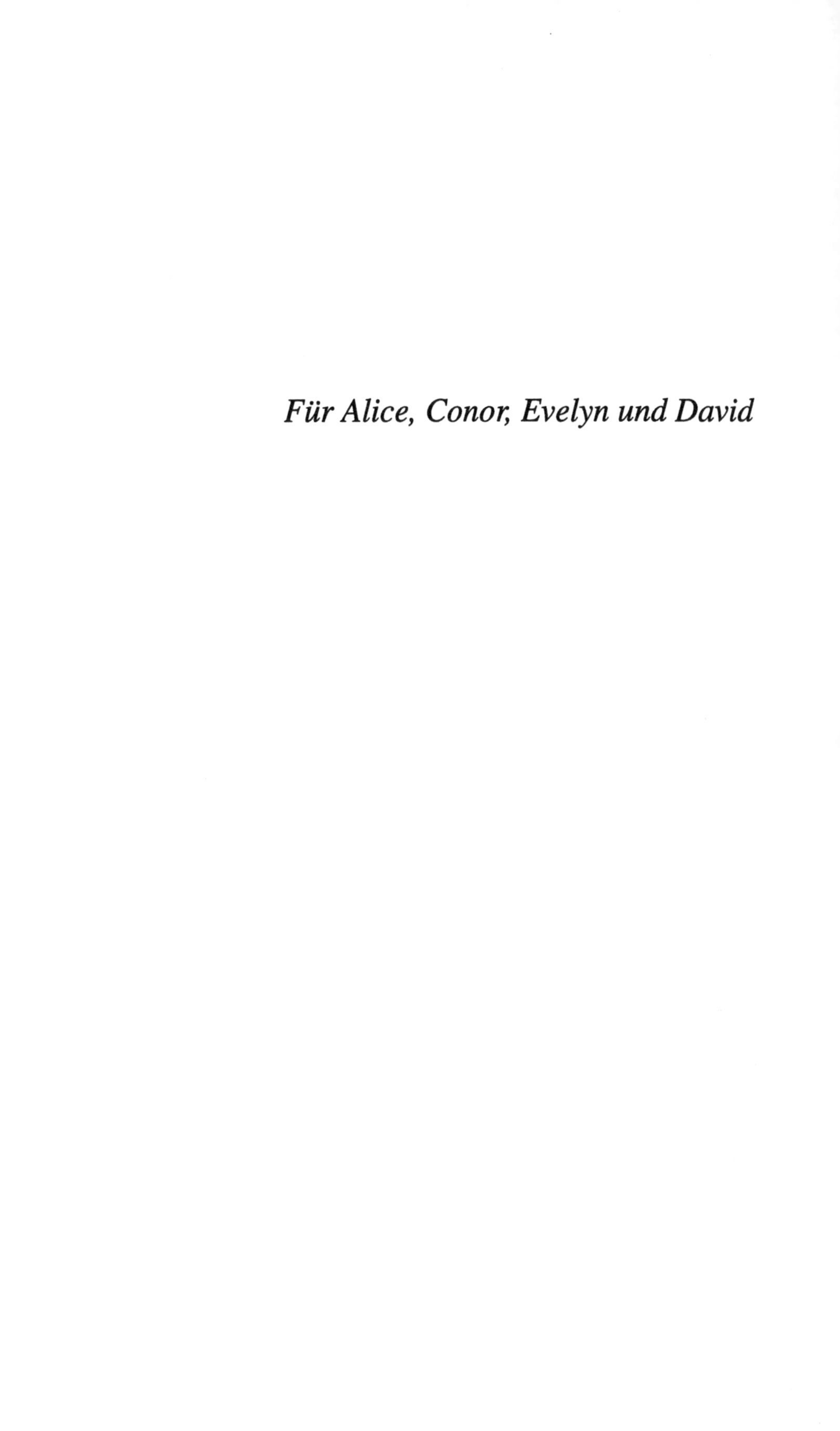

Für Alice, Conor, Evelyn und David

Vorwort des Autors

Biotechnologische Verfahren sind in vielerlei Hinsicht wichtige Binde- und Brückenglieder zwischen verschiedenen Arbeitsgebieten. So ist z.B. die alte Kunst, Käse, Wein und fermentierte asiatische Lebensmittel mit Hilfe der natürlichen mikrobiellen Flora herzustellen, ebenso mit einem biotechnologischen Verfahren verbunden, wie die moderne Nahrungsmittelindustrie mit ihren Reinkulturen und ausgeklügelten Verfahren. Auch die traditionellen Methoden zur Züchtung von Algen als Eiweiß für die menschliche Ernährung und die erst neu entwickelten großtechnischen Verfahren zur Produktion von Einzellerprotein bedienen sich biotechnologischer Verfahren. Der von Alexander Fleming beobachtete antagonistische Effekt von *Penicillium notatum* auf *Staphyloccus aureus* konnte erst ausgenutzt werden, als ein geeignetes Produktionsverfahren genügend weit entwickelt worden war. Letztlich entwickelte sich daraus der wichtige Industriezweig der Antibiotikaproduktion. Man könnte in diesem Rahmen noch viele weitere, historische Beispiele aufzählen. In letzter Zeit hat sich vor allem die Kultivierung von Mikroorganismen und Zellkulturen zu einer wichtigen zentralen Technologie bzw. zu einer integrierenden Kraft in der modernen Biotechnologie entwickelt. Die Weiterentwicklung solcher Verfahren hängt eng mit den Künsten der Molekular- und Zellbiologen sowie den Verfahrensingenieuren zusammen und verbindet dabei die Gentechnik mit eigenwirtschaftlichen, großtechnischen Verfahren. Mit der spektakulären Entwicklung der Hybridom-Technik und der Kommerzialisierung des ersten Zellkulturverfahrens mit Pflanzenzellen wurde der Bioreaktor zu einem Werkzeug, nicht nur im Hinblick auf die Herstellung von mikrobiellen Produkten, sondern auch von Produkten aus Säuger- und Pflanzenzellen. Die modernen Kultivierungsverfahren erfordern eine engmaschige und möglichst automatisierte Prozeßkontrolle. Durch diese Anforderungen sowie mit der Entwicklung biologischer Detektorsysteme und Biosensoren wird die Biologie mit der Elektronik und der Datenverarbeitung verknüpft. Im Lauf der nächsten Jahrzehnte werden wohl Forschungsergebnisse aus der Molekular- und Zellbiologie industrielle Anwendungen finden, und damit ergibt sich für dieses Gebiet der Biotechnologie eine außerordentlich gute Zukunftsaussicht. Auf längere Sicht werden wohl Produkte aus Verfahren mit nachwachsenden Rohstoffen die nicht-nachwachsenden, fossilen Brennstoffe als Rohstoffe für Grundchemikalien verdrängen. In diesem Buch sollen vor allem die Prinzipien, Verfahren und Produkte der Biotechnologie näher beleuchtet werden. Es soll versucht werden, dabei alle angesprochenen Aspekte mit einzubeziehen.

An dieser Stelle möchte ich vor allem meinen Kollegen Dr. C. W. Robinson, Department of Chemical Engineering und Dr. B. R. Glick, Department of Biology, University of Waterloo sowie meinem früheren Kollegen Dr. M. Clynes, School of Biological Sciences, N. I. H. E., Dublin danken. Sie überarbeiteten einige Abschnitte dieses Buches und standen mir mit fachmännischem Rat und Kritik zur Seite. Meinen Mitarbeitern Val Butler, Kathy Clarke, Kitty Hain und Shelley Stobow danke ich für ihre Hilfe bei der Erarbeitung des Manuskriptes.

Owen P. Ward

Vorwort des Bearbeiters

Warum noch ein neues Biotechnologie-Lehrbuch? Was macht dieses Buch attraktiv gegenüber anderen, in den letzten Jahren zu diesem Fach doch recht zahlreich erschienenen Lehrbüchern? Diese Fragen stellt sich bestimmt so mancher Leser bei dem vorliegenden Titel. Nun – das vorliegende Buch von Owen P. Ward – das in der englischen Originalausgabe übrigens *Fermentation Biotechnology* heißt, was jedoch so nicht übersetzt wurde, da „Fermentation" in der korrekten deutschen Definition nur für anaerobe Verfahren gilt – füllt eine z. Zt. noch bestehende Lücke aus. Zunächst werden zwar auch hier die Grundlagen der Biotechnologie vermittelt, dann aber geht Owen P. Ward umfassend, mit guter Detailkenntnis und großem Praxisbezug sowohl auf die klassischen als auch auf die modernen industriellen Prozesse im Bereich der Biotechnologie ein. Er beschreibt das Arbeitsgebiet des *Chemical Engineering* innerhalb der Biotechnologie und vermittelt dem Leser dabei eindrucksvoll und spannend, daß es heute als Biotechnologe nicht mehr ausreicht, nur über solide chemische und biologische Grundkenntnisse zu verfügen, sondern daß für eine erfolgreiche Arbeit ein gutes Verständnis technischer, industrieller und wirtschaftlicher Zusammenhänge dabei ebenso unumgänglich geworden ist.

Unter diesen Aspekten bietet das vorliegende Buch von Owen P. Ward eine gut gelungene Einführung.

Stuttgart, im August 1993 *Christoph Syldatk*

Inhalt

Vorwort des Autors VII
Vorwort des Bearbeiters IX
Abkürzungen und Akronyme XVII

1 Einleitung 1

1.1   Fermentation – eine alte Kunst 1
1.2   Das moderne Zeitalter der industriellen Fermentation 2
   1.2.1 Mikrobielle Arbeitstechniken 2
   1.2.2 Tierische und pflanzliche Zellkulturen 3
   1.2.3 Fermentationen im Lebensmittelbereich 4
   1.2.4 Backhefe und Einzellerprotein 5
   1.2.5 Chemikalien und Nahrungsmittelzusatzstoffe 6
   1.2.6 Mikrobielle Enzyme 10
   1.2.7 Produkte aus dem Gesundheitsbereich 11
   1.2.8 Hybridomtechnik und DNA-Rekombinations-
         techniken für Fermentationen 13

2 Biologie der technischen Mikroorganismen 17

2.1   Einleitung 17
2.2   Industriell verwendete Mikroorganismen 17
2.3   Zellwachstum 25
2.4   Metabolismus 29
   2.4.1 Primärmetabolismus 29
   2.4.2 Sekundärmetabolismus 33
2.5   Steuerung des Metabolismus 34
   2.5.1 Enzymsynthese und -abbau 35
   2.5.2 Anpassung der Enzymaktivität 38
   2.5.3 Regulation verzweigter metabolischer
         Reaktionswege 39
2.6   Substratassimilation/Produktsekretion 40

3 Kultivierungsverfahren und Bioreaktoren 43

3.1   Diskontinuierliche und kontinuierliche Verfahren 43
3.2   Auslegung von Bioreaktoren 48
   3.2.1 Aseptische Verfahren 48

3.2.2 Belüftung und Mischvorgang 50
3.2.3 Weitere Reaktortypen 56
3.3 Festphasen-Kultivierungen 59
3.4 Gerätetechnische Ausrüstung und Steuerung 61

4 Grundstoffe für das Wachstum 67

4.1 Kriterien für die Zusammensetzung von Nährmedien 67
4.1.1 Einleitung 67
4.1.2 Einfluß des Mediums auf das Zellwachstum 68
4.1.3 Produktbildung 68
4.1.4 Sauerstoff 70
4.1.5 Kombinationseffekte 70
4.1.6 Physiologie und Morphologie 71
4.1.7 Verfahrenssteuerung 73
4.1.8 Auswirkung des Mediums auf das
       Downstream-processing 74
4.2 Überblick über Medien für die Kultivierung von
     Mikroorganismen 74
4.2.1 Kohlenhydrate 75
4.2.2 Stickstoff 76
4.2.3 Komplexe Substrate 76
4.3 Nährmedien für tierische Zellkulturen 76
4.4 Nährmedien für pflanzliche Zellkulturen 80
4.5 Medien für die Stammerhaltung 80

5 Aufarbeitungsverfahren 83

5.1 Einleitung 83
5.2 Trennverfahren 85
5.3 Beispiele für Aufarbeitungsverfahren 95
5.3.1 Nichtflüchtige Stoffwechselprodukte 95
5.3.2 Zellsubstanz, extracelluläre Polysaccharide und
       Enzyme 95
5.3.3 Weitere Enzymprodukte 98

6 Produktion von Biomasse 103

6.1 Einleitung 103
6.2 Produktion von Einzeller-Protein 103
6.2.1 Substrate 103
6.2.2 Wirtschaftlichkeit der SCP-Produktion 106
6.2.3 Wahl des Mikroorganismus 107
6.2.4 Aufbau des Bioreaktors 108
6.2.5 Produktqualität und -sicherheit 110
6.2.6 Verfahren zur SCP-Produktion 112
6.2.7 SCP-Produktion durch Photosynthese 115

6.3   Mikrobielle Impfkulturen 116
        6.3.1 Starterkulturen zur Produktion von Lebensmitteln . 116
        6.3.2 Weitere Anwendungen für mikrobielle Impfkulturen 121

7 Nahrungsmittelfermentationen 123
7.1   Einleitung 123
7.2   Alkoholische Getränke 123
        7.2.1 Biologie der Hefefermentation 124
        7.2.2 Malo-Lactat-Gärung 127
        7.2.3 Brauen 128
        7.2.4 Whisky 132
        7.2.5 Wein 136
7.3   Käse 137
7.4   Brot 139
7.5   Fermentierte Lebensmittel aus Soja 140
7.6   Fermentationen von Fleisch 143
7.7   Essig 143

8 Industriechemikalien 147
8.1   Organische Grundchemikalien 147
        8.1.1 Einleitung 147
        8.1.2 Ethanol 149
        8.1.3 Citronensäure 153
        8.1.4 Gluconsäure 156
        8.1.5 Methylenpyruvat 158
        8.1.6 Milchsäure 159
        8.1.7 Glycerol 159
        8.1.8 Aceton-Butanol 160
        8.1.9 Essigsäure 161
        8.1.10 2,3-Butandiol 162
8.2   Gibberellinsäure 163
8.3   Biopolymere 164
        8.3.1 Mikrobielle Polysaccharide 164
        8.3.2 Poly-β-hydroxybutyrat (PHB) 166
8.4   Bioinsektizide 166

9 Lebensmittelzusatzstoffe 169
9.1   Einleitung 169
9.2   Aminosäuren 169
        9.2.1 Glutaminsäure 172
        9.2.2 Lysin 174
9.3   Nucleoside 176
9.4   Vitamine 179
        9.4.1 Vitamin B_{12} 179

      9.4.2 Riboflavin (Vitamin B_2) 179
9.5   Fette und Öle 179

10 Arzneimittel 181

10.1 Antibiotika 181
      10.1.1 Penicilline 181
      10.1.2 Tetracycline 186
      10.1.3 Neuere Forschungen zur Herstellung von
             Antibiotika 187
10.2 Steroidbiotransformationen 188
      10.2.1 Biotransformationen 189
      10.2.2 Neue Entwicklungen auf dem Gebiet der
             Steroidtransformationen 190
10.3 Ergot-Alkaloide 191
10.4 Produkte aus mikrobieller rekombinierter DNA 192
10.5 Impfstoffe 194
      10.5.1 Produktion von Bakterienzellen für Impfstoffe 195
      10.5.2 Produktion bakterieller Toxine als Impfstoffe 196
      10.5.3 Produktion viraler Impfstoffe 197
      10.5.4 Produktion von isolierten Antigenen und
             Impfstoffen aus ganzen Zellen 198
      10.5.5 Entwicklung von Impfstoffen mit Hilfe
             rekombinanter DNA 199
10.6 Monoklonale Antikörper 199
      10.6.1 Entwicklung von Hybridom-Zellen 200
      10.6.2 Produktion von monoklonalen Antikörpern 201
      10.6.3 Entwicklung verbesserter monoklonaler Antikörper . 203
10.7 Weitere Produkte aus Säugetierzellkulturen 204
10.8 Zytostatika 205
      10.8.1 Anthracycline 207
      10.8.2 Interferon 207
10.9 Weitere mikrobielle Pharmazeutika 208
10.10 Shikoninproduktion durch Pflanzenzellkulturen 209

11 Technische Enzyme 211

11.1 Enzymanwendungen 211
11.2 Neuere Entwicklungen 213
      11.2.1 Milchverarbeitung 213
      11.2.2 Neue Enzyme zum Brauen und zur Stärkehydrolyse 214
      11.2.3 Abbau von Polysacchariden aus pflanzlichen
             Zellwänden 215
      11.2.4 Enzymreaktionen in organischen Phasen 216
11.3 Produktion von Enzymen 218
      11.3.1 Allgemeingültige Produktionsverfahren 218

11.3.2 Verfahren zur Enzym-Immobilisierung 221
11.3.3 Biosynthese mikrobieller Enzyme 221
11.4 Produktion von rekombinanten Enzymen 223

12 Abwasser- und Abfallbehandlung 227
12.1 Einleitung 227
12.2 Methoden zur Wasseraufbereitung 228
12.2.1 Aerobe Abwasserbehandlung 228
12.2.2 Anaerobe Abfallbehandlung 231
12.3 Mikrobielle Impfkulturen und Enzyme zur
Abfallbehandlung 233

Literatur 235

Quellennachweise 245

Sachverzeichnis 249

Abkürzungen und Akronyme

Acetyl-CoA	Acetyl-Coenzym A
ADP	Adenosin-5′-diphosphat
AIDS	engl.: acquired immune deficiency syndrome; erworbenes Immundefektsyndrom
AMP	Adenosin-5′-monophosphat
6-APA	6-Aminopenicillansäure
ATP	Adenosin-5′-triphosphat
Aw	Wasserkoeffizient
BCG	Bazillus von Calmette und Guérin
BME	Basalmedium von Eagle
BNA	3-Ketobisnor-4-cholen-22-al
BSB	biologischer Sauerstoffbedarf
cAMP	3′,5′-Adenosinmonophosphat
CSB	chemischer Sauerstoffbedarf
CTAB	Cetyltrimethylammoniumbromid
DEAE	Diethylaminoethyl
DNA	Desoxyribonucleinsäure
ED	Entner-Doudoroff-Weg
ELISA	engl.: enzyme-linked immunosorbent assay (Enzym-gekoppelter Immunoadsorptionsassay)
EMP	Embden-Meyerhof-Parnas-Weg
ER	endoplasmatisches Reticulum
FDA	US-american Food and Drug Administration
FHA	engl.: filamentous hemagglutinin; filamentöses Hämagglutinin
GAP	Aminosäure-Permease
GMP	5′-Guanosinmonophosphat
GRAS	engl.: generally regarded as safe; im allgemeinen als sicher betrachtet
HAT	Hypoxanthin-Aminopterin-Thymidin
HCF	Hexacyanoferrat
HFCS	engl.: high-fructose corn syrup; Isosirup
HIV	human immunodeficiency virus; humaner Immunodefizienz-Virus
HMP	Hexose-Monophosphat-Weg
HPLC	engl.: high-pressure liquid chromatography; Hochdruckflüssigkeitschromatographie
HPRT	engl.: Hypoxanthinphosphoribosyl-Transferase
HuIFN-α	engl.: leukocyte interferon; Leukozyteninterferon
HuIFN-β	engl.: human fibroblast interferon; menschliches Fibroblasten-Interferon
IMP	5′-Inosinmonophosphat
IU	engl.: International Units; internationale Einheiten
LPF	engl.:lymphocytosis promoting factor;

	lymphocytoséfördernder Faktor
MABs	engl.: monoclonal antibodies; monoklonale Antikörper
mRNA	Messenger-RNA
NAD	Nicotinamid-adenin-dinucleotid
NADP	Nicotinamid-adenin-dinucleotid-phosphat
NPA	Netto-Proteinausnutzung
NRRL	Northern Regional Research Laboratories (USA)
OTR	engl.: oxygen transfer rate; Sauerstofftransferrate
Pen G	Benzylpenicillin
Pen O	Allylmercaptomethylpenicillin
Pen V	Phenoxymethylpenicillin
PFR	engl.: plug-flow-reactor;
	Reaktor mit idealer Pfropfenströmung
PHB	Polyhydroxybutyrat
poly I:C	engl.: polyinosinic-polycytidylic acid;
	Polyinosinpolycytidylsäure
PRPP	5-Phosphoribosyl-pyrophosphat
PWV	Protein-Wirksamkeitsfaktor
rDNA	rekombinante DNA
RHM	Rank Hovis McDougall
RNA	Ribonucleinsäure
RQ	Respiratorischer Quotient
SAEC	S-(2-Aminoethyl)-L-cystein
SAICARP	$5'$-Phosphoribosyl-5-amino-4-imidazol-N-succinocarboxamid
SHAM	Salicylhydroxamsäure
Substanz S	17α,21-Dihydroxypregn-4-en-3,20-dion
TOC	engl.: total organic carbon; gesamter organischer Kohlenstoff
WHO	engl.: world health organization; Weltgesundheitsorganisation
SCP	engl.: single cell protein; Einzellerprotein

1 Einleitung

1.1 Fermentation – eine alte Kunst

Im weiteren Sinne wird bei einer Fermentation organische Materie mit Hilfe von Mikroorganismen einer enzymkatalysierten Stoffumwandlung unterworfen. Die Gärung wurde über die Jahrhunderte regelrecht zu einer Kunst weiterentwickelt. Wein ist seit mindestens 10 000 v. Chr. bekannt, und die Historiker nehmen an, daß die Ägypter bereits zwischen 5000 und 6000 v. Chr. Bier brauten. Sie ließen Gerste in irdenen Gefäßen ankeimen, zerkleinerten sie, teigten an, buken den Brei und tränkten schließlich alles mit Wasser. Aus diesem Ansatz entstand dann das Bier. Etwa 4000 v. Chr. verwendeten die Ägypter Brauhefe, um bei der Teigsäuerung die Bildung von Kohlendioxid zu erreichen. Die Azteken in Mexiko ernteten *Spirulina* Algen aus Teichen mit alkalischen pH-Werten und verwendeten sie als Lebensmittel. Viele lokal bekannte, fermentativ gewonnene Nahrungsmittel und Saucen in Asien und überall auf der Welt werden eindeutig schon seit Tausenden von Jahren hergestellt. Heute weiß man, daß sie durch Gärung, Enzymproduktion und enzymatische Hydrolyse unter Mithilfe von Oberflächenkulturen gebildet werden. Über die Umwandlung von Milch in Käse wurde schon 5000 v. Chr. berichtet, als man beobachtete, daß Milch, die in Kälbermägen transportiert wurde, zum Ausflocken neigte (Kälbermägen enthalten Enzyme, die die Milch ausflocken lassen). Essig ist vermutlich bekannt seit Wein hergestellt wird, obgleich die frühesten Zeugnisse über Essig aus dem Alten und Neuen Testament stammen. Die frühesten Berichte über destillierte alkoholische Getränke stammen aus China etwa 1000 v. Chr.

Lebensmittel und Getränke werden bereits seit etwa 10 000 Jahren durch Gärung verändert, also schon lange bevor die Existenz von Mikroorganismen bekannt war. Einiges deutet darauf hin, daß die traditionellen Technologien im Laufe der Zeit verbessert wurden. Mikroskopische Untersuchungen an Biersedimenten in ausgegrabenen Bierurnen, die zwischen 3400 und 1440 v. Chr. datiert wurden, weisen nahezu sicher Hefezellen nach. Die Hefe im jüngeren Sediment ist von höherer Reinheit als die im älteren Sediment.

Schimmliger Käse, Fleisch und Brot wurden in der Volksmedizin jahrtausendelang zur Wundheilung und zur Bekämpfung von Infektionen pharmazeutisch wirksam eingesetzt. Rückblickend beruht der wohltuende Effekt dieser Behandlungen unzweifelhaft auf der antibiotischen Wirkung.

1.2 Das moderne Zeitalter der industriellen Fermentation

1.2.1 Mikrobielle Arbeitstechniken

Antonie van Leeuwenhoek, ein holländischer Pionier der Mikroskopie, beobachtete als erster im Jahre 1680 Hefezellen, als er mit einem primitiven Mikroskop Tropfen von vergorenem Bier untersuchte. Seine Entdeckung war allerdings bald wieder vergessen, und der Vorgang der Fermentation blieb, wie schon bis zu diesem Zeitpunkt, eine Domäne der Chemiker, die ihrerseits nicht in Betracht zogen, daß bei der Fermentation lebende Materie beteiligt sein könnte. Erst 1836 und 1837 veröffentlichten die drei Forscher Cagniard-Latour, Schwann und Kutzing voneinander unabhängig ihre Vermutung, daß es sich bei der Hefe um etwas Lebendes handeln könnte. Ihre Berichte wurden von vielen berühmten Chemikern, darunter Berzelius, Wöhler und von Liebig, lächerlich gemacht. 1847 untersuchte der Physikprofessor Blondeau Fermentationen, bei denen Milchsäure, Buttersäure, Essigsäure und Harnstoff beteiligt waren. Er konnte als vermeintlich erster Mensch zeigen, daß die Fermentationen mit verschiedenen ‚Pilzen' zu unterschiedlichen Ergebnissen führten. Trotz dieser Beobachtungen sollte es noch bis 1856/57 dauern, als Louis Pasteur aufgrund seiner detaillierten Untersuchungen der Gärungsvorgänge bei Bier und Wein den Schluß zog, daß lebende Hefezellen den Zucker zu Ethanol und Kohlendioxid abbauen, wenn sie gezwungen werden, ohne Luft zu leben. Pasteur untersuchte auch viele weitere Gärungsvorgänge. Er entdeckte, daß ein Organismus (vermutlich eine *Penicillium*-Art) D-Ammoniumtartrat selektiv in eine racemische Mischung aus D,L-Tartrat vergären konnte, daß zylinderförmige Organismen nur unter anaeroben Bedingungen Buttersäure bilden und untersuchte weiterhin die fermentative Bildung von Essigsäure. In den 70er Jahren des letzten Jahrhunderts beobachtete Pasteur zusammen mit einer Reihe anderer Forscher antagonistische Effekte zwischen Mikroorganismen und sagte mögliche therapeutische Anwendungen von Mikroorganismen vorher. Ein weiterer Meilenstein für die Entwicklung der industriellen und medizinischen Mikrobiologie gelang im Jahre 1881, als der Mediziner Robert Koch erstmals die Reinkultur-Techniken sowie weitere klassische bakteriologische Methoden einführte, die noch heute aktuell sind.

Die moderne industrielle Fermentationstechnologie ruht auf zwei Säulen, zum einen auf der traditionsreichen Kunst, Lebensmittel und Getränke mit Hilfe von Hefen und Schimmelpilzen zu modifizieren, und zum anderen auf den mikrobiologischen Pionierleistungen von Wissenschaftlern wie Pasteur und Koch. Die Techniken der Oberflächengärung bzw. der Gärung in halbfesten Medien stammen aus Asien. Die Fähigkeit von Schimmelpilzen, Stärke und Proteine zu hydrolysieren, die man sich z. B. bei der Produktion von Sojasauce nutzbar macht, ebnete den Weg zur industriellen Enzymproduktion. Die anaeroben Fermentationen, vor allem die Herstellung von alkoholischen Getränken, wurden weiterentwickelt und bis zu einem gewissen Grad wissenschaftlich untersucht. Die erfolgreiche Kultivierung von Algen und Hefen eröffnete die Möglichkeit für industrielle Verfahren zur Produktion von mikrobiellem Eiweiß als Nahrungsmittel (engl. single cell protein, SCP) und von mikrobiellen Impfkulturen. Die traditionelle Essiggewinnung einerseits und die Studien von Pasteur zur Bildung von Säuren andererseits, führten zur Entwicklung von Fermentationsverfahren für organische Säuren. Die Reinkulturtechniken von Koch ermöglichten anderen Forschern die Untersuchung von einzelnen Mikrobenstämmen auf ihre Eignung für den industriellen Einsatz und ermöglichten industrielle Fermentationen mit Reinkulturen, sterilisierten Medien und unter aseptischen Bedingungen.

1.2.2 Tierische und pflanzliche Zellkulturen

In-vitro-Techniken zur Züchtung von Säugetierzellen sind zwar bereits seit hundert Jahren bekannt, jedoch wurde die Weiterentwicklung dieser Techniken gegenüber den mikrobiellen Technologien vernachlässigt. 1885 führte Roux erstmalig ‚Explantations'-Experimente mit dem lebenden Gewebe von Kükenembryonen durch. Etwa um das Jahr 1910 entwickelten Harrison und Carrel viele der heute klassischen Techniken zur Zellkultur mit Säugetierzellen. Sie verbesserten die Salz- und Aminosäurezusammensetzung der Wachstumsmedien, verwendeten erstmals Plasma und geronnene Lymphe als Wachstumsförderer und entwickelten Bioreaktoren für die Vermehrung von Viren und weiteren Produkten. Morgan und seine Mitarbeiter entwickelten 1950 das erste chemisch definiert zusammengesetzte Medium, das über einen Zeitraum von 4–5 Wochen das Wachstum eines Kükenembryos unterstützen konnte. Zwischen 1955 und 1960 gelang es Eagle und seinen Mitarbeitern, eine Reihe von Ernährungsbedingungen für Säugetierzellen in Kultur zu definieren. Die spezifischen Erfordernisse an Vitaminen und Aminosäuren für das reproduzierende Wachstum von L-Zellen, die diese Arbeitsgruppe entwickelte, dienten für die meisten der heute gebräuchlichen stammspezifischen Zellkultur-Formulierungen als Grundlage. Die Entwicklungen auf diesem Gebiet eröffneten in den 50er Jahren die Möglichkeit zur Produktion von viralen Impfstoffen und ebneten den Weg für neue Anwendungen von Zellkulturen in der Industrie, wie z. B. zur Produktion von monoklonalen Antikörpern Mitte der 80er Jahre.

Die erste erfolgreiche Kultur mit Pflanzenzellen gelang Gautheret im Jahre 1934. In den 50er und 60er Jahren waren die Techniken für Zellkulturen aus pflanzlichen Zellen bereits so weit entwickelt, daß sie in Gartenbau und Landwirtschaft weitverbreitet zur Weiterentwicklung von Stämmen waren. Die großtechnische Kultivierung von Tabakzellen und einiger Gemüsesorten wurde in den späten 50er bis in die frühen 60er Jahre untersucht. Pflanzenzellen-Kulturen wurden interessant zur Produktion wertvoller Sekundärmetabolite aus Pflanzenzellen. Die Mitsui Petrochemical Company (Japan) startete 1985 mit der Produktion von Shikonin aus *Lithospermum erythrorhizon.* Damit wurde zum ersten Mal ein pflanzlicher Sekundärmetabolit kommerziell in Zellkultur produziert.

1.2.3 Fermentationen im Lebensmittelbereich

Die modernen industriellen Fermentationen in der Lebensmittelbranche entwickelten sich aus den überlieferten Verfahren. Mittlerweile wurden aber auch die eigentlichen Fermentationen technologisch weiterentwickelt. Prozesse wie Brot- und Käseherstellung, Brauen oder Brennen wurden weiterentwickelt und an die modernen wirtschaftlichen Anforderungen, wie Produktion im großen Maßstab, Forderung nach hoher und gleichbleibender Qualität, Kostenminimierung und Produktvielfalt, angepaßt. Die verbesserte Effizienz, Automatisierung und Qualitätskontrolle moderner Fermentationsverfahren in der Backindustrie und der Milchverarbeitung sind nur möglich geworden, weil mittlerweile hochstandardisierte Backhefe und Starterkulturen für Milchprodukte sowie industrielle Enzyme zur Verfügung stehen.

Die Fermentation von Brotteig konnte durch die Zugabe von mehr Hefe und durch höhere Temperaturen beschleunigt werden. Mikrobielle Amylasen setzen den Zucker aus den Stärkekörnern frei, der dann von der Hefe zu CO_2-Gas vergoren wird. Das CO_2 fängt sich im Teig in Form von Gasblasen, bringt dadurch den Teig zum Gehen und verleiht ihm sein charakteristisches Aussehen. Mikrobielle Proteasen können die Glutenproteine im Weizen partiell hydrolysieren und helfen so, daß der Teig besser zu handhaben ist, daß sich das Volumen des Brotlaibes vergrößert sowie daß sich dessen Form verbessert.

Starterkulturen bei der Käseherstellung trugen viel dazu bei, daß der Verbraucher heute zwischen einer so großen Anzahl von hochqualitativen Käseprodukten wählen kann. Die Herstellung von Käse ist nunmehr nicht mehr auf eine spontane Infektion der Milch angewiesen. Durch die modernen Milchbearbeitungsanlagen einerseits und die Verwendung von Starterkulturen und weiteren Verfahrenshilfsstoffen andererseits, konnte die Käseherstellung verkürzt werden. Ernstzunehmende Probleme mit Bakteriophageninfektionen von Starterkulturen konnten dadurch eingedämmt werden, daß Mischungen aus Starterkulturen und turnusgemäß phagenfreie Starterstämme eingesetzt werden. Außerdem werden Phageninhibitoren verwendet. Seit Beginn der 80er Jahre konnten erfolgreich Stämme entwickelt werden, die gegenüber Bakteriophagen unempfindlich sind.

Seit Pasteur hielten in der industriellen Produktion alkoholischer Getränke viele Neuentwicklungen Einzug. Die Pasteurisierung von Bier ermöglichte die Ausdehnung des Handelsgebietes vom lokalen Distributionsgebiet zu nationalen und internationalen Größenordnungen. Die Brauereien, Brennereien und weinerzeugenden Betriebe entwickelten sich rasch von kleinen Handwerksbetrieben zu großen Unternehmen, die darauf hinarbeiten, daß die Qualität ihrer Produkte unabhängig von den Qualitätsschwankungen der

Rohmaterialien, von den Produktionsanlagen und vom Produktionsumfang ist. Damit das Produkt reproduzierbar erhalten wird, werden die Fermentationen anhand von Steuerparametern standardisiert. Solche Parameter sind z. B. die relative Menge der Starterkultur, die Lebensfähigkeit der Hefezellen, die Lagerbedingungen für die Hefe, die Konzentration an gelöstem Sauerstoff in der Kulturlösung, die Konzentration an gelöstem Stickstoff in der Lösung, die Konzentrationen fermentierbarer Zucker in der Würze und die Fermentationstemperatur. Mit unterschiedlichem Erfolg wurden bei den Fermentationen Innovationen eingeführt, wie z. B. kontinuierliche Fermentationsverfahren, Brauen bei hoher Würzdichte, Verwendung von ungemälztem Getreide und mikrobieller Enzyme oder auch die Produktion von Bier mit niedrigem Kohlenhydratgehalt. Mit konventionellen genetischen Techniken konnten die erwünschten Eigenschaften der Hefe verbessert und die unerwünschten Eigenschaften zurückgedränkt werden.

1.2.4 Backhefe und Einzellerprotein

Im 17. Jahrhundert erhielten die Bäcker ihre Hefe von den umliegenden Brauereien. Wegen ihres bitteren Geschmacks und ihrer veränderlichen Gärungsaktivität wurde die Brauhefe nach und nach durch Hefe aus Brennereien ersetzt, die ihrerseits von der Backhefe verdrängt wurde. Gepreßte Backhefe wurde erstmals um das Jahr 1781 im sog. Holländischen Verfahren hergestellt, das ab 1846 vom Wiener Verfahren abgelöst wurde. Das holländische Verfahren lieferte, bezogen auf das Ausgangsmaterial, nur einen Hefegehalt von 5%, das Wiener Verfahren von 14%. Bei beiden Verfahren mußte ein Alkoholgehalt von etwa 30% in Kauf genommen werden. Zwischen 1879 und 1919 konnten bei der industriellen Fermentation von Biomasse zur Hefeproduktion erhebliche Fortschritte erzielt werden, wodurch sich die Produktion von Backhefe von der Produktion alkoholischer Getränke lösen konnte. Durch Belüftung der Maische, 1879 eingeführt von Marquardt, konnte die Ausbeute erhöht und die Alkoholbildung auf 20% abgesenkt werden. Durch weitere Verbesserungen, wie z. B. der schrittweisen Zugabe von Zucker, näherten sich die Produktausbeuten der maximalen theoretischen Ausbeute und dies ohne die Bildung von Alkohol. Bei diesem Verfahren wurde erstmals eine Fed-Batch Fermentation (Zulaufverfahren) angewendet.

Zum ersten Mal wurden zur SCP-Produktion in Deutschland während des Ersten Weltkrieges moderne Fermentationsmethoden eingesetzt, als auf Melasse gezüchtete Backhefe zur Proteinversorgung der Bevölkerung diente. Im Zweiten Weltkrieg diente dann, ebenfalls in Deutschland, *Candida utilis* als Proteinquelle für Mensch und Tier. *Candida utilis* wurde auf Sulfitlauge, die bei der Zellstoff- und Papierherstellung anfällt, sowie mit Zucker aus der sauren Hydrolyse von Holz gezüchtet. Mit diesem Verfahren wird seitdem in den USA, der Schweiz, in Taiwan und in der ehemaligen Sowjetunion gearbeitet. Seit 1968 errichteten mehrere Unternehmen in Europa, Japan und den USA Anlagen zur Produktion von SCP. Einige dieser Anlagen wurden aber wegen Problemen mit Ausführungsbestimmungen bzw. wegen hoher Produktionskosten wieder stillgelegt. Andere Unternehmen führen ihre Entwicklungsprogramme jedoch weiter. 1981 begann die ICI in England mit der großtechnischen Produktion von Pruteen, einem SCP, das als Tiernahrung verwendet werden sollte. Sie produziert mit dem aeroben Bakterium *Methylophilus methylotrophus* ca. 3000 t/Monat. Als erstes dieser neuartigen, fermentativ hergestellten mikrobiellen Proteine, wurde Mycoprotein für den menschlichen Genuß zugelassen. Es wird durch den Pilz *Fusarium Graminearum* bei Rank Hovis McDougall in England produziert. Die natürliche, fasrige Struktur verleiht dem Mycoprotein eine mit Fleisch vergleichbare Textur. Dadurch wird das Produkt vom Verbraucher angenommen und kann einen zur Deckung der Wirtschaftlichkeit notwendigen Marktpreis erzielen.

1.2.5 Chemikalien und Nahrungsmittelzusatzstoffe

Organische Säuren. Die kommerzielle fermentative Produktion von Milchsäure begann im Jahr 1881, und heute werden 50% der industriell erzeugten Milchsäure durch Gärungsverfahren mit Hilfe von *Lactobacillus delbrückii* gewonnen.

Citronensäure wurde anfangs aus Zitronensaft extrahiert und in späteren Jahren aus Glycerol (früher: Glycerin) und anderen Verbindungen synthetisch gewonnen. 1923 wurde Citrat erstmalig durch industrielle Fermentation hergestellt. Bereits zehn Jahre später überstieg die jährliche Weltproduktion 10 000 t, wobei mehr als 80% aus mikrobiellen Verfahren stammten. Gegenwärtig beläuft sich der Markt auf mehr als 350 000 t pro Jahr, wobei die Produktion ausschließlich durch Fermentation erfolgt. Anfänglich wurde mit Oberflächenkulturen und mit *Aspergillus niger* als dem produzierenden Organismus gearbeitet. Nach dem Zweiten Weltkrieg wurden Submersverfahren mit dem Pilz *A. niger* eingeführt und etwa um 1977 konnte ein noch effizienteres Submersverfahren mit einer *Candida*-Hefe wirtschaftlich durchgeführt werden.

Auch Glucon- und Methylenbernsteinsäure (Itakonsäure) können wirtschaftlich über Fermentationen produziert werden. Essigsäure als Lebensmittel (Essig) wird ausschließlich durch Oxidation von Ethanol mit *Acetobacter aceti* gewonnen, während Essigsäure für industrielle Zwecke heute nur chemisch hergestellt wird.

Alkohole und Ketone. Während des Ersten Weltkrieges wurde Deutschland vom Import von Pflanzenölen abgeschnitten. Aus diesen Pflanzenölen wurde Glycerol hergestellt. Man entwickelte daraufhin eiligst ein Fermentationsverfahren zur Produktion von Glycerol, das als Grundstoff zur Herstellung von Sprengstoffen benötigt wurde. Das Verfahren stützte sich auf eine Entdeckung von Neuberg, daß Hefe in Gegenwart von Natriumbisulfit auf Kosten der Ethanolbildung Glycerol bildet. Die Briten entwickelten die anaerobe Aceton-Butanol-Fermentation mit *Clostridium acetobutylicum*, um die ebenfalls kriegsbedingte Nachfrage nach Aceton befriedigen zu können. Bei diesem Verfahren mußte erstmalig mit Reinkulturen gearbeitet werden, um Kontaminationen zu vermeiden. Nach dem Ersten Weltkrieg sank die Nachfrage nach Aceton, jedoch stieg der Bedarf an *n*-Butanol. *n*-Butanol wurde bis in die 50er Jahre fermentativ hergestellt; danach lohnte sich dieses Verfahren nicht mehr, da die Preise für die petrochemischen Grundstoffe unter die Kosten für Stärke und Zuckersubstrate fielen. Bis vor wenigen Jahren betrieben die National Chemical Products (Südafrika) noch eine kommerzielle Aceton-Butanol-Fermentationsanlage, denn wegen des internationalen Embargos war in Südafrika Erdöl knapp.

Seit Ende des 19. Jahrhunderts fand in den USA chemisch hergestellter Industriealkohol überall Verwendung. Der Industriezweig für fermentativ hergestellten Industriealkohol entwickelte sich dort mit der Abschaffung des Prohibitionsgesetzes. 1941 wurden bereits 77% des Industriealkohols fermentativ gewonnen. Während der 50er und 60er Jahre war Ethylen sehr preiswert, und es wurden wirksame Hydrierungsverfahren zur Umwandlung in Ethanol entwickelt. Damit war synthetisches Ethanol preiswerter als fermentativ gewonnenes. Der nach dem Ölembargo 1973 gestiegene Ölpreis führte dazu, daß weltweit das Interesse an alternativen erneuerbaren Kraftstoffsystemen wuchs. Brasilien begann mit seinem nationalen Alkoholprogramm mit dem Ziel, bis 1987 die Kapazitäten für jährlich 11 Milliarden Liter Fermentationsalkohol mit Rohrzucker als Substrat aufzubauen. Die US-Regierung leitete mit ihrem ‚Gasohol Program' Entwicklungen in die Wege, Alkohol fermentativ aus Mais zu gewinnen. Die Verbrauchssteuer auf Gasohol (10% Alkohol im Benzin) wurde gesenkt, und es wurden relativ viele kleine wie große Fermentationsbetriebe errichtet, die sowohl in Batch- als auch in kontinuierlichen Fermentationsverfahren Alkohol herstellten. Ziel dieses Programmes war der Ausstoß von jährlich 6,8 Milliarden Liter Ethanol Mitte der 80er Jahre. Ethanol wird auch fermentativ aus Molke mit *Kluyveromyces fragilis* hergestellt. Im Gegensatz zur Fermentation von Getreide oder Rohrzucker mit *S. cerevisiae* ist diese Methode jedoch von untergeordneter Bedeutung. Die Fermentation von Molke ist auf die räumliche Nähe zu Käsereien angewiesen, denn sonst wären die Transportkosten für die Molke (sie enthält lediglich 5% Massenanteil Lactose) zu hoch.

Zugegebenermaßen wird heute nur ein kleiner Teil der Grundchemikalien fermentativ hergestellt, praktisch alle Grundchemikalien stammen aus Erdöl oder Erdgas. Die schwankenden Erdölpreise und die unsichere Versorgungslage ließen zusammen mit Befürchtungen, daß die Vorräte der nicht erneuerbaren Rohstoffquellen versiegen könnten, das Interesse an Rohstoffen für die chemische Industrie und zur Energieproduktion steigen, die nicht auf Öl basieren.

Aminosäuren. Während der letzten dreißig Jahre wurden immer größere Mengen an Aminosäuren in aeroben Fermentationsverfahren produziert. Mononatriumglutamat und Lysin sind mit 370 000 t bzw. 40 000 t die Aminosäuren mit dem weltweit größten Produktionsvolumen. Die Fermentationsverfahren sind das Ergebnis geschickter Forschungen über die biochemischen Mechanismen, welche die mikrobielle Biosynthese der Aminosäuren regeln. Die Überproduktion von Aminosäuren wird in Kombination von Mutationen und gesteuerten Kultivierungsverfahren erreicht. Die zum Zuge kommenden Methoden sollen die Zelle dazu stimulieren, neues Substrat aufzunehmen, sollen Nebenreaktionen möglichst unterdrücken oder zumindest zurückdrängen, biosynthetisch wirksame Enzyme induzieren und aktivieren, Enzymaktivitäten, die zur Degradation des Produktes führen, vermindern oder ganz unterdrücken und letztlich erreichen, daß die Aminosäure leichter abgeschieden wird. Die klassische Entwicklungsmethode für ein biotechnologisches Verfahren zur Glutaminsäure-Produktion gab entscheidende Anstöße zur Entwicklung entsprechender Fermentationsverfahren für andere Primärmetabolite. Heute können nahezu alle Aminosäuren wirtschaftlich durch biotechnologische Verfahren hergestellt werden. Die Produktion der Geschmacksverstärker Inosin- und Guanosinmonophosphat konnte auf ähnliche Weise ermöglicht werden.

Biopolymere. In den letzten Jahren wurden zur Produktion mikrobieller Biopolymere eine Reihe von industriellen Herstellungsverfahren entwickelt. Die meisten Polymere werden heute synthetisch gewonnen. Ihre Produktionskosten hängen allerdings empfindlich von den Rohölpreisen ab. Die Biopolymere werden also vor allem bei steigenden Ölpreisen interessant.

Mengenmäßig wird Xanthangummi von allen Biopolymeren am meisten fermentativ produziert. Xanthangummi wird als Geliermittel und als Stabilisator für Suspensionen verwendet. Er wird durch aerobe Fermentation des Bakteriums *Xanthomonas campestris* produziert. Von *Azotobacter vinelandii* (Alginat), *Aureobasidium pullulans* (Pullulan), *Sclerotium*-Arten(Scleroglucan) und *Pseudomonas elodea* (Gellan) werden weitere Gummiharze mikrobiellen Ursprungs gebildet, die wirtschaftlich interessant sind. Wegen der hohen relativen Molekülmassen und ihrer hohen Viskosität sind die extracellulären Polysaccharidgummis in bezug auf Mischvorgänge sowie dem Massen- und Wärmetransfer im Bioreaktor problematisch. Bei der Entwicklung von optimalen Bioreaktoren für diese Verfahren müssen die angesprochenen Probleme berücksichtigt werden.

Ein erst kürzlich entwickeltes, sehr vielversprechendes Polymer ist das Polyhydroxybutyrat, ein thermoplastischer Polyester, der sich in manchen *Alcaligenes eutrophus*-Arten intracellulär bis zu 70% Gewichtsanteil ihrer Biomasse anreichern kann. Damit können biologisch abbaubare Kunststoffe hergestellt werden, welche die nicht-biologisch abbaubaren Kunststoffe auf Erdölbasis ersetzen könnten.

Vitamine. Heute werden die meisten Vitamine noch chemisch hergestellt. Für viele Vitamine der B-Gruppe (Thiamin, Biotin, Folsäure, Pantothensäure, Pyridoxin, Vitamin B_{12}, Riboflavin) wurden bereits biotechnologische Verfahren entwickelt, allerdings werden bisher nur Vitamin B_{12} und Riboflavin über solche Methoden produziert. Die chemische Synthese von Vitamin B_{12} gestaltet sich äußerst kompliziert, es wird daher ausschließlich über Kultivierungen mit *Pseudomonas*-Stämmen gewonnen. Die biotechnologische Herstellung von Riboflavin kann dagegen mit den chemischen oder halb-chemischen Synthesen wirtschaftlich mithalten. Etwa 30% des Riboflavin auf dem Weltmarkt werden fermentativ hergestellt. 1935 wurde das Vitamin erstmals mit Hilfe von *Eremothecium ashbyii* hergestellt, und die Ausbeute wurde kontinuierlich auf $5{,}3\ \mathrm{g\,l}^{-1}$ angehoben. Wegen Instabilitätsproblemen des ursprünglichen Bakterienstammes stieg man auf einen anderen *Ascomycetes*-Stamm, nämlich *Ashbya gossypii* um, der in der Folgezeit der bevorzugte Produktionsstamm wurde. Ein Patent aus dem Jahre 1984 beschreibt, daß ein rekombinierter *Bacillus subtilis*-Stamm während einer 24stündigen Fermentation 4,5 g Riboflavin bilden kann. Die Fermentationsdauer wäre damit gegenüber dem Verfahren mit den *Ascomycetes*-Stämmen, die fünf Tage benötigen, wesentlich verkürzt.

Mikrobielle Insektizide. In der Landwirtschaft und in der öffentlichen Gesundheitsvorsorge wurden in den letzten Jahrzehnten außerordentlich erfolgreich chemische Insektizide eingesetzt. Jedoch erhoben sich kritische Stimmen, daß die Insektizide auch auf Organismen wirken, die eigentlich nicht bekämpft werden sollen und daß die Zielorganismen Resistenzen entwickeln. Daraufhin wurden und werden mikrobielle Insektizide entwickelt und auf dem Markt eingeführt. Von den kommerziell produzierten Insektiziden nimmt *Bacillus thuringiensis* unangefochten den ersten Platz ein, noch weit vor allen anderen mikrobiell erzeugten Insektiziden. Die Herstellungsbedingungen werden so gewählt, daß die Ausbeute und die Bioaktivität des kristallinen Endotoxins, das bei der Sporenbildung entsteht, optimiert sind. Die Toxizitäten der einzelnen *B. thuringiensis*-Stämme sind unterschiedlich, ebenso wie Insektenpathogene aus Bakterien oder Pilzen unterschiedliche Toxizität besitzen. Die Toxingene von *Bacillus thuringiensis* wurden bereits in *Escherichia coli* und *B. subtilis* geklont. Damit erhofft man sich einerseits eine erhöhte Produktionsgeschwindigkeit und andererseits eine vereinfachte Anpassung des Wirkungsspektrums.

Gibberelline. Gibberelline sind Diterpene mit vier Kohlenstoffringen. Sie können die Keimung von Gerste bei der Malzproduktion beschleunigen. Das erste Gibberellin wurde 1938 entdeckt, mittlerweile sind sechzig verschiedene Gibberelline bekannt. Die Produktion der Gibberellinsäure erfolgte ursprünglich in einer Oberflächenkultur und einer langdauernden Produktionsphase. Es wurden Ausbeuten von $40{-}60\ \mathrm{mg\,l}^{-1}$ erzielt. Heute liefern kommerzielle Verfahren mit Submerskulturen wesentlich höhere Ausbeuten.

1.2.6 Mikrobielle Enzyme

Die industrielle Verwertung isolierter mikrobieller Enzyme geht auf Jokichi Takamine, einen japanischen Emigranten in den USA, zurück. Er ließ 1894 ein Verfahren zur Gewinnung stärkespaltender Enzyme aus Schimmelpilzen patentieren, das später unter dem Namen Takadiastase vermarktet wurde. Bei diesem Verfahren wächst der Schimmelpilz auf der Oberfläche eines festen Substrates, wie z. B. Weizen oder Kleie. Hierin kommt eindeutig die Vertrautheit Takamines mit ähnlichen Verfahren, wie sie im Orient zur Herstellung fermentierter Nahrungsmittel üblich sind, zum Tragen. Der Franzose Boidin und der Deutsche Effront waren die Pioniere bei der Entwicklung industrieller Enzymfermentationen mittels Bakterien. Ihr Patent aus dem Jahr 1917 beschreibt die Verwendung von *Bacillus subtilis* und *Bacillus mesentericus* zur Gewinnung von Amylasen und anderer stärkespaltender Enzyme, wiederum in Oberflächenkulturverfahren. In den USA wurden Pilzenzyme noch bis weit in die 50er Jahre in Oberflächenkulturen produziert, und vor allem in Japan ist diese Kulturtechnik noch heute zu finden. Die von den Northern Regional Research Laboratories (NRRL, USA) im Zuge der Entwicklung von Penicillinproduktionsverfahren gewonnenen Erkenntnisse führten in den USA und Europa zur Entwicklung von Submersfermentationen mit Pilzen zur Enzymproduktion.

Die Markteinführung industrieller mikrobieller Enzyme legte den Grundstein für die Entwicklung der Technologie der Enzymanwendungen, vor allem in der nahrungsmittelverarbeitenden Industrie, wie z. B. bei Brauereien, bei der Produktion von Obstsäften und der Herstellung von hydrolysiertem Stärkesirup. In den 60er Jahren erlebte der Markt für industrielle Enzyme einen dramatischen Aufschwung, vor allem seit der Einführung von alkalischen Proteasen als Bestandteil in Waschpulvern. Die Gewinnung mikrobieller Glucose-Isomerase und ihre Verwendung zur Herstellung von Isosirup (engl.: high-fructose-corn syrup, HFCS) in den 70er Jahren war ein wichtiger Schritt zum Durchbruch für die mikrobiellen Enzyme. Bis zu diesem Zeitpunkt wurde der Markt für Süßungsmittel von Saccharose beherrscht. In den USA ist die Getränkeindustrie der größte industrielle Zuckerabnehmer. 1984 hatten bereits alle größeren Getränkehersteller zum Süßen von nicht alkoholischen Getränken vollständig von Saccharose auf HFCS umgestellt. Auch in die 70er Jahre fiel die erstmalige Produktion von hochtemperaturstabiler α-Amylase mit *Bacillus licheniformis*. Dies bedeutete einen großen Fortschritt, denn die Möglichkeit, Stärke auch noch bei Temperaturen von 110 °C mit diesem Enzym verflüssigen zu können, vereinfachte nicht nur die Stärkehydrolyse, sondern führte auch dazu, daß daran gearbeitet wird, weitere Enzyme mit guten Stabilitätseigenschaften entweder zu isolieren oder zu synthetisieren.

1.2.7 Produkte aus dem Gesundheitsbereich

Antibiotika. Pasteur vertrat die Meinung, daß der antagonistische Effekt des einen oder anderen Mikroorganismus therapeutisch wirksam sein könnte. Fünfzig Jahre lang blieb die Suche nach solchen mikrobiellen Präparaten erfolglos, bis Alexander Fleming 1928 beobachtete, daß der Pilz *Penicillium notatum*, wenn er als Verunreinigung in Kulturschalen mit *Staphylococcus aureus* vorkam, das Bakterium abtötete. Er bewies, daß der aktive Stoff, der Penicillin genannt wurde, viele Bakterienarten abtöten konnte. Nachdem Florey und Chain um 1940 Penicillin in einer stabilen, aktiven Form isolieren konnten, wurde dessen bemerkenswerte antibakterielle Wirkung nachgewiesen und nachfolgend unter der Mithilfe von NRRL und der Beteiligung mehrerer amerikanischer Pharmaunternehmen ein wirtschaftliches Fermentationsverfahren entwickelt.

Die erfolgreiche Entwicklung der biotechnologischen Penicillinherstellung markierte den Beginn der Antibiotika-Industrie. Kurze Zeit später wurden neue Antibiotika, u. a. auch Streptomycin, aus *Streptomyces*-Arten isoliert, und es wurde nachgewiesen, daß *Cephalosporium acremonium* Cephalosporine produziert. Die Penicilline, Cephalosporine und Streptomycine waren die bedeutendsten frühen Antibiotika, jedoch wurden seit den 40er Jahren bis heute jährlich Hunderte neuer Antibiotika isoliert.

Die Erkenntnisse, welche die Entwicklung eines Produktionsverfahrens für Penicillin brachte, führten auch bei anderen industriellen Prozessen zu einigen prinzipiellen Fortschritten. Die Penicillin-Produktion war der Ausgangspunkt für wirkungsvolle Submerskultivierungen von Pilzen. Der stürmische Aufschwung der klassischen mikrobiellen Genetik und die Mutations- und Selektionstechniken, die ab etwa 1945 entwickelt wurden, führten zu Penicillinausbeuten bis zu ca. 20 g l^{-1} Kulturmedium (die ersten Ausbeuten lagen nur bei einigen Milligramm pro Liter). Die Penicillin-Herstellung regte auch Untersuchungen zur Natur der komplexen metabolischen Prozesse bei der Bildung von Sekundärmetaboliten an. Unter Sekundärmetaboliten versteht man Moleküle, die von der Zelle gebildet werden (u. a. die Antibiotika), dabei jedoch offensichtlich weder zum Wachstum noch zum Erhalt der Zelle benötigt werden.

Die modifizierten (semi-synthetischen) Penicilline werden chemisch aus den natürlichen Penicillinen gewonnen. Ihr Aktivitätsspektrum und ihre Empfindlichkeit gegenüber Säuren und enzymatischer Inaktivierung ist im Vergleich zu den natürlichen Antibiotika verändert. Einige der semi-synthetischen Antibiotika werden dabei auch über biologische Umwandlungen produziert.

Steroidtransformationen. Die erfolgreiche Verwendung von Mikroorganismen für hochspezifische und selektive enzymatische Transformationen an pharmazeutischen Verbindungen war für die Entwicklung von Steroidhormonen ein wichtiger Schritt. Mitte der 40er Jahre wurde entdeckt, daß Cortison, ein Steroid aus der Nebennierendrüse, die Schmerzen bei der rheumatischen Arthritis lindern kann. Die chemische Synthese dieses Moleküls erforderte 37 Stufen und die Produktionskosten lagen bei 200 Dollar pro Gramm. 1952 entdeckten Wissenschaftler der Upjohn Company einen *Rhizopus arrhizus*-Stamm, der Progesteron zu 11-α-Hydroxyprogesteron hydroxylieren konnte. Dadurch konnte die Synthese von Cortison auf 11 Stufen reduziert und die Produktionskosten auf 16 Dollar pro Gramm gesenkt werden. Verfahrensverbesserungen senkten die Kosten allmählich noch weiter ab, so daß 1980 die Produktionskosten für ein Gramm Cortison nur noch bei 0,46 Dollar lagen.

Ähnliche mikrobielle Biotransformationsmethoden konnten auf die Synthesen anderer Steroide, vor allem Aldosteron, Prednison und Prednisolon, erfolgreich angewendet werden. Diese Biotransformationen sind auch bei der Synthese weiterer pharmazeutischer Wirkstoffe und bei der Synthese von chemischen Verbindungen, die nicht medizinisch angewendet werden, wichtig.

Impfstoffe. Alte Hindu-Schriften überliefern, daß infektiöse Krankheiten offenbar schon immer auftraten, und bei Mumien aus frühen ägyptischen Gräbern können z. B. eindeutig tuberkulöse Schädigungen nachgewiesen werden.

Erstmals beschrieb Jenner im Jahre 1798, daß eine Impfung zur Immunität gegenüber Krankheit führen kann. Er hatte beobachtet, daß Personen, die mit Kuhpocken ('vaccinia') infiziert worden waren, gegenüber einer nachfolgenden Infektion mit Pocken resistent waren.

Der systematische Einsatz von Impfstoffen und die Immunologie als Forschungszweig nahmen etwa um 1877 ihren Anfang. Zu diesem Zeitpunkt begann Pasteur sich mit den Ursachen von infektiösen Krankheiten bei Mensch und Tier sowie mit der Möglichkeit einer Vorbeugung zu befassen. 1890 konnten Behring und Kitasato erfolgreich Tiere mit inaktivierten Diphtherie- und Tetanustoxinen immunisieren. Nachdem Koch das Bakterium *Vibrio cholerae* isoliert hatte, wurde es als erster Impfstoff gegen Cholera von dem spanischen Arzt Ferran Y. Clua 1885 in Spanien 30 000 Menschen subkutan injiziert. Der Impfstoff bestand aus einer Lösung lebender Kulturen. Während des Ersten Weltkrieges wurden in den Armeen Impfkampagnen gegen Typhus und im Zweiten Weltkrieg ähnliche Kampagnen gegen Tetanus durchgeführt. Ende der 30er Jahre begannen Impfaktionen gegen Diphtherie. Ab 1955 wurden nach erfolgreichen Feldversuchen Impfstoffe gegen Keuchhusten und Poliomyelitis allgemein eingeführt. Calmette und Guérin beobachteten um das Jahr 1936, daß eine Kultur virulenter oder infektiöser Tuberkelbazillen bei fortdauernder Kultivierung auf künstlichen Nährböden über lange Zeiträume hinweg irgendwann so abgeschwächt ist, daß sie keine Krankheitssymptome mehr verursachen kann. Drei Jahre später wurde der erste daraus hervorgehende BCG-Impfstoff (Bazillus von Calmette und Guérin) zur Immunisierung gegen Tuberkulose eingeführt. Dieser Typ von Impfstoff erlitt zehn Jahre später einen schlimmen Rückschlag. In Lübeck starben nämlich 72 von 240 Kindern, die versehentlich mit einer BCG-Charge gegen Tuberkulose geimpft worden waren, in der virulente Tuberkelbazillen vorlagen. Die heutigen bakteriellen Impfstoffe bestehen entweder aus lebenden, jedoch abgeschwächten Stämmen der krankheitserregenden Organismen oder dazu nahe verwandten Stämmen, aus abgetöteten pathogenen Stämmen oder aus Zellbestandteilen mit dem Antigen, welches für die Immunisierung gegenüber der jeweiligen Krankheit verantwortlich ist. Die Herstellung von Impfstoffen ist zwar ein wichtiges Anwendungsgebiet für die biotechnologische Produktpalette im Hinblick auf die erzeugten Stoffmengen handelt es sich jedoch um einen relativ kleinen Zweig. Die Impfstoffe werden sowohl in diskontinuierlichen als auch in kontinuierlichen Verfahren erzeugt. Dabei werden die Verfahrensbedingungen dahingehend ausgelegt, daß der immunogene Stoff optimale Bedingungen zur Zellproduktion vorfindet. Die Erzeugung viraler Impfstoffe war jahrelang technologisch zurückgeblieben, denn als Virusquellen kamen nur Tiere in Frage, wie z. B. Kükenembryos. Etwa um 1950 kamen Kulturen aus Gewebezellen auf. Mit der Entwicklung von Zellkulturtechniken konnten auch virale Impfstoffe im industriellen Maßstab produziert werden. Bei dem Verfahren werden Säugetierzellen in einem geeigneten Medium gezüchtet und in einem bestimmten Wachstumsstadium mit dem Virus infiziert. Er vermehrt sich dann in der Wirtszelle. Mit Hilfe der Zellkultur können große Virusmengen produziert werden, im Gegensatz zu den früher üblichen Methoden ist der Verunreinigungsgrad (Fremdmaterial vom jeweiligen Tiergewebe, Bakterien oder Viren) außerdem wesentlich geringer.

1.2.8 Hybridomtechnik und DNA-Rekombinationstechniken für Fermentationen

Der Anwendungsbereich und die Möglichkeiten der industriellen Fermentationstechnologie vergrößerten sich aufgrund neuerer Entwicklungen bei der Hybridomtechnik und der Gentechnik erheblich.

Monoklonale Antikörper. 1975 gelang Köhler und Milstein die Fusion von Mausmyelomen (Krebszellen) mit Antikörper-produzierenden weißen Blutkörperchen. Dabei bildeten sich Hybridzellen (Hybridoma), die sich sowohl unbegrenzt teilen (aus der Myelom-Elternzelle) als auch Antikörper produzieren konnten (aus den weißen Blutkörperchen). Damit entwickelten die beiden Forscher die Grundvoraussetzungen zur Produktion monoklonaler Antikörper (MABs), worunter man individuelle, spezifische Antikörper aus Zellen versteht, die sich auf eine einzige Starterzelle bzw. einen einzigen Klon zurückführen lassen. Die MABs besitzen eine hohe spezifische Bindungsfähigkeit für einzelne Rezeptoren an einem Molekül oder einer Oberfläche. Diese einzigartigen Eigenschaften sind vor allem in der klinischen Diagnostik und für therapeutische Anwendungen interessant. Für

MABs existieren auf diesem Gebiet bereits Anwendungen, und es sind noch viele weitere Anwendungen denkbar. Der Markt für MABs wuchs enorm und für 1990 wurde ein Umsatz von 1 Milliarde Dollar erwartet. Monoklonale Antikörper werden sowohl *in vivo* durch Injektion des Hybridomklons in die Bauchhöhlenflüssigkeit eines Tieres (üblicherweise Mäuse) als auch *in vitro* in unterschiedlichen Zellkultur-Systemen produziert. In Zellkulturen ist die Gesamtproduktivität höher. Deswegen wurden mehrere Reaktorsysteme entwickelt und wirtschaftlich eingesetzt.

DNA-Rekombination. Die Gentechnik ermöglicht die Übertragung von artfremden Genen zwischen verschiedenen Organismen. Hierfür werden fremde, außerhalb der Zelle produzierte Gene in einen Wirtsorganismus, der die fraglichen Gene nicht enthält, eingeschleust. Das erste Gen wurde 1973 geklont, und seitdem werden Techniken entwickelt, die es ermöglichen, mit verschiedenen rekombinanten Prokaryonten- und Eukaryontenstämmen (auch mit Tier- und Pflanzenzellen) ‚Fremdeiweiß‘ in industriellem Maßstab zu produzieren. Die pharmazeutische Industrie steckt große Summen in die Forschung und in Entwicklungsprojekte. Als erstes therapeutisch wirksames Produkt wurde Anfang der 80er Jahre Insulin aus einem rekombinanten *E. coli*-Stamm zugelassen. Mittlerweile werden mit rekombinanten Kulturstämmen noch mehrere weitere Proteine gewonnen, u. a. mehrere andere menschliche Hormone und Wachstumsfaktoren, Zytostatika und antivirale Stoffe (z. B. Interferon), virale Antigene sowie Enzyme. 1986 kam mit dem Impfstoff gegen Pseudotollwut (einem Herpes-Virus, der Schweine infiziert) der erste gentechnisch hergestellte Impfstoff auf den Markt. Erst kürzlich wurde ein Hepatitis-B-Impfstoff zugelassen.

Bei den anfänglichen gentechnischen Forschungen und für die ersten marktfähigen Produkte wurde das Bakterium *E. coli* als Wirtsbakterium verwendet, denn dessen genetisches System ist gut bekannt. Inzwischen werden für Kultivierungen häufig auch *Bacillus-*, *Aspergillus-* und *Saccharomyces*-Stämme eingesetzt, die sich z.T. besser als Wirtsstämme eignen. Zur Zeit wird ihr genetisches System intensiv erforscht. *E. coli* sekretiert gewöhnlich keine Proteine, wogegen die *Bacillus*-Arten große Mengen extracellulärer Proteine bilden. Da Prokaryonten Proteine nicht glykosilieren, sind *Saccharomyces* und *Aspergillus*-Arten als Wirtsspezies interessant zur Produktion von menschlichen oder tierischen Glykoproteinen. Von *Aspergillus niger* ist bekannt, daß es aus einem einzigen extracellulären Enzym-Gen bis zu 20 g l^{-1} Protein sekretieren kann. Einige rekombinante Pharmazeutika werden bereits mit *S. cerevisiae* produziert. Allerdings sind die Proteinsynthese und die Sekretionsmechanismen in diesen eukaryontischen Mikroorganismen wesentlich komplexer als in Prokaryonten. Es ist noch viel Forschungsarbeit erforderlich, bis Eukaryonten bei Fermentationen einsetzbar sind und zwar speziell zur Produktion von rekombinanten Produkten, wie z. B. von Enzymen, die nicht als Pharmazeutika Verwendung finden sollen.

Proteine und Peptide, also die Translationsprodukte der Strukturgene, sind wohl als erste Zielmoleküle für die DNA-Rekombinationstechnik naheliegend. Auf lange Sicht könnte auch der Primär- und Sekundärmetabolismus beeinflußt werden und zwar mit dem Ziel, durch gentechnische Abänderung des Schlüsselenzyms in der metabolischen Reaktionssequenz, die Produktion des gewünschten Metaboliten zu erhöhen.

Diese Thematik wird in einigen der nachfolgenden Kapitel näher erörtert.

2 Biologie der technischen Mikroorganismen

2.1 Einleitung

Die Hauptprodukte der industriellen Fermentationen lassen sich in vier Kategorien einteilen:

1. mikrobielle Zellen
2. große Moleküle (z. B. Enzyme und Polysaccharide)
3. Primärmetabolite (z.B. Ethanol, Essigsäure, Citronensäure)
4. Sekundärmetabolite (für das Zellwachstum nicht relevante Stoffe, wie z. B. Antibiotika).

Die Zellen, die zur Produktion der oben genannten Produkte herangezogen werden, unterscheiden sich in ihren physiologischen und biochemischen Eigenschaften. Industrielle Fermentationen bedienen sich vor allem Bakterien-, Hefe- und Pilzarten. Durch neuere Entwicklungen bei der Kultivierung von tierischen und pflanzlichen Zellen können auch diese komplexeren Zellen zu Fermentationen eingesetzt werden. In diesem Kapitel sollen vor allem die Eigenschaften der häufig verwendeten Organismen diskutiert und allgemeines über Wachstum und Metabolismus von Mikroorganismen, soweit für industrielle Verfahren mit Zellkulturen interessant, behandelt werden.

2.2 Industriell verwendete Mikroorganismen

Die Natur kennt zwei verschiedene Zelltypen, nämlich die Eukaryonten und die Prokaryonten. Beide Zelltypen werden bei industriellen Fermentationen eingesetzt. Die eukaryontischen Zellen besitzen einen klar abgegrenzten Kern, der von einer Membran umgeben ist. Die DNA im Zellkern ist an Proteine gebunden und liegt in definierten Strukturen (den Chromosomen) vor. Die Zellen enthalten auch noch weitere Struktureinheiten (Organellen), wovon jede einzelne bestimmte physiologische oder biochemische Aufgaben erfüllt. Dagegen besitzen die prokaryontischen Zellen keinen genau abgegrenzten Zellkern, vielmehr ist das genetische Material, das in einer doppelsträngigen DNA codiert ist, nicht durch eine eigene Membran von den anderen Zellbestandteilen abgegrenzt. Im Gegensatz zu den Eukaryonten fehlen diesen Zellen auch die spezialisierten Organellen, wie z. B. Mitochondrien. Die Enzyme, die bei den Eukaryonten in Organellen lokalisiert sind, treten bei den Prokaryonten in der Protoplasma- und Plasmamembran auf. Unterschiede des Zellaufbaus zwischen Prokaryonten und Eukaryonten sind in Tabelle 2.1 gegenübergestellt. Kultivierungsverfahren lassen sich entweder sowohl auf Bakterienzellen (Prokaryonten) als auch auf Pilz-, Hefe-, Tier- und Pflanzenzellen (Eukaryonten) anwenden.

Tabelle 2.1. Ausgewählte Unterschiede zwischen Zellen von Prokaryonten und Eukaryonten

Charakteristikum	Prokaryonten	Eukaryonten
Organellen		
Kern	–	+
Mitochondrien	–	+
Endoplasmatisches Reticulum	–	+
Genom		
Anzahl der DNA-Moleküle	1^1	> 1
DNA in Organellen	–	+
DNA in Form von Chromosomen	–	+

[1] Bakterien können zusätzlich zum eigentlichen Genom weitere kleine DNA-Fragmente (Plasmide) enthalten.

Die Mikroorganismen unterscheiden sich auch bezüglich ihres Sauerstoffbedarfs. Streng aerobe Mikroorganismen, wie z. B. *Streptomyces* und die meisten Fadenpilze, können nur in Gegenwart von Luftsauerstoff wachsen und metabolisieren. Dagegen können streng anaerobe Mikroorganismen, wie z. B. *Clostridia* nur in Abwesenheit von Sauerstoff wachsen. Wieder andere Organismen, u. a. auch die industriell verwendeten Hefen, können sowohl unter aeroben als auch unter anaeroben Bedingungen wachsen.

Die Bakterien, die an biotechnologischen Verfahren beteiligt sind, sind vor allem chemo-organotroph, d. h. sie beziehen ihre Energie für ihren Stoffwechsel und den nötigen Kohlenstoff aus der Oxidation organischer Verbindungen. In Tabelle 2.2 sind einige Eigenschaften der wichtigsten Typen von Mikroorganismen sowie jeweils einige Vertreter der einzelnen Gruppen zusammengestellt. Bakterien werden in Gram-positive und Gram-negative unterteilt, je nachdem, wie sie auf den Gram-Farbstoff, der sich an Peptidoglykan bindet, reagieren. Die Zellwand Gram-positiver Bakterien besteht überwiegend aus Peptidoglykan, das in einer Stärke von 15–80 nm eine einzige cytoplasmatische Membran bedeckt. Die Peptidoglykanschicht Gram-negativer Bakterien ist dagegen nur etwa 2–3 nm dick und diese Bakterien besitzen außerdem zwei Membranen, eine äußere und eine Cytoplasmamembran. Die beiden Membranen sind durch den periplasmatischen Raum voneinander getrennt. Abbildung 2.1 zeigt die beiden unterschiedlichen Zellstrukturen. Einige Prokaryonten, zu denen auch die wichtigen, Antibiotika-produzierenden *Streptomyces*-Arten zählen, besitzen Filamente oder Mycele.

Tabelle 2.2. Eigenschaften von wichtigen chemo-organotrophen Bakterienarten für industrielle Fermentationen

| Genus | Eigenschaften | | | | Beispiele |
	Gram-Reaktion	Endo-sporen	Form	Aerob[1]	Bakterium (Produkt)
Enterobacteria	–	–	Stäbchen	±	*E. coli* (rekomb. Proteine)
Pseudomonas	–	–	Stäbchen	+	*P. ovalis* (Gluconsäure), *P. fluorescens* (2-Oxogluconat)
Xanthomonas	–	–	Stäbchen	+	*X. campestris* (Xanthangummi)
Acetobacter	–	–	Stäbchen	+	*A. aceti* (Essigsäure)
Alcaligenes	–	–	Stäbchen/ Kokken	+	*A. faecalis* (Curdlan)
Bacillus	+	+	Stäbchen	+	*B. subtilis, B. licheniformis, B. amyloliquefaciens* usw. (extracelluläre Enzyme), *B. coagulans* (Glucose-Isomerase), *B. licheniformis* (Bacitracin), *B. brevis* (Gramicidin S), *B. thuringiensis* (Insektizid)
Clostridium	+	+	Stäbchen	–	*C. acetobutylicum* (Aceton, Butand), *C. thermocellum* (Acetat)
Leuconostoc	+	–	kugelförmig	±	*L. mesenteroides* (Dextran)
Lactobacillus	+	–	Stäbchen	– oder ±	*L. delbrückii* (Milchsäure)
Coryne-	+	–	unregelmäßig	+	*C. glutamicum* (Aminosäuren), *C. simplex* (Steroidkonvertierung)
Myco-bacterium	+	–	verzweigte Filamente, keine Mycele	+	*Mycobacterium* spp. (Steroidtransformation)
Nocardia	+	–	fragmentier-bare Mycele	+	*N. mediterranei* (Rifamycine), *Nocardia* spp. (Steroidtransformation)
Streptomyces	+	–	intakte Mycele	+	*S. erythreus* (Erythromycin), *S. aureofaciens, S. rimosus* (Tretracycline), *S. fradiae* (Glucose-Isomerase), *S. roseochromogens* (Steroid-hydroxylierungen)

[1] Aerob: + = aerob; – = anaerob; ± = fakultativ anaerob

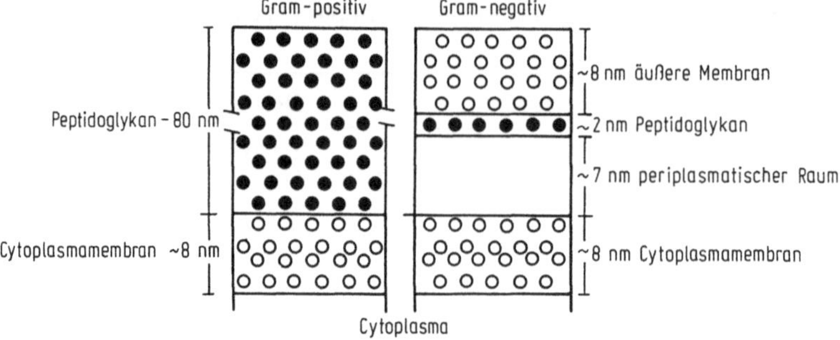

Abb. 2.1. Schematischer Aufbau der Zellwand von Gram-positiven und Gram-negativen Bakterien.

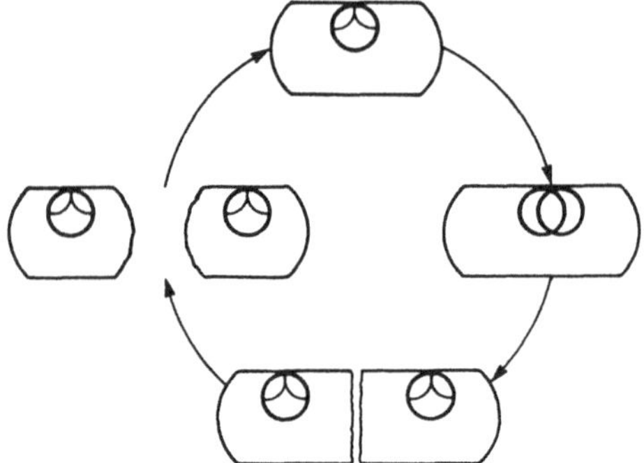

Abb. 2.2. Zellteilung bei *Escherichia coli*.

Bakterien pflanzen sich durch Zellteilung ungeschlechtlich fort. Abbildung 2.2 zeigt diesen Vorgang schematisch am Beispiel von *Escherichia coli*. Das einzige, circuläre DNA-Chromosom wird repliziert und anschließend bildet sich in der Mitte der Zelle ein Septum bzw. eine Trennmembran. Dadurch werden die alte und die neue DNA voneinander räumlich getrennt. Das Septum entwickelt sich zu einer Zellwand und die Zellen entfernen sich voneinander.

Sporenbildende Bakterien bilden gewöhnlich als Antwort auf ungünstige Bedingungen in ihrer Umgebung Sporen. Sporen sind gegenüber Wärmeeinwirkung und toxischen Chemikalien resistenter als vegetative Zellen. Finden die Bakteriensporen ein geeignetes Medium vor, entwickeln sie sich zu vegetativen Zellen.

Auch Pilze mit steifen, verzweigten, filamentförmigen Hyphen von 2–18 μm Durchmesser sind chemo-organotroph. Höher entwickelte Pilze besitzen im Gegensatz zu den weniger hoch entwickelten Pilzen im allgemeinen in bestimmten Abständen entlang den Hyphen Querwände (Septen). Vertreter beider Gruppen sind bei industriellen Fermentationen zu finden. Zu den Pilzen ohne Septum, den Zygomyzeten, zählen z. B. die *Mucor*-und *Rhizopus*-Arten, zu den Pilzen mit Septum, den Deuteromyceten oder auch ‚fungi imperfecti', zählen die *Trichoderma, Aspergillus, Penicillium, Aureobasidium*- und *Fusarium*-Arten (s. a. Abb. 2.3.).

Die Zygomyzeten bilden haploide, vegetative Mycele aus. Die asexuellen Sporen werden in einer Sporenkapsel gebildet. Die Zygomyzeten können sich allerdings auch sexuell reproduzieren. Die Deuteromyzeten bilden ebenfalls haploide, vegetative Mycele. Die asexuellen Sporen bilden sich auf den Konidien aus, die sich von Art zu Art etwas unterscheiden. Die Bildung asexueller Sporen wird üblicherweise durch Einflüsse aus der Umgebung des Pilzes angeregt. So bildet z. B. *Aspergillus niger* dann sporentragende Konidiophore, wenn die Stickstoffversorgung knapp wird.

Die Zellwände der Zygomyzeten bestehen hauptsächlich aus Chitosan und Chitin, die der Deuteromyzeten aus Glukan und Chitin. Das vegetative Wachstum der Fadenpilze beruht auf der Verlängerung der Hyphen. Die Wachstumszone befindet sich an den Hyphenspitzen. Mit der Entwicklung neuer Wachstumszonen können sich auch Verzweigungen ausbilden. Die endgültige Hyphenlänge und die Verzweigungshäufigkeit hängen von den Wachstumsbedingungen ab. Durch Scherkräfte im Fermenter werden die Hyphen leicht abgebrochen und es bilden sich Mycele aus relativ kurzen, jedoch stark verzweigten Hyphen.

Bei den Pilzen herrscht an der Hyphenspitze die größte Protoplasmaaktivität (Abb. 2.4). Die Zellwand, die die Plasmamembran (Plasmalemma) überzieht, ist um die Hyphenspitze herum nur 50 nm dick. Weiter weg von der Hyphenspitze erreicht sie eine Stärke von ca. 125 nm und mit zunehmendem Abstand von der Spitze enthalten die Protoplasmakompartimente mehr und mehr Vakuolen.

Hefen sind Mikropilze, die im allgemeinen einzellig sind und sich durch Knospung vermehren (Abb. 2.5). Einige Hefen treten sowohl in Form einzelner Zellen als auch kurzer Zellketten auf, andere wiederum können mehrere Zellformen, u. a. sogar Filamente, ausbilden. Ein Charakteristikum für eine im Wachstum befindliche Hefekultur ist das Vorhandensein von Knospen, die sich bei der Zellteilung bilden. Die Tochterzelle ist zuerst eine kleine Knospe, die sich so lange vergrößert, bis sie die Größe der Mutterzelle erreicht hat. Anschließend trennt sich die Tochterzelle von der Mutterzelle. Die Zellhaut von Hefezellen besteht aus der Cytoplasmamembran (aus Lipiden, Proteinen und Mannanen), dem periplasmatischen Raum und der äußeren Zellwand (enthält geringe Mengen an Protein und große Mengen an Glukan und Mannan).

Saccharomyces cerevisiae wird beim Brauen und Backen verwendet und ist auf Grund dessen die am häufigsten verwendete Hefe für industrielle Fermentationen. Sie kann jedoch keine Lactose abbauen. Das hierfür notwendige Lactose-Transportsystem sowie die abbauenden Enzyme besitzt jedoch die Hefe *Kluyveromyces lactis*. Daher wird sie zur Produktion von Alkohol oder Biomasse aus Molke verwendet. *Candida utilis* und *Endomycopsis fibuliger* sind weitere Hefen von industrieller Bedeutung.

Klassifikation	Mycel	Sporen	Genus	Skizze	Erscheinungsbild
Zygomyceten (Ordnung: Mucorales)	ohne Septum; dünne, watteartige bzw. pilzige Mycelüberzüge	Bildung asexueller Sporen im Sporangium	Mucor	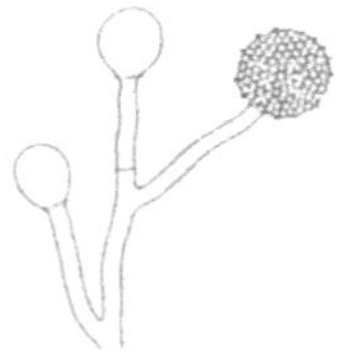	*M. miehei* und *M. pusillus* bilden graue Kolonien
			Rhizopus	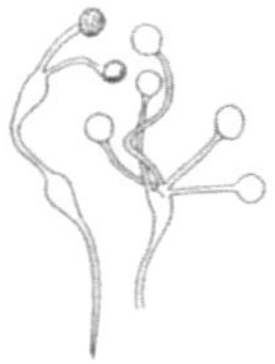	wächst extrem schnell und füllt die Petrischale mit watteartigem Mycel
Deuteromyceten (Ordnung: Moniales)	Strahlenpilze mit Septum; auf festen und flüssigen Substraten Ausbildung von losen Mycelen. *Trichoderma-*, *Aspergillus-* und *Penicillium-* Mycele sind hell. *Aureobasidium* besitzt ein dunkles Mycel, *Fusarium* sowohl helle als auch dunkle.	Asexuelle Sporen, sexuelle Fortpflanzung selten bzw. unbekannt	Trichoderma		Kolonien der meisten Arten breiten sich schnell aus und bilden eine ziemlich dünne Mycelschicht mit grünen, conidienartigen Flecken.
			Aspergillus		Kolonien breiten sich schnell aus; Mycel zu Beginn weiß, entwickelt häufig hellgelbe Gebiete und bildet dunkelbraune oder schwarze, konidienartig geformte Ränder aus. Kolonien von *A. oryzae* sind gelblich bis braun-grün.

Penicillium	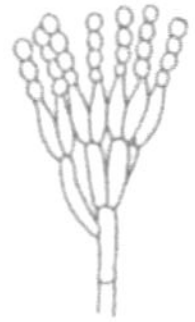	*P. chrysogenum:* Sich stark ausbreitende Kolonien, blaugrün bis hellgrün; Ränder während des Wachstums strahlend weiß. Kolonie wird mit dem Alter gewöhnlich grau-braun oder rotbraun und ist von weißen oder roséfarbenen Hyphen überwuchert.
Aureobasidium	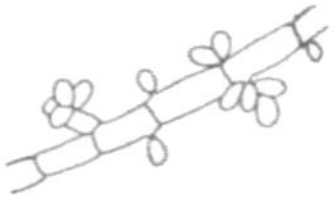	*A. pullulans:* Die hellen Hyphen mit Stich ins Rosa oder Braun werden mit dem Alter dunkler.
Fusarium	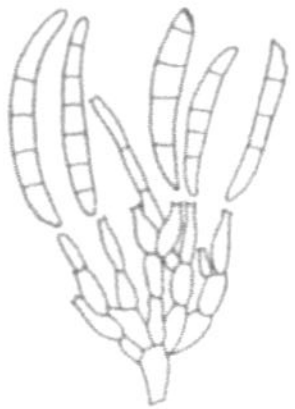	*F. graminearum:* Die grau-rosafarbenen bis roten Kolonien werden braunrot mit weißen oder grau-gelben Gebieten.

Abb. 2.3. Charakteristika wichtiger Pilzarten für industrielle Fermentationen.

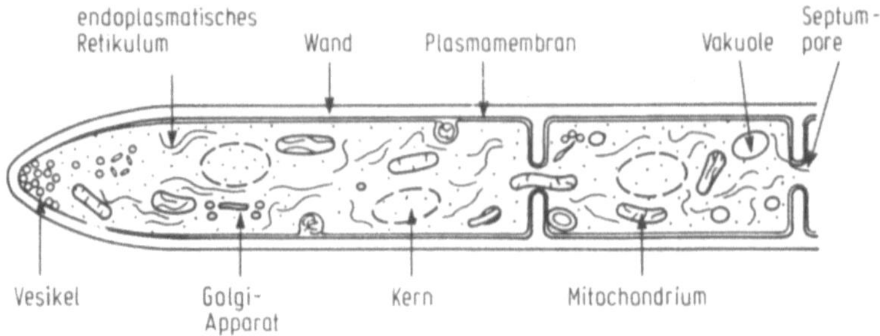

Abb. 2.4. Pilzhyphe (mit freundlicher Genehmigung entnommen aus Deacon, 1984).

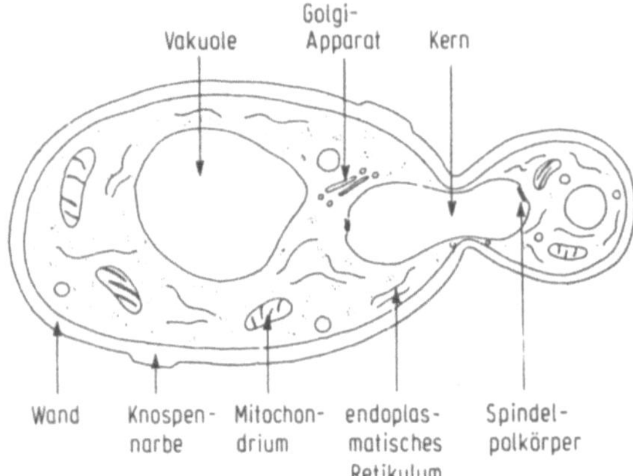

Abb. 2.5. Knospende Hefezelle (mit freundlicher Genehmigung entnommen aus Deacon, 1984).

Säugetierzellen sind im allgemeinen komplexer als Pilz- oder Hefezellen aufgebaut. Da sich Säugetierzellen üblicherweise in gleichbleibender isotonischer Umgebung aufhalten, besitzen sie keine feste äußere Zellwand. Die äußere Oberfläche der Plasmamembran besteht aus einer Schicht aus kurzen Oligosaccharidketten (Glycocalyx), die an Lipide und Proteine innerhalb der Membran sowie an einige absorbierte Proteine gebunden sind. In vegetativen Geweben sind die Zellen diploid und eine Zellteilung erfolgt ungefähr innerhalb von 24 Stunden. Je nach Zellart wachsen Tierzellen in Kultur als Monoschichten auf Oberflächen („anchorage-dependent') oder als suspendierte Zellen in Medien, die langsam rotiert bzw. leicht gerührt werden („anchorage-independent'). Die Anforderungen von Säugetierzellen bezüglich der Ernährung sind sehr komplex und die Zellen reagieren z.B. sehr empfindlich auf Veränderungen bei Temperatur, pH, Sauerstoffangebot an gelöstem Sauerstoff und CO_2-Gehalt.

Zellinien, die direkt aus Tiergeweben gewonnen werden, überleben im allgemeinen nicht. Die Zellen stellen für gewöhnlich, wenn sie sich berühren, ihr Wachstum ein (Kontaktinhibierung). Jedoch erfolgt nach mehreren Durchgängen bei einigen Zellinien eine Transformation, wodurch die Zellen schneller und zu höheren Zelldichten heranwachsen können als die Primärzellen. Weiterhin lassen sich die Zellen nach der Adaption ohne zeitliche Begrenzung in Kultur züchten und sie verlieren außerdem die Kontaktinhibierung. Zellinien aus Tumorzellen sind bereits transformiert.

Hybridomzellen werden durch Verschmelzung von Myelomzellen mit Antikörper-produzierenden Zellen hergestellt. Die Hybridzellen besitzen dann sowohl die Eigenschaften der transformierten Zellen als auch die Fähigkeit, einen einzelnen Antikörper bzw. einen monoklonalen Antikörper zu produzieren. Zur weiteren Produktion von monoklonalen Antikörpern können die so erhaltenen Zellen entweder in Kultur weitergezüchtet werden oder in die Bauchhöhle von Tieren injiziert werden.

Viele Arten von Pflanzenzellen wachsen sowohl auf einem festen Medium als auch in Suspension. Die Arbeitstechniken ähneln den Arbeitstechniken zur Züchtung von tierischen Zellkulturen. Pflanzliche Zellkulturen stellen hohe Ansprüche an das Nährmedium, das aus Pflanzenextrakten und Hilfsstoffen besteht. Da bei den Zellen in Kultur die Photosynthese weniger wirksam als im lebenden Organismus abläuft, müssen dem Nährmedium noch Kohlenhydrate zugesetzt werden. Auf festen Substraten wachsen pflanzliche Gewebe als Kallus, der aus parenchymatösen Zellgemischen besteht. Nach mehreren Subkulturen neigen die Zellen dazu, schneller zu wachsen, weniger Ansprüche an das Nährmedium zu stellen, die Chromosomenzahlen zu ändern und sie können sich auch weniger gut differenzieren. Pflanzenzellen werden meist in Suspensionskulturen gezüchtet. Der hauptsächliche Vorteil einer Suspensionskultur besteht darin, daß überall im Reaktor homogene Bedingungen eingehalten werden können.

Viren sind submikroskopisch kleine Agenzien, die Pflanzen, Tiere und Bakterien infizieren können. Sie bestehen aus DNA- bzw. RNA-Genomen, die von einem Eiweißmantel aus identischen Untereinheiten umhüllt sind. Manchmal existiert noch eine weitere, äußere Lipoproteinmembran auf der Proteinschicht. Viren besitzen weder ein Cytoplasma noch eine Cytoplasmamembran. Sie reproduzieren sich in spezifischen Wirtszellen, indem sie dem biochemischen System des Wirtsorganismus ihre Geninformation aufdrängen. Virale Impfstoffe werden aus infizierten Wirtszellenkulturen gewonnen. Viren, die zur Infektion von Bakterien in der Lage sind (Bakteriophagen), führten in der Industrie vor allem in Starterkulturen für die Käseherstellung zu erheblichen Problemen.

2.3 Zellwachstum

Das Wachstum der Mikroorganismen ist das Herzstück nahezu aller Fermentationsverfahren. Wir wissen bereits, daß sich Bakterien in zwei Tochterzellen gleicher Größe teilen, Hefezellen sich durch Knospung vermehren und Pilze durch Verlängerung der Hyphen wachsen, wobei die Morphologie des Pilzmycels von den Wachstumsbedingungen in ihrer Umgebung abhängt. Pilze bilden auf der Oberfläche von festen Medien Mycelmatten aus, deren

Beschaffenheit die Nährstoffzusammensetzung widerspiegelt. In Submerskulturen können Pilze auf den suspendierten Nährstoffpartikeln als diffuses Filamentenmycel oder als dichte Pellets wachsen. Die Wachstumsmorphologie wirkt sich unmittelbar auf die Wachstumsgeschwindigkeit und die Produktbildung aus. Die Diffusion von Nährstoffen und Produkten im Inneren der Mycelpellets ist vernachlässigbar gering. Wachstum und Metabolismus laufen also vorwiegend an der Oberfläche und im oberflächennahen Bereich ab.

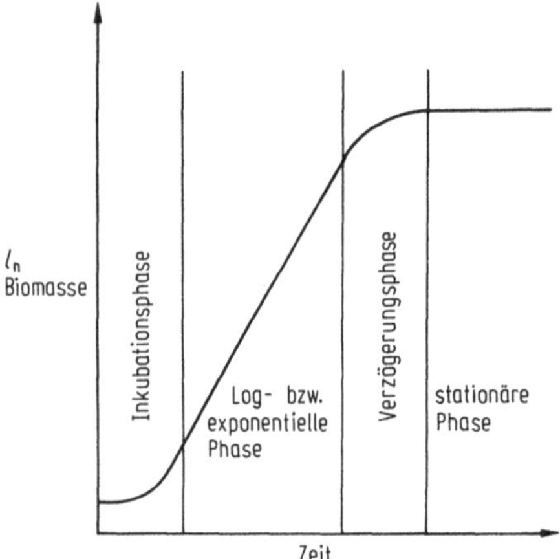

Abb. 2.6. Wachstumsphasen der Mikroorganismen in Batch-Kulturen.

Wird ein bestimmtes Volumen eines Nährmediums mit einem Organismus angeimpft, so durchläuft die Kultur bestimmte Wachstumsphasen (Abb. 2.6). Unmittelbar auf das Zusammenführen von Impfkultur und Nährmedium folgt die Inkubations- bzw. ‚lag‘-Phase. Während dieser Phase adaptiert sich der Organismus an die neue Umgebung. Nach einer kurzen Übergangszeit, während der die Wachstumsgeschwindigkeit der Zellen allmählich ansteigt, wachsen die Zellen mit konstanter, maximaler Geschwindigkeit (Exponential- bzw. log-Phase). Im Zuge des anhaltenden Zellwachstums werden die Nährstoffe verbraucht und die Produkte vom Organismus sekretiert. In der nachfolgenden Phase sinkt die Wachstumsgeschwindigkeit langsam wieder ab. Nachdem ein essentieller Nährstoff verbraucht ist oder wenn toxische Produkte entstehen, kommt das Zellwachstum oft völlig zum Erliegen. Diese Phase wird auch als stationäre Phase bezeichnet.

Wird das Zellwachstum als Zunahme der Zellmasse gemessen, so läßt es sich beschreiben zu

$$\frac{\mathrm{d}x}{\mathrm{d}t} = \mu x - \alpha x \qquad (2.1)$$

wobei die einzelnen Parameter bedeuten

x = Konzentration der Zellen (mg cm^{-3})
t = Inkubationszeit (h)
μ = spezifische Wachstumsgeschwindigkeit (h^{-1})
α = spezifische Lysegeschwindigkeit bzw. spezifische Geschwindigkeit von endogenen Stoffwechselreaktionen (h^{-1})

Bei günstigen Nährstoffbedingungen sowie guten Bedingungen für weitere Zellparameter gilt $\mu \gg \alpha$ und damit wird (2.1) zu

$$\frac{\mathrm{d}x}{\mathrm{d}t} = \mu x \tag{2.2}$$

Die Integration von (2.2) führt zu

$$x_t = x_0\, e^{\mu t} \tag{2.3}$$

wobei x_0 der Zellkonzentration zum Zeitpunkt 0 entspricht und x_t der Zellkonzentration zum Zeitpunkt t (h). Wird (2.3) logarithmiert, so erhält man

$$\ln x_t = \ln x_0 + \mu t \tag{2.4}$$

Zum Zeitpunkt $t = t_\mathrm{d}$, d.h. wenn sich die Zellmasse verdoppelt hat, gilt $x_t = 2x_0$. Einsetzen in (2.4) liefert

$$\ln 2x_0 = \ln x_0 + \mu t_\mathrm{d} \tag{2.5}$$

Die Zeit, nach der sich die Biomasse verdoppelt hat, erhält man durch Auflösen nach t_d zu

$$t_\mathrm{d} = \frac{\ln 2}{\mu} \tag{2.6}$$

Parameter mit Einfluß auf die Wachstumsgeschwindigkeit. Die Wachstumsgeschwindigkeit ist einerseits von der Art des betrachteten mikrobiellen Zelltyps und andererseits von physikalischen und chemischen Umgebungseinflüssen abhängig. Generell läßt sich jedoch sagen, daß die durchschnittliche Zeit für die Verdopplung der Zellmassen mit zunehmender Komplexität des Organismus zunimmt, d. h. sie ist für Bakterien kürzer als für Hefen und Schimmelpilze und deutlich am längsten für Tier- und Pflanzenzellen.

Ähnlich wie chemische und enzymatische Reaktionen ist auch das Zellwachstum temperaturabhängig. Die meisten Mikroorganismen können sich in einem Temperaturintervall von 25–30 °C vermehren. Die genaue Temperatur, bei der ein bestimmter Organismus wächst, hängt davon ab, ob es sich um psychrophile, mesophile, bzw. um leicht oder extrem thermophile Mikroorganismen handelt (Abb. 2.7).

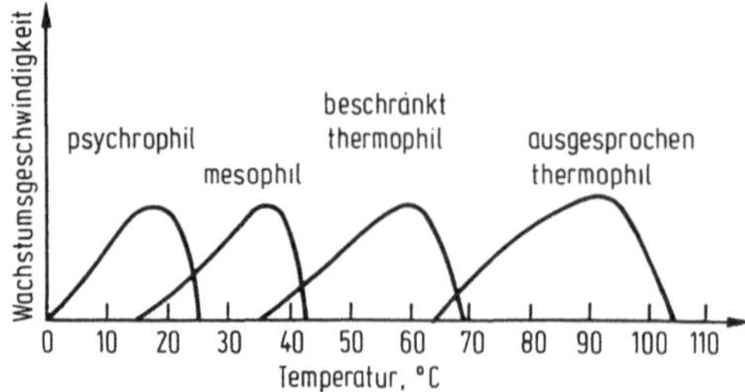

Abb. 2.7. Einfluß der Temperatur auf die spezifische Wachstumsgeschwindigkeit von psychrophilen, mesophilen und thermophilen Mikroorganismen

Für tierische und pflanzliche Zellen ist das entsprechende Temperaturintervall wesentlich kleiner. Innerhalb des entsprechenden Temperaturintervalles gilt für alle Mikroorganismen, daß die Wachstumsgeschwindigkeit zuerst mit steigender Temperatur zunimmt, ein Maximum erreicht und bei weiterer Temperaturerhöhung steil abfällt. Dieses Verhalten beruht auf dem Überhandnehmen der Absterberate. Der Zusammenhang zwischen Temperatur und Wachstumsgeschwindigkeit kann mit der Arrhenius-Gleichung beschrieben werden:

$$\mu = A\, e^{-E_\mathrm{a}/RT} \tag{2.7}$$

wobei gilt

$A =$ Arrhenius-Konstante
$E_\mathrm{a} =$ Aktivierungsenergie $(\mathrm{J\ mol^{-1}})$
$R =$ universelle Gaskonstante
$T =$ absolute Temperatur

Der pH-Einfluß auf die mikrobielle Wachstumsgeschwindigkeit entspricht in etwa seinem Einfluß auf die Enzymaktivität. Die meisten Mikroorganismen können über einen pH-Bereich von 3 bis 4 Einheiten wachsen.

Der Einfluß der Wasseraktivität bzw. der relativen Feuchtigkeit läßt sich wie folgt darstellen:

$$A_\mathrm{W} = P_\mathrm{L}\,/\,P_\mathrm{W} \tag{2.8}$$

wobei P_L der Dampfdruck von Wasser in einer wäßrigen Lösung und P_W der Dampfdruck von reinem Wasser bedeuten. Bakterien benötigen für ihr Wachstum eine Aktivität A_W von mehr als 0,95, Schimmelpilze können bereits ab einer Aktivität von 0,7 wachsen.

Wie jede andere chemische Reaktion hängt auch die Wachstumsgeschwindigkeit von Zellen von der Konzentration der angebotenen chemischen Nährstoffe ab (Abb. 2.8). Dieser Zusammenhang läßt sich mit der Monod-Gleichung beschreiben:

$$\mu = \mu_\mathrm{max}\frac{s}{K_\mathrm{s} + s} \tag{2.9}$$

wobei gilt

μ_{max} = maximale spezifische Wachstumsgeschwindigkeit

s = aktuelle Konzentration des limitierenden Substrats

K_{s} = Sättigungskonstante (entspricht der Substratkonzentration bei $\mu = 0{,}5\,\mu_{\text{max}}$)

Die K_{s}-Werte der verschiedenen Kohlenstoffquellen liegen für gewöhnlich im Bereich 1–10 mg l^{-1}. Die Zellen wachsen nahezu mit der maximal möglichen Wachstumsgeschwindigkeit μ_{max}, wenn die Konzentration der limitierenden C-Quelle mehr als 10 K_{s} beträgt, was ungefähr einer Konzentration von 10–100 mg l^{-1} entspricht. Hohe Kohlenhydratkonzentrationen können sich allerdings auf das Wachstum hemmend auswirken, da osmotische Effekte auftreten. Osmotische Effekte wirken sich ähnlich wie die Wasseraktivität auf Bakterien stärker aus als auf Pilze.

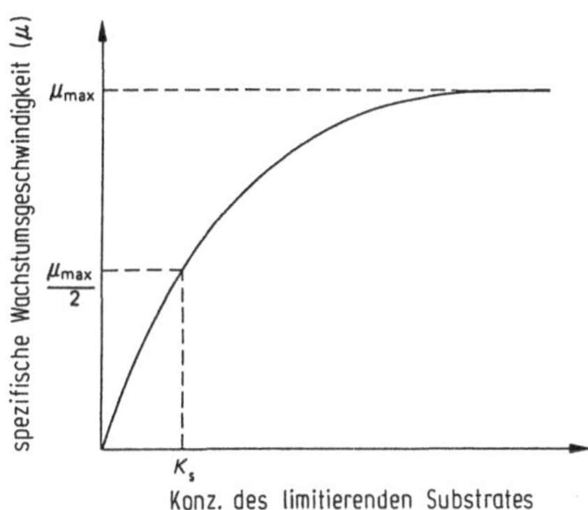

Abb. 2.8. Einfluß der Substratlimitierung auf die spezifische Wachstumsgeschwindigkeit.

Häufig ist die während des Zellwachstums gebildete Zellmasse proportional zur Menge des eingesetzten Substrates:

$$Y_{\text{x/s}} = \frac{\text{gebildete Biomasse (g)}}{\text{verbrauchtes Substrat (g)}} \qquad (2.10)$$

wobei $Y_{\text{x/s}}$ der Biomasse-Ausbeutekoeffizient bedeutet.

2.4 Metabolismus

2.4.1 Primärmetabolismus

Das mikrobielle Wachstum ist von der Fähigkeit der Zelle abhängig, wie gut sie die Nährstoffe aus ihrer Umgebung zur Synthese der makromolekularen Verbindungen für ihre Zellstruktur, sowie zur Synthese der vielen niedermolekularen Verbindungen, die bei der Zellaktivität eine Rolle spielen, verarbeiten kann. Beim primären Metabolismus handelt es sich um Reaktionen, welche die Kohlenstoff- und Stickstoffverbindungen, nachdem sie in die Zelle eingetreten sind, entweder zu neuem Zellmaterial aufbauen oder zu energieärmeren Produkten, die anschließend wieder ausgeschleust werden. Die Synthesen verbrauchen Energie. Die meisten der bei den industriellen Fermentationen verwendeten Zelltypen sind heterotroph, d. h. sie gewinnen die nötige Energie aus dem Abbau organischer Verbindungen. Bei aeroben Verfahren bzw. Veratmungsverfahren sind die Organismen in der Lage, einige der zugesetzten Nährstoffe vollständig in CO_2 und H_2O zu zerlegen. Damit erzielen sie zur Bildung neuer Zellmasse aus den verbleibenden Substraten die maximal mögliche Energie. Beim anaeroben bzw. fermentativen Metabolismus sind die Zellen wesentlich weniger gut dazu in der Lage, organische Substrate zu Zellmaterial umzuwandeln und schleusen üblicherweise partiell abgebaute Zwischenprodukte aus.

Energieproduzierende bzw. katabole Reaktionswege liefern ATP und reduzierte Coenzyme, die für die verschiedenen biosynthetischen Reaktionen gebraucht werden, sowie chemische Zwischenprodukte, die als Startsubstanzen für Biosynthesen dienen.

Der Zuckerabbau erfolgt nach einer von drei Möglichkeiten, dem Embden–Meyerhof-Parnas-(EMP)-Weg, dem Hexose-Monophosphat-(HMP)-Weg oder dem Entner-Doudoroff-(ED)-Weg. Beim EMP-Abbau wird Glucose über Triosephosphat-Zwischenprodukte in zwei Moleküle Pyruvat abgebaut. Dieser Abbauweg ist universell und im Stoffwechsel aller Tiere, Pflanzen, Pilze, Hefen und Bakterien nachzuweisen. Aus dem EMP-Weg entstehen allerdings keine Vorstufen, die sich zur Biosynthese aromatischer Aminosäuren sowie von DNA oder RNA eignen. Daher müssen Mikroorganismen, die Glucose nur auf dem EMP-Weg verwerten, mit Wachstumsfaktoren versorgt werden. Der ED-Weg tritt relativ beschränkt auf. Manche Bakterienarten, u. a. auch die *Pseudomonas*-Arten, benutzen den ED-Weg zum Glucoseabbau und nicht den EMP-Weg. In einem HMP-Cyclus wird Glucose unter Bildung von 12 Molekülen $NADPH + H^+$ zu CO_2 abgebaut. Mikroorganismen können auf diesem Weg Pyruvat bilden. Die Bedeutung des HMP-Weges liegt vor allem darin, daß so die Vorstufen von aromatischen Aminosäuren und Vitaminen gebildet werden können, sowie $NADPH/H^+$, das für viele biosynthetische Reaktionen notwendig ist.

Ein wichtiges Endprodukt der drei obigen Abbau-Wege ist die Brenztraubensäure, die beim aeroben Metabolismus in den Citratcyclus (Tricarbonsäurecyclus, Krebs-Cyclus) eingeschleust wird und außerdem beim anaeroben Metabolismus als Vorstufe von sauren, alkoholischen und anderen Endprodukten dient. Viele Mikroorganismen gewinnen ihre Energie aus dem Citrat-Cyclus. Acetyl-CoA (2 Kohlenstoffatome) aus Pyruvat kondensiert mit Oxalacetat (4 Kohlenstoffatome) zum Citrat (6 Kohlenstoffatome), das seinerseits im Lauf des Cyclus unter Abgabe von zwei Molekülen CO_2 wieder zu Oxalacetat abgebaut wird (s. Abb. 2.9a). So wird also Pyruvat zu CO_2 oxidiert, wobei gleichzeitig reduzierte Coenzyme anfallen, die ihrerseits wieder oxidiert werden können, indem ihre Elektronen entlang der Atmungskette auf Elektronenakzeptoren, wie z. B. Sauerstoff, übertragen werden. Im Zuge dieses Atmungsprozesses wird ein Teil der gewonnenen Energie zur Bildung von ATP verbraucht, das wiederum für Biosynthesen benötigt wird.

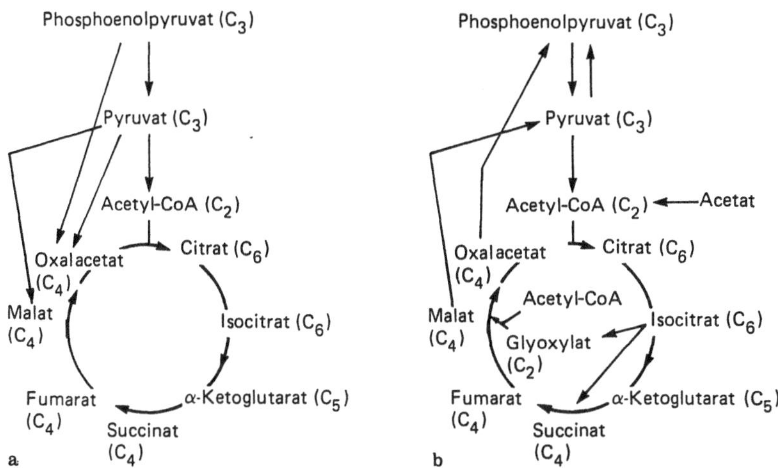

Abb. 2.9. (a) Anaplerotische Reaktionen zur Auffüllung von Zwischenprodukten des Citratcyclus, wenn der Organismus auf Kohlenhydraten gezüchtet wird. (b) Anaplerotische und weitere Schlüsselreaktionen zur Synthese von Hexose- und Pentose-Vorstufen, wenn der Organismus auf Substraten mit hauptsächlich Acetat als Kohlenstoffquelle gezüchtet wird.

Die Zwischenstufen aus dem Citratcyclus dienen auch als Vorstufen zur Biosynthese vieler Aminosäuren, einiger organischer Säuren und weiterer Fermentationsprodukte. Die so verwendeten Zwischenstufen müssen aber wieder ersetzt werden, denn die Oxalacetatkonzentration muß auf einem gewissen Niveau gehalten werden, damit die anfallenden Acetyl-Gruppen aus dem Pyruvatabbau abgefangen werden können. Um diese Anforderung erfüllen zu können, existieren viele anaplerotische Reaktionen (Reaktionen, die zur Auffüllung des Cyclus dienen). Wichtige anaplerotische Reaktionen sind z. B. die Carboxylierung von Pyruvat bzw. Phosphoenolpyruvat zu Oxalacetat bzw. Malat. Mikroorganismen, die auf Kohlenstoffquellen wie z.B. Fettsäuren, Acetat oder deren Vorstufen wachsen, gewinnen aus dem Citratcyclus sowohl Energie als auch biosynthetische Vorstufen. Dabei wird Acetyl-CoA gebildet, das mit Oxalacetat kondensiert. Das Produkt tritt in den Citratcyclus ein. Oxalacetat und Malat können nach Umwandlung zu Pyruvat bzw. Phosphoenolpyruvat als Vorstufen für Hexosen und Pentosen dienen, wobei die reversiblen Reaktionen im EMP- und HMP-Weg benutzt werden. Auch hierfür würden die Zwischenprodukte dem Citratcyclus entzogen werden. In diesem Fall verändert sich durch die Einführung von zwei enzymatischen Reaktionen der Cyclusablauf (Glyoxylat-Cyclus). Im Glyoxylat-Cyclus wird ankommendes Acetyl-CoA zu C_4-Säuren umgewandelt. Abbildung 2.9 zeigt eine Zusammenstellung der wichtigsten anaplerotischen Reaktionen. Im Glyoxylat-Cyclus kann auch CoA, das aus Hexosen über Pyruvat gebildet wird, dazu verwendet werden, die Zwischenstufen für den Citratcyclus wieder aufzubauen.

Hefen und Pilze wandeln Hexosen in einer Kombination von EMP- und HMP-Weg, nachgeschaltetem Citrat-Cyclus und Veratmung in Einzellerprotein (SCP) um. Aus Alkanen entsteht SCP über die Oxidation zu Acetateinheiten und deren Assimilation durch Glyoxylat- und Citrat-Cyclen. Die Bildung erfolgt mit Enzymen aus den EMP- und HMP-Wegen, die zur Biosynthese von Hexosen, Pentosen und weiteren Zellbestandteilen verwendet werden. Die SCP-Bildung durch *Methylophilus*-Arten ausgehend von Methanol erfolgt durch die Konversion von Methanol zu Formaldehyd und anschließender weiterer Oxidation im Ribulose-Monophosphat-Weg (s. Abb. 6.4, S. 115).

Bei der Citronensäurefermentation mit *Aspergillus niger* werden Hexosen über den EMP-Weg zu Pyruvat und Acetyl-CoA abgebaut. Acetyl-CoA kondensiert dann mit Oxalacetat im ersten Schritt des Citratcyclus zum Citrat. Der weitere Citratmetabolismus wird durch die Hemmung eines Enzyms im Citratcyclus verhindert, das zeitlich nach dem Citrat wirkt. Das für die Kondensation benötigte Oxalacetat wird durch die Carboxylierung von Pyruvat wieder gewonnen. Der EMP-Weg und die Pyruvatcarboxylierung sind auch bei der Produktion von Methylenbernsteinsäure mit *A. terreus* aus Hexosen beteiligt. Weiterhin spielen auch bei der Produktion von Glutaminsäure und Lysin durch *Corynebacterium* und *Brevibacterium*-Arten der EMP-Weg, der Citrat-Cyclus und mehrere anaplerotische Reaktionen eine Rolle (s. Abb. 9.1, S. 176).

Abbildung 2.10 zeigt einige der wichtigeren anaeroben Metabolismen und die jeweiligen Endprodukte. Pyruvat entsteht als Endprodukt aus dem EMP-Weg bei einigen bedeutenden Fermentationen u. a. mit *Saccharomyces-, Lactobacillus-* und *Clostridium*-Arten. Bei der alkoholischen Fermentation von Hefe wird das Pyruvat zuerst zu Acetaldehyd und anschließend zu Ethanol umgewandelt. Das bei der Glykolyse entstehende $NADH/H^+$ wird durch das Enzym Alkoholdehydrogenase während der Reaktion von Acetaldehyd zu Ethanol wieder reoxidiert. Wird während der Alkoholfermentation zur Hefekultur Natriumbisulfit zugesetzt, so entsteht ein Acetaldehyd-Sulfit Komplex, und das glykolytische Zwischenprodukt Dihydroxyacetonphosphat wird zu Glycerolphosphat reduziert, das dann zu Glycerol abgebaut wird (s. a. Abb. 8.4, S. 162). Bei der industriellen Fermentation zur L-(+)-Milchsäure-Produktion mit *Lactobacillus delbrueckii* wird das aus Hexose gebildete Pyruvat vom Enzym L-Lactatdehydrogenase zu Lactat umgewandelt. Essigsäure kann biologisch über die aerobe Umwandlung von Ethanol in Acetat (s. a. Kap. 7) gewonnen werden. Bezogen auf die eingesetzte

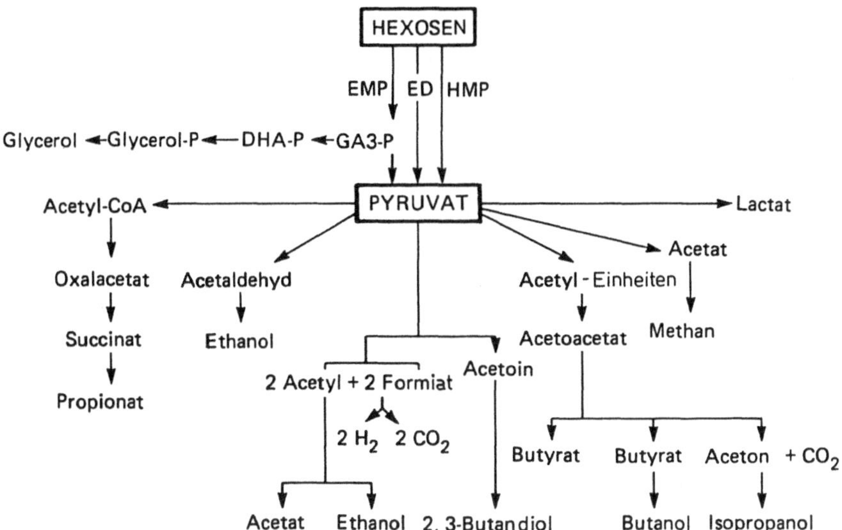

Abb. 2.10. Wichtige anaerobe Stoffwechselreaktionen.

Glucose ist die maximale theoretische Ausbeute 0.66. *Clostridium thermoaceticum* fermentiert 1 Mol Glucose stöchiometrisch über Pyruvat in 3 Mol Acetat (s. Abb. 8.5, S. 164). *Clostridium acetobutylicum* wandelt Pyruvat in eine Mischung aus Aceton und Butanol um. Die anaerobe Verarbeitung bei der Abfallbehandlung nutzt die Interaktion von drei Gruppen von Mikroorganismen in einer komplexen Reaktionsserie. Dabei werden aus dem Abbau von Polymeren organische Säuren, Aldehyde und Ester gewonnen, und die entstandenen Monomere werden dann zu Acetat, CO_2 und Wasserstoff umgewandelt. Aus Acetat und Wasserstoff bilden sich anschließend Methan und CO_2 (s. Kap. 12).

Einige der nachfolgenden Kapitel behandeln die Primärmetabolismen von Mikroorganismen für spezielle technische Fermentationen noch eingehender.

2.4.2 Sekundärmetabolismus

Unter Sekundärmetaboliten versteht man Verbindungen, die für die Biosynthese in der Zelle ohne Bedeutung sind und die an Stoffwechselreaktionen zur Energiegewinnung nicht direkt beteiligt sind. Bislang ist es auch noch unklar, warum solche Sekundärmetaboliten überhaupt gebildet werden. Manche Sekundärmetaboliten, wie z. B. die Antibiotika, sind für die Organismen vorteilhaft. Die Antibiotika hindern andere Organismen in der näheren Umgebung der Zelle daran, um die vorhandenen Nährstoffe zu konkurrieren. Andere Sekundärmetaboliten können Differenzierungen auslösen, symbiotisch wirken oder Faktoren in sexuellen Cyclen sein. Man beobachtet häufig die Bildung mehrerer Vertreter einer Verbindungsklasse.

Die Biosynthese von Sekundärmetaboliten ist eng mit dem Primärmetabolismus der jeweiligen Zelle verbunden. Als Vorstufen für Sekundärmetaboliten dienen oft direkt die Primärmetaboliten, bzw. modifizierte Primärmetaboliten, wie z. B. organische Säuren, Isopreneinheiten, aliphatische und aromatische Aminosäuren, Zuckerderivate, Cyclitolderivate und Purin- oder Pyrimidinbasen. Die Antibiotika sind wohl unter den mit technischen Fermentationen hergestellten mikrobiellen Sekundärmetaboliten die bedeutendste Gruppe (s. Kap. 10). Gibberellinsäure, Ergot-Alkaloide, Cytostatika, Immunmodulatoren und Insektizide sind weitere industriell verwertete mikrobielle Sekundärmetabolite. Viele der hochpreisigen Sekundärmetabolite werden aus Pflanzen extrahiert, wie z. B. die pharmazeutischen Wirkstoffe Vinblastin, Vincristin, Ajmalicin, Digitalis und Codein sowie die Geschmacks- und Duftstoffe Chinin, Jasmin, Pfefferminze und die Pyrethrin-Insektizide. Möglicherweise können manche dieser Substanzen zukünftig in Suspensionskulturen produziert werden. Für höhere Ausbeuten an pflanzlichen Sekundärmetaboliten ist ein gewisses Ausmaß an Zellaggregation und -differenzierung Voraussetzung. Bei Pflanzenzellkulturen im großen Maßstab ist aber genau eine solche Aggregation nicht unbedingt erwünscht, denn die Kulturperiode von differenzierten Zellen ist länger als für undifferenzierte Zellen und bedeutet erhöhte Kosten und erhöhte Kontaminationsgefahr.

2.5 Steuerung des Metabolismus

Eine einzige Zelle besitzt die genetische Information zur Bildung von mehr als 1000 Enzymen. Es ist einsichtig, daß die Enzyme bei so komplexer Vernetzung der metabolischen Reaktionswege im richtigen Verhältnis gebildet werden müssen und daß die Reaktionen so koordiniert sein müssen, daß die Zelle als effiziente Einheit arbeiten kann. Mikroorganismen können ihre Zusammensetzung und ihren Metabolismus auf Veränderungen in ihrer Umgebung anpassen. Die Steuerungsmechanismen, die für diese Flexibilität verantwortlich sind, setzen sowohl bei der Enzymsynthese als auch bei der Enzymwirkung an.

Bei einer Bioreaktorkultivierung wird der Substratfluß durch das komplexe Netzwerk an catabolen und anabolen Reaktionspfaden durch mehrere Mechanismen beeinflußt. In mehreren Reaktionswegen sind spezielle, geschwindigkeitsbestimmende Enzyme plaziert und diese Enzyme reagieren üblicherweise empfindlich auf Induktions-/Repressions- und Aktivierungs-/Inhibierungs-Mechanismen (s. u.). Die Überproduktion eines Primärmetaboliten beruht auf dem großen Unterschied zwischen der ankommenden Substanzmenge, die von dem Enzym umgewandelt werden soll (Akkumulation), und der tatsächlich verarbeiteten Substanzmenge. Dadurch wird die Substanz weder metabolisiert noch im weiteren Stoffwechsel verbraucht. Die Regulierungsmechanismen bei der Produktion von Sekundärmetaboliten sind komplexer und weniger gut verstanden, jedoch deutet manches darauf hin, daß die Steuerungsmechanismen jenen für die Primärmetaboliten ähneln.

In der Entwicklung von Fermentationsverfahren, die Primärmetabolite im Überschuß produzieren sollen, müssen natürlich die verschiedenen Regulationsmechanismen bei der Optimierung der Umgebungsbedingungen für Isolierung und Veränderung der Produktionsstämme berücksichtigt werden.

2.5.1 Enzymsynthese und -abbau

Die tatsächliche Konzentration eines bestimmten intracellulären Enzyms innerhalb einer Zelle wird über die unterschiedlichen Bildungs- bzw. Abbaugeschwindigkeiten des Enzyms reguliert. Innerhalb von Zellen werden Proteine durch proteolytische Enzyme kontinuierlich abgebaut, so daß jedes Protein eine durchschnittliche, endliche Halbwertszeit besitzt. Die Proteine sind auch unterschiedlich empfänglich für die proteolytischen Angriffe. Nettosynthese eines Enzyms tritt nur dann auf, wenn seine Bildung schneller erfolgt als sein Abbau.

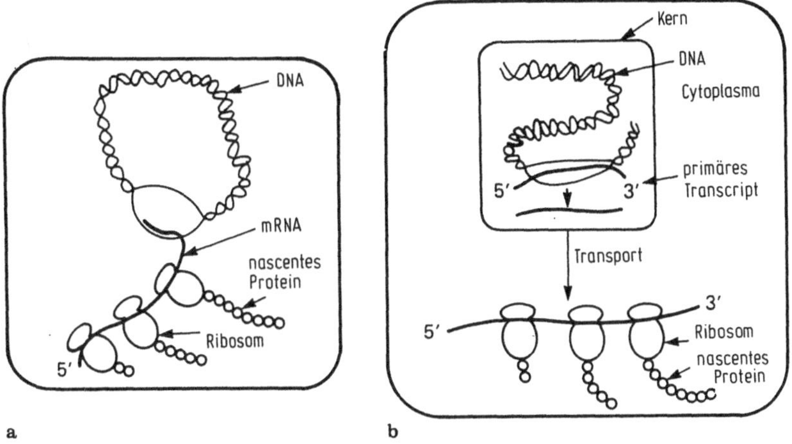

Abb. 2.11. Proteinsynthese bei (a) Prokaryonten und (b) Eukaryonten.

Abbildung 2.11a zeigt den allgemeinen Mechanismus der Proteinsynthese in Prokaryonten. Eine einzige RNA-Polymerase erkennt und bindet sich an spezifische DNA-Stellen, die sog. Promotoren, und initiiert damit die Synthese der mRNA und die Transcription eines Operons. Am Ende eines Strukturgens schließt sich eine Terminierungsregion an, durch die die RNA-Polymerase die Transcription beendet und von der DNA dissoziiert. Viele der mRNAs in Prokaryonten sind polycistronisch, d. h. sie codieren mehrere, unterschiedliche Polypeptidketten (nahezu alle eukaryontischen mRNAs sind monocistronisch). Der erste Schritt bei der Synthese eines jeden

Proteins ist die Bindung eines Ribosoms an eine spezifische Bindungsstelle auf der mRNA. Die Translation beginnt schon bevor die RNA-Polymerase ein Terminierungssignal erreicht hat.

Die bakterielle Transcription wird sowohl mit konstanter, i. a. geringer, Geschwindigkeit und ohne Regulation in Gang gesetzt als auch kontrolliert über Proteine, die mit DNA-Regionen (den sog. Operatoren) in der Nähe der Promotor-Region ortsspezifisch reagieren. Die Kontrollproteine, die sich an die Operatoren binden, werden, je nachdem, ob sie die Transcription verlangsamen oder beschleunigen, als Repressoren oder Aktivatoren bezeichnet. Einige Operatoren werden sowohl durch Aktivator- als auch durch Repressor-Proteine kontrolliert. In Prokaryonten kontrollieren die Promotor-Operator Stellen auch oft die DNA-Transcription, indem sie mehr als ein Protein codieren. Die Proteinsynthese wird meistens über die anfängliche Transcriptionsgeschwindigkeit gesteuert, manchmal jedoch auch über die Transcriptionsterminierung oder an den Stellen, an welchen die Translation startet.

Abbildung 2.11b illustriert den Mechanismus der Proteinsynthese in Eukaryonten. Die Transcription erfolgt im Kern und die primäre RNA wird im Kern noch stark modifiziert, bevor sie ins Cytoplasma eintritt und dort mit Ribosomen assoziiert. In Eukaryonten kann die Regulierung der Proteinsynthese sowohl beim RNA-processing als auch bei der Transcription oder der Translation eingreifen. Prokaryonten zeigen nur vereinzelt auf der Stufe der Translation Regulationsmechanismen.

Sowohl bei den Prokaryonten als auch bei den Eukaryonten wird die Geschwindigkeit der Proteinsynthese durch die Stabilität bzw. die Halblebenszeit der mRNA beeinflußt. Die einzelnen mRNAs unterscheiden sich im Hinblick auf ihre Stabilität, so daß deren Auswirkung auf die Gesamtproteinsynthese komplex ist.

Induktion. Einige Enzyme werden konstitutiv gebildet, d. h. sie werden während des Zellwachstums konstant in bestimmten Mengen produziert. Andere Enzyme sind induktiv, d. h. sie werden nur dann gebildet, wenn im Medium ein bestimmtes Schlüsselsubstrat vorliegt. Die Strukturgene für induzierbare Enzyme sind entweder für gewöhnlich inaktiv oder wirken in Abwesenheit des Schlüsselsubstrates auf einem sehr geringen ‚Grundniveau‘. Erst wenn das Strukturgen mit dem entsprechenden Substrat zusammentrifft, beginnt das Strukturgen zu arbeiten, und die Transcription und die Translation beginnen. Diese Vorstellung wird in Abb. 2.12 am Beispiel der Induktion der β-Galactosidase in *E. coli* illustriert (Jacob–Monod–Modell). Ein Regulatorgen synthetisiert einen Repressor, der sich beim Fehlen eines Induktors an ein Operatorgen bindet und so die RNA-Polymerase daran hindert, sich entlang der DNA fortzubewegen und das Strukturgen abzuschreiben (transscribieren). Der Induktor bindet an den Repressor und entfernt ihn vom Operatorgen. Damit kann die Transcription erfolgen.

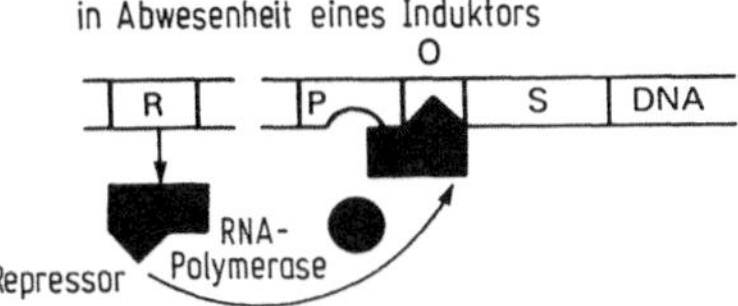

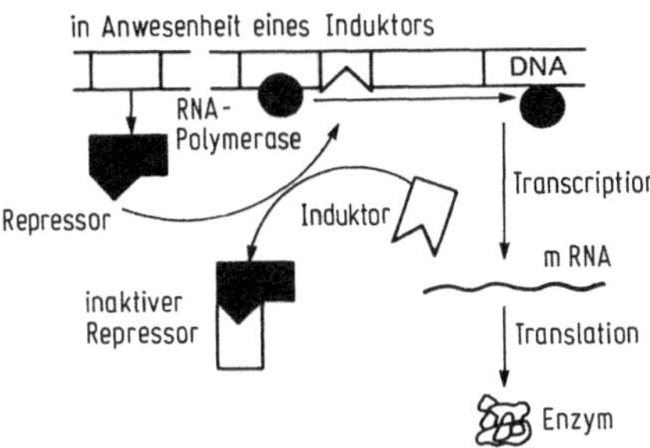

Abb. 2.12. Wirkungsweise eines induzierbaren Enzymsystems.

Katabolitrepression. Mit diesem Phänomen ist oft zu rechnen, wenn die Zelle in einem Medium mit mehr als einem verwertbaren Wachstumssubstrat gezüchtet wird. Bei der Kohlenstoff-Katabolitrepression werden zunächst die Enzyme synthetisiert, die die wertvollste Kohlenstoffquelle, üblicherweise Glucose, abbauen. Erst wenn dieses Substrat verbraucht ist, werden weitere Enzyme gebildet, die die schlechter verwertbaren Kohlenstoffquellen abbauen können. Die Katabolitrepression bei *E. coli* ist vor allem darauf zurückzuführen, daß die Bildung des cyclischen $3',5'$-Adenosinmonophosphat (cAMP) gehemmt ist. cAMP ist zur Synthese der mRNA notwendig. Während des Glucosestoffwechsels sinkt der cAMP-Gehalt in den Zellen auf ein tausendstel des ursprünglichen Wertes ab. Die cAMP-Konzentration hängt mit der Konzentration der Adenylcyclase und der cAMP-Phosphodiesterase zusammen. Die beiden Enzyme bilden bzw. spalten das cAMP. Die Adenylcyclase scheint durch den Transport leicht verwendbarer Kohlenstoffquellen in das Zellinnere inhibiert zu werden. Die Glucose-Katabolitrepression ist bei Pilzen, Hefen und den *Bacillus*-Arten weit verbreitet. Der Regulationsmechanismus ist allerdings noch nicht gut verstanden.

Viele Enzyme, unter ihnen die Proteasen, werden durch schnell verwertbare Aminosäuren oder Ammoniak reprimiert (Stickstoff-Katabolitrepression). Durch ein begrenztes Ammoniakangebot im Fermentationsmedium wird die Synthese dieser Enzyme i. a. dereprimiert.

Feedback-Repression. Die Synthese von katabolen Enzymen ist häufig über Induktion und Katabolitrepression gesteuert, wohingegen die Biosynthese von anabolen Enzymen über eine Feedback- oder Endproduktrepression erfolgen kann. In der Natur wird die Feedback-Repression häufig zur Steuerung der Synthese von Aminosäuren, Purin, Pyrimidin und von Vitaminen eingesetzt. Im klassischen Modell für eine Feedback-Repression (Abb. 2.13) bildet das Regulator-Gen ein Aporepressor-Protein (Auxorepressor) das zunächst mit einem Corepressor einen Aporepressor-Corepressor-Komplex (Endprodukt) bildet, der dann an das Operator-Gen bindet und die Transcription verhindert. Ohne dieses Endprodukt (Aporepressor-Corepressor-Komplex) tritt keine Repression auf.

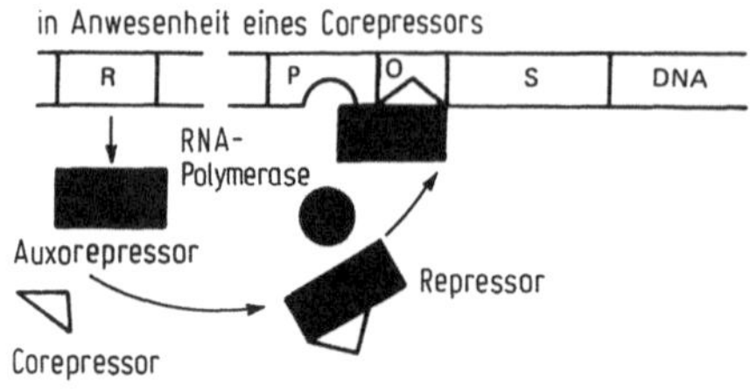

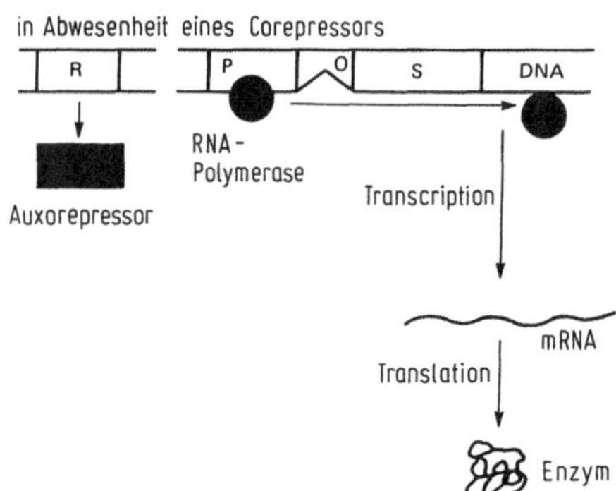

Abb. 2.13. Schematische Darstellung eines Enzymsystems, das einer Feedback-Repression unterliegt.

2.5.2 Anpassung der Enzymaktivität

Viele Enzyme besitzen außer ihren aktiven Bindungsstellen noch eine oder mehrere weitere Bindungsstellen (allosterische Bindungsstellen), an die sich spezielle Metaboliten oder Effektormoleküle reversibel binden können. Dadurch wird die Enzymkonformation verändert, was eine Absenkung oder Erhöhung der Enzymaktivität bedeuten kann. Die Aktivierung bzw. Deaktivierung kann jedoch auch über die Bildung oder Lösung einer kovalenten Bindung innerhalb des Enzyms variiert werden. Auch Verbindungen, die das aktuelle Energieniveau der Zelle widerspiegeln, wie z. B. ATP, ADP, AMP oder Nicotinamid-Nucleotide können die Enzymaktivität regulieren sowie den Metabolismus über die Gleichgewichtslage von catabolen und energieverbrauchenden anabolen Prozessen steuern.

2.5.3 Regulation verzweigter metabolischer Reaktionswege

Die biosynthetischen Stoffwechselreaktionen durchlaufen häufig zuerst gemeinsame Enzymsequenzen, verzweigen sich schließlich und führen zu unterschiedlichen Endprodukten. Mikroorganismen haben einen sogenannten Feedback-Regulationsmechanismus entwickelt, bei dem die Anhäufung eines Endproduktes auf das erste Enzym, das nach dem Verzweigungspunkt zum entsprechenden Endprodukt wirkt, eine Feedback-Regulierung ausübt. Weiterhin sind auch Steuerungsmechanismen bekannt, wo auch das erste Enzym des gemeinsamen Reaktionsweges teilweise inhibiert wird. Dadurch wird erreicht, daß der entsprechende Substratfluß durch die Reaktionsfolge insgesamt proportional verkleinert wird. Die letztere Feedback-Steuerung wird durch das Zusammenwirken von Isoenzymen sowie einer konzertierten und kumulativen Feedbacksteuerung erreicht (s. Abb. 2.14). Dabei wirkt die Steuerung entweder durch die Inhibierung der Enzymaktivität oder durch die Repression der Enzymsynthese. Sind Isoenzyme (multiple Enzymformen, die die gleiche Reaktion katalysieren) beteiligt, so kann die Synthese oder Inhibierung jedes einzelnen Enzyms durch ein eigenes Enprodukt reguliert werden. Bei der konzertierten Feedback-Regulation ist nur ein einziges Enzym beteiligt, jedoch muß zur Inhibierung einer Enzymaktivität oder zur Repression einer Enzymsynthese mehr als ein Produkt vorhanden sein. Bei der kumulativen Feedbacksteuerung bewirkt jedes einzelne Endprodukt eine partielle Inhibierung oder Repression, und zur vollständigen Blockierung der Aktivität oder Synthese müssen alle Endprodukte vorhanden sein.

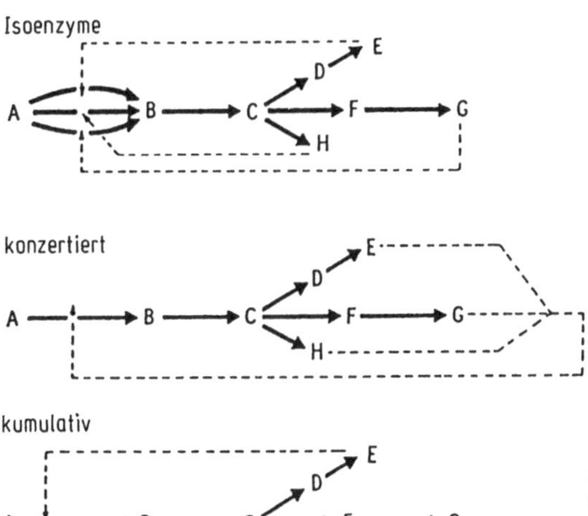

Abb. 2.14. Feedback-Repression eines Enzyms (Mit freundlicher Genehmigung entnommen aus Demain, 1971).

2.6 Substratassimilation/Produktsekretion

Die Zelle ist auf effiziente Mechanismen für den Substratzufluß und Produktabfluß angewiesen, damit sie schnell wachsen kann, damit zur Bildung von Primär- und Sekundärmetaboliten sowie von weiteren Produkten genügend Substrat bereitgestellt werden kann und außerdem die Produkte sekretiert werden können. Bei Prokaryonten brauchen die Substrate nur die mit der Zellwand direkt verbundenen Membranen zu durchtreten, um in die Zelle zu gelangen bzw. aus ihr herauszutreten. Manche bakteriellen Fermentationsverfahren werden unter Bedingungen durchgeführt, die die Zusammensetzung entweder der Zellmembranen oder auch der Zellwände verändern. Infolgedessen verändert sich der Mechanismus der Substrataufnahme bzw. die Sekretion wird erleichtert (s. Kap.9, die Produktion von Glutaminsäure). Eukaryonten besitzen neben einer externen Plasmamembran auch noch ein ausgedehntes System interner Membranen und Organellen. Manche Stoffe werden mittels Endocytose in das Zellinnere transportiert. Hierbei stülpt sich ein Teil der Plasmamembran in Richtung Zellinneres ein und bildet ein Vesikel mit dem Material von außerhalb der Zelle. Das Vesikel verbindet sich mit einer weiteren Organelle, einem primären Lysosom, und bildet dabei ein sekundäres Lysosom. Darin wird ein Großteil des externen Materials abgebaut und zum Cytoplasma transportiert. Andere Abbauprodukte können wiederum in Vesikel verpackt über die Exocytose nach außen befördert werden (Abb. 2.15). An den Hyphenspitzen in Pilzen treten solche Vesikel in großer Zahl auf. In Eukaryonten laufen viele Transportvorgänge von Substraten und Produkten durch Membranen hindurch zwischen dem Zellprotoplasma und Organellen (Vesikel, endoplasmatisches Reticulum) ab.

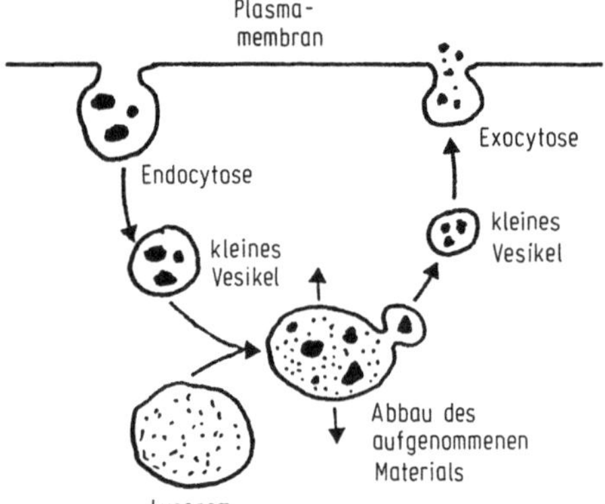

Abb. 2.15. Endocytose und Exotyse in Eukaryonten

Gelöste Stoffe können die Membranen ohne Veränderungen mit einer der folgenden Methoden durchtreten (a) passive Diffusion entlang eines Konzentrationsgradienten, (b) mit Hilfe eines Carrier-Systems, das ähnlich wie Enzyme ein Sättigungsverhalten zeigt, d.h. eine erleichterte Diffusion entlang eines Konzentrationsgradienten oder (c) aktiver Transport, d. h. der

Transport des gelösten Stoffes erfolgt mit Hilfe eines Carriersystems gegen einen elektrochemischen Gradienten. In manchen Fällen können gelöste Stoffe während der Translokation durch Enzyme, die Vektoreigenschaften besitzen, verändert werden.

Für den Transport vieler gelöster Stoffe durch Membranen scheinen spezifische Transportproteine verantwortlich zu sein. Manche Transportproteine sind an das Vorhandensein von Energie gekoppelt, andere wiederum induzierbar. Bei der Biosynthese mancher mikrobieller extracellulärer Produkte ist das letzte Enzym in der biosynthetischen Kette an die Membran assoziiert und erleichtert die Exkretion des Produkts. So sind z. B. bei der Extrusion von Exopolysacchariden aus Zellen Translokasen beteiligt.

Enzymsekretion. Gram-positive Prokaryonten und Eukaryonten sind von nur einer Plasmamembran umgeben, Gram-negative Bakterien dagegen von zwei Membranen, die durch den periplasmatischen Raum voneinander getrennt sind. Extracelluläre Enzyme aus Gram-positiven Bakterien werden zunächst durch die Cytoplasmamembran transportiert, diffundieren anschließend durch die Zellwand und reichern sich im extracellulären Kulturmedium an. Extracelluläre Enzyme und sekretorische Proteine von Eukaryonten werden dagegen an der rauhen Oberfläche des endoplasmatischen Reticulums (ER) synthetisiert, anschließend durch die Membran hindurch in die Zisternen des ER transportiert, später durch den Golgi-Apparat und weitere Vesikel geschleust. Als letzter Schritt erfolgt die Sekretion in die Umgebung der Zelle und zwar durch Fusionierung der Vesikel mit der Plasmamembran (Abb. 2.16). In den Zisternen des endoplasmatischen Reticulums sowie in den Golgi-Körperchen werden die Glykoproteine glykosyliert. Auch in höheren Eukaryonten, sowie in Hefen und wahrscheinlich auch in Fadenpilzen scheint dieser allgemeine Reaktionsweg in ähnlicher Weise zu gelten, wenn auch manchmal Abweichungen zu beobachten sind. In Gram-

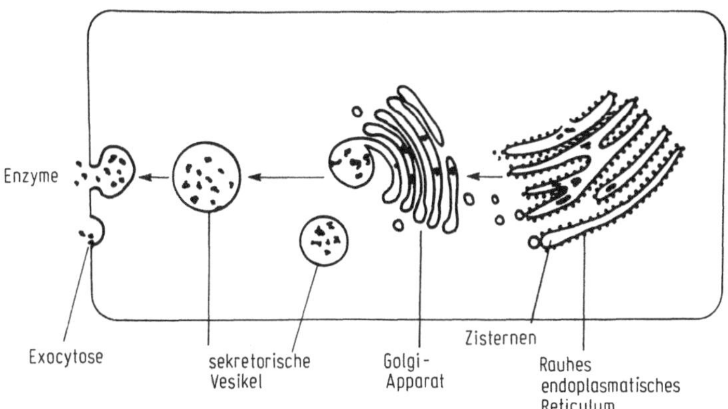

Abb. 2.16. Proteinsekretion in Eukaryonten.

negativen Bakterien werden viele Enzyme durch die Cytoplasmamembran hindurch in den periplasmatischen Raum transportiert, wo sie verbleiben.

Proteine, die durch Membranen hindurch sekretiert werden, enthalten häufig am Amino-Ende eine terminale Peptid-Extension, das sog. Signalpeptid (auch: Signalsequenz). Das Signalpeptid wird an der Oberfläche eines Ribosoms gebildet und reagiert mit der inneren Oberfläche der Plasmamembran von Bakterien oder des ER von Eukaryonten, indem es die Bildung einer Pore oder eines Tunnels anregt. Mit zunehmender Länge tritt das Polypeptid durch die Pore in der Membran hindurch. Dieser Vorgang ist als co-translationale Sekretion bekannt. Eine Signalpeptidase an der Außenseite der Membran entfernt zum Schluß das Signalpeptid, so daß das Protein seine normale dreidimensionale Struktur einnehmen kann. Abbildung 2.17 illustriert die Hypothese der cotranslationalen Proteinsekretion in Form eines Diagrammes. Andere extracelluläre Proteine werden erst dann ausgeschieden, wenn sie eine post-translationale Modifikation durchlaufen haben (auch bei dieser Reaktionssequenz ist ein Signalpeptid beteiligt).

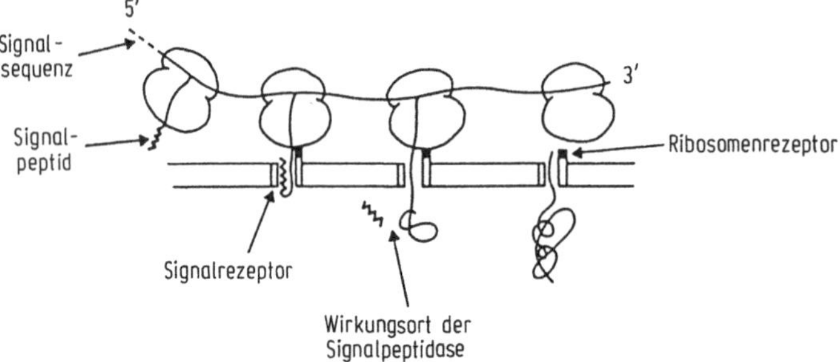

Abb. 2.17. Cotranslationale Sekretion (mit freundlicher Genehmigung aus Priest, 1984).

3 Kultivierungsverfahren und Bioreaktoren

3.1 Diskontinuierliche und kontinuierliche Verfahren

Bioreaktorkultivierungen können als Batch-Verfahren (diskontinuierlich), als Fedbatch-Verfahren (semi-diskontinuierlich), als kontinuierliche Verfahren oder als Kombination der genannten Möglichkeiten durchgeführt werden. Batch-Kulturen lassen sich als geschlossenes System (außer in bezug auf die Belüftung) betrachten, bei dem der Vorrat an Medium limitiert ist. Die beimpfte Kultur durchläuft in diesem geschlossenen System während ihres Wachstums eine Reihe unterschiedlicher Phasen (Abb. 2.6, S. 26). Im Gegensatz zur echten Batch-Kultur, bei der das gesamte Substrat zu Beginn der Kultivierung zugesetzt wird, wird das Substrat beim Fedbatch-Verfahren im Laufe des Verfahrens portionsweise zugesetzt. Die Fedbatch-Methode wird dann angewendet, wenn der repressive Effekt von schnell veratembaren Kohlenstoffquellen umgangen werden soll, die Viskosität des Mediums herabgesetzt werden soll, die Wirksamkeit toxischer Mediumbestandteile in Grenzen gehalten werden soll oder einfach, wenn das Stadium der Produktbildung so lange wie möglich ausgedehnt werden soll. Die meisten technischen Verfahren arbeiten als Batch- oder als Fedbatch-Verfahren. Diese Verfahrensweisen eignen sich, wenn das Produkt hauptsächlich nach der exponentiellen Wachstumsphase gebildet wird. Sollen allerdings wachstumsabhängige Produkte hergestellt werden, so ist der hauptsächliche Nachteil der Batch-Kultur, daß die Produktbildungsgeschwindigkeit nur während einer relativ kurzen Periode des Fermentationscyclus ausreichend hoch ist (Abb. 3.1). Hinsichtlich der Produktivität (Produktbildung pro Volumen- und Zeiteinheit, kg m^{-3}h^{-1}) sind kontinuierliche Kultivierungen mit kontinuierlich hohem Ausstoß in bestimmten Fällen wesentlich effektiver. Kontinuierliche Verfahren entsprechen offenen Systemen, wobei dem Bioreaktor im gleichen Ausmaß kontinuierlich Medium zugegeben und entnommen wird. Als kontinuierlich arbeitende Reaktortypen sind am häufigsten der homogene Rührreaktor und der plug-flow Reaktor (PFR, Reaktor mit „idealer Pfropfenströmung") eingesetzt.

In einer diskontinuierlichen Kultur kann der Gehalt an Zellsubstanz zu einem beliebigen Zeitpunkt t angegeben werden zu

$$x - X_0 = \Upsilon(S_0 - s)$$

wobei

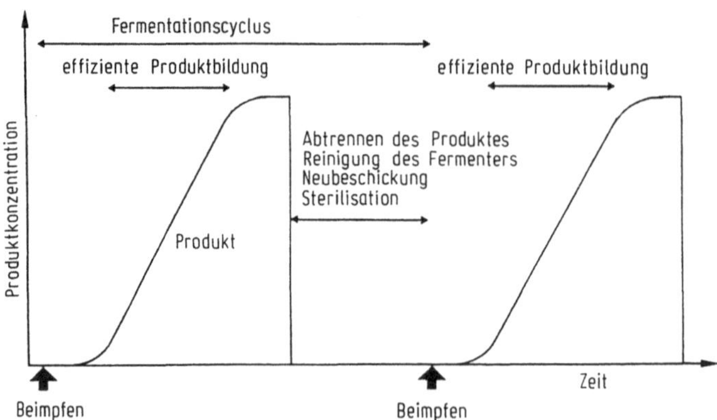

Abb. 3.1. Fermentationscyclus bei Batch-Kulturen.

$x =$ Zellkonzentration zum Zeitpunkt t

$X_0 =$ anfängliche Zellkonzentration bzw. die Zellkonzentration in der Impfkultur

$Y =$ Ausbeutefaktor in bezug auf das begrenzt eingesetzte Substrat (Gramm gebildete Zellsubstanz pro Gramm verbrauchten Substrates)

$s =$ Substratkonzentration zum Zeitpunkt t

$S_0 =$ ursprüngliche Substratkonzentration im Medium

Die Auflösung nach Y ergibt

$$Y = \frac{x - X_0}{S_0 - s}$$

Im Idealfall ist die Biomasse, die sich während der stationären Phase bildet, von der ursprünglichen Konzentration des Substrates abhängig, welches Wachstum und Wirksamkeit, mit der der Organismus das Substrat in Zellmaterial umwandelt, limitiert. Unter der Annahme, daß das wachstumsbegrenzende Substrat in der stationären Phase nicht mehr vorhanden ist, daß also gilt, $s = 0$, vereinfacht sich obige Gleichung zu

$$Y = \frac{x - X_0}{S_0}$$

In einem homogen gemischten, einstufigen, kontinuierlichen Reaktor stellt sich bei langsamer Zugabe eines Substrates und gleichzeitiger Entnahme der gleichen Substratmenge mit der gleichen volumetrischen Fließrate ein Fließgleichgewicht ein. Die von der Zellkultur neu gebildete Zellsubstanz gleicht den Verlust der Zellen, die der Kultur entnommen werden, wieder aus. Unter diesen Bedingungen gilt:

(a) Die spezifische Wachstumsrate (μ) wird von der Verdünnungsrate (D) kontrolliert, denn es gilt $\mu = D$

(b) Die Substratkonzentration nach Einstellung des Fließgleichgewichtes $\bar{s}$ im Chemostat wird von der Verdünnungsrate entsprechend dem Zusammenhang

$$\bar{s} = \frac{K_{\mathrm{s}}\, D}{\mu_{\max} - D}$$

bestimmt, wenn sich die kinetischen Verhältnisse mit dem Monod-Modell beschreiben lassen und wenn gilt $D < \mu_{\max}$

(c) Die Konzentration $\bar{x}$ der Biomasse nach Erreichen des Fließgleichgewichtes wird von den Arbeitsvariablen S_{R} und D nach dem Zusammenhang

$$\bar{x} = \varUpsilon \left[S_0 - \frac{K_{\mathrm{s}}\, D}{\mu_{\max} - D} \right]$$

bestimmt.

Die obigen Gleichungen werden im folgenden Abschnitt hergeleitet.

Kinetische Zusammenhänge in kontinuierlichen Kulturen. Die Verdünnungsrate D (h^{-1}) gibt den Fluß des Mediums in bezug auf das Fassungsvermögen des Chemostaten an. Sie ist definiert zu

$$D = F / V$$

wobei gilt

$V = $ Volumen (m^3)
$F = $ Fließrate $(\mathrm{m}^3\mathrm{h}^{-1})$

Unter der Annahme, daß alle Zellen lebensfähig bleiben, läßt sich der Nettoaustausch der Biomasse mit der Reaktionszeit angeben zu

$$\mathrm{d}x\,/\mathrm{d}t = \text{Zuwachs} - \text{entnommene Zellmenge}$$
$$= \mu\, x - D\, x$$

Im Fließgleichgewicht ist die Zellkonzentration im Reaktor konstant und es gilt daher

$$\mathrm{d}x\,/\mathrm{d}t = 0$$
$$\mu\, x = D\, x$$
$$\mu = D$$

Ist $D \leq 0.9\mu_{\max}$, so sind die Bildungsgeschwindigkeit der Zellen im Fermenter und die Entnahmerate genau im Gleichgewicht, d. h. die Bedingungen für ein Fließgleichgewicht ($\bar{x} = $ konstant) sind erfüllt. Nähert sich D andererseits dem Wert von $\mu_{\max}$, so werden mehr Zellen entnommen als im gleichen Zeitraum neu gebildet werden, und es beginnt das ‚Auswaschen‘, d. h. $\mathrm{d}x\,/\mathrm{d}t$ ist negativ.

μ kann über die Monod-Beziehung mit der Substratkonzentration (s) in Zusammenhang gebracht werden, entsprechend

$$\mu = \frac{\mu_{\max} s}{K_s + s}$$

Im Fließgleichgewicht gilt $\mu = D$ und entsprechend dem Monod-Modell für das kinetische Verhalten des Zellwachstums:

$$D = \frac{\mu_{\max} \bar{s}}{K_s + \bar{s}}$$

wobei $\bar{s}$ die Substratkonzentration bedeutet, die sich unter den Bedingungen des Fließgleichgewichtes einstellt. Aufgelöst nach $\bar{s}$ erhält man

$$\bar{s} = \frac{K_s D}{\mu_{\max} - D}$$

Denn wenn gilt $D \to \mu_{\max}$ dann gilt $\bar{s} \to S_R$.
Die Konzentration an Biomasse, die sich im Chemostat unter Fließgleichgewichtsbedingungen und unter der Annahme, daß der Zufluß steril ist, einstellt (X_0 oder $X_F = 0$) , ergibt sich zu

$$\bar{x} = \Upsilon(S_0 - \bar{s})$$

und damit gilt

$$\bar{x} = \Upsilon \left[S_0 - \frac{K_S D}{\mu_{\max} - D} \right]$$

denn mit $D \to \mu_{\max}$ gilt auch $\bar{x} \to 0$.
Die Produktivität P_c' einer kontinuierlichen, im Fließgleichgewicht befindlichen Fermentation in bezug auf die Bildung von Zellsubstanz läßt sich angeben zu

$$P_c' = D \bar{x}$$

Abbildung 3.2 illustriert den Einfluß der Verdünnungsrate auf die Konzentrationen an Biomasse und Substrat unter Fließgleichgewichtsbedingungen sowie auf die Produktivität in bezug auf die gebildete Zellsubstanz. Nähert sich der Wert von D an $\mu_{\max}$, so muß die Konzentration des begrenzenden Substrates im Reaktor zunehmen, um die erhöhte Wachstumsrate zu unterhalten. Damit steigt auch die verbleibende Substratkonzentration (bis zur Obergrenze von $\bar{s} = S_F$), während die Biomasse weniger wird. Bei kontinuierlichen Kulturen, wie z. B. der industriellen SCP-Fermentation, müssen die pro Zeiteinheit produzierte Zellsubstanz (Output) sowie die pro Gewichtseinheit zugesetzten Substrats produzierte Zellmasse (Υ) möglichst hoch sein. Unter Fließgleichgewichtsbedingungen entspricht der Output dem

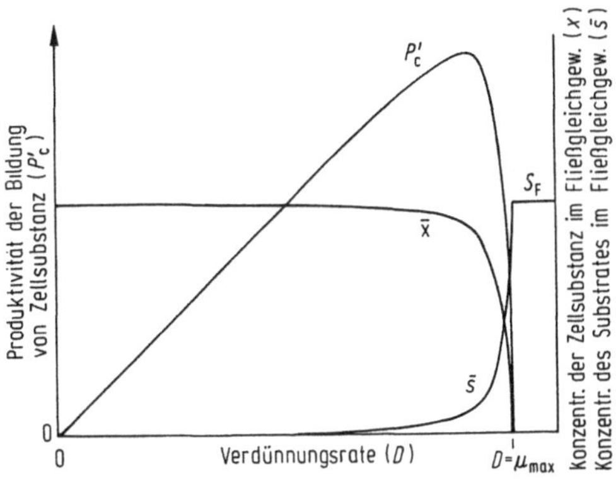

Abb. 3.2. Einfluß der Verdünnungsrate auf die Konzentrationen von Biomasse ($\bar{x}$) und Substrat ($\bar{s}$) sowie auf die Produktivität von Zellsubstanz(P'_c) unter Fließgleichgewichtsbedingungen.

Produkt aus Fließrate und Zellkonzentration, d. h. für einen maximalen Output soll die Verdünnungsrate groß sein, kann jedoch μ_{max} wegen des dann auftretenden Auswascheffektes nicht überschreiten. Ein hoher Output und eine möglichst effiziente Nutzung des Substrats, also ein Maximum an Produktivität, läßt sich dann bewerkstelligen, wenn die Fließrate so hoch wie der maximale Output oder geringfügig darunter eingestellt wird, und wenn im Zufluß die höchste noch praktikable Substratkonzentration vorgelegt wird.

Ein ähnlicher Weg eignet sich auch zur Optimierung von Bedingungen in Chemostaten bei der Produktion einiger Primärmetabolite. Dagegen ist die Produktbildung für Sekundärmetabolite wachstumsunabhängig, was bedeutet, daß der einstufige, ideal gerührte Chemostat nicht eingesetzt werden kann. Hier bieten sich mehrstufige Chemostaten an. Auf diese Weise können die erforderlichen verschiedenen Milieubedingungen für die einzelnen Stufen eingehalten werden, vor allem, wenn sich die optimalen Gegebenheiten für Wachstum einerseits und Produktbildung andererseits unterscheiden. Zur Alkoholproduktion und Abwasserbehandlung werden von der Industrie auch Chemostaten eingesetzt, die Vorrichtungen zur Rückführung von aufkonzentrierter Biomasse besitzen. Auf diese Weise läßt sich die Konzentration an Biomasse im Reaktor erhöhen.

Beim plug-flow-Reaktor fließt die Kultur ohne Rückvermischung durch einen Röhrenreaktor. Zellen sowie Medium werden am Reaktoreinlaß kontinuierlich zugegeben. Die Zusammensetzung des Mediums, die Konzentration der Biomasse und die Produktkonzentrationen verändern sich entlang der Fließrichtung und entsprechen den verschiedenen Zeitstufen im diskontinuierlichen Reaktor. Damit für den Einlaß kontinuierlich Impfmedium zur Verfügung steht, muß bei dieser Fahrweise im allgemeinen ein Verfahren zur Rückgewinnung der Biomasse installiert sein.

3.2 Auslegung von Bioreaktoren

Ein Bioreaktor muß vor allem ein kontrolliertes Milieu zur Verfügung stellen, damit das Zellwachstum möglichst optimal verlaufen kann und möglichst viel Produkt gebildet wird. Der moderne Laborbioreaktor ist ein ausgeklügeltes System, dessen Eigenschaften und Ausrüstung es erlauben, eine Reihe unterschiedlicher Kultivierungsverfahren zu entwickeln und auch durchzuführen. Bei der Diskussion über Pilotanlagen sollte man nicht vergessen, daß es sich bei Bioreaktoren für den industriellen Produktionsmaßstab gewöhnlich um Anlagen handelt, die ganz speziell und kosteneffektiv auf ein bestimmtes Verfahren bzw. auf mehrere untereinander verwandte Verfahren hin optimiert sind. Ihre Auslegung und Ausrüstung erfolgt daher speziell auf das jeweilige Produktionsverfahren hin.

3.2.1 Aseptische Verfahren

Viele Bioreaktoranlagen müssen unter aseptischen Bedingungen arbeiten, d. h. es sind Impfkulturen erforderlich, die aus der Reinkultur des relevanten Mikroorganismus bestehen, und unerwünschte kontaminierende Organismen müssen unbedingt vermieden werden. Damit diese Anforderungen erfüllt werden können, wird der Bioreaktor und das mit ihm verbundene Rohrnetz als Druckkessel konstruiert. So können Anlage und Medium bei entsprechenden Temperatur- und Druckverhältnissen (üblicherweise 121 °C und 1034 hPa für 15–30 min) sterilisiert werden. Auch die Ventile, die in die sterile Zone eingebaut sind, müssen so ausgelegt sein, daß sie eine aseptische Betriebsweise erlauben. Da der Teil der Anlage, mit dem gesteuert wird, meist durch einen flexiblen Schlauch oder ein Diaphragma vom flüssigen bzw. gasförmigen Medium getrennt ist, bieten sich Quetsch- oder Diaphragmaventile an. Jede Beladungsstelle für den Kessel und jede Zugabe- oder Entnahmevorrichtung für Gase oder Flüssigkeiten zum bzw. vom Kessel während des laufenden Betriebes muß aseptisch arbeiten (Tabelle 3.1). Abbildung 3.3 zeigt eine Anordnung für die Probennahme unter aseptischen Bedingungen.

Manche Verfahren können auf sterile Bedingungen verzichten. So reicht manchmal auch schon Pasteurisierung, damit die Keimzahl in genügendem Ausmaß vermindert wird. In anderen Fällen ist das Verfahren sogar auf die vorhandene oder natürliche mikrobielle Population angewiesen. Die Anforderungen an den Reaktor vereinfachen sich bei solchen Bedingungen entsprechend.

Tabelle 3.1. Kriterien zur Auslegung und zur Fahrweise von Reaktoren zum Erhalt der sterilen Bedingungen

Verfahren bzw. Bauteile	Prinzip	Beispiel/Anmerkung
1. Kessel	muß für Dampfsterilisation unter Druck ausgelegt und gegenüber chemischer Korrosion unempfindlich sein und darf für die Organismen nicht toxisch sein	a) Glas geeigneter Dicke für kleine Fermenterkessel und als Sichtfenster b) rostfreier Stahl, ausgelegt für den entsprechenden pH-Bereich
2. Zu- und Abflüsse zum/vom Fermenter	müssen Dampfsterilisation aushalten	
3. Rohrnetz	Vermeidung von Ausbuchtungen oder Totzonen; Gefälle zu Drainagepunkten	
4. Ventile	müssen für aseptische Arbeitsbedingungen ausgelegt sein. Ventilmaterialien müssen die jeweiligen Temperatur und Druckbedingungen des entsprechenden Verfahrens aushalten können sowie gegenüber den eingesetzten chemischen Stoff resistent sein.	Unterschiedliche Eignung der einzelnen Ventiltypen. Quetsch- und und Diaphragmaventile sind für aseptische Arbeitsbedingungen besonders geeignet, da der eigentliche Ventilmechanismus hier durch einen flexiblen Schlauch bzw. ein Diaphragma von der im Fluß befindlichen Maische bzw. vom Gasfluß abgeschirmt ist.
5. Rührerflansche und -lager	müssen versiegelt sein, damit auf längere Sicht die aseptischen Bedingungen möglich sind	a) Abgedichtete Rührerflansche – Lagen aus Asbest- oder Baumwollgarn sind gegen den Schaft gepackt b) Siegel: Hülsensiegel – aseptische Bedingungen werden durch den Kontakt zweier exakt plan geschliffenen Flächen (sich bewegendes Hülsensiegel auf dem Rührerschaft und stationäres Hülsensiegel auf dem Schaft) erreicht. Stationäre und rotierende Komponente werden durch Federn oder sich ausdehnende Balge zusammengepreßt. c) magnetische Steuerung – der Schaft wird nicht im Kessel geführt. Ein externer Steuerungsschaft treibt einen innenliegenden Rührer magnetisch an.
6. Gaseinlaß	Luftfilter zur Sterilisation der eintretenden Luft. Einwegventile zwischen Sprüher und Luftfilter verhindern den Rückfluß von Medium zum Filter	a) Glaswolle, Glasfasern oder andere sterilisierbare Packungsmaterialien können Partikel physikalisch abfangen b) gefaltete Membranfilter aus Celluloseester, Polysulfonnylon oder anderen Materialien

Tabelle 3.1 (Fortsetzung)

Verfahren bzw. Bauteile	Prinzip	Beispiel/Anmerkung
7. Gasaustritt	muß so konstruiert sein, daß keine Kontamination durch rückfließendes Gas auftreten kann	Ein Auslaßfilter kann das Austreten von Kulturstämmen in die Umgebung unterbinden
8. Additive im Zustrom	Zugeführte Stoffe müssen, je nach Erfordernis, hitzesterilisiert oder filtriert werden	Additive sind Säuren, Basen (flüssig oder gasförmig), Kohlenhydrate oder Vorstufen
9. Leitungen für die Einspeisung, die Impfkultur und zum Probenziehen	Die Leitungen müssen sich vor und nach Gebrauch dampfsterilisieren lassen	Mögliche Abfolge zum Probenziehen (s. Abb. 3.3): (a) Ventil 2 und 3 zur Sterilisation der Leitungen öffnen, (b) Ventil 3 schließen, (c) Ventil 4 öffnen, um das Leitungssystem vor der Probenentnahme abzukühlen, (d) Ventil 4 schließen und Ventil 1 öffnen, (e) das Totraumvolumen der Probe wird verworfen, (f) Probenziehen, (g) Ventil 1 schließen, (h) Wiederholung von (a) und (b)

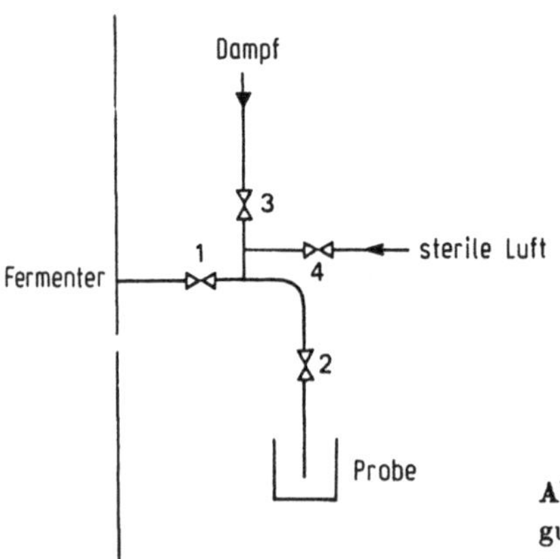

Abb. 3.3. Probennahme unter aseptischen Bedingungen. Die Ziffern *1* bis *4* bezeichnen die einzelnen Ventile.

3.2.2 Belüftung und Mischvorgang

Bei aeroben industriellen Kultivierungen muß die Kultur belüftet und gut durchmischt werden. Der herkömmliche Rührkessel besitzt ein mechanisches Rührsystem aus einem senkrecht stehenden Schaft mit mehreren Rührschaufeln. Die meisten Bioreaktoren sind mit flachblättrigen Scheiben-Turbinenrührern (Rushton-Rührer) ausgestattet. Die Turbinen sind entlang dem Schaft angeordnet und besitzen charakteristische Größenverhältnisse, damit sichergestellt ist, daß überall im Kessel eine gute Vermischung und Dispergierung stattfindet. Mehrere Prallbleche (gewöhnlich 4÷6) mit einer Breite von etwa 10% des Kesseldurchmessers sind entlang der Kesselaußenwand plaziert, damit die Strömung möglichst turbulent ist. Die sterile Luft wird üblicherweise durch einen Sprühring am Tankboden eingeblasen und mit Hilfe des Rührsystems sehr wirkungsvoll im ganzen Medium dispergiert. Abbildung 3.4 faßt die Charakteristika eines Rührsystems zusammen.

Die Geometrie von belüfteten Fermentern ist so ausgelegt, daß ein wirksamer Gasaustausch erleichtert wird. Die jeweiligen aktuellen Bedingungen hängen von den Transportphänomenen ab, die bei dem entsprechenden Bioverfahren auftreten.

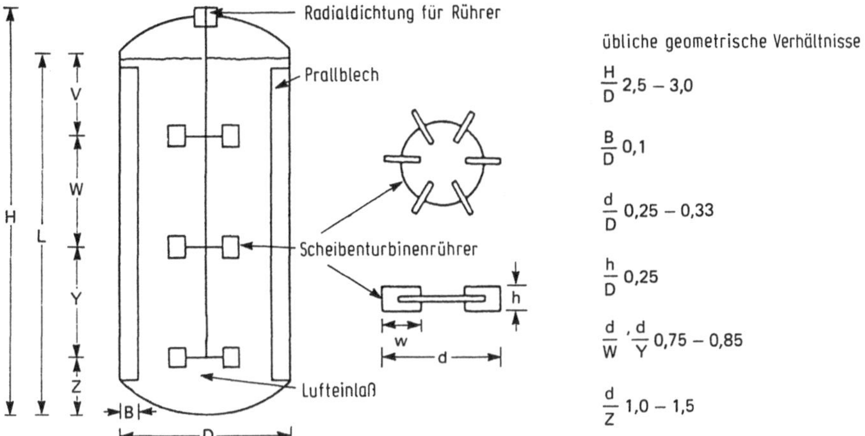

Abb. 3.4. Fermenter mit einem Flachblatt-Scheibenturbinenrührer

Flüssigkeitsströmung.   Flüssigkeiten werden als Newtonsche Flüssigkeiten bezeichnet, wenn sie dem Newtonschen Viskositätsgesetz gehorchen. Eine Flüssigkeit befinde sich zwischen zwei zueinander im Abstand x parallelen Platten der Fläche A. Wird eine der Platten mit konstanter Geschwindigkeit in eine Richtung weggezogen, so bewegt sich die ‚Flüssigkeitsschicht', die sich an die sich bewegende Platte anschließt, ebenso in diese Richtung und wird gleichzeitig einen gewissen Anteil des Bewegungsmoments auf die nächste Schicht übertragen. Diese bewegt sich dann ihrerseits ebenso in dieselbe Richtung, jedoch etwas langsamer. Das Newtonsche Gesetz über die viskose Strömung sagt aus, daß die viskose Kraft F, die sich an der Grenzfläche zwischen den beiden fließenden Schichten, deren Geschwindigkeitsgradient dv/dx beträgt, aufbaut, sich durch die Gleichung

$$F = \eta\, A\, dv\,/\, dx$$

darstellen läßt. Die Auflösung nach η ergibt

$$\eta = \frac{F/A}{\mathrm{d}v \,/\, \mathrm{d}x}$$

wobei gilt

η = Fließviskosität bzw. auch der Widerstand der Flüssigkeit gegen die Strömung

F/A = Scherspannung bzw. die Scherkraft pro Flächeneinheit

$\mathrm{d}v/\mathrm{d}x$ = Schergeschwindigkeit bzw. der Geschwindigkeitsgradient

Die Viskosität entspricht dem Verhältnis von Scherspannung zu Schergeschwindigkeit. Die Auftragung von Scherspannung gegen Schergeschwindigkeit erzeugt bei einer Newtonschen Flüssigkeit eine Gerade, d. h. die Viskosität ist konstant und entspricht der Geradensteigung. Die Viskosität der Maische als einer Newtonschen Flüssigkeit ist also von der Scher- oder der Rührgeschwindigkeit unabhängig, wohingegen sich die Viskosität einer nicht-Newtonschen Flüssigkeit mit der Schergeschwindigkeit bzw. der Rührgeschwindigkeit verändert.

Abbildung 3.5 zeigt die Rheogramme von Newtonschen und nicht-Newtonschen Flüssigkeiten. Die meisten Polymerlösungen verhalten sich pseudoplastisch, d. h. die meßbare Viskosität nimmt mit zunehmender Scher- bzw. Rührgeschwindigkeit ab. Einige Fermentationsmaischen verhalten sich pseudoplastisch oder wie Bingham-plastische Flüssigkeiten (s. Tabelle 3.2).

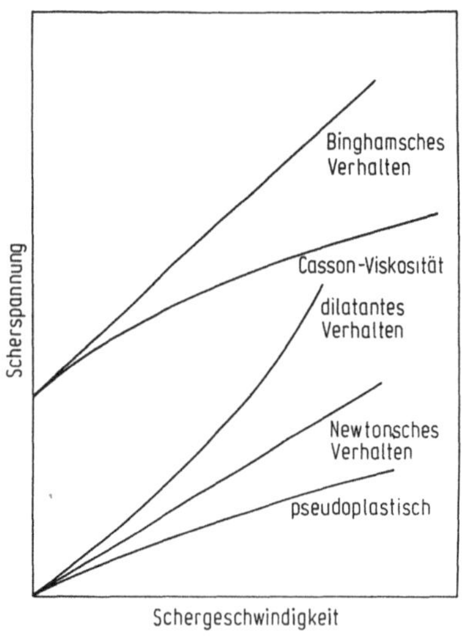

Abb. 3.5. Rheogramme von Flüssigkeiten mit unterschiedlichen rheologischen Eigenschaften.

Tabelle 3.2. Rheologisches Verhalten von mycelbildenden Kulturen

Mikroorganismus	Produkt	rheologisches Verhalten der Kultur
Coniothyrium hellbori	Steroidhydroxylierung	Bingham
Endomyces sp.	Glucoamylase	pseudoplastisch
Penicillium chrysogenum	Penicillin	pseudoplastisch
Streptomyces griseus	Streptomycin	Bingham
Streptomyces kanamyceticus	Kanamycin	Bingham
Streptomyces niveus	Novobiocin	Bingham

Massentransfer. Während Wachstum und Metabolismus der Mikroorganismen werden Nährstoffe und Metaboliten kontinuierlich zwischen der äußeren Umgebung und dem Zellinneren transferiert. Entlang einer Transferrichtung muß ein Nährstoff bzw. ein Metabolit mehrere Barrieren überwinden, die sich ihm als Feststoff, Flüssigkeit oder als Gas entgegenstellen. Bei den herkömmlichen Fermentationen kann die Nachfrage der Mikroorganismen nach Substraten, bis auf Sauerstoff, leicht befriedigt werden, denn die Substrate werden dem Medium im Überschuß zugesetzt.

Die Geschwindigkeit des Massentransfers zwischen der gasförmigen und der flüssigen Phase wird stark von der Löslichkeit des Gases in der flüssigen Phase beeinflußt. Sauerstoff löst sich in wässrigen Lösungen nur spärlich, daher limitiert auch bei vielen aeroben Fermentationsverfahren der Sauerstoffnachschub die Bildungsgeschwindigkeiten der Metaboliten. Das Problem muß schon auf der Stufe der Reaktorkonstruktion berücksichtigt werden.

Sauerstofftransfer. Bei belüfteten Fermentern muß der Sauerstoff, bis er zur Zelle gelangt, zunächst von den Luftbläschen in die Lösung übertreten, dann durchs Medium hindurch in die mikrobielle Zelle gelangen und in einem letzten Schritt von der Zelle aufgenommen werden. Bei nichtviskosen Fermentationsmedien und noch wesentlich ausgeprägter bei viskosen Maischen, erweist sich der Sauerstofftransfer von den Luftbläschen in die Lösung als geschwindigkeitsbestimmender Schritt. Der Sauerstoffübergang vom Luftbläschen in die Lösung läßt sich wie folgt beschreiben:

$$\frac{\mathrm{d}C_\mathrm{L}}{\mathrm{d}t} = K_\mathrm{L}\,a\,(C^* - C_\mathrm{L})$$

wobei gilt

C_L = Konzentration an gelöstem Sauerstoff im Flüssigkeitsinneren $(\mathrm{mmol\,l^{-1}})$

t = Zeit (h)

$\mathrm{d}C_\mathrm{L}/\mathrm{d}t$ = Änderung der Sauerstoffkonzentration mit der Zeit

$$
\begin{aligned}
&\quad\quad (\text{mmol}\,l^{-1}h^{-1}) \text{ bzw. Sauerstofftransferrate (OTR)}\\
K_L &= \text{Massentransferkoeffizient } (\text{cm}\,h^{-1})\\
a &= \text{zur Verfügung stehende Grenzfläche zwischen Gas- und}\\
&\quad\ \text{flüssiger Phase pro Volumeneinheit } (\text{cm}^2\,\text{cm}^{-3})\\
C^* &= \text{Sättigungskonzentration für gelösten Sauerstoff } (\text{mmol}\,l^{-1})
\end{aligned}
$$

(Bei 1 atm und 30 °C lösen sich 1,16 mmol Sauerstoff pro Kubikdezimeter Wasser).

$K_L\,a$, der volumetrische Massentransferkoeffizient (h^{-1}), ist ein Maß für die Belüftungskapazität des Fermenters unter Testbedingungen. Dabei gilt, je höher der Wert von $K_L\,a$ ist, umso höher ist die Belüftungskapazität. Die Konzentration an gelöstem Sauerstoff im Kulturmedium stellt sich als Gleichgewicht zwischen dem Angebot an gelöstem Sauerstoff und der Nachfrage durch den Organismus ein. Ist der volumetrische Massentransferkoeffizient eines Fermenters so klein, daß der Sauerstoffbedarf des Organismus nicht befriedigt werden kann, so sinkt die Konzentration an gelöstem Sauerstoff mit der Zeit unter eine kritische Konzentration (C_{krit}), die ungefähr bei 0,05 mmol l^{-1} liegt. Der volumetrische Massentransferkoeffizient des Bioreaktors muß also so groß sein, daß die optimale Konzentration an gelöstem Sauerstoff für die Produktbildung beibehalten werden kann. In einem Reaktorgefäß mit vorgegebenen Maßen wird der Wert von $K_L\,a$ durch die Fließrate der Luft, die Rührgeschwindigkeit (d. h. die Umdrehungsgeschwindigkeit des Rührwerkes), die physikochemischen und rheologischen Eigenschaften der Maische und der Anwesenheit von Antischaummitteln beeinflußt. Beim Scale-Up einer Fermentation muß der ideale $K_L\,a$-Wert aus dem kleinen Reaktor unbedingt auch im großen Reaktor beibehalten werden. Zur Reaktorplanung und zum Scale-Up sind also zum einen die Bestimmung von $K_L\,a$-Werten und zum anderen Kenntnisse über Faktoren, die sich auf die Größe von $K_L\,a$-Wert auswirken, unbedingt wichtig. Vor allem bei nicht-Newtonschen Flüssigkeiten hat sich als Strategie beim Scale-Up bewährt, die Geschwindigkeit an den Spitzen der Rührerblätter konstant zu halten und durch die Variation des Größenverhältnisses von Rührwerkzum Kesseldurchmesser beim großen Kessel einen konstanten $K_L\,a$-Wert beizubehalten.

Energietransfer. Damit Zellwachstum, Metabolismus und Massentransfer mit den geplanten Geschwindigkeiten ablaufen können, muß dem Reaktorsystem meistens Energie zugeführt oder entzogen werden. Wärmetauschprozesse finden während der Sterilisation und bei der Steuerung der Verfahrenstemperatur statt. Die Energie, die bei den metabolischen Reaktionen entsteht, gelangt als Wärmeenergie in die Maische, wodurch sich deren Temperatur erhöht. Weiterhin wird aus der Reibungswärme vom Rührwerk und durch den Belüftungsprozeß Wärmeenergie ins System eingetragen. Wenn die Arbeitstemperatur des Bioreaktors höher als die Umgebungstemperatur ist, muß die Temperatur im Reaktor mittels einer Heizvorrichtung hoch gehalten werden. Der Nettoenergiebetrag für externes Heizen oder Kühlen ergibt sich aus der Gleichgewichtslage zwischen den wärmebildenden Prozessen und den wärmeverbrauchenden Prozessen. Der Wärmetransfer erfolgt mit Wärmetauschern und zwar entweder mit einem extern angebrachten wasserdurchflossenen Kühlmantel oder mit Rohrschlangen, die im Reaktorinnenraum verlaufen. Großvolumige aerobe Fermentationen sind während der aktiven Wachstumsphase und während der metabolischen Reaktionen häufig exotherm, d. h. zur Konstanthaltung der Temperatur muß gekühlt werden.

Energieerfordernisse. Die Vermischung des Inhaltes von Rührreaktoren, die mit Prallblechen ausgestattet sind, ist dann am effektivsten, wenn sich eine rein turbulente Strömung einstellen kann. Eine Strömung wird durch die Reynolds-Zahl N_{Re} charakterisiert:

$$N_{Re} = \frac{D^2 N \rho}{\eta} \ (> 10^5 \text{ bei Rushton-Turbinen})$$

wobei

$D =$ Rührerdurchmesser (cm)
$N =$ Umdrehungsgeschwindigkeit des Rührers (s^{-1})
$\rho =$ Dichte der Flüssigkeit (g cm^{-3})
$\eta =$ Viskosität der Flüssigkeit

Bei einer nichtbegasten Newtonschen Flüssigkeit in einem Kessel mit Prallblechen läßt sich die beim Rühren eingetragene Energie durch eine weitere dimensionslose Zahl, die Energiezahl N_E, angeben:

$$N_E = \frac{P}{\rho N^3 D^5}$$

wobei P die extern aufgewendete Energie für den Rührer bedeutet (Flüssigkeit nicht begast).

Für einen mit Prallblechen ausgestatteten, gerührten Fermenter hängen Energiezahl (N_E) und Reynolds-Zahl wie folgt zusammen:

$$N_E = C \, (N_{Re})^z$$

C steht für eine Konstante, die von der Kesselgröße unabhängig, jedoch abhängig von der Kesselgeometrie ist. z steht für einen Exponenten. Einsetzen der expliziten Ausdrücke für N_E und N_{Re} liefert:

$$\frac{P}{\rho N^3 D^5} = C \left[\frac{(D^2 N \rho)^z}{\eta} \right]$$

d. h. P läßt sich für verschiedene Werte von N, D, η und ρ experimentell bestimmen.

Der typische Energieeintrag für ein Fermentervolumen von 100 l bewegt sich um 1–2 kW, von 2500 l um 15 kW und von 50 000 l um 100 kW.

3.2.3 Weitere Reaktortypen

Submersverfahren. Zur Essigproduktion wird ein modifizierter Rührkesselreaktor, der Frings-Acetator, angewendet. Hier wird die Luft über einen Hochleistungs-Rotationsbelüfter, der mit einem Saugrohr verbunden ist, in den Fermenterinnenraum eingezogen und dort dispergiert. Der Belüfter arbeitet selbstansaugend und kommt ohne Druckluft aus (s. Abb. 7.8, S. 146).

Bei aeroben Kultivierungen wird am häufigsten der Rührkesselreaktor eingesetzt, was möglicherweise damit zusammenhängt, daß er zuverlässig und flexibel ist. Jedoch sind die Unterhalts- und Investitionskosten für diesen Reaktortyp relativ hoch und außerdem ist die Konstruktion von Rühranlagen für sehr große Fermenter wegen des notwendigen langen Rührerschaftes problematisch. Die Belüftung und Vermischung bei Bioreaktoren, die ohne mechanisches Rühren auskommen, wie z. B. Turm- oder Schleifenreaktoren, erfolgt über hohe Gasdurchsätze.

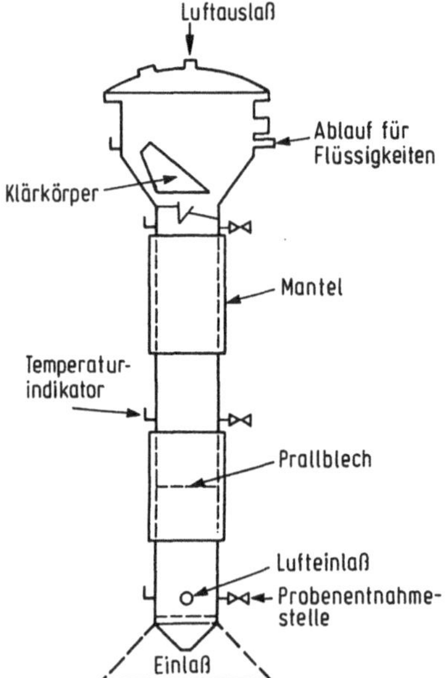

Abb. 3.6. Turmreaktor (mit freundlicher Genehmigung entnommen aus Kristiansen und Chamberlain, 1983)

Bei Turmreaktoren (Abb. 3.6) tritt die Luft am Reaktorboden ein und der Inhalt wird durch die Turbulenzen, die sich durch die aufsteigenden Luftbläschen entwickeln, vermischt. Bei diesem Reaktortyp wirken auf die Organismen nur sehr geringe Scherkräfte ein. Turmreaktoren werden zur Produktion von Citronensäure mit *A. niger*-Pelletsund *Candida guilliermondii*-Arten und auch zur Produktion von Essig, Industriealkohol und Bier eingesetzt. Die vertikale Vermischung ist in Turmreaktoren relativ gering, so daß sich dieser Reaktortyp für ein kontinuierliches System eignet, wobei die Zuführung am Reaktorboden erfolgt und die Ableitung am oberen Ende. Gleichzeitig verbleibt ein hoher Anteil der Biomasse im

Reaktor. In nicht belüfteten Turmreaktoren, wie sie beim Brauen und bei der Produktion von Industrialkohol Verwendung finden, ist die Rückhaltung der Zellsubstanz durch die Verwendung von gut flockender Hefe bei der Kultivierung optimiert.

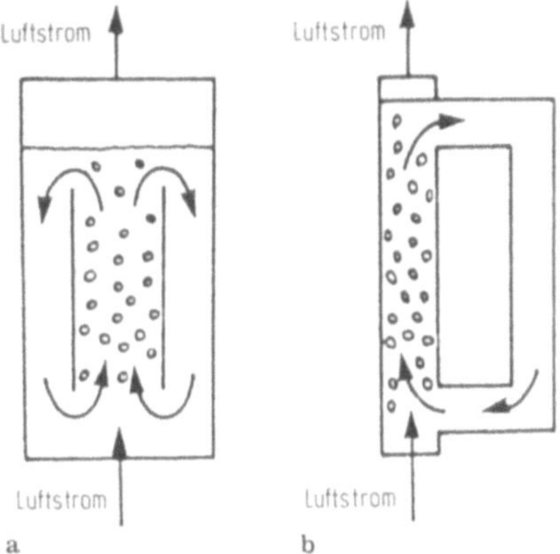

Abb. 3.7. (a) Interner und (b) Externer Schlaufenbioreaktor (mit freundlicher Genehmigung entnommen aus Smith, 1985).

Der Schlaufen-Airlift Bioreaktor enthält entweder einen internen oder einen externen Leitzylinder, der manchmal mit Prallblechen bestückt ist, wodurch eine gerichtete Fließrichtung des Fermenterinhaltes erzwungen und die Vermischung verbessert wird (Abb. 3.7). Die treibende Kraft für die Zirkulation entsteht durch Dichteunterschiede (hervorgerufen durch unterschiedliche Mengen an dispergierten Luftblasen) zwischen den Regionen mit hochfließendem Medium und den Regionen mit absinkendem Medium. Im ICI-Druckschlaufenreaktor wird zum Beispiel am Reaktorboden Luft eingeblasen, die aufgrund des hydrostatischen Drucks der Säule in Lösung geht (s. Abb. 6.1d und 6.1e auf S. 111). In Kap. 6 werden wir sehen, wie dieser Reaktortyp erfolgreich zur Produktion von Einzeller-Biomasse eingesetzt wurde. Zur Kultivierung von viskosen Mycelkulturen mit Filament-Textur für die SCP-Produktion wurden Systeme, die eine Kombination aus Leitrohr- und Rührreaktoren darstellen, entwickelt (s. Abb. 6.1f). Bei industriellen Fermentationen mit Tier- und Pflanzenzellen, die gegen Scherkräfte empfindlicher reagieren als die mikrobiellen Zellen, bieten die Airlift-Systeme mit ihren geringen Scherkräften Vorteile.

Abwandlungen dieser Submers-Verfahren werden bei der Abwasserbehandlung und zwar beim Belebtschlamm-Verfahren eingesetzt. Im herkömmlichen Verfahren wird der Fermenterinhalt u.a. mit Luft oder Sauerstoff, der durch Gasblasendiffusoren, Rührschaufeln, Rührer usw. eingetragen wurde, heftig verrührt (Abb. 3.8). Es wurden auch Tiefschacht-Verfahren auf Basis des Schlaufen-Airlift-Reaktors entwickelt (Abb. 3.9).

Durch die schnellen Fortschritte bei der Kultivierung von Tierzellen und bei der Hybridomtechnologie konnten neuartige, industrielle Kultivierungsverfahren zur Gewinnung von Produkten aus Tierzellen entwickelt wer-

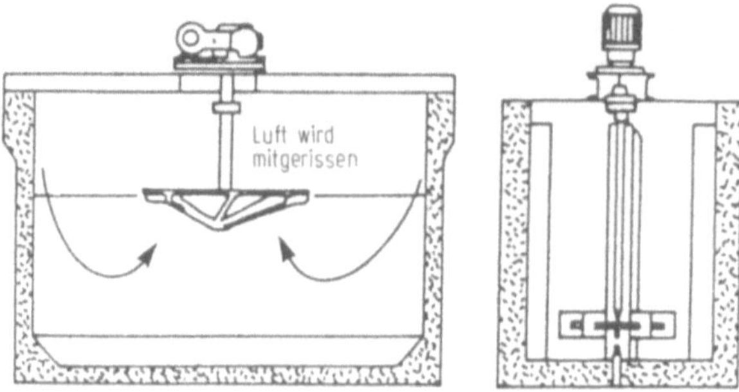

Abb. 3.8. Belebtschlamm-Bioreaktor (mit freundlicher Genehmigung entnommen aus Smith, 1985).

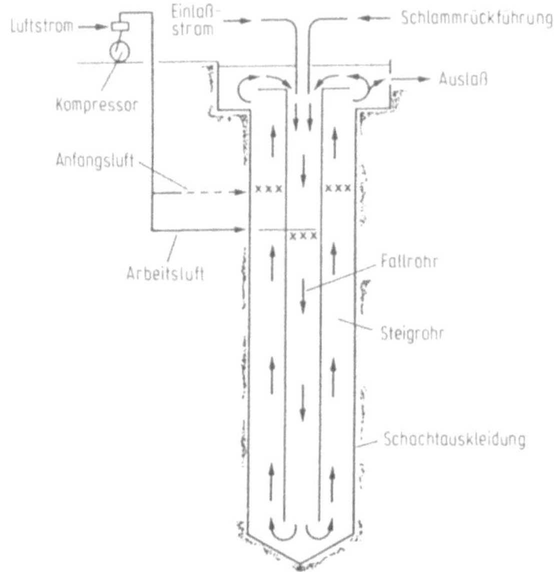

Abb. 3.9. Deep-Shaft-Anlage zur Behandlung von Abwässern (mit freundlicher Genehmigung entnommen aus Wheatley, 1984).

den. Suspensionskulturen sind die einfachste Möglichkeit, Säugetierzellen zu züchten. Die meisten Zellen leukämischen oder lymphatischen Ursprungs wachsen sowohl in stationären als auch in bewegten Suspensionskulturen in Form einzelner Zellen. Viele Zelltypen, die auf Verankerung angewiesen sind, wachsen höchstens mit Spezialverfahren in Suspensionskulturen. Eine sehr vielversprechende Methode ist, den Zellen Mikrocarrier-Tröpfchen aus natürlichen oder synthetischen Polymeren anzubieten. Für die Produktion von Tierzellen im großen Maßstab ist mit konventionellen Kulturtechniken problematisch, daß man nur niedrige Zelldichten erreicht, und die Zellen gegenüber Scherkräften empfindlich reagieren. Durch die Verwendung von nur leicht gerührten Fermentern, Airlift-Fermentern sowie von gänzlich neuartigen Reaktoren konnte das Problem gelöst werden. Werden die

Hybridom-Zellen in Alginatkugeln verkapselt, können auch Rührkesselreaktoren verwendet werden. Innerhalb der Alginatkugeln bilden sich hohe Zell- und Antikörperkonzentrationen aus. In Perfusions-Systemen können die Nährstoffe und Gase durch poröse Rohre und semipermeable Membranen ins System eintreten und die entstandenen Produkte und die toxischen Metaboliten können auf dem gleichen Weg wieder austreten (s. Kap. 10).

Bei der Konstruktion von Bioreaktoren für Pflanzenzellkulturen müssen die speziellen Charakteristiken von pflanzlichen Zellen berücksichtigt werden (z. B. die großen Zelldimensionen, die Empfindlichkeit gegenüber Scherkräften, ihr langsames Wachstum, Produktbildung in der Phase des langsamen Wachstums bzw. in der stationären Phase und die Notwendigkeit, daß zur ausreichenden Produktion von Sekundärmetaboliten ein Minimum an Zell-Zell-Kontakt bzw. an Differenzierung notwendig ist). Die industrielle Produktion von Shikonin erfolgt in Suspensionskulturen.

3.3 Festphasen-Kultivierungen

Festphasen-Kultivierungen liegen dann vor, wenn die Mikroorganismen auf festen, wasserfreien oder nur geringfügig wasserhaltigen Stoffen gezüchtet werden. Festphasen-Kultivierungen sind zu finden bei asiatischen Fermentationsverfahren, bei der Produktion von Pilzenzymen in Oberflächenkulturen, bei der Züchtung von Pilzen und bei vielen anderen Verfahren. Die häufigsten Substrate sind Weizenkleie, Getreidekörner, gekeimte Gemüsesamen, Holz und Stroh. Geeignete Mikroorganismen für Festphasen-Kultivierungen können im allgemeinen einen niedrigen Wasser-Aktivitätsfaktor (A_W) tolerieren.

Mikroorganismen sprechen auf die aktuelle Wasseraktivität A_W unterschiedlich an. Sinkt A_W unterhalb einen Wert von 0,95, so stellen die Bakterien ihr Wachstum ein, während Pilze und Hefen noch bis hinunter zu einem Aktivitätsfaktor von 0,7 wachsen können. Wie eine Festphasen-Kultivierung abläuft, hängt davon ab, ob die beteiligten Mikroorganismen natürlicherweise im Substrat vorkommen oder ob es sich um reine isolierte Kulturen handelt. Die Kompostbildung zur Züchtung von Pilzen erfordert die Aktivitäten von natürlich vorkommenden Mikroorganismen (in abgestimmter Reihenfolge mesophile Bakterien, Hefen, Schimmelpilze, thermophile Pilze und Actinomyceten). Festphasen-Kultivierungen mit Reinkulturen aus Pilzen sind z. B. die traditionelle Fermentation von Getreide und Sojabohnen sowie ähnliche Verfahren zur Gewinnung industriell verwendeter Enzyme aus Schimmelpilzen. Beide Verfahren bedienen sich Kulturen von *Aspergillus oryzae* sowie verwandten Arten.

Die meisten industriellen Festphasen-Verfahren sind aerob, d. h. einerseits muß ein wirkungsvoller Sauerstoff-Transfer und andererseits ein wirkungsvoller Mechanismus zum Abtransport von CO_2 aus dem Medium gewährleistet sein. Während der Kultivierung entwickelt sich meist wesentlich mehr Wärme als bei vergleichbaren Flüssigverfahren, da die Substratkonzentration pro Volumeneinheit bei Festphasen-Kultivierungen höher ist. Gleichzeitig erschwert der geringere Feuchtigkeitsgehalt den Wärmeabtransport. Weiterhin ist die Wahl der richtigen Partikelgröße, besonders im Hinblick auf die Hohlraumgröße zwischen den Partikeln, sehr wichtig, damit Gas- und Wärmetransport optimal erfolgen können. Der Wärmeabtransport läßt sich durch höhere Belüftungsraten verbessern.

Industrielle Festphasen-Verfahren bieten Vorteile; so erlauben sie eine erhöhte Produktivität, einfachere Technik, geringen Kapitaleinsatz, geringeren Energieverbrauch, geringes Abwasservolumen und bringen keine Probleme bezüglich der Schaumbildung mit sich. Häufig vorgebrachte einschränkende Probleme, die gegen die Festphasen-Kultivierung vorgebracht werden, sind die Entwicklung von Wärmestaus, mögliche Kontaminationen durch Bakterien, Probleme beim Scale-Up und Schwierigkeiten bei der Einhaltung eines konstanten Feuchtigkeitsgehaltes im Substrat.

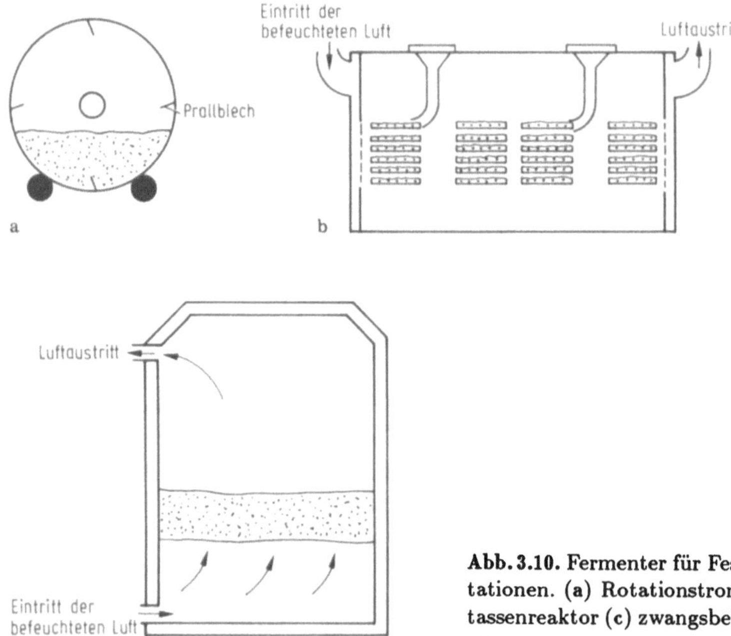

Abb. 3.10. Fermenter für Feststoff-Fermentationen. (a) Rotationstrommel, (b) Gärtassenreaktor (c) zwangsbelüftete Reaktoren.

Festphasen-Reaktoren sind z. B. als kontinuierliche Rührreaktoren (wie z. B. Rührtrommeln), Gärtassenreaktoren oder Airflow Reaktoren (konditionierte, d. h. feuchte Luft wird von unten durch das Substratbett hindurch in die Kultivierungskammer geblasen (Abb. 3.10). Rührtrommeln besitzen meist einen Einlaß und einen Auslaß für die zirkulierende, feuchte Luft.

Prallbleche oder Profile helfen, daß der Reaktorinhalt gut verrührt wird. Gärtassenfermenter bestehen aus Schalen mit 2,5–5 cm dicken Substratschichten. Die Schalen sind in der Reaktorkammer aufgestapelt, die im allgemeinen mit feuchter Luft zwangsbelüftet wird. Die Bettemperatur wird kontinuierlich aufgezeichnet und die wiedereinströmende Luft wird auf die entsprechende Temperatur so eingestellt, daß die Temperatur im Reaktor konstant bleibt.

3.4 Gerätetechnische Ausrüstung und Steuerung

Mit speziellen gerätetechnischen Ausrüstungen am Bioreaktor werden Analysen und Aufzeichnung spezieller Parameter leichter. Bei den Parametern handelt sich um Stellgrößen, die die optimalen Kulturbedingungen charakterisieren. Wenn die Stellgrößen für einen einmal optimierten Prozeß gefunden wurden, lassen sich mit deren Hilfe reproduzierbare Verfahren durchführen. Die Steuerung eines bestimmten Parameters erfolgt über einen Sensor und ein Kontrollsystem. Das System vergleicht die aktuellen Meßergebnisse (Istwerte) mit einem vorbestimmten Grenzwert. Beim Überschreiten einer vorbestimmten Toleranz wird das System aktiviert und setzt als Antwort auf die Aktivierung den Parameter wieder auf den Sollwert zurück. Die Einjustierung erfolgt meist über Veränderungen von Ventilöffnungen oder veränderte Pumpgeschwindigkeiten.

Sensoren können on-line (d. h. Messung erfolgt zeitgleich mit dem Verfahren durch kontinuierliche Aufzeichnungen direkt am oder im Bioreaktor) oder off-line (d. h. Messung erfolgt durch Analyse einer aseptisch gezogenen Probe) arbeiten. Die gängigen on-line Sensoren überwachen meist physikalische Parameter wie Temperatur, Druck, Umdrehungsgeschwindigkeit des Rührers oder Fließraten von Flüssigkeiten und Gasen sowie physikochemische Parameter, wie pH oder Gaskonzentrationen in flüssiger Phase oder in der Gasphase. On-line Sensoren, die im Kontakt mit dem Kulturmedium stehen, sowie Meßfühler zur pH-Bestimmung oder zur Bestimmung der Konzentration an gelöstem Gas, sollten dampfsterilisierbar und leicht zu kalibrieren sein sowie zuverlässig kontinuierlich anzeigen. Tabelle 3.3 faßt eine Auswahl der wichtigeren on-line Meßsyteme zusammen.

Die Abgasanalyse gibt wohl den besten Einblick in den Zustand der Kultivierung. Die paramagnetische O_2-Messung sowie die CO_2-Bestimmung über Infrarot-Analyse leiden darunter, daß häufig die Eichlinie driftet und die Ansprechzeit relativ lang ist. Alternativ einsetzbare Massenspektrometer sind zwar wesentlich teurer, können aber unbeaufsichtigt über längere Zeiträume arbeiten und CO_2, O_2, N_2 und auch andere Gase mit hoher Genauigkeit bestimmen. Mit einem angeschlossenen Rechner können verwertbare Daten, wie der Respirationskoeffizient (RQ = gebildetes CO_2 / verbrauchtes O_2) oder die Sauerstoff-Aufnahmerate (Q_{O_2} (gO_2 / $l \cdot h$)) vollautomatisch geliefert werden. Die kurze Ansprechzeit macht es möglich, daß

Tabelle 3.3. On-line Kontrollsysteme zur Überwachung von Fermentern

Parameter	Meßgerät	Meßprinzip (Bemerkungen)
1. Temperatur	Elektrische Widerstandsthermometer und Thermistoren	Der elektrische Widerstand ist temperaturabhängig
2. Druck	Röhrenfedermanometer	Steigt innerhalb eines gebogenen, partiell hohlen Röhrchens mit elliptischem Querschnitt der Druck, so nähert sich der Querschnitt einem Kreis, wobei sich das gebogene Röhrchen allmählich gerade biegt.
	Diaphragma-Drucksensor	Auslenkung eines Diaphragmas als Antwort auf eine Druckänderung
	Meßgeräte für elektronische Deformation	Der elektrische Widerstand eines Drahtes ändert sich, wenn er deformiert wird.
3. Kesselinhalt	Gewichtszellenmessung (Gewicht)	Das Kesselgewicht wird durch ein Deformationsmeßgerät gemessen, wobei der elektrische Widerstand proportional der Beladung ist.
	Messung des Flüssigkeitsstandes mit Kapazitätsmeßfühlern (Volumen)	Die Kapazität des Meßfühlers ändert sich mit dem Flüssigkeitsstand.
4. Schaum	Metallischer Schaum-Meßfühler, der an seiner Spitze isoliert ist und in einer vorher bestimmten Höhe oberhalb der Flüssigkeitsoberfläche angebracht ist	Wenn der Schaum den Meßfühler berührt, so wird ein elektrischer Stromkreis geschlossen, der wiederum eine Vorrichtung zur Zuführung von Antischaummitteln auslöst (Kurzschluß kann auftreten, wenn sich Feuchtigkeit außen an der Isolation entlang ankondensiert).
5. Umdrehungsgeschwindigkeit der Rührschaufel	Tachometer	Der Meßmechanismus beruht auf Induktion, Stromerzeugung, Lichtsensorik oder magnetischer Kraft.
6. Fließgeschwindigkeit von Gasen	Rotameter	Messung der Fließgeschwindigkeit erfolgt über die Lage eines frei beweglichen Schwimmers in einer senkrechten Röhre mit zunehmendem Bohrdurchmesser
	Thermisches Gasflußmeter	Messung eines Temperaturgefälles durch eine Heizvorrichtung, die in einem Gasstrom plaziert ist
7. Fließgeschwindigkeit von Flüssigkeiten	Propeller, Turbinen, Rotameter	Die Systeme sind so angepaßt, daß sie Fließgeschwindigkeiten messen können (nicht möglich bei aseptischer Arbeitsweise).

Tabelle 3.3. (Fortsetzung)

Parameter	Meßgerät	Meßprinzip (Bemerkungen)
	Elektrische Wandler	In einem magnetischen Feld ist die Spannung, die von einer bewegten Flüssigkeit induziert wird, proportional zur relativen Geschwindigkeit der Flüssigkeit und zum magnetischen Feld (kann auch bei aseptischer Verfahrensweise eingesetzt werden).
	Peristaltische Pumpen und Meßpumpen, die mit Diaphragmas arbeiten	Indirekte Messung von Fließgeschwindigkeiten mit vorkalibrierten Pumpen (eignet sich für Messungen und Pumpvorgänge unter aseptischen Bedingungen)
8. pH	Kombinierte Glas-Referenzelektrode	Potentiometrische Messung der Wasserstoffionenkonzentration
9. Gelöster Sauerstoff	Sauerstoffelektrode	Elektronen, die aus der Wechselwirkung von Sauerstoff mit einer Metalloberfläche entstehen, bewirken einen elektrischen Stromfluß. Die Spitze des Meßfühlers enthält eine Membran, die sauerstoffdurchlässig ist.
10. Gelöstes CO_2	CO_2-Elektrode	Der Sensor besteht aus einer pH-Meßsonde, die von einer $HCO_3^- + H^+$-Lösung umgeben ist, deren pH von HCO_3^--Ionen beeinflußt wird. Die Spitze der Elektrode enthält eine HCO_3^--permable Membran (die Elektroden sind teuer und unzuverlässig).
11. O_2 in der Gasphase	Paramagnetische Gasanalyse	Ablenkungssysteme und thermische Analysensysteme basierend auf der starken Affinität von Sauerstoff zu einem magnetischen Feld
12. CO_2 in der Gasphase	Infrarotanalyse	CO_2 absorbiert im infraroten Bereich. (Die Bestimmung von O_2 und CO_2 in der Gasphase erfolgt üblicherweise in der Abluft der Bioreaktoren.) Üblicherweise bewegt sich die CO_2-Konzentration der Luft am Einlaß um 20,91 % und die CO_2-Konzentration um 0,03 %.
13. Analyse des gesamten Gases	Massenspektrometrie	Die Gasmoleküle, die ins Meßinstrument eintreten, werden ionisiert und durch ein magnetisches Feld beschleunigt. Die Ablenkung der Gasmoleküle erfolgt in Abhängigkeit ihrer Masse. Die einzelnen Molekülfragmente werden gesammelt und bestimmt.

mehrere Fermenter über einen Probensammler an nur einen Massenspektrometer angeschlossen sein können. So lassen sich von jedem Gasstrom in kurzen Zeitabständen Daten erhalten.

Die sogenannte off-line Analytik ist immer noch die gängigste Bestimmungsmethode von Substraten, Stoffwechselprodukten, Enzymen, Zellbestandteilen und von Zellsubstanz. Allerdings wird immer mehr die automatisierte Verfahrenskontrolle favorisiert, was die Entwicklung von quantitativen on-line Erfassungsmethoden für biologische Moleküle erfordert. Manche der bereits existierenden Überwachungssysteme lassen sich auf Fermenter übertragen, nur müssen zuerst die Probleme mit der aseptischen Probennahme aus der flüssigen Phase gelöst sein, wie z. B. durch Probennahme über Mikrofiltration. Eine HPLC on-line Überwachung ist z.B. möglich, wenn die zu analysierende Lösung über Filtration oder Dialyse erhalten werden kann.

Vor allem für den klinischen Einsatz wurde eine neue Generation hochspezifischer Biosensoren entwickelt und zwar durch Beschichtung von elektrochemischen Sensoren mit immobilisierten Enzymen. Eine sterilisierbare Glucoseelektrode und eine empfindliche Alkoholelektrode sind beispielsweise schon heute zur Verfahrensüberwachung erhältlich. Wenn on-line Biosensoren für Konformationsänderungen, wie sie bei Enzymproteinen im Zuge der Wechselwirkung mit dem Substrat vorkommen, zur Verfügung stehen, oder Biosensoren, welche die Elektronendonor/akzeptor-Eigenschaften von biologischen Molekülen erfassen können, dann werden wohl ausgeklügeltere Verfahrenssteuerungen entwickelt werden.

Computer können die Daten aus den Sensoren aufzeichnen, analysieren oder weiterverarbeiten, die Analysen auf Monitoren präsentieren und abspeichern oder auch mit deren Hilfe das Verfahren steuern, indem sie Schalter, Ventile und Pumpen aktivieren. Mit der entsprechenden Datenverarbeitung lassen sich z. B. Geschwindigkeiten, Ausbeuten, Produktivitäten, Respirationskoeffizienten usw. berechnen. Bei den meisten industriellen Fermentationen spielen Speicherung und Organisation von Daten aus der Fermentation eine extrem wichtige Rolle. Die Speicherung von Daten liefert nicht nur genaue Aufzeichnungen über die einzelnen Ansätze z. B. für Qualitätszusagen oder für Inspektionen durch die Aufsichtsbehörden, vielmehr kann die genaue Analyse von Verfahrensaufzeichnungen oft zu erheblichen Verfahrensverbesserungen führen. Systeme für Verfahrenssteuerungen können z. B. einfach darin bestehen, eine Reihe nacheinander ablaufender Verfahrensschritte, wie z. B. einen Sterilisationscyclus, automatisch zu implementieren. Vorabbestimmte Milieubedingungen können mit einem Analog-Digital-Wandlersystem eingehalten werden. Bei dieser Methode vergleicht der Rechner den gemessenen Istwert mit dem Sollwert und greift gegebenenfalls ein. Zum gleichen Ergebnis führt auch die digitale Regelung (direct digital control) . Hier sind die Sensoren direkt mit dem Rechner verbunden und es sind keine individuellen Regelungskreise mehr nötig. Abbildung 3.11 zeigt die wichtigsten Bestandteile einer rechnergesteuerten Fermentationsanlage.

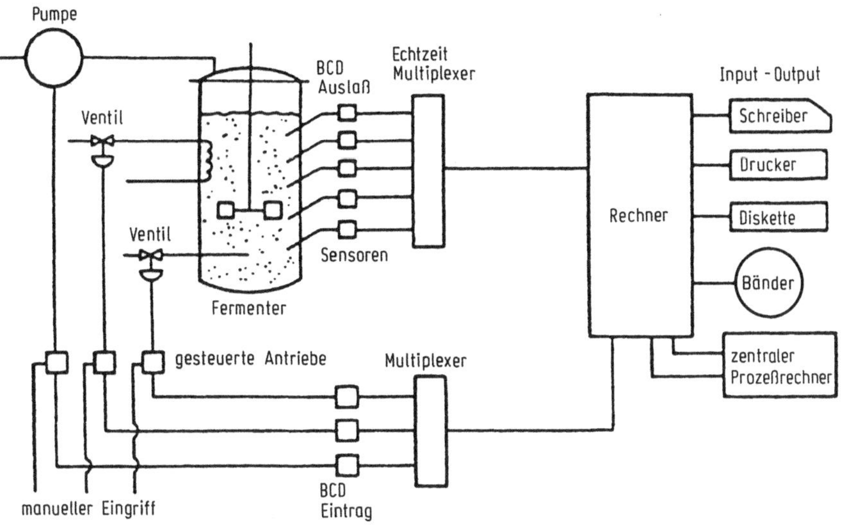

Abb. 3.11. Wichtige Komponenten einer rechnergesteuerten Bioreaktor-Anlage (mit freundlicher Genehmigung entnommen aus aus Wilson, 1984).

Damit eine Fermentation vollständig rechnergesteuert ablaufen kann, muß ein genaues Modell vorliegen. Mit Hilfe des Modells können Veränderungen im Kulturmedium, die Einfluß auf die Zellphysiologie und auf die Produktivität nehmen, erkannt und gegebenenfalls wieder einreguliert werden. Auch zur Erforschung und Entwicklung von Optimierungsstrategien für Wachstum und Produktbildung bei Bioreaktorkultivierungen sind Rechneranlagen sehr hilfreich. Weiterhin läßt sich auch der gesamte Verfahrensablauf einer mehrstufigen Fermentationsanlage, einschließlich der Upstream- und Downstream-Verfahrensschritte über einen Zentralrechner aufeinander abstimmen.

4 Grundstoffe für das Wachstum

4.1 Kriterien für die Zusammensetzung von Nährmedien

4.1.1 Einleitung

Nährmedien für industrielle Bioreaktorkultivierungen müssen alle Stoffe zur Synthese des Zellmaterials und zur Produktbildung enthalten. Weiterhin müssen sie den technischen Zielvorstellungen für das Verfahren entsprechen, d. h. sie sollen einerseits ein günstiges Milieu für Wachstum und/oder Produktbildung bieten und andererseits aber auch preisgünstig sein. Viele Prozesse laufen mehrstufig ab. In der ersten Stufe wird das sogenannte Inoculum bereitgestellt, das dann als zweiten Schritt ein mehrstufiges Scale-Up durchläuft, dem schließlich als dritte Stufe das mikrobielle Wachstum sowie die Produktbildung im Produktionsreaktor folgt. Bei jeder Stufe werden unterschiedliche technische Ziele verfolgt, und jede Stufe stellt unterschiedliche Anforderungen an das Medium. Bei der Bereitstellung der Impfkulturen und derem stufenweisen Scale-Up werden gewöhnlich hohe Wachstumsraten sowie die Bildung von Zellsubstanz mit einem möglichst hohen lebensfähigen Anteil in der geeigneten physiologischen Form angestrebt, damit die Zellsubstanz im nächsten Schritt wiederum als Inoculum verwendet werden kann. Soll das Endprodukt lebende Zellsubstanz oder Einzellerprotein (SCP) sein, so sind die Zusammensetzung des Nährmediums im Produktionsreaktor und die Verfahrensbedingungen so abgestimmt, daß hohe Wachstumsraten und hohe Ausbeuten an lebensfähigen Zellen bzw. an Zellen mit der geeigneten Zusammensetzung für SCP, erhalten werden. Ist hingegen ein Zellprodukt, wie z. B. ein Enzym, ein anderes Protein oder ein Metabolit, das Endprodukt, wird das Anforderungsprofil komplexer. Wenn die Produktion des angestrebten Zellproduktes wachstumsabhängig ist, muß das Nährmedium gleichzeitig und in optimaler Weise sowohl das Zellwachstum als auch die Produktbildung unterstützen. Erfolgt der größte Teil der Produktbildung wachstumsunabhängig, so muß das Nährmedium so zusammengesetzt sein, daß während der exponentiellen Phase zunächst die Zellen mit der passenden physiologischen Eigenschaft bevorzugt wachsen können. Im Anschluß daran muß das Medium die Produktsynthese so unterstützen, daß eine optimale Bildungsgeschwindigkeit erreicht wird und eine möglichst große Ausbeute anfällt. Für viele industrielle Produkte, wie z. B. Enzyme oder Antibiotika, die hauptsächlich nach der exponentiellen Wachstumsphase gebildet werden, beobachtet man während der stationären Phase einen linearen Verlauf für die optimale Produktbildungsgeschwindigkeit. Man wird also versuchen, das Nährmedium und andere Milieubedingungen so auszuwählen, daß die Phase mit der linearen optimalen Produktbildungsgeschwindigkeit möglichst lange währt.

4.1.2 Einfluß des Mediums auf das Zellwachstum

Während der Biosynthese und dem Zellerhalt benötigen Mikroorganismen als Bausteine für ihre Zellsubstanz und als Energiequelle daneben Kohlenstoff, Stickstoff, Mineralien, in manchen Fällen Wachstumsfaktoren, Wasser und, bei aerobem Stoffwechsel, Sauerstoff. In bezug auf ihre elementare Zusammensetzung ähneln sich die meisten Mikroorganismen. Man kann sich bei der Zusammenstellung eines optimal ausgewogenen Fermentationsmediums darauf beziehen. Typische Konzentrationen im Nährmedium sind 45% C, 33% O, 10% N, 7% H und 2.5% S (bezogen auf die Trockensubstanz). Auch Spurenelemente, wie z. B. Cu, Mn, Co, Mo, B und möglicherweise weitere Metalle müssen, je nach Wasserquelle, zugesetzt werden. Einige Mikroorganismen wachsen ohne Wachstumsfaktoren auf Nährmedien, andere Mikroorganismen verlangen komplexere Medien mit speziellen Nährstoffen, wie Aminosäuren, Vitaminen oder Nucleotiden. Organismen, die auf solche Ergänzungen nicht unbedingt angewiesen sind, wachsen jedoch in komplexen Medien oft erheblich schneller. Bestimmte Wachstumsfaktoren, wie z. B. Biotin bei der Glutaminsäurefermentation, können dem Medium entweder als Reinstoff zugesetzt werden oder sind in weniger aufgereinigten Stickstoffquellen, wie z. B. Maisquellwasser, natürlicherweise vorhanden. Bei praktisch allen industriellen Kultivierungsverfahren liefert das Kohlenstoffsubstrat einerseits die Energie zum Zellwachstum und andererseits den Kohlenstoff zur Biosynthese. Der Kohlenstoffbedarf läßt sich für Verfahren unter aeroben Bedingungen aus dem Zellsubstanz-Ausbeutekoeffizient $Y_{x/S}$ mit

$$Y_{x/S} = \frac{\text{gebildete Zellsubstanz } x(\text{g})}{\text{verbrauchtes Kohlenstoffsubstrat } S(\text{g})}$$

bestimmen. Auswirkungen von Milieubedingungen im Zusammenhang mit dem Medium (pH, Substratkonzentration, usw.) auf die Wachstumsgeschwindigkeit wurden bereits in Kap. 2 behandelt.

4.1.3 Produktbildung

Ist die Produktbildung auf Induktoren angewiesen, so muß dem Medium der erforderliche Induktor oder ein strukturelles Analogon zugesetzt werden. Unter Umständen muß seine Konzentration durch kontinuierliche bzw. stufenweise Zugabe während der Reaktion konstant gehalten werden. Unterliegt die Produktbildung einer Substrat-Katabolitrepression, wie z. B. durch

Glucose oder andere Kohlenhydrate, so ist zu überlegen, ob nicht eine deregulierte Mutante besser wäre bzw. ob die fragliche Verbindung kontinuierlich bzw. in mehreren kleinen Portionen zugesetzt werden soll. Dabei muß die Substratkonzentration immer unterhalb der kritischen Konzentration, ab der die Repression wirksam wird, gehalten werden. Induktion und/oder Katabolitrepression treten bei vielen Enzym-Produktionsverfahren auf. Die geringe Produktivität vieler Sekundärmetabolit-Herstellungsverfahren hängt oft damit zusammen, daß im Medium Kohlenstoffquellen vorliegen, die sehr schnell metabolisiert werden können.

Auch eine schnell verwertbare Stickstoffquelle kann die Bildung von Antibiotika unterdrücken. Bei Pilzen unterdrückt Ammonium durch allgemein und spezifisch wirksame Aminosäure-Permeasen die Aufnahme von Aminosäuren. Ammoniak unterdrückt in vielen Mikroorganismen die Nitrat-Assimilation, so daß Nitrat nur dann als alternative Stickstoffquelle angeboten wird, wenn kein Ammoniak mehr vorhanden ist.

Manche Verfahren reagieren auf die Anwesenheit bestimmter Mineralien kritisch. Viele Sekundärmetabolit-Herstellungsverfahren sind während der Produktionsphase auf eine niedrige Konzentration an anorganischem Phosphat angewiesen. Calcium spielt manchmal eine Rolle beim Ausfällen von überschüssigem Phosphat. Je nach Konzentration können sich Spurenelemente, wie z. B. Eisen und/oder Zink auf die Produktion von Penicillin, Actinomycin, Chloramphenicol, Neomycin, Griseofulvin und Riboflavin negativ auswirken. Bei der Bacitracin- und Citronensäureproduktion ist die Mangankonzentration von Bedeutung. Die Wirkungsweise dieser Metalle liegt möglicherweise in der Aktivierung bzw. der Inhibierung von Enzymaktivitäten.

Bei manchen Prozessen, wie z. B. bei der Produktion einiger Antibiotika, Vitamine oder Aminosäuren, werden dem Nährmedium Vorstufen zugesetzt, die direkt ins Produkt aufgenommen werden. Phenylessigsäure ist z.B. eine wichtige Vorstufe bei der biotechnologischen Gewinnung von Benzylpenicillin.

Zur optimalen Produktion einiger Metaboliten müssen dem Medium spezielle Inhibitoren zugegeben werden. Die Inhibitoren sollen entweder die Bildung anderer, störender, metabolischer Zwischenstufen minimieren oder den weiteren Metabolismus des Zielprodukts unterbinden. Bei der Tetracyclin-Produktion mit *Streptomyces*-Arten unterdrückt Bromid so die Bildung von Chlortetracyclin und bei der Glycerol-Produktion mit *Saccharomyces cerevisiae* unterdrückt Natriumbisulfit die Reduktion des Acetaldehyds, so daß bei der Reoxidation von $NADH/H^+$ die Umwandlung von Dihydroxyacetonphosphat zu Glycerin-3-phosphat stattfinden kann, das dann wiederum zum Glycerol abgebaut wird.

4.1.4 Sauerstoff

Die meisten Kultivierungen im Bioreaktor erfolgen aerob, d. h. Sauerstoff wird als Grundstoff benötigt. Die vollständige Oxidation von Glucose gemäß

$$C_6H_{12}O_6 + 6\,O_2 \longrightarrow 6H_2O + 6CO_2$$

erfordert die Oxidation von 180 g (1 mol) Glucose 192 g Sauerstoff. Unter der Annahme, daß außer CO_2 und H_2O keine weiteren extracellulären Produkte gebildet werden, werden zur Bildung von 1 g Bakterien-Trockensubstanz 0,4 g Sauerstoff benötigt.

Stoffwechselprozesse werden auch von der Konzentration an gelöstem Sauerstoff im Nährmedium beeinflußt. Das Verhältnis der Konzentration an gelöstem Sauerstoff zur spezifischen Sauerstoffaufnahmerate (Q_{O2}, pro Gramm Zell-Trockensubstanz pro Stunde verbrauchter Sauerstoff in mmol) folgt dem typischen Michaelis-Menten Verlauf (Abb. 4.1). Damit also so viel Zellsubstanz wie möglich gebildet wird, muß die Konzentration des gelösten Sauerstoffes eine Mindestkonzentration C_{krit} überschreiten. Dabei können sich die ideale Konzentration an gelöstem Sauerstoff für die optimale Produktbildung und C_{krit} deutlich voneinander unterscheiden. Liegt der erforderliche Sauerstoffgehalt während der Kultivierung deutlich über C_{krit}, so läßt sich im allgemeinen sagen, daß metabolische Reaktionen, die aus Citronensäurezwischenstufen gespeist werden, unterstützt werden. Liegt die Sauerstoffkonzentration unterhalb C_{krit}, so wird die Bildung von Metaboliten aus dem Phosphoenolpyruvat und Pyruvat unterstützt.

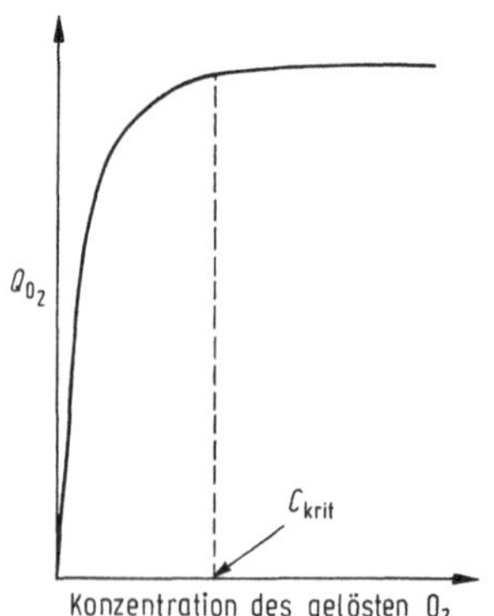

Abb. 4.1. Zusammenhang zwischen der Konzentration an gelöstem Sauerstoff (p_{O_2}) und der Sauerstoffaufnahmerate (Q_{O_2}) eines Mikroorganismus.

4.1.5 Kombinationseffekte

Wachstum und Produktbildung sind häufig in komplexer Weise von den einzelnen Komponenten im Medium und vom Sauerstoffgehalt im Medium untereinander abhängig. So ist z. B. die Ausbeute an Hefe-Zellsubstanz aus Zucker als Substrat und bei aerober Verfahrensweise größer (mit gleichzeitig geringerer Ethanolbildung) als beim anaeroben Verfahren (Pasteur-Effekt). Liegt das Zuckerangebot jedoch über 250–300 mg l^{-1}, so unterliegen die oxidierend wirkenden Enzyme des Citronensäurecyclus sowie des Cytochromsystems auch bei aeroben Bedingungen einer Katabolitrepression. Die Folge ist, daß auf Kosten der Zellsubstanzbildung der größte Teil des Zuckers zu Alkohol umgewandelt wird (die geringe Ausbeute an Zellsubstanz ist also die Folge einer Katabolitrepression). Bei technischen Kultivierungsverfahren zur Produktion von Primär- und Sekundärmetaboliten sinkt die Produktausbeute, wenn Zellsubstanz überproduziert wird. Zur Produktion mancher Metabolite scheint eine gehemmte Zellphysiologie notwendig zu sein. Die Überproduktion von Zellsubstanz verzögert den Beginn der Produktion der Sekundärmetabolite. Bei Verfahren, die auf Sauerstoff angewiesen sind, können hohe Konzentrationen an Pilz-Zellsubstanz schädlich sein, denn dadurch wird die Sauerstofftransferrate herabgesetzt.

4.1.6 Physiologie und Morphologie

Die einzelnen Bestandteile des Nährmediums können die Physiologie von Mikroorganismen tiefgreifend verändern. Eine optimale Produktbildung ist im Gegenzug dazu häufig von einer speziellen physiologischen Form abhängig. So verläuft die Citronensäureproduktion durch *Aspergillus niger* dann optimal, wenn das Mycel in Form kleiner, harter Mycel-Pellets ausgebildet ist und die Hyphen unnormal kurz und stachlig aussehen. Auch zur Produktion von Methylenbernsteinsäure durch *A. terreus* ist ein pelletförmiges Mycel erwünscht. Dagegen steigt die Fumarsäureausbeute in *Rhizopus arrhizus*, wenn das Mycel Filamente ausbildet. Die gleichen Voraussetzungen gelten für die Penicillin-Produktion durch *Penicillium chrysogenum*. Mycel-Wachstum und Assimilation der Nährstoffe verlaufen bei filamentförmigem Mycel wesentlich schneller als bei Pellets. Folglich werden zur Produktion von Zellsubstanz solche Bedingungen im Medium bevorzugt, die ein filamentförmiges Wachstum bewirken.

Wie gut die Streptomycin-bildenden *Streptomyces griseus*-Stämme Antibiotika bilden können, ist mit der Mycel-Fragmentierung, dem Verlust der Conidienbildung und dem fortschreitenden Wechsel zu Morphologien vom nicht-cardial-Typ mit der Kulturdegenerierung in Zusammenhang gebracht worden.

Auf die Morphologie wirken sich z. B. pH, Viskosität, die Anwesenheit bivalenter Kationen, chelatisierender Agenzien, anionischer Polymere, oberflächenaktiver Substanzen und die Anwesenheit von Feststoffen im Nährmedium aus. Mit zunehmend alkalischem pH werden z. B. die Hyphen von *P. chrysogenum* kürzer und dicker, bis sich Pellets ausbilden. Dagegen fördern Polymere eher ein filamentförmiges Wachstum. Carbopol, ein Carboxypolymethylen-Polymer, Alginsäure und Carboxymethylcellulose können bei manchen Stämmen, wie z. B. *P. chrysogenum, A. niger* oder

R. arrhizus ein filamentförmiges Wachstum induzieren. Zweiwertige Kationen im Medium verursachen häufig Pellet-Bildung. Allerdings kann ihre Wirkung durch gleichzeitige Zugabe von Chelatbildnern oder Ionenaustauschern, wie z. B. anionische Polymere, unterdrückt werden. Entsprechende Beobachtungen legen nahe, daß die zweiwertigen Kationen mit anionischen Gruppen auf der Zelloberfläche wechselwirken und dabei benachbarte Zellwände durch die Ausbildung von Salzbrücken oder auch durch Überwindung der abstoßenden Kräfte zwischen den negativ geladenen Oberflächen zusammenfügen und damit die Pelletbildung erleichtern. Manchmal treten vor der Keimung zwischen Sporen Zell-Zell Wechselwirkungen auf, die zur Pelletbildung führen, manchmal ist die Gegenwart von mycelischen Hyphen notwendig. Diese ladungsabhängigen Wechselwirkungen können verständlicherweise direkt durch andere Komponenten im Nährmedium beeinflußt werden. Milieubedingungen (dazu zählt auch das Medium), welche die Zusammensetzung der Zelloberfläche verändern, sollten auch die Morphologie beeinflussen können. So konnte gezeigt werden, daß die Zusammensetzung der Zellwand von *A. niger* durch Mangan signifikant beeinflußt wird (s. Tabelle 4.1).

Tabelle 4.1. Einfluß von Mangan auf die Zusammensetzung der Zellwand von *A. niger* (Berechnungen erfolgten mit Daten von Kisser *et al.*, 1980)

Zusammensetzung der Zellwand (%)	Manganmangel	mit Zusatz von Mangan
α-Glucan	66,4	59,0
β-Glucan	7,0	18,2
Chitin	20,0	6,8
Protein	2,4	2,9
Galactomannan } Galactosamin }	3,7	12,6
Lipide	0,5	0,5

Kationen beeinflussen nachgewiesenermaßen die Flockung von Hefe und Zellbestandteilen von Hefe. Dieses kann ausgelöst werden durch eine chemische Brückenbindung (Cross-linking). Die Flockungsfähigkeit von Hefe ist für die Sedimentation und Entfernung von Hefe bei der Produktion von nicht destillierten alkoholischen Getränken von großer Bedeutung. Schnell absetzende Hefestämme bringen bei kontinuierlichen Fermentationen für alkoholische Produkte Vorteile mit sich. Bei kontinuierlichen Fermentationen fließt das Medium von unten nach oben durch senkrecht stehende Fermenter. Diese Anordnung bewirkt, daß sich die Hefe absetzt und sich vom nach oben steigenden Bierstrom abtrennt. So wird ohne Zentrifugieren eine höhere Zelldichte im Bioreaktor erreicht.

In manchen Fällen erfolgt zusammen mit der Produktbildung Sporenbildung, während in anderen Fällen durch Sporenbildung die Synthese der

Produkte unterdrückt wird. Die Bildung von Sporen ist über die Zusammensetzung des Mediums steuerbar. Allgemein läßt sich feststellen, daß ein geringer Stickstoffgehalt Sporenbildung induziert, wogegen hohe Aminosäurekonzentrationen hemmend wirken.

Über die Zusammensetzung der Kulturmedien können die Zellpermeabilitäten beeinflußt werden. Durch die Limitierung von Biotin bei der Glutaminsäure-Fermentation wird z.B. die gesamte Biosynthese von Ölsäure mit Glutaminsäure-produzierenden Bakterien gehemmt. Außerdem wird dadurch die Permeabilität der Zellwände so verändert, daß Glutaminsäure ins Medium ausgeschieden wird. Antibiotika, die die Ausbildung von Peptidoglykan-Verknüpfungen in der Zellwand Gram-positiver Bakterien hemmen (dazu zählt auch Penicillin) führen zur Ausbildung von aufgedunsenen Zellen, die ebenfalls Glutaminsäure ins Medium abgeben. Von einigen oberflächenaktiven Stoffen ist bekannt, daß sie die Sekretionsgeschwindigkeit mikrobieller, extracellulärer Enzyme erhöhen.

4.1.7 Verfahrenssteuerung

Mit Zusatzstoffen lassen sich Verfahren direkt beeinflussen. Puffer, Säuren und Basen regulieren z.B. den pH, Antischaummittel verhindern die Schaumbildung und Nährstoffe können z. B. eine Katabolitrepression zurückdrängen.

pH-Kontrolle. Anorganische Phosphate werden bei Fermentationen häufig im Überschuß (mehr, als zum Wachstum benötigt) zugegeben, denn sie besitzen im pH-Bereich 6,0–7,5 gute Puffereigenschaften. Für niedrigere pH-Bereiche eignen sich organische Säuren als Puffer. Auch Calciumcarbonat ist bei der Entstehung von Säuren ein wirkungsvoller Puffer. Der pH läßt sich auch durch Zugabe von salzartigen Hydroxiden, flüssigem oder gasförmigem Ammoniak und Schwefel- oder Salzsäure einstellen.

Der pH eines Mediums wird oft über eine sorgfältig ausgewählte Balance zwischen Kohlenstoff- und Stickstoffquellen reguliert. Kohlenhydrate führen wegen der Bildung organischer Säuren oft zur pH-Senkung. Ammoniumsalze liefern im allgemeinen saure Bedingungen, denn während der Assimilation von Ammonium werden freie Säuren gebildet. Die Assimilation von Nitrat verschiebt den pH ins Basische, wird aber Ammoniumnitrat zugegeben, so wird bevorzugt das Ammoniumion assimiliert. Organische Stickstoffquellen, wie z. B. hydrolysierte Proteine, Maisquellwasser oder Schlempen, erhöhen den pH. Bei dieser Art der pH-Einstellung muß man mögliche repressive Effekte der verwendeten Stoffe auf die Produktbildung beachten.

Schaum. Schaumbildung bei Fermentationen ist auf die Denaturierung von Proteinen an der Grenzfläche zwischen Gasphase und flüssiger Phase zurückzuführen. Ohne Kontrolle kann sich der Schaum so stark ausdehnen, daß das freie Reaktorvolumen vollständig ausgefüllt ist. In letzter Konsequenz kann

ein Großteil des Reaktorinhalts durch den Gasauslaß austreten. Weiterhin
können durch Schaumbildung auch Zellen aus dem Nährmedium herausge-
schwemmt werden.

Antischaummittel sind oberflächenaktive Verbindungen, die die Ober-
flächenspannung in Schäumen soweit herabsetzen, daß der Schaum dispergiert wird. Die Wirksamkeit der Antischaummittel hängt von den aktuellen Kultivierungsbedingungen ab (Zusammensetzung des Nährmediums,
Mikrobenstamm, Wachstumsstadium, Belüftungsmodus und Konstruktion
des Bioreaktors). Die Auswahl von wirksamen Antischaummitteln geschieht
häufig mit der Methode des ‚trial-and-error'. Viele Antischaummittel sind
nur wenig löslich und sind auf einen Carrier, wie z. B. Rohöl oder Mineralöl
angewiesen.

Antischaummittel sollten so gering wie möglich dosiert werden, denn
sie verschlechtern die Sauerstofftransferraten bis zu 50%. Außerdem sollte
das Antischaummittel weder toxisch noch gefährlich und sowohl hitzeste-
rilisierbar als auch preiswert sein. Mechanische Schaumbrecher sind eine
Alternative zu Antischaummitteln.

4.1.8 Auswirkung des Mediums auf das Downstream-processing

Die Zusammensetzung der Nährmedien wirkt sich unmittelbar auf das
Downstream-processing aus. Weniger stark aufgereinigte Rohmaterialien
sparen zwar bei den Nährstoffen Kosten, erfordern jedoch aufwendigere
und kostenintensivere Reinigungschritte. Wird mit hohen Konzentrationen
an Antischaummitteln gearbeitet, so kann das Antischaummittel nach der
ersten Fest-Flüssig-Trennstufe in der Feststofffraktion vorliegen und die weitere Verarbeitung der Zellprodukte erschweren. Die Rohmaterialien für eine
Fermentation müssen also danach ausgewählt werden, welche wirtschaftlichen Auswirkungen auf die Produktivität, die Produktreinigung und die
Abwasserbehandlung sie haben. Allgemein gilt: ist bei Verfahren die eigentliche Kultivierung kostenintensiv, machen häufig die Kosten für das
Medium einen beachtlichen Teil der Gesamtproduktionskosten aus. Gerade
bei solchen Verfahren muß also nach preiswerten Ausgangsstoffen gesucht
werden. Ist bei einer Kultivierung die Aufarbeitung aber kostenintensiver,
bevorzugt man dagegen reinere Rohstoffe, um die Aufarbeitungsprobleme
möglichst gering zu halten.

4.2 Überblick über Medien für die Kultivierung von Mikroorganismen

Zu Zeiten, als Rohöl noch preiswert war, wurden häufig Petrochemikalien,
wie z. B. Kohlenwasserstoffe, Alkohole oder Säuren, als Rohstoffe für die
Zellanzucht verwendet. Dies gilt heute jedoch nicht mehr. Heutzutage werden vor allem erneuerbare Rohstoffe, die Zucker und Stärke enthalten, als
Kohlenstoff- und Energiequellen eingesetzt, manchmal auch Fette und Öle.

Bei Stärke und stärkehaltigen Rohstoffen herrscht ein Wettbewerb zwischen ihrer Verwendung zur Produktion von Lebensmitteln und ihrer Verwendung als Rohstoffe für die Zellanzucht, denn in den Entwicklungsländern beträgt derzeit das jährliche Defizit an Nahrungsmitteln 10^8 t. Lignocellulose macht etwa 50% des jährlichen Weltbedarfs von 10^{11} t Zellmasse aus. Die jährlichen Ausbeuten an Stärke und Zucker fallen dagegen mit 10^9 t bzw. 10^8 t wesentlich geringer aus. Mittel- bis langfristig werden sich wohl Hydrolyseprodukte aus Lignocellulose zu bedeutenden Substraten entwickeln.

4.2.1 Kohlenhydrate

Stärke ist gegenwärtig das am meisten verwendete Kohlenhydrat für die Zellanzucht. Sie kann in Form von ganzem oder zermahlenem Getreide oder Pflanzenwurzeln wie z. B. Mais, Reis, Weizen, Kartoffeln und Maniok, als gereinigte Stärke, als modifizierte Stärke oder in Form von Dextrinen eingesetzt werden. Beim Erhitzen und Sterilisieren geliert Stärke und wird extrem viskos. Gewöhnlich muß im Verfahren ein enzymatischer Hydrolyseschritt zur Verflüssigung der Stärke bzw. zur Herabsetzung ihrer Viskosität integriert sein, was mit Amylasen aus mikrobiellen Quellen oder aus gemälztem Getreide geschieht. In welchem Ausmaß die Stärke hydrolysiert werden muß, ist vom Kultivierungsverfahren abhängig und auch davon, inwieweit der jeweilige mikrobielle Stamm selbst Amylasen produziert und ob die Produktsynthese einer Katabolitrepression unterliegt.

Cellulose tritt in Holz für gewöhnlich im Verbund mit Hemicellulose und Lignin (Lignocellulose) auf. Das Lignin macht die Cellulose gegen mikrobielle Angriffe resistent. Bislang sind noch alle chemischen und enzymatischen Methoden, die zur Umwandlung von Lignocellulose in metabolisierbare Zucker entwickelt wurden, kostenmäßig nicht wettbewerbsfähig. Bei der Anzucht von Pilzen im Bioreaktor kann Lignocellulose nur in geringem Ausmaß eingesetzt werden. Außerdem wird raffinierte Lignocellulose als Substrat zur Produktion von cellulolytischen Enzymen verwendet.

Saccharose ist für Fermentationsverfahren entweder kristallin oder ungereinigt, in Rohsäften oder Melasse (einem Nebenprodukt aus der Zuckergewinnung) erhältlich. Zucker aus Melasse sind aufs erste preiswerter, jedoch hängt die Zusammensetzung der Melasse davon ab, ob sie aus Zuckerrohr oder Zuckerrüben stammt, wie die Erntequalität ist und aus welchen Aufarbeitungsverfahren zur Zuckergewinnung sie stammt. Die genannten Faktoren führen dazu, daß die Reproduzierbarkeit der Zellanzucht bei Melasse als Substrat problematisch wird.

Molke besteht zu 4–5% aus Lactose. Für manche Alkoholproduktionen ist Molke oder auch deproteinierte Molke eine preiswerte Kohlenhydratquelle. Jedoch sind die Transportkosten wegen des geringen Kohlenhydratgehaltes der Molke äußerst hoch. Folglich werden Kultivierungen mit Molke als Substrat üblicherweise in der Nähe ihres Entstehungsortes, nämlich der Käserei, durchgeführt.

Glucose bildet sich im Kulturmediun üblicherweise durch direkte enzymatische Umwandlung von Stärke. Für wertvolle Produkte wird zunehmend die teurere, raffinierte Glucose als Sirup oder auch kristallin eingesetzt.

Zur Ergänzung des Kohlenhydratangebotes können dem Kulturmedium pflanzliche Öle, wie z. B. Sojabohnenöl, Palmöl oder Baumwollsamenöl zugesetzt werden. Methanol ist eines der preiswertesten Substrate und wird zur SCP-Produktion verwendet. Allerdings kann es nur von wenigen Bakterien- und Hefestämmen im Stoffwechsel verwertet werden, was seine Nutzung einschränkt. Ethanol kann von vielen Mikroorganismen auch als alleinige Kohlenstoffquelle im Stoffwechsel verwertet werden. Zukünftig könnte Ethanol ein denkbarer Rohstoff für weitere biotechnologische Produkte sein. Bereits sehr lange schon wird Essigsäure durch mikrobielle Oxidation aus Ethanol gewonnen.

4.2.2 Stickstoff

Die wichtigsten Stickstoffquellen für Kultivierungen sind Ammoniak, Nitrate, Harnstoff und Stickstoff aus ganzem Getreide, aus Wurzelknollen und aus Nebenprodukten. Nur in ganz speziellen Fällen, und dann gewöhnlich als Vorstufen, werden als Stickstoffquelle gereinigte Aminosäuren eingesetzt. Komplexe Substrate enthalten häufig bereits die Vitamine, Wachstumsfaktoren und Mineralien, die im Kultivierungsverfahren oft Schlüsselfunktionen ausüben.

4.2.3 Komplexe Substrate

Ungereinigte, komplexe Substrate sind preiswerte Medien, die z.T. gleichzeitig als Quelle für Kohlenstoff, Stickstoff und andere Nährstoffe dienen. Komplexe Substrate können aus ganzem Pflanzengewebe bestehen oder auch aus einer Reihe von pflanzlichen, tierischen und mikrobiellen Produkten. Einige der wichtigeren komplexen Substrate für Fermentationen sind in Tabelle 4.2 zusammengestellt.

4.3 Nährmedien für tierische Zellkulturen

In den Anfängen wurde einem Grund-Nährmedium für Säugetierzellkulturen fötales Kälberserum zugesetzt. Das Serum war Quelle für essentielle Wachstumsfaktoren. Fötales Kälberserum steht jedoch nur begrenzt zur Verfügung und ist teuer. Neben dem fötalen Kälberserum wird heute auch Kälberserum, Serum aus neugeborenen Kälbern bzw. Pferdeserum verwendet. Das fötale Kälberserum ist zwar nahezu universell einsetzbar, jedoch sind die anderen Seren in wesentlich größerem Ausmaß verfügbar. Wesentliche Einsparungen konnten einerseits durch Vermischen von fötalem Serum mit anderen Seren erzielt werden, andererseits durch die Ergänzung von

Tabelle 4.2. Häufig als Nährmedien verwendete komplexe Substrate für die Kultivierung von Mikroorganismen (nach Miller und Churchill, 1986)

Quelle	Bestandteil	Hauptkomponenten, %					
		Trocken-substanz	Protein	Kohlen-hydrate	Fett	Faser-anteil	Asche
Getreide als Ganzes	Gerste	90,0	11,5	68,0	1,8	7,0	2,5
	Gerstenmalz	96,0	13,0	70,0	2,0	3,5	2,5
	Mais	82,0	9,9	69,2	4,4	2,3	1,3
	Hafer	86,5	12,0	54,0	4,5	12,0	4,0
	Reis	89,5	8,0	65,0	2,0	10,0	4,5
	Weizen	90,0	13,2	69,0	1,9	2,6	1,8
Pflanzliche Nebenerzeugnisse	Rübenmelasse	77,0	6,7	65,1	0,0	0,0	5,2
	Rübenbrei	90,0	8,9	59,1	0,6	18,3	3,1
	Restmelasse	78,0	3,0	54,0	0,4	–	9,0
	Citrusbrei (getrocknet)	90,0	6,0	62,7	3,4	13,0	6,9
	Maiskeimmehl	93,0	22,6	53,2	1,9	9,5	3,3
	Maisglutenmehl (60 %)	90,0	62,0	20,0	2,5	1,6	1,8
	Maisquellwasser	50,0	24,0	5,8	1,0	1,0	8,8
	eingedampftes Maisquellwasser	95,0	48,0	–	0,4	–	17,0
	Baumwollsamenmehl	94,0	41,0	28,9	3,9	13,5	6,7
	getrocknete Destillate	92,0	26,0	45,0	9,0	4,0	8,0
	Leinsamenmehl	92,0	36,0	38,0	0,5	9,5	6,5
	Reiskleie	91,0	13,0	45,0	13,0	14,0	16,0
	Sojabohnenmehl	90,0	42,0	29,9	4,0	6,0	6,5
	Sojabohnenmehl (entfettet)	90,0	45,0	32,2	0,8	6,5	5,5
Tierische Nebenerzeugnisse	Blutmehl	93,0	80,0	2,5	< 1,0	< 1,0	3,0
	Fischmehl (Hering) (70 %)	93,0	72,0	–	7,5	1,0	–
	Fleisch- und Knochenmehl	92,0	50,0	0,0	8,0	3,3	31,0
	Molke (getrocknet)	95,0	12,0	68,0	1,0	0,0	9,6
Mikrobielle Nebenerzeugnisse	Hefehydrolysat	94,6	52,5	–	0,0	1,5	10,0

Medien mit niedrigem Serumgehalt mit Medien, die mit wirksamen Wachstumsfaktoren angereichert sind. Etwa 5-10% eines Kulturmediums bestehen für gewöhnlich aus Serum. Ist das Grundmedium jedoch auf einen bestimmten Zelltyp hin optimiert, kann der Serumgehalt auf 1-2% abgesenkt werden. Das Serum enthält einige Verbindungen, die für die Zellkompetenz und die Fortpflanzung wichtig sind, wie z. B. Starterfaktoren, Bindungsproteine, Bindungsfaktoren und Verbindungen mit niedrigem Molekulargewicht. Tabelle 4.3 faßt die wichtigsten Serumfunktionen im Nährmedium zusammen.

Tabelle 4.3. Bedeutung des Serums im Nährmedium

Serum in Zellkulturen

- liefert die für die Zellfunktion notwendigen Hormone und Wachstumsfaktoren
- liefert Faktoren, die für die Substratanpassung notwendig sind
- wirkt als pH-Puffer
- bindet und inaktiviert bzw. maskiert toxische Verbindungen
- enthält Bindungsproteine, die stabilisierend wirken und/oder Nährstoffe und Hormone zu den Zellen transportieren
- liefert Nährstoffe für den Zellstoffwechsel
- liefert Protease-Inhibitoren
- liefert Spurenelemente (d.h. Selen)

Tabelle 4.4. Zusammensetzung des BME-Mediums (Grundnährmedium nach Eagle, BME)

Anorganische Salze	Konzentration $mg \cdot l^{-1}$	Aminosäuren	Konzentration $mg \cdot l^{-1}$	Vitamine	Konzentration $mg \cdot l^{-1}$
$CaCl_2$	200	L-Arginin	17,4	Biotin	1,0
KCl	400	L-Cystin	12,0	D-Ca-pantothenat	1,0
$MgSO_4 \cdot 7H_2O$	200	L-Glutamin	292,0	Cholinchlorid	1,0
NaCl	6800	L-Histidin	8,0	Folsäure	1,0
$NaHCO_3$	2200	L-Isoleucin	26,0	i-Inositol	1,0
$NaH_2PO_4 \cdot H_2O$	140	L-Leucin	26,0	Nicotinamid	1,0
		L-Lysin	29,2	Pyridoxal·HCl	1,0
		L-Methionin	7,5	Riboflavin	1,0
		L-Phenylalanin	16,5	Thiamin·HCL	1,0
		L-Threonin	24,0		
		L-Tryptophan	4,0	Weitere Inhaltsstoffe	
		L-Tyrosin	18,0	D-Glucose	1000,0
		L-Valin	23,5	Phenolrot	10,0

Tabelle 4.4 listet die Zusammensetzung von BME (Basalmedium von Eagle), eines Standard-Grundnährmediums für Säugetier-Zellkulturen, auf. Standard-Grundnährmedien, wie das BME, besitzen relativ hohe Konzentrationen von allgemein gebräuchlicheren Nährstoffen und sind ideal zur Unterstützung des Zellwachstums. Komplexere Medien, wie beispielsweise Ham F10./F12. bestehen aus einer größeren Anzahl an Nährstoffen, jedoch sind aus osmotischen Gründen die Konzentrationen einzelner Nährstoffe abgesenkt. Praktisch alle Bestandteile des BME sind auch in angereicherten Formen vorhanden. Die zusätzlichen Nährstoffe einiger angereicherter Medien sind in Tabelle 4.5 zusammengestellt. Primäre Säugetierzellen aus Menschen, Rindern, Pferden oder anderen Primaten vermehren sich am besten in den Grund-Kulturmedien, während ihr Wachstum in den angereicherten Medien oft gehemmt ist. Zur Züchtung von sekundären Säugetierzellen und von sogenannten unsterblichen Zellinien, die unbegrenzt teilungsfähig sind, werden hauptsächlich Kulturen verwendet, die nur mit einigen weiteren Nährstoffen angereichert sind. Für schnell wachsende Zellen sind noch stärker angereicherte Medien ideal. Auch wenn man differenzierte Zellformen gewinnen möchte, sind manchmal komplexere Medien notwendig. Eine Differenzierung bedeutet gewöhnlich, daß das Wachstum eingestellt wird.

Tabelle 4.5. Zusätzliche Komponenten in angereicherten Medien

Anorganische Salze	Aminosäuren	Vitamine	Weitere Inhaltsstoffe
$CuSO_4 \cdot 5H_2O$	L-Alanin	L-Ascorbinsäure	Natriumpyruvat
$FeSO_4 \cdot 7H_2O$	L-Asparagin	Niacinamid	Glutathion
$ZnSO_4 \cdot 7H_2O$	L-Asparaginsäure	p-Aminobenzoesäure	Liponsäure
$Fe(NO_3)_3 \cdot 9H_2O$	L-Cystin·HCl·H_2O	Vitamin B_{12}	Linolsäure
KNO_3	L-Glutaminsäure		Hypoxanthin
$Na_2SeO_3 \cdot 5H_2O$	Glycin		Thymidin
	L-Prolin		Putrescin·2HCl
	L-Hydroxyprolin		Hydroxyethylpiperazin
	L-Serin		

Serumfreie bzw. chemisch definierte Medien ermöglichen das Studium von Prozessen in der Zellkultur mit minimalem Einfluß von außen. Auch die Isolierung und Reinigung von Produkten aus der Säugetierzellkultur wird mit solchen Medien erleichtert. Serumfreie Medien müssen allerdings die jeweiligen für die Zellkultur essentiellen Verbindungen des Serums enthalten und ebenso die in Tabelle 4.3 aufgelisteten Kriterien erfüllen. Beim Umstellen der Zellen von Minimal- auf Komplexmedien sind die Nährstoffe aus dem Serum zu ersetzen. Die Kombination der Wachstumsfaktoren für Säugetierzell-Kulturen scheinen zellspezifisch zu sein. In Tabelle 4.6 sind die Wachstumsfaktoren zusammengestellt, die bei der Entwicklung eines serumfreien Mediums getestet werden sollten.

Tabelle 4.6. Ausgewählte Wachstumsfaktoren für serumfreie Nährmedien

– Kolonie-stimulierender Faktor	– Thrombozyten-abgeleiteter Wachstumsfaktor
– Östradiol	– Prolactin
– Epidermaler Wachstumsfaktor	– Prostaglandine
– Fibroblasten-Wachstumsfaktor	– Retinsäure
– Fibronektin	– Selen
– Wachstumshormon (Somatotropin)	– Serumalbumin
– Hämin	– Somatomedin
– Hydrocortison	– T-Zell-Wachstumshormon (Interleukin-2)
– Insulin	– Transformierender Wachstumsfaktor
– Nervenzellen-Wachstumsfaktor	– Transferrin
– Phospholipide	– Triiodthyronin

4.4 Nährmedien für pflanzliche Zellkulturen

Die meisten Nährmedien für pflanzliche Zellkulturen sind bezüglich ihrer Zusammensetzung chemisch definiert. Sie enthalten eine organische Kohlenstoffquelle, eine Stickstoffquelle, anorganische Salze und Wachstumsregulatoren. Als Kohlenstoffquelle kommt meist Saccharose in Frage, aber auch andere Mono- und Disaccharide, wie Glucose, Fructose, Maltose oder Lactose. Nitrate sind die wichtigste Stickstoffquelle, ihre Ergänzung mit Ammoniumsalzen zeigt positive Auswirkungen. Manche Zellen benötigen zusätzlich organischen Stickstoff in Form von Aminosäuren. Der organische Stickstoff wirkt sich häufig gerade in den frühen Kulturstadien positiv aus. Die meisten pflanzliche Zellkulturen sind auf Phytohormone angewiesen. Auxine regen die Zellen zur Teilung an. Cytokinine, die in Pflanzen wachstumsregulierend wirken, werden oft in Kombination mit Auxinen eingesetzt und sollen die Zellteilung anregen.

4.5 Medien für die Stammerhaltung

Die Medien zur Lagerung und zur Subkultur von technisch wichtigen Stämmen sollen die Lebensfähigkeit der Kultur bewahren und nur ein Minimum an genetischen Variationen induzieren. Vor allem muß das Medium die entsprechende Produktionsfähigkeit des jeweiligen Stammes für die technischen Fermentationen erhalten, d. h. die Fähigkeit des Mikroorganismus, genau das Produkt weiterhin produzieren zu können, wofür er selektiert oder gezüchtet wurde. Generell soll ein Erhaltungsmedium also die Bildung toxischer Stoffwechselprodukte durch den Organismus mit destabilisierender Wirkung auf den Stamm unterbinden. Stämme, die sich in bezug auf ihre Produktionseigenschaften als labil erweisen, sollten möglichst auf Medien aufbewahrt werden, die für die entsprechende Eigenschaft selektiv sind. In vielen Stamm-Sammlungen wird für jede einzelne Zell-Linie ein spezifisches Erhaltungsmedium empfohlen. Das jeweilige Nährmedium für den Stamm gibt gute Anhaltspunkte zur Entwicklung des geeigneten Erhaltungsmediums. Die Kataloge der *American Type Culture Collection* bieten eine exzellente Quelle zur Formulierung von Erhaltungsmedien.

5 Aufarbeitungsverfahren

5.1 Einleitung

Die Aufarbeitung und die Reinigung des Zielproduktes nach der eigentlichen Kultivierung (Downstream-processing) ist Gegenstand dieses Abschnittes. Ziel biotechnologischer Verfahren ist es, das Produkt bei möglichst hoher Ausbeute mit minimalem Kostenaufwand aufzuarbeiten und bis zur angestrebten Spezifikation zu veredeln. Die Art und Weise der Aufarbeitung hängt vom Kultivierungsverfahren, von den physikalischen und chemischen Eigenschaften des Produktes, vom Vorhandensein unerwünschter Nebenprodukte oder Verunreinigungen, von der Produktkonzentration, von der Produktlokalisierung (intracellulär, extracellulär), von der Verfahrensgröße, von Fragen der Abfallbeseitigung, von der Produktstabilität sowie von den angestrebten Spezifikationen ab.

Fermentation und Aufarbeitung sind mit dem Verfahren untrennbar verbunden. Die Art der Fermentation beeinflußt das Aufarbeitungsverfahren wesentlich. Will man z. B. Einsparungsmaßnahmen bei der Züchtung oder Ausbeuteverbesserungen durch die Verwendung komplexerer Rohstoffe für das Medium erreichen, so müssen unbedingt die Auswirkungen dieser Maßnahmen auf das Downstream-processing beachtet werden. Für Produkte, die sich schlecht von Zellverunreinigungen oder Medienbestandteilen abtrennen lassen, sind spezifische Aktivitäten (Aktivität des Produkts pro Gewichtseinheit biologisches Material) u.U. wichtiger als absolute Ausbeuten. Hier sollte versucht werden, die Bildung unerwünschter Nebenprodukte, die schwer vom eigentlichen Produkt abzutrennen sind, durch Stammselektion, Modifizierungstechniken oder durch Veränderung der Fermentationsbedingungen zu unterdrücken oder unter Kontrolle zu halten. Das Downstream-processing kann problematisch werden, wenn durch unterschiedliche Fermentationsbedingungen unterschiedliche Maischen oder Zellansätze anfallen. Auch verunreinigte Fermentationsansätze sind in dieser Hinsicht problematisch. Kritisch im Hinblick auf ihre Stabilität ist besonders der Zeitpunkt, zu dem die Zellen bzw. die Produkte von der Maische abgetrennt werden.

Die Produktkonzentration im Startmaterial für das Aufarbeitungsverfahren ist für die Gesamtkosten des Verfahrens ein wesentlicher Faktor, wie aus der Gegenüberstellung einiger Produktkonzentrationen und Verkaufspreise zu ersehen ist (Abb. 5.1). Abbildung 5.2 zeigt die Einflüsse der Ausbeuten pro Aufarbeitungsschritt und der Anzahl der Aufarbeitungsschritte

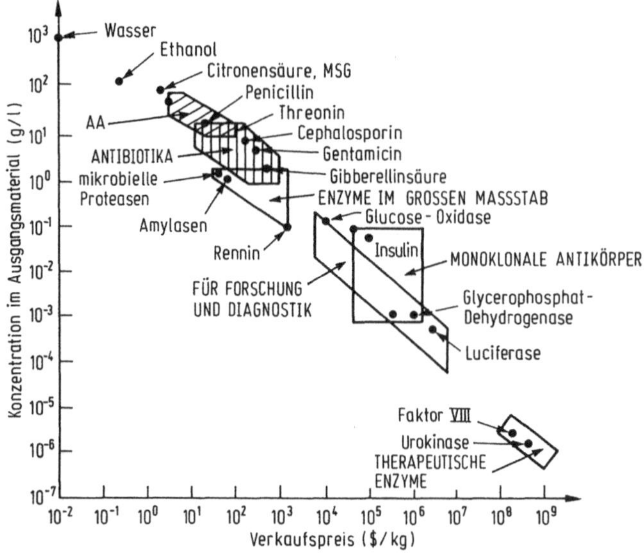

Abb. 5.1. Zusammenhang zwischen Produktkonzentration im Ausgangsmaterial für das Downstream-processing und Verkaufspreis (mit freundlicher Genehmigung entnommen aus Dwyer, 1984).

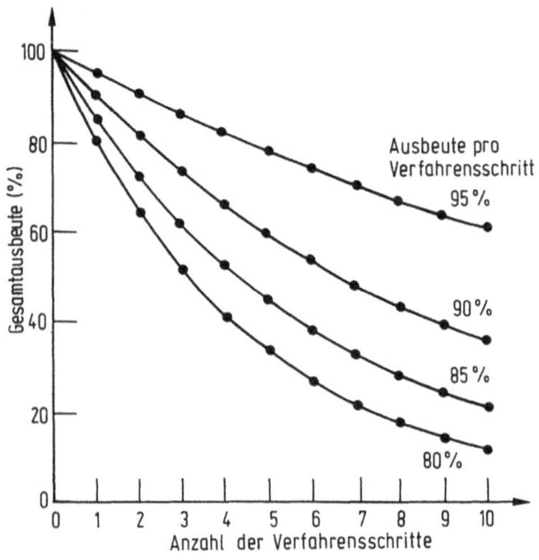

Abb. 5.2. Auswirkung der Zahl der Reinigungsschritte und der jeweiligen Ausbeute auf die Gesamtausbeute des Verfahrens (mit freundlicher Genehmigung entnommen aus Fish and Lilly, 1984).

auf die Gesamtausbeute. Abgesehen von den hohen Verfahrenskosten für jeden einzelnen Reinigungsschritt kann der kumulative Ausbeuteverlust bei mehrstufigen Reinigungsverfahren bedeutend sein, auch wenn die durchschnittliche Ausbeute pro Schritt bei 80 und 90% liegt. Aus ökonomischer Sicht sollte also die angestrebte Produktspezifikation mit möglichst wenigen Reinigungsschritten erreicht werden.

Einige biochemische Reinigungsverfahren erfordern kostenintensive analytische Zusatzausrüstungen, und manche biologische Materialien können nur mit kosten- und zeitintensiven Analysenmethoden überwacht werden. Analysenintensive Reinigungsschritte sollten also möglichst vermieden werden, denn die hohen Analysenkosten könnten den gesamten Reinigungsschritt zu teuer werden lassen. Überdies verlängert sich das Gesamtverfahren durch die Aufzeichnung der Daten.

5.2 Trennverfahren

Als Produkte einer Züchtung fallen Gase an sowie extracelluläre, lösliche Enzyme, die in den Kulturüberstand abgegeben wurden und auch Feststoffe, wie Zellen mit intracellulären, löslichen und unlöslichen Molekülen. Entstehende Gase, wie z. B. Kohlendioxid bei der Alkoholproduktion oder Methan bei der anaeroben Verstoffwechslung, können an den Abgasleitungen abgefangen, gereinigt und komprimiert werden und sind dann wirtschaftlich verwertbar. Manchmal kann der gesamte Überstand sofort bzw. nach Einengen und Trocknen als Endprodukt verwertet werden. Dies ist z. B. bei der fermentativen Gewinnung von Lebensmitteln und einigen Oberflächenverfahren, bei denen extracelluläre Enzyme hergestellt werden, der Fall. Das Produkt kann auch durch Destillation, Extraktion, Absorption oder Membranseparation vom restlichen Überstand abgetrennt werden. In den allermeisten Fällen jedoch besteht der erste Reinigungsschritt für extracelluläre oder lösliche Produkte sowie für intracelluläre Produkte darin, die Zellen und weitere Feststoffe von der extracellulären Kulturflüssigkeit abzutrennen. Bei Submersfermentationen kann dieser Schritt Sedimentation, Flockung, Zentrifugation oder Filtration sein. Bei Festphasen-Fermentationen und bei manchen Submersfermentationen mit hochviskosen Kulturmaischen geht der Fest-Flüssig-Trennung eine wäßrige Extraktion voraus.

Nach der Auftrennung in Feststoff- und Flüssigfraktion werden die beiden Fraktionen entsprechend weiterverarbeitet oder, wenn sie wertlos sind, entsorgt. Die Feststofffraktion, die die Zellen enthält, wird z. B. in Blöcke oder Kuchen gepreßt, luft- oder gefriergetrocknet, mit Lösungsmitteln extrahiert oder zerkleinert, damit die intracellulären Verbindungen autolytisch, chemisch oder mechanisch freigesetzt werden können. Die zerstörten Zellen lassen sich wiederum mit Fest-Flüssig-Trenntechniken in eine feste und eine flüssige Fraktion aufteilen.

Viele biotechnologisch hergestellte Produkte sind löslich. Sie befinden sich entweder in der geklärten, extracellulären Kulturflüssigkeit oder in der löslichen Intracellulär-Fraktion. Die Weiterverarbeitung und Reinigung dieser Produkte kann durch molekulare Trenntechniken erfolgen, die auf Unterschiede in der Molekülgröße, -ladung, -löslichkeit, -flüchtigkeit, der biologischen Affinität usw. beruhen.

Tabelle 5.1. Beispiele für Destillations-, Verdampfungs- und Trocknungsverfahren

Verfahren	Gerätetechnische Ausrüstung	Verfahrensprinzip
Verdampfen	langer Vertikalrohrverdampfer oder Fallfilmverdampfer	Flüssigkeit verdampft beim Passieren von vertikal angeordneten Rohren im Kontakt mit Dampf
Destillation	diskontinuierliche bzw. kontinuierliche Destillationsanlagen	Verdampfung des Lösungsmittels durch Erhitzen der Lösung, Abtrennung der verdampften Komponenten je nach Flüchtigkeit und Rückgewinnung des flüchtigen Produktes durch Kondensation
Trocknen	Sprühtrockner	Die Flüssigkeit oder Paste wird in kleine Tröpfchen zerstäubt und durch einen heißen Gasstrom geleitet, wo schnelle Verdampfung eintritt.
	Trommeltrockner	Die Lösung wird auf langsam rotierende, erhitzte Trommeln geleitet, wo Verdampfung eintritt. Die getrockneten Feststoffe werden abgeschabt.
	Gefriertrocknungsanlage	Entfernung des Wassers aus dem gefrorenen Material durch Sublimation

In Tabelle 5.1 sind wichtige Destillations-, Verdampfungs- und Trocknungsverfahren zusammengestellt. Destillationsverfahren werden zur Aufarbeitung von flüchtigen Fermentationsprodukten, wie z. B. Ethanol, herangezogen sowie zur Reinigung von gebrauchten Lösungsmitteln aus anderen Downstream-Verfahrensschritten. Die aufgereinigten Lösungsmittel werden wieder verwendet. Mit verschiedenen Einengungsverfahren werden flüssige Konzentrate gewonnen, die direkt als Endprodukt vermarktet werden können. Auch wenn das Produkt anschließend noch sprüh- oder trommelgetrocknet werden soll, kann ein Einengungsverfahren vorangehen. Die jeweiligen Bedingungen müssen auf die Hitzeempfindlichkeit des Produktes abgestimmt sein. Beim Sprühtrocknen erfolgt eine schnelle Verdampfung. Zumindest in der Anfangsphase des Trocknungsvorganges sorgt die Verdampfungswärme für einen gewissen Kühleffekt und beugt somit einer Überhitzung vor. Sprühtrocknen ist eine weniger aggressive Wärmebehandlung als Trommeltrocknen und eignet sich zum schonenden Trocknen für wärmeempfindliche Materialien, wozu auch lebende mikrobielle Zellen und labile Proteine zählen.

In Tabelle 5.2 sind Standardverfahren zur Abtrennung von Zellen und Feststoffen von der flüssigen Phase zusammengestellt. In ruhenden Behältern können sich Feststoffe und Zellen ohne Zusatz von chemischen Stoffen auf natürliche Weise absetzen. Spezielle Brauhefestämme setzen sich nach Beendigung der Fermentation am Fermenterboden ab. Die Sedimentation kann durch Zusatz von Flockungsmitteln beschleunigt werden. Flockungsmittel

Tabelle 5.2. Verfahren zur Abtrennung von Zellmaterial aus der Kulturbrühe (Fest-Flüssig-Trennung)

Verfahren	Gerätetechnische Ausrüstung/Beispiel Zusatzstoffe	Verfahrensprinzip
Absetzen	Absetztank	Zellen setzen sich aufgrund der Schwerkraft am Kesselboden ab
Flockung	Agar-Agar, Gelatine, Tanninsäure, zweiwertige Ionen, quarternäre Ammoniumverbindungen, synthetische Flockungsmittel	Zell- bzw. Partikelaggregation durch die Neutralisation von gleichgerichteten oder abstoßend wirkenden Ladungen auf den Oberflächen; Brückenbildung zwischen Partikeln durch mehrwertige Flockungsmittel
Kontinuierliches Zentrifugieren	Korbzentrifuge	Feststoff wird in einem Korb zurückgehalten (geeignet für 0–1 % Volumenanteil Feststoff im Zulauf)
	Auswurfzentrifuge	diskontinuierlicher Auswurf (geeignet für 0.01–20 % Volumenanteil Feststoff im Zulauf)
	Düsenaustragszentrifuge	Kontinuierlicher Austrag (geeignet für 1–30 % Volumenanteil Feststoff im Zulauf)
	Dekanter-Förderwerk	Kontinuierlicher Austrag (geeignet für 5–80 % Volumenanteil Feststoff im Zulauf)
Diskontinuierliche Filtration	Rahmen- und Plattenfilter (Druckfilter)	Mehrere aufeinandergestapelte Filterplatten (bezogen mit Stoff oder Matten) sind so angeordnet, daß das Filtrat nacheinander über alle Platten läuft.
Kontinuierliche Filtration	Vakuumrotationsfilter	Die Dispersion wird auf die äußere Oberfläche eines Trommelfilters aufgebracht. Das Filtrat wird durch Anlegen von Vakuum durch das Filtermaterial ins Innere der Trommel gezogen. Der Filterkuchen wird mit einer Schnur oder einem Schaber kontinuierlich entfernt.
	Querstromfiltration	s. Abb. 5.7

bewirken, daß die mikrobiellen Zellen und Partikel aggregieren. Große Partikel setzen sich schneller ab als kleine. Eine wirkungsvolle Sedimentation ist vor allem dann interessant, wenn die sedimentierten Zellen, wie bei manchen Recyclingverfahren, erneut zur Kultivierung eingesetzt werden. Meistens verlaufen Flockungs-/Sedimentations-Verfahren viel zu langsam, verzögern die Abtrennung von instabilen Produkten und verlängern die Dauer eines Fermentationscyclus. Die Abtrennung der Feststoffe von der flüssigen Phase erfolgt durch Zentrifugieren oder Filtrieren schneller.

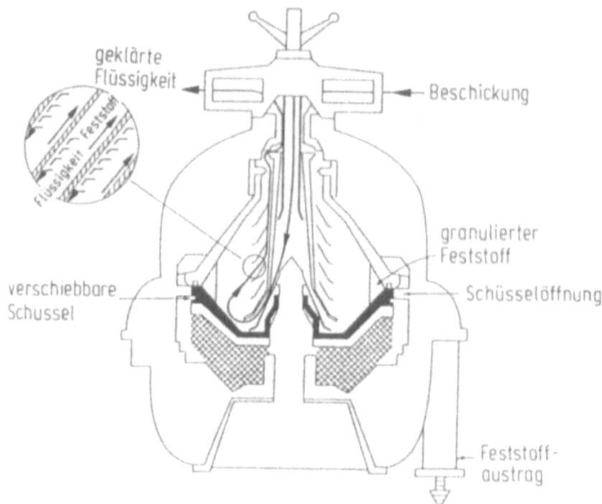

Abb. 5.3. Feststoffauswerfende Zentrifuge (mit freundlicher Genehmigung entnommen aus Bailey and Ollis, 1986).

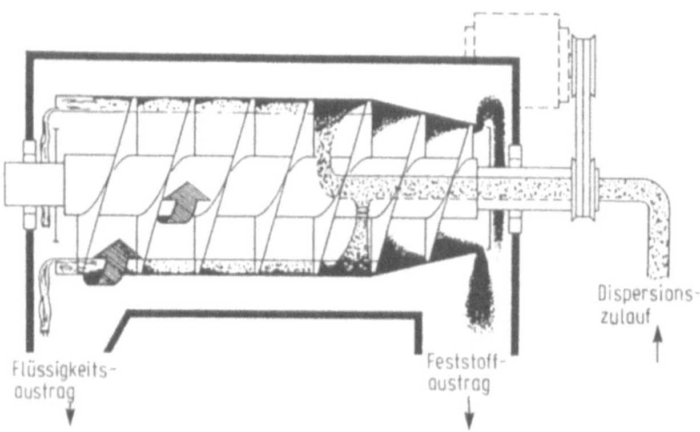

Abb. 5.4. Vollmantel-Schneckenzentrifuge (mit freundlicher Genehmigung der Penwalt Corporation, Sharples-Stokes Division, Pa.).

Die Art der Zentrifugation richtet sich nach der Größe der Organismen und dem angestrebten Durchsatz. Häufig ist ein Kompromiß zwischen der Güte der Trennung und dem Durchsatz nötig. Die Abtrennung von Feststoffen aus großvolumigen Fermentationen erfolgt am besten durch kontinuierliche Zentrifugation und zwar mit Zentrifugen, die den angesammelten Feststoff über einen Mechanismus ablassen können. Hefen und Bakterien können mit Düsenablaßsystemen gut abgetrennt werden, die Düsen werden jedoch durch Pilzmycele und größere Partikel leicht verstopft. Feststoffauswerfende Zentrifugen mit einem kontinuierlichen oder diskontinuierlichen Mechanismus zur Feststoffentfernung (s. Abb. 5.3) eignen sich zur Abtrennung von mycelförmiger Zellsubstanz oder Bakterien und mit Vollmantel-Schneckenzentrifugen (Abb. 5.4) können grobkörnige Feststoffe mit hoher Feststoffkonzentration entwässert werden. Die Vollmantel- Schneckenzentrifugen werden zur Abtrennung von Hefen und Pilzen verwendet.

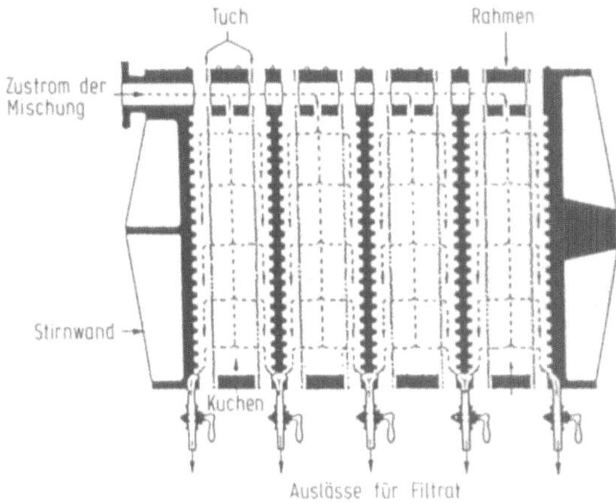

Abb. 5.5. Platten- und Rahmenfilter (mit freundlicher Genehmigung entnommen aus Blackie and Son Ltd., Glasgow and London, 1971).

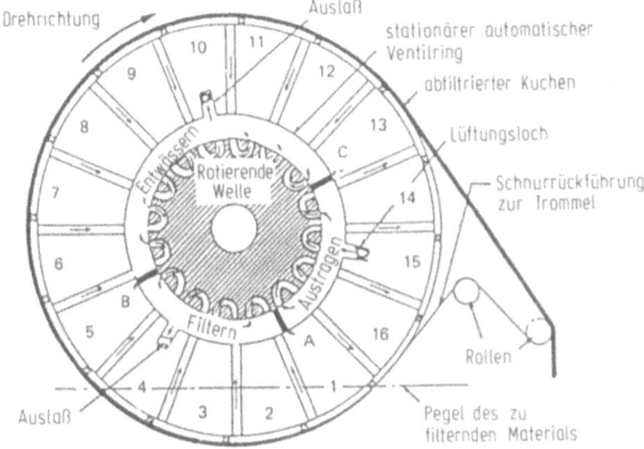

Abb. 5.6. Vakuum-Drehtrommelfilter. Kompartimente *1–4* wirken gerade als Filter; Kompartimente *5–12* wirken entwässernd; bei Kompartiment *13* wird der Filterkuchen entfernt (mit freundlicher Genehmigung entnommen aus Ametek, Inc.).

Platten- und Rahmenfilter (Abb. 5.5) sind preiswert und vielseitig verwendbar, denn die Filteroberfläche läßt sich durch die Zahl der Platten anpassen. Diese Filtertypen sind zur Entfernung großer Feststoffmengen aus einer Maische ungeeignet, denn bevor man an den Feststoff gelangt, müssen die Platten zuerst auseinandergebaut werden.

Platten- und Rahmenfilter sind allerdings weit verbreitet, wenn es gilt, geringfügige Reststoffmengen aus Maischen oder anderen Flüssigkeiten zu entfernen. Vakuum-Drehtrommelfilter (Abb. 5.6) sind zum Klären großer Flüssigkeitsmengen weit verbreitet. Der Auswurf des Feststoffes erfolgt beim Vakuum-Drehtrommelfilter automatisch. Die (unerwünschte) Bildung von feinteiligen oder gelförmigen Suspensionen aus Bakterien oder anderen Ma-

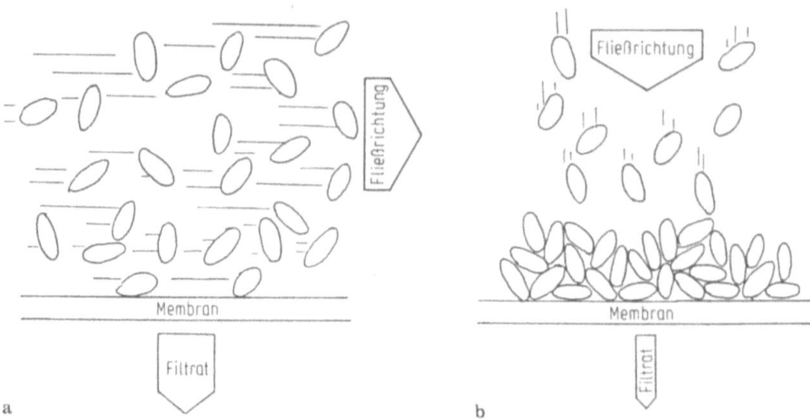

Abb. 5.7. Vergleich zwischen (a) ‚Cross-flow‘-Filtration und (b) konventioneller Filtration.

Tabelle 5.3. Wichtige Zellaufschluß-Verfahren

Verfahren	Gerätetechnische Ausrüstung/Beispiel Zusatzstoffe	Verfahrensprinzip
Mechanisch		
Scherkräfte in einer Flüssigkeit	Hochdruck-Flüssig-homogenisieranlage	Die Zellen werden unter hohem Druck durch eine enge Öffnung gepreßt. Hinter der Öffnung herrscht ein starker Druckabfall. Neben der Scherung sind auch weitere Mechanismen beteiligt.
Scherkräfte im Feststoff	Hochdruck-Homogeni-sieranlage	Druckextrusion von gefrorenen Zellen durch eine enge Öffnung hindurch. Die Eiskristalle tragen zur Scherwirkung bei.
Bewegung von Glasperlen	Die Zellen werden zusammen mit Glasperlen in hoher Geschwindigkeit aufgerührt.	Die Zellen werden aufgrund von Reibungskräften zerstört.
Chemisch		
Detergentien	Tweens, Natriumlauryl-sulfat, Natriumcholat, quarternäre Ammonium-verbindungen	Permeabilisierung der Zellmembran, wodurch intracelluläre Verbindungen freigesetzt werden
Lösungsmittel	Aceton, Ethylacetat, Isopropanol	Herauslösung von Lipidmaterial aus der Membran führt zur Zerstörung der Zelle
Enzymatische Hydrolyse	zelleigene autolytische Enzyme, bzw. Zusatz von lytisch wirksamen Enzymen	Hydrolyse von Kohlenhydraten aus der Zellwand und von Proteinen

Tabelle 5.4. Abtrennung von löslichen Produkten aus zellfreien Kulturüberständen und Zellhomogenisaten

Verfahren	Gerätetechnische Ausrüstung/Beispiel Zusatzstoffe	Verfahrensprinzip
Größentrennung	Konzentrierung durch Umkehrosmose	Das Lösungsmittel wird durch eine Membran gepreßt, deren Porendurchmesser so klein ist, daß der gelöste Stoff zurückgehalten wird.
	Ultrafiltration	Die Poren der Membran sind so dimensioniert, daß nur die niedermolekularen, gelösten Stoffe durch die Membran hindurch gepreßt werden.
	Gelfiltration	Trennung erfolgt mit chromatographischen Gelen von genau definierten Porendurchmessern in Form einer Größentrennung. Das Substanzgemisch wird durch eine Säule geschickt, wobei die kleineren Moleküle, die in die Poren eintreten können, stärker zurückgehalten werden, während die größeren Moleküle in Lösung verbleiben und als erste eluiert werden.
Fällung	Zusatz von chemischen Verbindungen oder organischen Lösungsmitteln, die die Löslichkeit des Produktes herabsetzen	Das Fällungsmittel reagiert mit dem gelösten Stoff zu einem unlöslichen Produkt, häufig zu einem kristallinen Salz.
		„Aussalzen" des Produktes mit geladenen Molekülen
		Verstärkung der elektrostatischen Wechselwirkungen, wenn organische Lösungsmittel zugesetzt werden (die Dielektrizitätszahl des Mediums wird dadurch herabgesetzt)
		pH-Regulierung für isoelektrisches Ausfällen
		Flockungsverfahren
Adsorption	Anorganische Adsorbentien – Aktivkohle, Aluminiumoxid, Aluminiumhydroxid, Silicagel. Organische, großporige Harze	Bindung des gelösten Stoffes durch schwache van der Waals-Kräfte an die feste Phase; möglicherweise spielen zusätzlich noch ionische Wechselwirkungen eine Rolle
Ionenaustauschabsorption	Organische Polymere mit reaktiven Gruppen und Anionen- bzw. Kationen-Austauschfähigkeiten	reversibler Austausch von Ionen zwischen der flüssigen und der festen Phase, z.B. Harz-COO^-Na^+ + gelöster Stoff $\rightleftharpoons$ Harz-COO^- (gelöster Stoff)$^+$ + NaOH
Flüssig-Flüssig-Extraktion	Lösungsmittelextraktion	Extraktion eines wäßrigen Mediums mit einem mit Wasser nicht mischbaren organischen Lösungsmittel, in dem der gelöste Stoff besser löslich ist als in der wäßrigen Phase

terialien auf der Filteroberfläche kann die Filtration deutlich verlangsamen oder im schlimmsten Fall sogar vollständig zum Erliegen bringen. Es ist üblich, die Porosität des Filterkuchens durch Zusatz von Filterhilfsstoffen zu verbessern. Das Filterhilfsmittel kann etwa als Beschichtung direkt auf den Filter aufgebracht oder auch der Maische zugesetzt werden. Die Zellen können von der flüssigen Phase wirkungsvoll abgetrennt werden, wenn die Maische parallel zum Filtermedium fließt (cross-flow). Diese Technik wird vor allem für wertvolle Produkte eingesetzt. Die Flüssigkeitsbewegung parallel zur Membran führt dazu, daß die Dicke der Zellschicht auf der Filteroberfläche reduziert wird (Abb. 5.7). Bei den üblichen Filtrationen trägt nämlich die sich aufbauende Zellschicht mehr zum Filtrationswiderstand bei als die eigentliche Membran.

In Tabelle 5.3 sind die gängigsten Techniken zum Zellaufschluß zusammengestellt. Mechanische Methoden werden meist im Labormaßstab oder bei einer Pilotanlage verwendet, Lösungsmittel- und enzymatische Aufschlüsse bei der großtechnischen Produktion von Hefeextrakt. Zur Abtrennung von intracellulären, löslichen Produkten für die weitere Aufreinigung sollten die Zellen so aufgeschlossen werden, daß die Zellwand und die Mem-

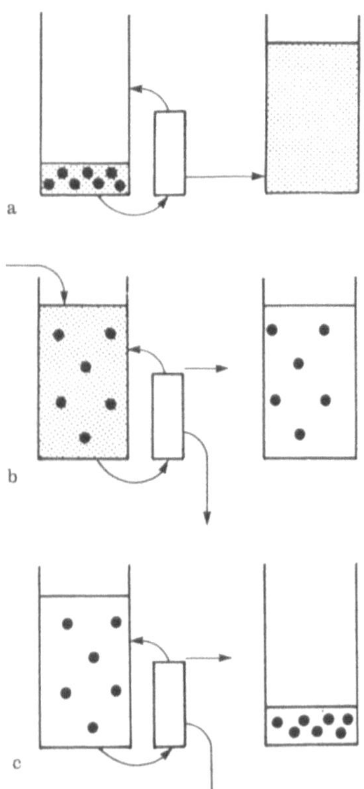

Abb. 5.8. (a) Abtrennung, (b) Dialyse und (c) Anreicherung von Proteinen durch Ultrafiltration.

bran möglichst wenig geschädigt werden und somit möglichst geringe Mengen ihrer Bestandteile in Lösung gehen.

Verfahren zur Abtrennung löslicher Produkte aus dem geklärten Kulturüberstand und aus Zellhomogenisaten sind in Tabelle 5.4 zusammengestellt. Mit der reversen Osmose und der Ultrafiltration werden häufig Abtrennung, Dialyse und Anreicherung von Proteinen, Enzymen und Hormonen aus niedermolekularen Lösungen durchgeführt (Abb. 5.8). Probleme mit der Konzentrationspolarisation, d. h. dem Anstieg der Konzentration des gelösten Stoffes direkt an der Membran, wie er bei konventionellen Filtrationsmethoden zu beobachten ist, können mit Cross-flow-Techniken umgangen werden. Hier fließt die Flüssigkeit parallel zur Membran. Dadurch wird der sich ansammelnde Filterkuchen kontinuierlich entfernt. Typische Membransysteme sind Hohlfasern oder Platten in Form von Platten-Modulen (mit Rahmen) oder von Kartuschen (Abb. 5.9).

In der Industrie werden zur Fällung von Proteinen und Polysacchariden und zur Extraktion von Antibiotika aus geklärten Maischen oder Zellhomo-

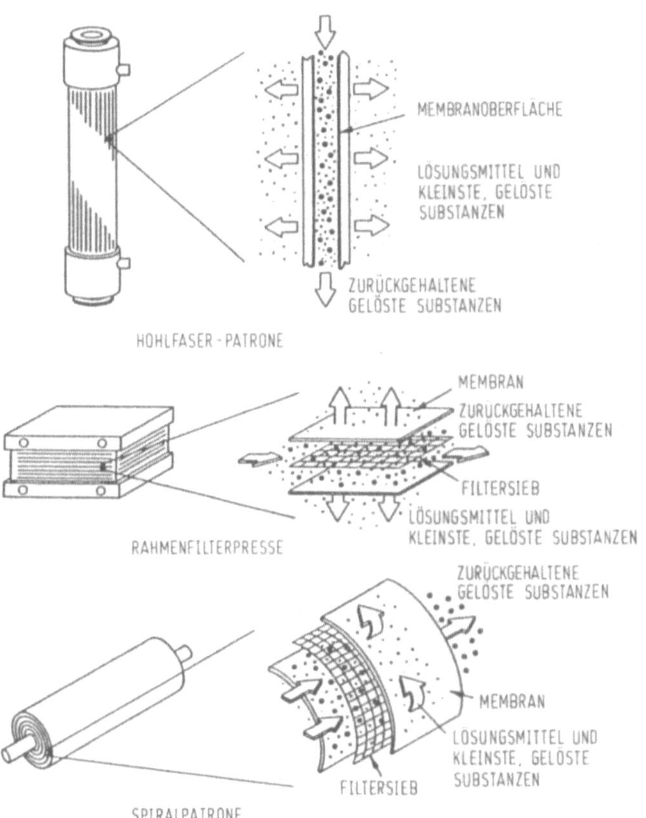

Abb. 5.9. Membrankonfigurationen für die Cross-flow- Filtration (mit freundlicher Genehmigung entnommen aus Tutunjian, 1985)

genisaten häufig organische Lösungsmittel verwendet. Auf der Veränderung der Produktlöslichkeit bauen noch weitere Trennverfahren auf. Adsorptionstechniken sind durch die Anzahl der Bindungsstellen auf dem Harz in ihrer Wirksamkeit begrenzt und werden eher zur Abtrennung von wertvollen Produkten aus kleinen Ansätzen angewendet oder zur Entfernung von Pigmenten bzw. Verunreinigungen aus Lösungen.

Zur Abtrennung spezieller Peptide oder Proteine von untereinander ähnlichen Peptiden oder Proteinen innerhalb der Zelle oder manchmal auch aus der extracellulären Flüssigkeit sind ausgefeiltere Techniken notwendig. Diese Problemstellung liegt z. B. vor, wenn ein extrem reines Produkt z. B. zur klinischen Diagnose oder für therapeutische Zwecke verlangt wird. Die Abtrennungskosten für Antibiotika betragen ca. 40–60% der gesamten Verfahrenskosten, bei Produkten aus rekombinanter DNA entfallen schon 80–90% der Gesamtkosten auf das Downstream-processing. Neuere, wirkungsvolle präparative Methoden sind z. B. Hochdruckflüssigkeitschromatographie (HPLC), Elektrophorese oder die Immunoadsorptionschromatographie.

Mit der HPLC lassen sich Produkte schnell und in hoher Reinheit abtrennen und zwar ohne oder mit nur geringen Ausbeuteverlusten. Die HPLC wurde ursprünglich als analytische Methode entwickelt. Sehr steife, gewöhnlich polare Feststoffe bilden die stationäre Phase und relativ unpolare Lösungsmittel die mobile Phase. Das Trennungsverfahren nutzt kleine Unterschiede in der Polarität der Moleküle aus. Auch Ionenaustauscher oder Molekularsiebe können Packungsmaterialien für die HPLC sein. Die Trennmechanismen beruhen dann auf Unterschieden im Ladungszustand bzw. in der Molekülgröße. Mittlerweile ist die HPLC auch großtechnisch einsetzbar. Solche Anlagen können in wenigen Minuten mehrere Kilogramm an noch nicht aufgereinigtem Material verarbeiten.

Bei der Immunoadsorptionschromatographie werden Proteine und andere Moleküle spezifisch an immobilisierte monoklonale Antikörper gebunden. Diese Technik erlaubt auch die Isolierung wertvoller Produkte in hoher Ausbeute und überdies in hochreiner Form. Säulenpackungen mit monoklonalen Antikörpern können auch in HPLC-Systemen verwendet werden. Damit können Trennungen, die auf biologischer Aktivität beruhen, sehr schnell durchgeführt werden. Die Reinigung der monoklonalen Antikörper, die entweder in der Bauchhöhle von Mäusen oder in Zellsuspensionen produziert werden, kann durch die Anwesenheit von unspezifischen Globulinen, die aus der Maus oder aus dem Serum im Kulturmedium eingeschleppt sein können, erschwert werden. Zur Reinigung des entsprechenden Antikörpers eignet sich hervorragend die antigenspezifische Affinitätschromatographie. Bei dieser Technik ist das Antigen auf einer geeigneten stationären Phase immobilisiert.

5.3 Beispiele für Aufarbeitungsverfahren

5.3.1 Nichtflüchtige Stoffwechselprodukte

Viele nichtflüchtige Stoffwechselprodukte lassen sich mit einem der Verfahren aus Abb. 5.10 aufarbeiten. Allen Verfahren ist im ersten Verfahrensschritt die Auftrennung in eine Fest- und eine Flüssigfraktion gemeinsam. Allerdings müssen beispielsweise Riboflavin, Methylenbernsteinsäure und Calciumlactat entweder durch pH-Änderungen oder durch Wärmebehandlung in einem vorgeschalteten Schritt zunächst in Lösung gebracht werden. Bis auf Gluconsäure und Milchsäure, die als Flüssigkonzentrate auf dem Markt sind, werden alle aufgezählten Produkte als Pulver vermarktet. Dies bedeutet, daß die letzten Stufen Kristallisations- und Trocknungsstufen sind, wobei manchmal noch ein Verdampfungsschritt vorangeht. Die dazwischenliegenden Reinigungsstufen sind von Produkt zu Produkt unterschiedlich: Penicillin und die Steroide müssen extraktiv aufgearbeitet werden, wobei bei der Flüssig-Flüssig-Extraktion von Penicillin G und V ausgenutzt wird, daß die Säureformen im Gegensatz zu den Salzen in organischen Lösungsmitteln, wie z. B. Amyl- und Butylacetat, sehr gut löslich sind. Die Steroide befinden sich wegen ihrer schlechten Wasserlöslichkeit nach der ersten Fest-Flüssig-Trennung zusammen mit den Zellen meist in der Feststofffraktion, d. h. bei der Aufarbeitung müssen diese in einer Fest-Flüssig-Extraktion mit einem organischen Lösungsmittel (z. B. Aceton) vom Zellmaterial abgetrennt werden. Der erhaltene steroidhaltige Extrakt wird eingeengt und mit einem zweiten Lösungsmittel extrahiert, wobei das Steroid auskristallisiert. Der eigentliche Reinigungsschritt bei der Aufarbeitung von Streptomycin, Aminosäuren und Cephalosporin erfolgt in einem Ionenaustauschverfahren. Bei Cephalosporin ist in einem vorgeschalteten Schritt noch eine Adsorption an Aktivkohle mit nachfolgender Eluierung notwendig. Auch die Bildung von Gluconsäure aus Natriumgluconat erfolgt über ein Ionenaustausch-Verfahren. Riboflavin und Citrat werden aus der geklärten Kulturmaische mit Hilfe eines Reduktionsmittels bzw. mit Hilfe von Kalk als unlösliches, reduziertes Riboflavin und als Calciumcitrat ausgefällt. Riboflavin wird mit 10%iger HCl reoxidiert und in Lösung gebracht. Calciumcitrat und -lactat werden mit Schwefelsäure angesäuert, wobei die wäßrigen Säuren und $CaSO_4$ (Gips) entstehen. Das unlösliche $CaSO_4$ wird abgetrennt. Die Löslichkeit von Methylenbernsteinsäure in Wasser (etwa 7 kg m^{-3} bei 20°C und 60 kg m^{-3} bei 80°C) erleichtert die direkte Auskristallisation aus der geklärten Maische. Manche Produkte durchlaufen noch zusätzliche Reinigungsschritte, wie z. B. eine Rekristallisation, damit ein möglichst hoher Reinheitsgrad erzielt wird.

5.3.2 Zellsubstanz, extracelluläre Polysaccharide und Enzyme

Abbildung 5.11 zeigt beispielhaft Aufarbeitungsverfahren für einige mikrobielle Zellsubstanzen, extracelluläre Polysaccharide und extracelluläre En-

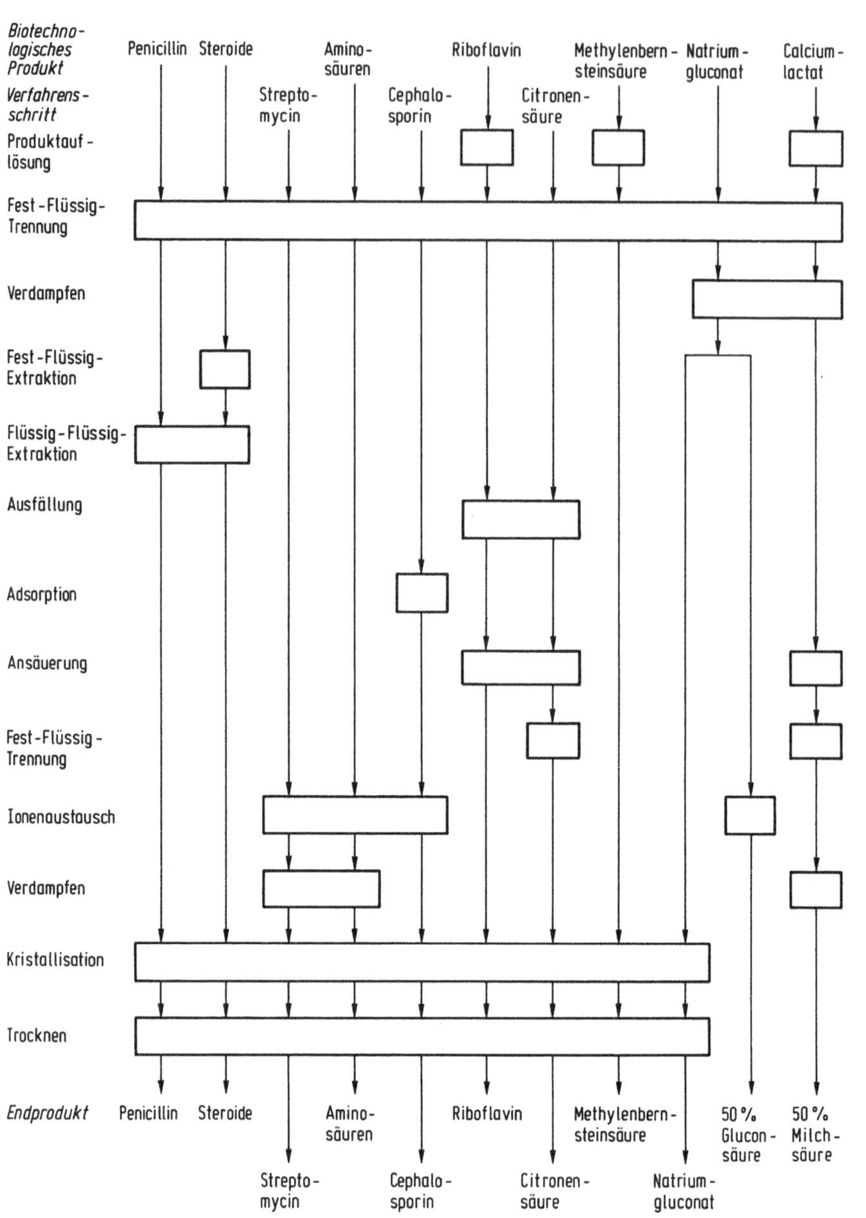

Abb. 5.10. Aufarbeitungsverfahren für nichtflüchtige mikrobielle Stoffwechselprodukte.

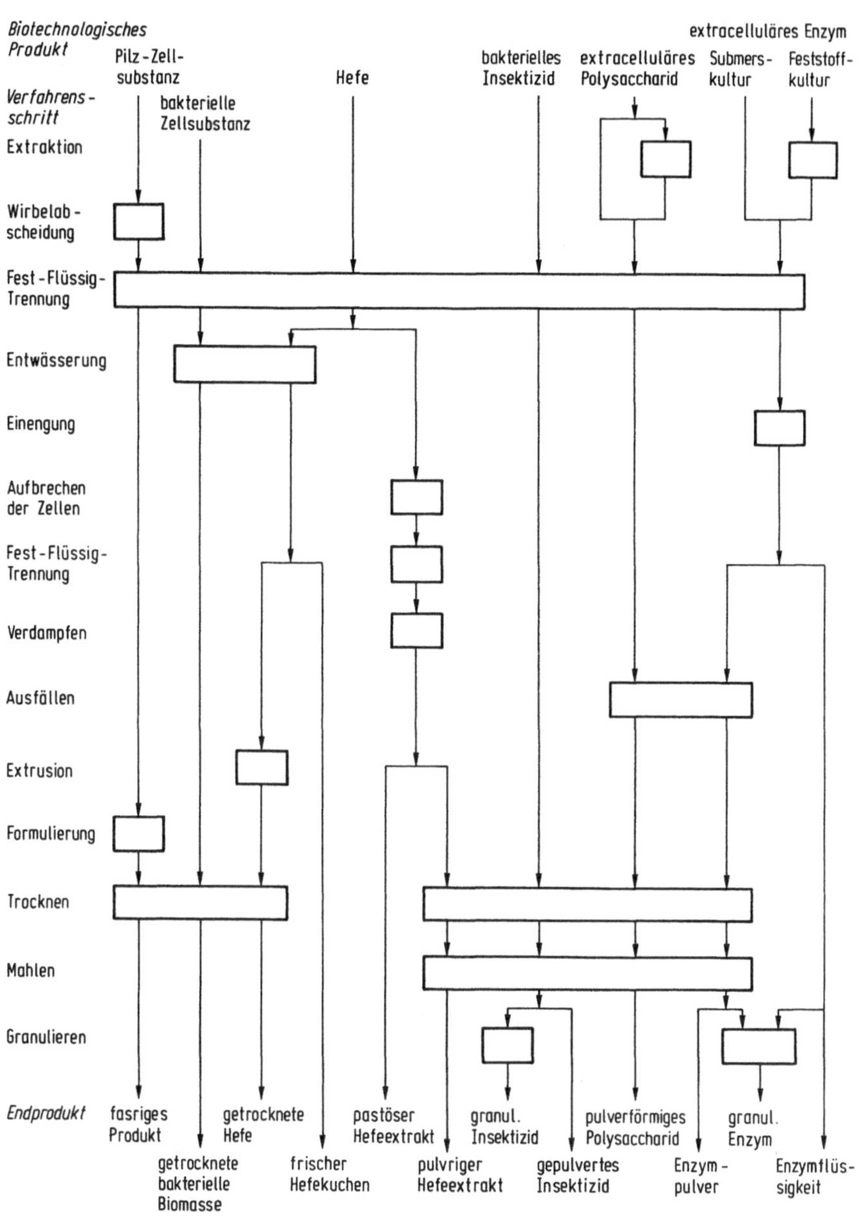

Abb. 5.11. Schematische Darstellung der Aufarbeitungsverfahren für mikrobielle Zellsubstanzen, extracelluläre Polysaccharide und extracelluläre Enzymprodukte.

zyme. Extracelluläre Enzyme aus Oberflächenkulturen werden noch vor der
Auftrennung in eine Fest- und eine Flüssigfraktion mit Wasser extrahiert
(viskose Polysaccharid-Maischen müssen manchmal verdünnt werden) und
verbrauchtes Gas aus Pilz-Biomasse wird durch Cyclotronbehandlung abgetrennt. Die weitere Aufarbeitung von Pilz-Substanzen erfolgt zunächst über
Vakuum-Filtration und anschließender Abtrennung des Mycels durch Zusatz
weiterer Stoffe. Die Endprodukte fallen in unterschiedlichen Stoffzuständen
an. Bakterien- und Hefezellen werden entweder durch Flockung oder Zentrifugation und nachfolgende Entwässerung mit Absetzzentrifugen oder auf
anderem Wege abgetrennt. Extrusions-und Trocknungsverfahren für Hefe
sollen die Lebensfähigkeit möglichst wenig beeinträchtigen. Hefeextrakte
werden gewöhnlich aus der Aufschlämmung der Hefezellen mit autolytischen
Techniken gewonnen. Nachdem die festen Zellbestandteile entfernt sind,
wird der Extrakt eingeengt und getrocknet. Die unlöslichen Proteinkristalle,
die als bakterielle Insektizide wirken, werden so gewonnen, daß die Feststofffraktion aus dem Fermenter getrocknet wird und daraus Pulver, Granulat
oder anderweitig formulierte Produkte gebildet werden. Extracelluläre Enzyme können entweder direkt als zellfreie Konzentrate gewonnen und in
den Handel gebracht werden oder sie werden mit organischen Lösungsmitteln ausgefällt und als Enzympulver weitervermarktet. Wenn Enzympulver
oder enzymhaltige Flüssigkeiten mit Bindemitteln, Granulier- oder Verkap-
selungsmittel versetzt werden, entstehen staubfreie Enzympräparate. Auch
Polysaccharide werden durch Ausfällen mit organischen Lösungsmitteln aufgearbeitet.

5.3.3 Weitere Enzymprodukte

Die entsprechenden Reinigungsverfahren für intracelluläre Enzyme und
Peptide hängen stark von den Eigenschaften des Moleküls und von dessen
Konzentration innerhalb der Zelle ab. Intracelluläre Enzyme werden häufig
nach demselben Reinigungsschema aufgearbeitet – Extraktion, Entfernung
der Nucleinsäure, Ausfällen und zum Schluß eine oder mehrere Chromato-
graphie-Stufen. Fest-Flüssig-Trenntechniken sind eher konventionellere Aufarbeitungsverfahren, werden aber gern zur Abtrennung der Zellen, zum Entfernen von Zellbruchstücken und zur Abtrennung von Präzipitaten verwendet (Abb. 5.12). Anstelle der Fest-Flüssig-Trennungen werden auch Flüssig-
Flüssig-Extraktionen oder Membran-Trennverfahren verwendet und zwar
sowohl zur Fest-Flüssig-Trennung als auch zur Reinigung von Proteinen.
Abbildung 5.13 zeigt drei Aufarbeitungsverfahren für Humanproteine aus
rekombinanten *E. coli*-Zellen und Abb. 5.14 skizziert die Aufarbeitungsverfahren für Largomycin F-II, einem Antibiotikum, das als Chromoprotein
cytostatisch wirkt und von *Streptomyces pluricolorescens* MCRL-0367 gebildet wird. Seine Aufarbeitung erfolgt sowohl aus dem Kulturüberstand
als auch aus dem Mycel.

Weitere Aufarbeitungsverfahren werden in den Kapiteln 6 bis 9 vorgestellt.

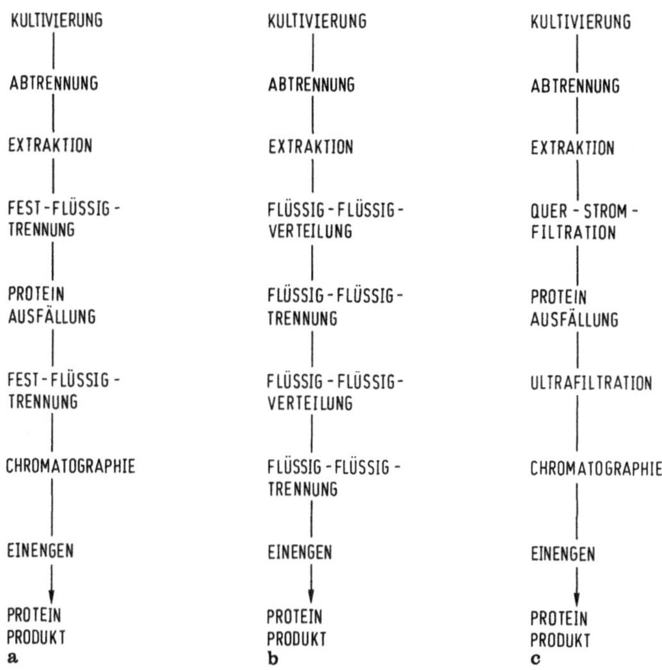

Abb. 5.12. Alternative Aufarbeitungsverfahren zur Abtrennung intracellulärer Proteine und Peptide (mit freundlicher Genehmigung entnommen aus Fish and Lilly, 1984).

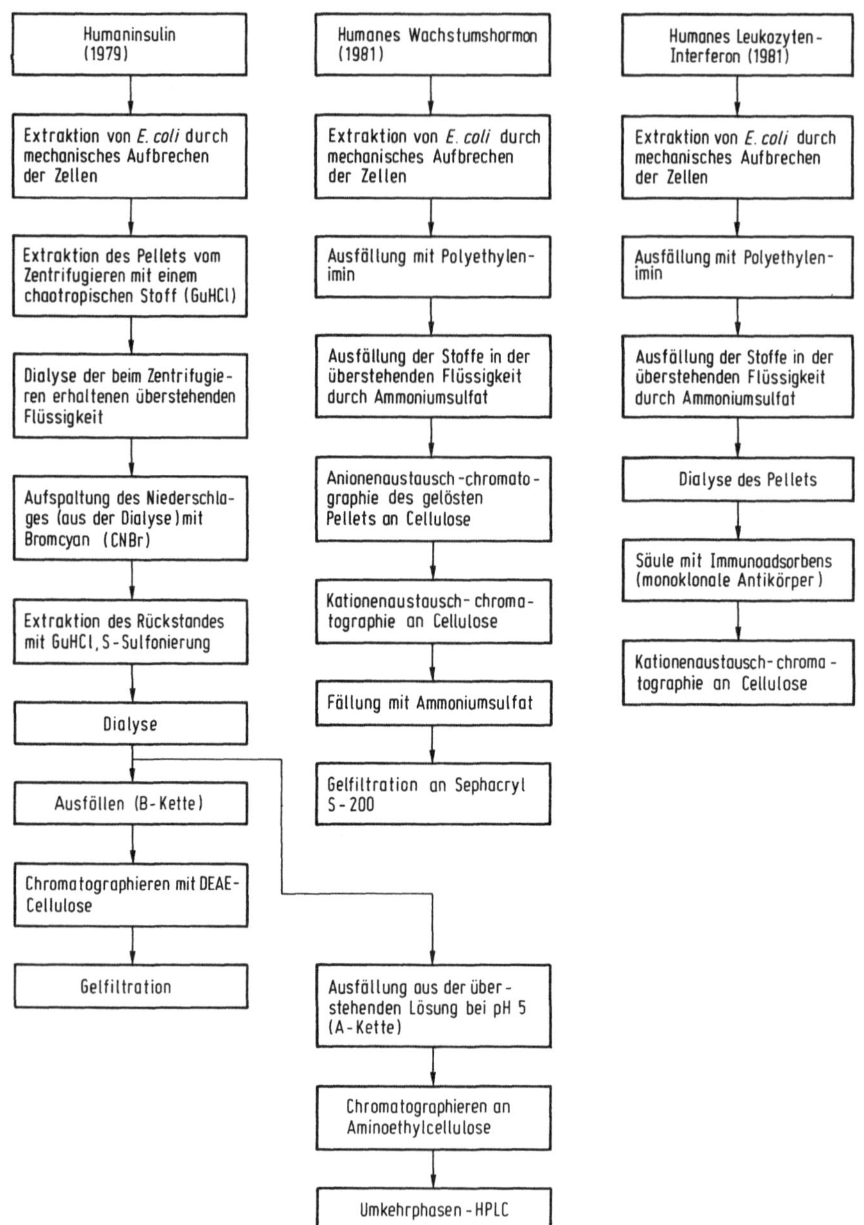

Abb. 5.13. Aufarbeitungsverfahren zur Isolierung von rekombinanten Humanproteinen aus *Escherichia coli* (mit freundlicher Genehmigung entnommen aus Mc Gregor, 1983).

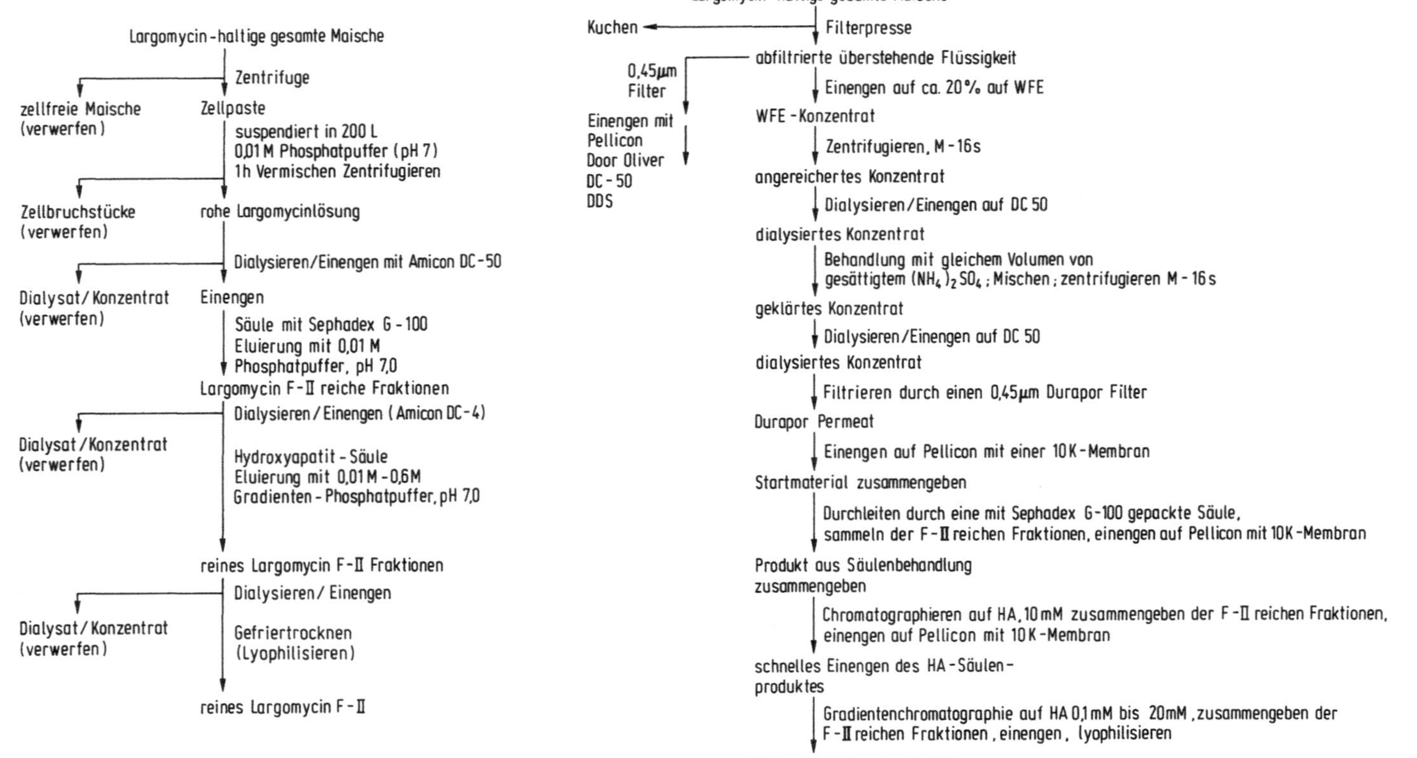

Abb. 5.14. Aufarbeitung des cytostatischen Antibiotikums Largomycin F-II, das von *Streptomyces pluricolorescens* gebildet wird (mit freundlicher Genehmigung entnommen aus *Purification of Fermentation Products*, ACS Symposium Series 271, 1985, American Chemical Society).

6 Produktion von Biomasse

6.1 Einleitung

Nachfolgend werden Verfahren zur Produktion von mikrobiellen Zellen als Hauptprodukt vorgestellt. Mikrobielle Zellen werden vornehmlich als Tierfutter bzw. für die menschliche Ernährung produziert (engl.: single cell protein, SCP) und zur Verwendung als technische Impfkulturen bei Nahrungsmittelfermentationen, für Anwendungen in der Landwirtschaft, für Abfallbehandlungen und vieles mehr. Einzellerprotein ist ein Grundstoff. Es steht in bezug auf Preis und ernährungsphysiologischen Wert mit bereits auf dem Markt befindlichem tierischem und pflanzlichem Eiweiß im Wettbewerb. Außerdem muß sichergestellt sein, daß das SCP die Sicherheitsanforderungen für Tierfutter und für menschliche Nahrungsmittel erfüllt. Produktivität, Ausbeute und Verkaufspreis sind die wichtigsten Faktoren, welche die Wirtschaftlichkeit der Produktion von Einzeller-Protein beeinflussen. Der Produktwert von mikrobiellen Impfkulturen, die als Verfahrenshilfsstoffe eingesetzt werden, ist generell höher als der von SCP. Bei ihrer Produktion stehen vor allem eine höchstmögliche Ausbeute an lebensfähigen Zellen mit definierter biologischer Aktivität sowie gute Lagerungsfähigkeit im Vordergrund. Die Produktionen von SCP und von technischen Impfkulturen sollen in zwei getrennten Abschnitten behandelt werden. *Saccharomyces cerevisiae* wird primär als mikrobielle Impfkultur eingestuft. Inaktivierte, getrocknete Brau- oder Backhefe wird bei speziellen medizinischen Indikationen als oral zuführbare Quellen für Vitamine und Spurenelemente verschrieben. Aus Backhefeextrakt werden in nicht unbeträchtlichem Umfang Geschmacksstoffe und Vitamine gewonnen.

6.2 Produktion von Einzeller-Protein

6.2.1 Substrate

Einzeller-Protein (single cell protein, SCP) wird hauptsächlich mit Alkanen, Alkoholen und Kohlenhydraten als Substrat gewonnen.

Während der beiden Weltkriege wurde in Deutschland *Candida utilis* auf Sulfitablauge produziert und der Nahrung als Proteinergänzung zugesetzt. Gegen Ende des Zweiten Weltkrieges wurde *Candida utilis* auch in

Jamaika, dort jedoch mit Melasse als Substrat, produziert. Mehrere Firmen in den USA und eine Firma in Finnland produzierten auch nach den Weltkriegen weiterhin *Candida* auf Sulfitablaugen und mit dem deutschen, nach oben offenen Waldhof-Fermenter als Futterhefe. Wegen des damaligen Überangebotes an pflanzlichen Proteinen wurden diese Verfahren jedoch allmählich unwirtschaftlich. Wesentlich später entwickelte eine finnische Firma 1974 das Pekilo-Verfahren zur Produktion von SCP. Bei diesem Verfahren wird der Pilz *Paecilomyces varioti* auf Sulfitablauge als Substrat gezüchtet. Das SCP wird als Tierfutter vermarktet. 1982 wurde eine weitere Anlage fertiggestellt.

Wegen seiner immensen Verfügbarkeit ist Cellulose aus natürlichen Quellen und aus Abfallholz ein attraktiver Rohstoff zur SCP-Produktion. Die Cellulose in Holz ist jedoch an Lignin gebunden und in diesem Zustand für einen mikrobiellem Abbau nur schwer zugänglich. Üblicherweise muß Holz als Rohstoff zunächst thermisch oder chemisch vorbehandelt werden, wobei noch ein enzymatischer Hydrolyseschritt beteiligt ist. Cellulolytische Organismen sind zwar in ihrem Wirkungsspektrum vielversprechend, die Verfahren sind jedoch noch unwirtschaftlich.

Molke bzw. deproteinierte Molke eignet sich zwar prinzipiell als Kohlenhydratquelle, ist aber in bezug auf die Abfallbeseitigung ein problematisches Substrat. Molke ist für die SCP-Produktion aus folgenden Gründen nicht besonders vorteilhaft: Molke enthält nicht alle Inhaltsstoffe, die ein Substrat enthalten sollte, sie steht nur in saisonabhängigen Mengen zur Verfügung und wegen ihres hohen Wassergehaltes (>90%) sind die Transportkosten enorm hoch. Während die meisten Organismen Lactose nicht als Kohlenhydratquelle nutzen, kann die Hefe *Kluyveromyces fragilis* Lactose metabolisieren und wächst auf diesem Substrat gut. Bereits mehrere SCP-Fermentationsanlagen zur Tierfutterproduktion und für SCP als menschliches Nahrungsmittel arbeiten daher mit *Kluyveromyces fragilis*-Hefen. Manche der Anlagen sind so konstruiert, daß sie je nach Marktlage von der SCP- auf Ethanolproduktion umsteigen können.

In Schweden wurde ein Verfahren zur Gewinnung von SCP aus Kartoffelstärke entwickelt (Symba-Verfahren) . Es arbeitet mit zwei Hefestämmen. Die Hefe *Saccharomycopsis fibuligera* bildet zunächst die für den Stärkeabbau notwendigen Enzyme und ermöglicht damit das gleichzeitige Wachstum von *Candida utilis*. Dieses Verfahren sollte Abfälle aus der Kartoffelverarbeitung zu Tierfutter verarbeiten. Es litt jedoch unter der unregelmäßigen Versorgung mit Substrat. Rank Hovis McDougall verwendet als Substrat zur SCP-Produktion mit dem Pilz *Fusarium graminearum* gereinigte Glucose. Die zugrunde liegende Idee war, sich den Mycelfasergehalt des SCP-Produktes zu Nutze zu machen und daraus eine Reihe hochwertiger Produkte für die menschliche Ernährung herzustellen. Die fasrige Textur des Produktes machte es auch zur Erzeugung von fleischähnlichen Verbraucherprodukten interessant.

Das ursprüngliche Alkan-Verfahren zur SCP-Produktion wurde von BP in Laverna (Frankreich) entwickelt. Es arbeitete mit den höheren Alkanen, die zu 10–20% im Gasöl enthalten sind. Die Substratkosten waren zwar sehr gering, da das Gasöl ungereinigt eingesetzt wurde, jedoch waren umfassende Extraktionsschritte nötig, bis die Hefe frei von Geschmacksstoffen und möglicherweise karzinogenen Bestandteilen aus dem Gasöl war. Das Verfahren arbeitete unter nicht aseptischen Bedingungen. Dadurch bestand auch immer die Gefahr einer Kontamination durch Mikroorganismen. Aufgrund dieser Rückschläge wurde die Anlage 1975 geschlossen. Die Nachteile von ungereinigtem Gasöl als Substrat und der nicht aseptischen Verfahrensweise wurden bei Italprotein, einem Joint-Venture zwischen BP und ANIC als Ausgangspunkt für Verfahrensverbesserungen hergenommen. Das weiterentwickelte Verfahren verwendete gereinigte *n*-Alkane, die von den Zellen vollständig verstoffwechselt werden können und wodurch die Aufarbeitung des SCP vereinfacht wird. Allerdings konnte die auf 100 000 Jahrestonnen ausgelegte Anlage, die in Sardinien 1976 errichtet wurde, niemals wirtschaftlich produzieren. Die japanischen Firmen Dainippon und Kanegufuchi konnten in Japan mit einem ähnlichen Verfahren wie von Italprotein ihre Produkte als Tierfutter vermarkten, jedoch wurde die Erlaubnis nach einem großangelegten Verbraucherprotest zurückgenommen. Es war befürchtet worden, daß im Produkt noch karzinogene Rückstände vorlägen. Die italienische Firma Liquichimica erwarb die Lizenz für den Kanegufuchi-Prozeß und errichtete eine Anlage für 100 000 Jahrestonnen. Allerdings litt auch sie unter einem ähnlichen Embargo wie die Anlage in Sardinien. In Rumänien soll eine von Dainippon geplante Anlage, die mit *Candida pichia* als Mikroorganismus arbeitet, kommissioniert sein.

Anfänglich wurde auch Methan als Rohstoff zur SCP-Produktion anvisiert. Da Methan ein Gas ist, wurde erwartet, daß die Reinigungsstufen nach der Fermentation nur minimale Probleme mit sich bringen sollten. Leider verbraucht Methan als Substrat jedoch im Vergleich zu den Paraffinen bis zur vollständigen Oxidation mehr Sauerstoff, ist in Wasser nur in geringem Umfang löslich und wegen der Brennbarkeit von Methan sind umfassende Sicherheitsmaßnahmen gegen die Brandgefahr notwendig (Methan-Sauerstoff Mischungen sind hochexplosiv). Methan kann jedoch leicht in Methanol umgewandelt werden, zu dessen Oxidation weniger Sauerstoff benötigt wird und geringere Kühlmaßnahmen am Bioreaktor erforderlich sind. Weiterhin ist es sehr gut wasserlöslich und birgt nur ein minimales Explosionsrisiko. Die ICI, die Methanol großtechnisch herstellt, wählte dieses Substrat für ihr bakterielles SCP-Verfahren zur Produktion von Tierfutter. Das Unternehmen entwickelte einen Druckschlaufenreaktor, der nicht mechanisch arbeitet, sondern bei dem sowohl zum Belüften als auch zum Vermischen Luft verwendet wird und der mit 3000 m^3 Fassungsvermögen weltweit der größte aerobe, aseptisch arbeitende Fermenter ist. Das Verfahren arbeitet mit *Methylophilus methylotrophus*, ist auf 50–60 000 Jahrestonnen SCP ausgelegt und wurde 1979/80 zugelassen. Wegen des dramatischen Preisanstieges für Methanol mußte dieses Verfahren jedoch einen herben Rückschlag hinnehmen. Wegen der wirtschaftlichen Schwierigkeiten bei der Tierfutterproduktion der ICI und wegen der besseren wirtschaftlichen Zukunft des RHM-*fusarium* Verfahrens gründeten die beiden Firmen 1983 ein Joint-Venture zur Produktion von *Fusarium*-SCP in der großen Fermenteranlage von ICI. Die Pure Culture Products verwendete Ethanol als Substrat. Die Vorteile von Ethanol als Substrat ähneln denen des Methanols. 1975 sollte aus gereinigtem Ethanol mit *Candida utilis* gereinigtes Protein, das auch zur menschlichen Ernährung herangezogen werden kann, produziert werden. Auch dieses Verfahren litt jedoch unter den steigenden Ethanolpreisen.

6.2.2 Wirtschaftlichkeit der SCP-Produktion

Ursprünglich hatten Firmen wie BP und ICI im Sinn, billig hochwertiges SCP aus Erdöl herstellen zu können und als Tierfutterzusatz zu verwenden. Damit sollten die importierten Proteinadditive, wie Sojabohnenmehl, verdrängt werden. Der wirtschaftliche Erfolg von SCP aus Kohlenwasserstoffen blieb wegen des dramatischen Ölpreisanstieges 1973 aus. Durch die Verteuerung des Erdöls stiegen die Kosten für Rohstoffe und Energie erheblich und auch der Bau der Anlage wurde deutlich teurer. Weiterhin stiegen in der Vergangenheit die Preise für landwirtschaftliche Produkte, einschließlich des Sojabohnenpreises, bei weitem nicht so an wie die Preise für andere Industrieprodukte. Der negative Einfluß des Ölpreisanstieges auf den Kohlenwasserstoff SCP-Prozeß wird verständlich, wenn man sich vergegenwärtigt, daß 1973 der Ölpreis auf das Sechsfache stieg und die Substratkosten ca. 40–60% des SCP-Verfahrens ausmachten. Das Angebot von Getreideernten (Getreide ist der Hauptkonkurrent für SCP-Tierfutter) reagierte jedoch bemerkenswert gut auf die Marktlagen und blieb preisstabil.

Tabelle 6.1. In Pilot- und Produktionsanlagen erzielte Produktivitäts- und Ausbeutefaktoren für SCP-Zellsubstanz, nach Abtrennung aus dem Bioreaktor (aus Solomons, 1983)

Substrat	Organismus	Ausbeute (Y) kg Zellmasse/ kg Substrat	Zell-Trockensubstanz (x) $kg\,m^{-3}$	Verdünnungsrate h^{-1}	Produktivität $kg\,m^{-3}\,h^{-1}$
n-Paraffin	Hefe	0,95	15–20	0,11	ca. 2
n-Paraffin	Hefe	1,2			3
Methanol	Bakterien	0,4			2
Ethanol	Hefe	0,8			4,5
Melasse	Hefe	0,85			5,2
Methanol	Bakterien	0,5	20–25	0,4	8–10
Sulfitablauge	Pilz	ca. 0,5	17	0,2	2,8–3,4
Methanol	Bakterien	ca. 0,5	30	0,16–0,19	4,8–5,7

Zu den konventionellen, landwirtschaftlich erzeugten Tiernahrungsmitteln, wie Sojaschrot, stoßen immer größere Mengen an anderen Futtermitteln mit hohem Proteingehalt, wie z. B. Nußmehl, Rapssamen, Baumwollsamen oder Flügelbohnen, die zunehmend Marktanteile gewinnen. Weiterhin entstehen durch die Ausweitung der Ethanolerzeugung aus Mais in den anfallenden Nebenprodukten neue Quellen für Futtermittel. SCP als Tierfutter ist wohl auch heute noch nicht konkurrenzfähig herzustellen und so ist die Industrie auf Suche nach höherwertigen Produkten. Rank Hovis McDougall und Pure Culture Products wollen ihre Produkte als menschliche Nahrungsmittel vermarkten. Speziell RHM benutzte den Faseranteil des von ihr produzierten Pilzes und produziert hochwertige, fleischähnliche Produkte mit hohem Faseranteil, 50% Proteingehalt und anderen wünschenswerten Eigenschaften, wie einem niedrigen Fett- und Natriumgehalt.

Produktivität, Ausbeute und Verkaufspreis sind die Faktoren, die hauptsächlich über die Wirtschaftlichkeit eines SCP-Verfahrens entscheiden. In Tabelle 6.1 sind die entsprechenden Produktivitäts- und Ausbeutefaktoren für mehrere Substrat/Organismus-Kombinationen zusammengestellt. Das Trockengewicht der Zellmasse und der Verdünnungsfaktor betragen ungefähr 15–30 kg m^{-3} bzw. 0,1–0,4 h^{-1}, wodurch die Produktivität (pro Volumen- und Zeiteinheit gebildete Zellsubstanz) bei 1,5–12 kg m^{-3}h^{-1} liegt. Die Produktivität wird allerdings häufig durch die Sauerstoff-Transferrate und durch die Wirksamkeit der Kühlvorrichtungen (wegen der exothermen metabolischen Reaktionen muß gekühlt werden) auf 3–5 kg m^{-3}h^{-1} beschränkt. Die Substratkosten tragen zu einem wesentlichen Teil zu den SCP-Verfahrenskosten bei. Daher sind hohe Zellsubstanzausbeuten (produzierte Zellsubstanz pro Gewichtseinheit eingesetzten Substrates) und möglichst geringe Ausbildung von Nebenprodukten von größter Bedeutung.

6.2.3 Wahl des Mikroorganismus

Bei der Auswahl geeigneter Stämme zur SCP-Produktion sollten die folgenden Kriterien bedacht werden:

1. welche Substrate dienen als Kohlenstoff-, Energie- und Stickstoffquelle und welche Nährstoffe müssen zugesetzt werden
2. der Stamm sollte auf dem ausgewählten Substrat eine hohe spezifische Wachstumsrate, Produktivität und Ausbeute haben
3. pH und Temperaturtoleranz des Mikroorganismus
4. welche Anforderungen stellt der Mikroorganismus an die Luftversorgung und welche Schaumbildungseigenschaften hat er
5. Morphologie des Wachstums des Mikroorganismus im Fermenter
6. Sicherheit und Akzeptanz des Mikroorganismus – er sollte weder pathogen sein noch toxische Produkte bilden
7. wie leicht kann das SCP aufgearbeitet werden

8. Zusammensetzung des Produktes hinsichtlich Proteinen, RNA und Ernährungsphysiologie
9. Struktur des Endproduktes

Generell können Pilze eine größere Auswahl komplexer Pflanzenmaterialien, vor allem pflanzliche Polysaccharide, abbauen als Bakterien und Hefen. Sie tolerieren auch niedrigere pH-Werte, wodurch die Infektionsgefahr im Fermenter sinkt. Für ein optimales Wachstum muß der Pilz in Form von kurzen, starkverzeigten Filamenten wachsen und möglichst nicht in Form von Pellets. Leider sind die rheologischen Eigenschaften der Fermentermaische mit einem filamentenförmigen Mycel komplexer und die Belüftung ist erschwert.

Bakterien wachsen allgemein schneller und bei höheren Temperaturen als Pilze, wodurch die Anforderungen an das Kühlsystem der Anlage niedriger sind. Die Belüftung von Fermentermaischen mit Bakterien und Hefen ist einfacher durchzuführen. Pilze können leicht in einem Filtrationsschritt abgetrennt werden, wogegen für Bakterien und Hefen kompliziertere Techniken notwendig sind, wie z. B. Sedimentation oder Zentrifugation.

Die Proteinzusammensetzung bakterieller Produkte ist im allgemeinen besser als die von Produkten aus Pilzen oder Hefen. Der Proteingehalt von Bakterien beträgt 60–65%, wohingegen der Proteingehalt von Pilzen, die zur Produktion von Zellsubstanz geeignet sind, und bei Hefen nur 33–45% beträgt. Die Bakterien enthalten allerdings leider neben Protein noch 15 bis 25% RNA, die ernährungsphysiologisch unerwünscht ist.

Die Mikroorganismen zur SCP-Produktion müssen unbedenklich als Bestandteil von Nahrungs- oder Futtermitteln sein. Sie sollen weder pathogen wirken noch toxische Substanzen bilden. Weiterhin sollten sie genetisch stabil sein, d. h. der Stamm mit den optimalen biochemischen und physiologischen Charakeristika sollte über mehrere Hundert Generationen im Verfahren bleiben können. Durch weitere regulatorische Maßnahmen ist außerdem sicherzustellen, daß bei Degenerierungen kein Stamm mit unerwünschten ernährungsphysiologischen Eigenschaften entsteht.

6.2.4 Aufbau des Bioreaktors

Ökonomische Gründe erfordern, daß die Produktion in möglichst wenigen, großvolumigen Fermentern erfolgt. Bei der großtechnischen Erzeugung von Zellsubstanz spielt eine möglichst hohe Sauerstoff-Transferrate eine Schlüsselrolle zur Erzielung einer möglichst hohen Produktivität. Eine hohe Sauerstoff-Transferrate bedeutet jedoch hohe Belüftungsraten mit der Folge, daß die Wärmeentwicklung aus den exothermen metabolischen Reaktionen zunimmt und ein wirksames Kühlsystem für den Fermenter erforderlich ist. Unter der Annahme, daß der Mikroorganismus, der die Zellsubstanz bildet, der folgenden Massenbilanz gehorcht

$$C_6H_{12}O_6 + O_2 + NPKMgS \rightarrow \text{Zellsubstanz} + CO_2 + H_2O$$
$$(2,0) \quad (0,7) \quad (0,1) \qquad (1,0) \qquad (1,1) \quad (0,7)$$

und pro Gramm Zellsubstanz eine Wärmeentwicklung von 12–17 kJ auftritt, ist bei einer Zellsubstanz-Produktivität von 4 kg m^{-3} h^{-1} eine Sauerstoff-Transferrate von 2,8 kg m^{-3} h^{-1} erforderlich und die Wärmeentwicklung beträgt 58600 kJ m^{-3} h^{-1}. Eine maximale Fermenterproduktivität verlangt ein kontinuierliches Verfahren, denn bei dieser Verfahrensart sind hohe mikrobielle Wachstumsraten sichergestellt und die Ausfallzeit des Fermenters ist gering.

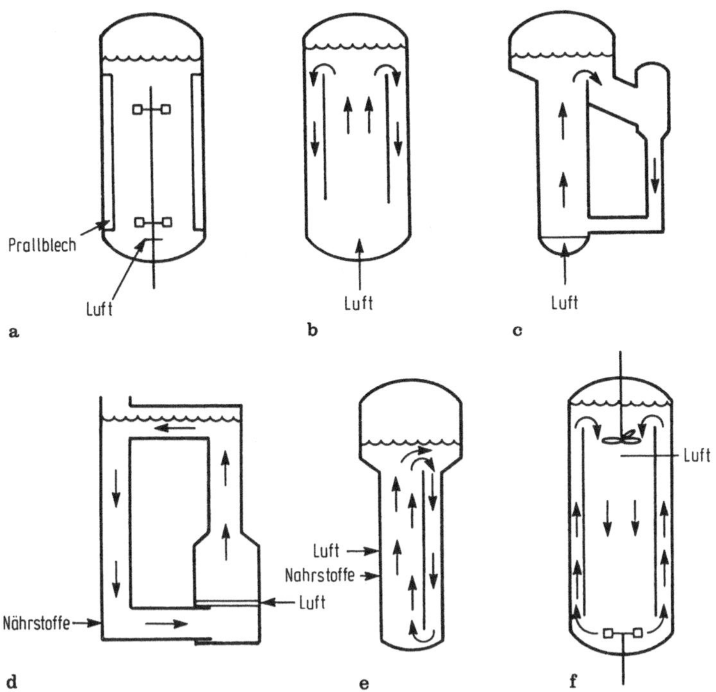

Abb. 6.1. Bioreaktor zur SCP-Produktion. Details im Text.

Einige Reaktortypen für die SCP-Produktion sind in Abb. 6.1 gezeigt. Die BP verwendete für ihre n-Alkan Pilotanlage in Schottland und für die drei je 1800 m^3 großen Fermenter in Sardinien mechanisch gerührte und mit Prallblechen ausgestattete Fermenter (Abb. 6.1a). Der Mischer war turbinenbetrieben und die Luft wurde über einen Sprüher eingetragen. Das konventionelle Turbinensystem eignet sich für sehr große Bioreaktoren nicht besonders gut. Bei vielen großtechnischen SCP-Verfahren wird der Kesselinhalt mit Hilfe von Luft vermischt. Die BP verwendete für Gasöl ein mit Luft arbeitendes Leitrohrsystem (Abb. 6.1b). Die Aufstiegsgeschwindigkeit der Luftblasen im Leitrohr korrelierte dabei mit der Produktivität des Reaktors. Daraufhin wurde das Leitrohr auf die im Prozeß entstehende Zellsubstanz hin optimiert, so daß der Energieverbrauch ein Minimum erreichte. Für die Alkan-Anlage von Liquichimica wurde von Kanegufuchi ein modifizierter Airlift-Fermenter entwickelt, bei dem das Fermentationsmedium durch die hereinströmende Luft aus dem großen Kessel in einen externen Kreislauf mitgerissen wird (Abb. 6.1c).

Der ICI Druckschlaufen-Pilotfermenter zur SCP-Produktion aus Methanol ist ebenfalls eine Kombination aus Airlift- und Schlaufenreaktor. Er besteht aus einer Röhre, in der die Luft hochsteigt, einem Absinkrohr mit Vorrichtungen zum Entziehen von Wärmeenergie und einem Volumen, in dem sich gebildetes Gas sammelt (Abb. 6.1d). Der Produktionsreaktor enthält keine externe Absinkröhre (Abb. 6.1e) und ist mit einem komplizierten Luftsprühsystem mit 3000 Luftaustrittöffnungen ausgestattet. Dadurch werden Belüftung, Vermischung und die homogene Verteilung des Methanolsubstrates erleichtert. Methanol wirkt in hohen Konzentrationen auf die Mikroorganismen toxisch.

Airlift-Reaktoren können auch bei pelletförmigen Pilzmycelen benutzt werden, zur SCP-Produktion ist aber ein filamentförmiges Wachstum der Pilze Voraussetzung. Lange und/oder hochverzweigte filamentförmige Mycele neigen auch bei niedriger Zelldichte (unterhalb 10 kg m^{-3}) zu pseudoplastischem Fließverhalten, was zu ungenügendem Sauerstofftransfer führt. Auch in Pellets herrscht ein ‚ineffizienter‘ interner Sauerstofftransfer. Weiterhin herrscht ein komplizierter Zusammenhang zwischen dem Rührervorschub und der Zellmorphologie. Niedrige Schergeschwindigkeiten induzieren die Ausbildung langer, unverzweigter Mycele mit wenigen Wachstumsspitzen und niedriger Wachstumsgeschwindigkeit. Um den Massentransfer bei Prozessen zur Produktion von Pilz-Zellsubstanz mit *Fusarium graminearum* optimal zu gestalten, wurde ein Bioreaktor entwickelt, bei dem diese Funktionen räumlich getrennt sind. Er arbeitet mit zwei Rührern. Jeder der Rührer besitzt einen eigenen Schaft und kann unabhängig mit der optimalen Rotationsgeschwindigkeit betrieben werden (Abb.6.1f). Nach Beschluß des Joint-Ventures zwischen der RHM und der ICI wurde die SCP-Pilotanlage der ICI auf die Produktion des ‚Mycoproteins‘ von RHM umgestellt. Der Scale-Up des *Fusarium*-Verfahrens in den ICI-Fermenter brachte jedoch Probleme mit sich. Die Zukunft des Verfahrens wird allerdings optimistisch eingeschätzt.

6.2.5 Produktqualität und -sicherheit

SCP kann als Tierfutter, als menschliches Nahrungsmittel und als funktionales Proteinkonzentrat eingesetzt werden. Für seine Verwendung als Nahrungsmittel spielen die ernährungsphysiologischen Eigenschaften eine Rolle und bei allen Anwendungsüberlegungen müssen Sicherheitsaspekte mit einbezogen werden. In Tabelle 6.2 sind die Zusammensetzungen ausgewählter SCP-Produkte aufgenommen.

Tabelle 6.2. Zusammensetzungen von Einzellerprotein, Sojamehl und Milchpulver (Bestandteile in %)

Komponente	Alkan Hefe	Methanol Bakterium	Fusarium graminearum*	Algen	Sojamehl	Milchpulver
Rohprotein	60,0	80,0	44,3	72,6	42,0	34,0
Fett	9,0	9,5	13,8	7,3	4,0	1,0
Nucleinsäure	5,0	15,0				
Mineralsalze	6,0	9,5	3,1	4,7	6,5	8,0
Aminosäuren	54,0	65,0			40,0	
Feuchtigkeit	4,5	2,8	0	3,6	10,0	5,0

* nach Absenkung des RNA-Gehaltes

Der Anteil der einzelnen Aminosäuren kann mit dem FAO-Referenzprotein verglichen werden. Dabei zeigt sich, daß manche bakteriellen Produkte in bezug auf das Aminosäureprofil, inklusive ihres Methioningehaltes, gut mit den FAO-Werten übereinstimmen. Eiweiß aus Hefen, Pilzen und Sojabohnen besitzt i.a. zu wenig Methionin. Der ernährungsphysiologische Wert von SCP wird in Kontroll-Fütterungstests bestimmt. Die Auswertung stützt sich auf den Verdauungskoeffizienten, die Netto-Proteinausnutzung (NPA), auf Stickstoffbilanz-Studien und auf das Protein-Wirksamkeitsverhältnis (PWV).

Die funktionale Qualität bezieht sich auf Eigenschaften, wie z. B. der Bindefähigkeit von Wasser und Fett, der Stabilität von Emulsionen, der Dispergierfähigkeit, der Bildungsfähigkeit von Gelen, der Möglichkeit, ein fasriges Produkt herzustellen, der Fähigkeit zum Eindicken oder auch auf die Textureigenschaften der Zellen oder des Mycels als Ganzes.

Die tägliche RNA-Aufnahme aus nicht-konventionellen Nahrungsmitteln in den menschlichen Körper sollte weniger als 55 g betragen. Beim RNA-Abbau bilden sich nämlich Purine, die zu einem erhöhten Harnsäurespiegel führen. Beim Menschen und bei manchen Primaten können sich daraus Stoffwechselstörungen ergeben und z. B. Gicht und die Bildung von Nierensteinen fördern. Tiere haben mit hohen Nucleinsäurekonzentrationen keine Probleme. Die entstehende Harnsäure wird nämlich zu Allantoin abgebaut, das über die Niere ausgeschieden wird. Folglich müssen aus der Zellsubstanz, die als Tierfutter gedacht ist, die Nucleinsäuren nicht entfernt werden, während dies absolut notwendig ist, wenn die Zellsubstanz zur menschlichen Ernährung gedacht ist. Früher wurden die Nucleinsäuren durch Behandlung mit Basen entfernt, jedoch kann sich dabei der nephrotoxische Faktor Lysinalanin bilden. Neuerdings wird ein längeres Halten bei 64 °C empfohlen. Bei dieser Temperatur werden Pilzproteasen inaktiviert und die endogenen RNA-asen können nun die RNA hydrolysieren, wobei gleichzeitig Nucleotide aus den Zellen in die Kulturmaische sekretiert werden. Der RNA-Gehalt in *F. graminearum*-Zellen sinkt nach einer 30 minütigen Verweildauer in einem Rührkessel bei 64 °C von etwa 80 mg g^{-1} auf 2 mg g^{-1}.

6.2.6 Verfahren zur SCP-Produktion

Im folgenden sollen Verfahren zur SCP-Produktion mit *Candida*-Spezies auf
Alkanen, mit *Methylophilus methylotrophus* auf Methanol, mit *Kluyveromyces fragilis* auf Molke und mit *Fusarium graminearum* auf Glucose vorgestellt werden.

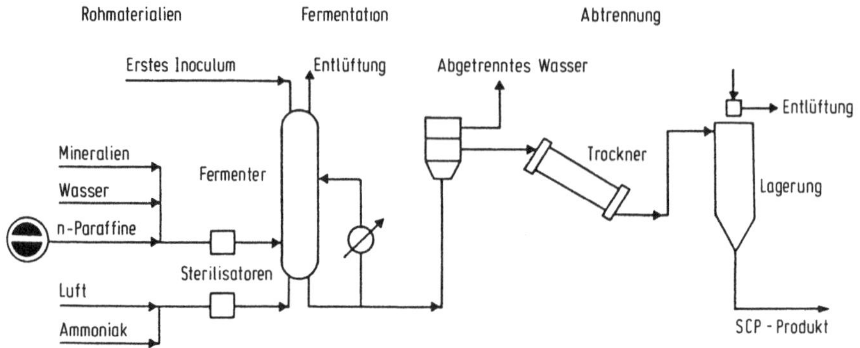

Abb. 6.2. BP-*n*-Alkan-Verfahren zur Gewinnung von SCP (mit freundlicher Genehmigung
entnommen aus *Hydrocarbon Processing*, November 1974).

Das BP-Verfahren zur Erzeugung von *Candida*-Hefen mit n-Alkan ist als
Fließbild in Abb. 6.2 gezeigt. Die Fermentation verläuft steril. Zur Produktion von 1 kg SCP sind als Nährstoffe einzusetzen: 1–1,2 kg Alkan, 0,14 kg
NH_3 als Gas, 0,05 kg PO_4^{3-} sowie weitere Salze. Die Zuführung des gasförmigen Ammoniaks erfolgt zusammen mit der Luft. Ammoniak dient einerseits
als Stickstoffquelle und andererseits als pH-Regulator. Der Sauerstoffbedarf
pro Gewichtseinheit gebildeter Zellsubstanz ist mit aeroben Mikroorganismen auf n-Hexadecan als Substrat 2,5 mal höher als auf Glucose als Substrat und beträgt 2,2 kg O_2 pro kg Zellsubstanz. Pro kg Zellsubstanz werden
27 600 kJ freigesetzt, d. h. der Reaktorinhalt muß gut gerührt werden. Da
die Alkane in Wasser unlöslich sind, liegen sie im Kulturmedium als Suspension von Alkantröpfchen mit 1–100 μm Durchmesser vor. Damit Kohlenwasserstoffe in die Zelle assimiliert werden, ist offensichtlich der Kontakt
der Zelle mit sehr kleinen Kohlenwasserstofftröpfchen (0,01–0,5 μm Durchmesser) Voraussetzung. Die Ankopplung der Tröpfchen an die Zellen scheint
auch über die Ausbildung einer Mikroemulsion an der Grenzfläche der kleinen Tröpfchen durch oberflächenaktive Stoffe zu erfolgen, die von der Zelle
selbst gebildet werden. Alkane werden durch *Candida* hauptsächlich durch
terminale Oxidation abgebaut, wobei nacheinander primäre Alkohole, Aldehyde und Säuren entstehen und die Fettsäuren letztlich durch β-Oxidation
in Acetat überführt werden. Die Abtrennung der Zellen erfolgt durch Zentrifugation (Anreicherung auf ca. 15% Trockensubstanz), gefolgt von Einengen
durch Verdampfen (auf ca. 25% Trockensubstanz) und Sprühtrocknen.

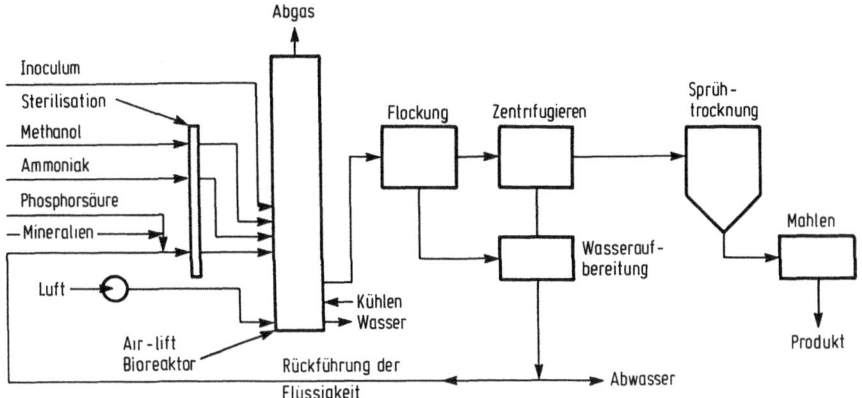

Abb. 6.3. Schematische Darstellung eines typischen SCP-Produktionsverfahrens mit Methanol (mit freundlicher Genehmigung entnommen aus Litchfield, 1983).

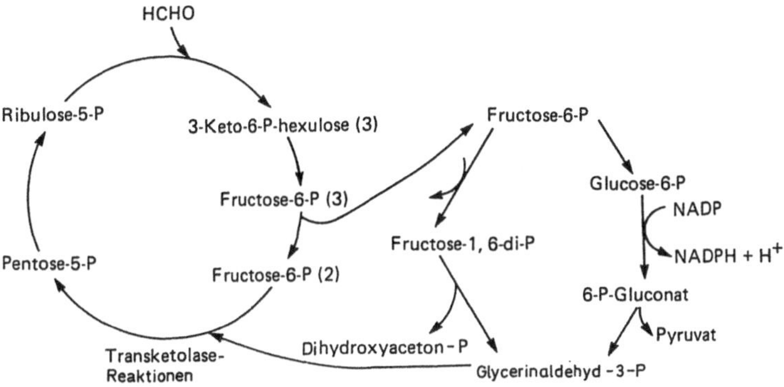

Abb. 6.4. Ribulose-Monophosphat-Cyclus.

Abbildung 6.3 zeigt schematisch das Verfahren zur SCP-Gewinnung aus Methanol mit *Methylophilus methylotrophus*. Das Verfahren im ICI-Druckschlaufenreaktor verläuft aseptisch. Als Stickstoffquelle dient Ammoniakgas, der pH wird damit gleichzeitig zwischen 6,0 und 7,0 eingeregelt. Die zellspezifische Wachstumsrate beträgt ungefähr 0,5 h^{-1} und die Zellausbeute 0,5. Methanol wird über Dehydrogenierung zu Formaldehyd oxidiert, das assimiliert und zu Zellsubstanz umgewandelt oder unter Wärmeentwicklung weiter zu CO_2 oxidiert werden kann. Formaldehyd wird von *Methylophilus* im Ribulose-Monophosphat-Weg assimiliert und letztlich zu Fructose-6-phosphat umgewandelt (Abb. 6.4). Die Aufarbeitung der Zellen erfolgt durch Agglomeration, Zentrifugation, Sprühtrocknen und anschließendes Mahlen. Eine Eigenheit dieses Verfahrens ist die Wiederverwendung des Wassers aus dem Prozeß.

Abbildung 6.5 skizziert das Produktionsprinzip von Zellsubstanz bzw. Alkohol aus *K. fragilis* auf Molke. Molke besteht zu etwa 5% aus Lactose, 0,8% aus Protein, 0,7% aus Mineralien und 0,2–0,6% aus Milchsäure. Eine Ergänzung mit Biotin ist ratsam. Zur Produktion von Zellsubstanz verläuft die Kultivierung aerob, zur Produktion von Ethanol ist nur eine geringfügige Belüftung notwendig. Soll die gebildete Zellsubstanz als Futtermittel verwendet werden, kann der gesamte Reaktorinhalt, bestehend aus Hefe, nicht umgesetztem Molkeprotein, Mineralien und Milchsäure, abgetrennt werden. Soll die gebildete Zellsubstanz zur menschlichen Ernährung bestimmt sein, werden die Zellen durch Zentrifugation abgetrennt, gewaschen und getrocknet. Basierend auf dem Lactose-Verbrauch beträgt die Zellausbeute 0,45–0,55.

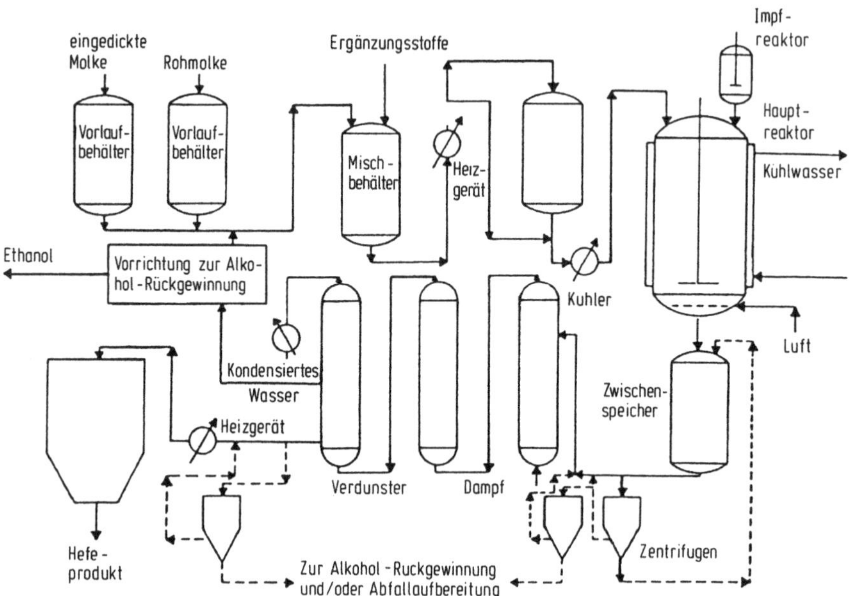

Abb. 6.5. Schematische Wiedergabe der Alkohol- bzw. Hefeproduktion aus Molke (mit freundlicher Genehmigung entnommen aus Bernstein et al., 1977).

Das RHM-Mycoprotein-Verfahren ist in Abb. 6.6 als Flußdiagramm wiedergegeben. Das Medium besteht u.a. aus gereinigtem Glucosesirup, Ammoniakgas, Salzen und Biotin. Der Fermentations-pH wird durch Ammoniakgas, das dem Luftstrom zugesetzt wird, bei 6,0 eingestellt. Die Zellkonzentration beträgt 15–20 kg m^{-3} und die Zellwachstumsraten können Werte bis zu 0,2 h $^{-1}$ erreichen. Nach der Abtrennung der Zellen im Zyklonverfahren und der Verminderung des RNA-Gehaltes werden die Zellen durch Vakuumrotationsfiltration abermals abgetrennt und zu einer Vielzahl von Produkten verarbeitet.

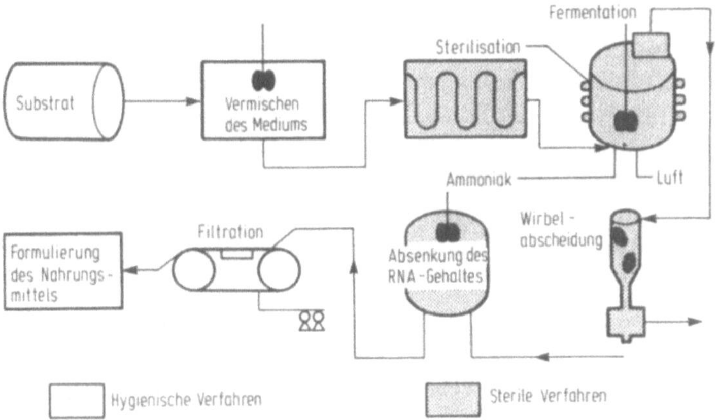

Abb. 6.6. Rank-Hovis-McDougall-Mycoproteinverfahren (mit freundlicher Genehmigung entnommen aus Anderson und Solomons, 1984).

6.2.7 SCP-Produktion durch Photosynthese

Alle bisher besprochenen Verfahren zur Produktion von SCP beruhen auf der Rückgewinnung von reduzierter organischer Materie und gerade deswegen scheinen diese Verfahren auf die Produktion von relativ hochpreisigen Produkten mit nur kleinen Produktionsvolumina beschränkt zu sein. Die herkömmliche Landwirtschaft speichert lediglich 1% der vorhandenen Sonnenenergie, was ein relativ geringer Wert ist. Mit Verfahren, die zwischen der herkömmlichen Landwirtschaft und der modernen Gewinnung von Zellsubstanz anzusiedeln sind, werden in großen Lagunen phototrophe Organismen kultiviert. Bereits die Azteken in Zentralamerika und die Ein-

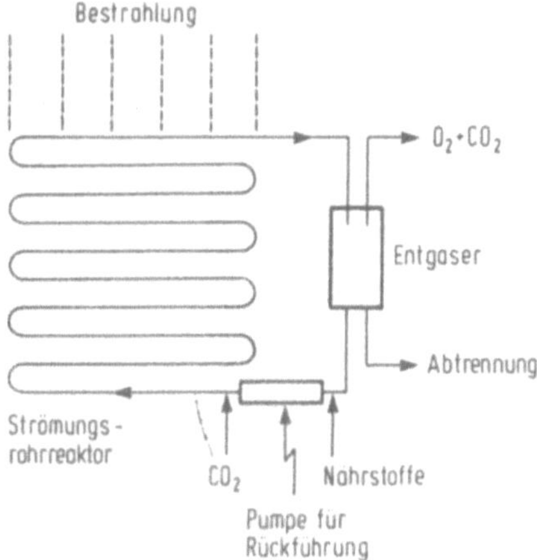

Abb. 6.7. Diagramm eines Röhrenreaktors zur photosynthetischen SCP-Produktion (entnommen aus Pirt, 1982).

geborenen um den Tschad-See in Afrika verwendeten Algen als Teil ihrer Nahrung. Großtechnische Röhrenschlaufen Bioreaktoren und vollautomatische kontinuierliche Kulturen zur Züchtung von photosynthetisch wirksamen Zellen können bis zu 18% der Sonnenenergie speichern und Zelldichten von mehr als 20 g l^{-1} Trockensubstanz erreichen (Abb. 6.7). Man meint, daß geeignete photosynthetische Bioreaktoren bei der Lösung der weltweit geltenden Energie- und Ernährungsprobleme eine Hilfe sein könnten und daß so auch dem weltweiten Mangel an Vorräten von Rohstoffen für die chemische Industrie begegnet werden könnte.

6.3 Mikrobielle Impfkulturen

6.3.1 Starterkulturen zur Produktion von Lebensmitteln

Starterkulturen werden bei der modernen Lebensmittelverarbeitung zur Veränderung von Eigenschaften eingesetzt, wie z. B. zur Texturänderung, Haltbarmachung, Entwicklung von Geschmacksstoffen oder zur Verbesserung des Nährwertes. Die jeweiligen Starterkulturen sollen also die gewünschten Wirkungen hervorrufen und gleichzeitig die Anforderungen, die durch die Verfahrensautomatisierung, die Produktqualität und die Reproduzierbarkeit an sie gestellt werden, erfüllen. Dies erfordert die Produktion von Kulturen mit definierter Aktivität in bezug auf ihre Lebensfähigkeit, ihre Effektivität und ihre Lagerungsfähigkeit. Starterkulturen werden hauptsächlich in der Backwaren- und in der milchverarbeitenden Industrie eingesetzt, aber auch bei der Fermentation von alkoholischen Getränken und zur Produktion von Industriealkohol. Die Produktionsverfahren für Starter in Alkohol-Produktionsverfahren ähneln den entsprechenden Produktionsverfahren für Backhefe und Backhefe wird auch bei alkoholischen Fermentationen häufig verwendet. Nachfolgend werden Backhefe und Starterkulturen für Milch und Fleisch vorgestellt.

Backhefe.   Die Backhefe (*Saccharomyces cerevisiae*) wird zum Brotbacken verwendet. Sie baut die im Teig vorhandenen Zucker zu einer Mischung aus Alkohol und Kohlendioxid ab. Das Kohlendioxid bleibt dabei in Form von Gasblasen im Teig fixiert. Die Hefe sekretiert Verbindungen wie Cystein und Glutathion, Substanzen, die die intramolekularen Disulfid-Brücken aufbrechen, und entwickelt außerdem Gas. Dadurch wird Gluten, das hauptsächliche Protein im Getreide, chemisch modifiziert und mechanisch gestreckt.

Je nach den Milieubedingungen produziert Backhefe entweder vorrangig Alkohol oder vorrangig Zellsubstanz. Anaerobe Bedingungen sind optimal für die Alkoholgewinnung. Unter diesen Bedingungen beträgt der theoretisch erreichbare maximale Zellsubstanz-Ausbeutekoeffizient Y_S 0,075. Auch unter aeroben Bedingungen wird bei hohen Zuckerkonzentrationen wegen des Crabtree-Effektes ein beträchtliches Maß an Alkohol gebildet. Zellsubstanz wird dann bevorzugt gebildet, wenn in belüfteten Hefekultivierungen durch kontinuierliche Zuckerzugabe ein niedriger Zuckergehalt eingestellt wird. Der theoretische maximale Zellsubstanz-Ausbeutekoeffizient Y_S beträgt dann 0,54. Mit überschüssigem Sauerstoff entwickelt eine Hefekultur auf 1,1 mM Glucose (0,2 g l^{-1}) ihren maximalen Atmungsquotienten (Q_{O2}), eine spezifische Wachstumsrate von $\mu = 0{,}2\text{--}0{,}25$ h^{-1} und die Alkoholbildung ist vernachlässigbar gering. Unter diesen Bedingungen liegt der Wert des respiratorischen Quotienten ($RQ = Q_{CO2}/Q_{O2}$) bei etwa 1,0. Mit ansteigendem Glucoseangebot geht die Veratmung bzw. der Sauerstofftransfer zurück, es wird Ethanol gebildet und der Zahlenwert von RQ wächst.

Backhefe wird vorwiegend mit Melasse als Substrat produziert. Der Melasse fehlen Stickstoff und Phosphor. Daher müssen Ammoniumsalze und Orthophosphorsäure bzw. andere geeignete Phosphorsalze zugesetzt werden. Biotin, ein essentieller Wachstumsfaktor für Backhefe, ist zwar in Melasse aus Zuckerrohr in genügender Menge vorhanden, in Melasse aus Zuckerrüben jedoch nicht, d. h. Melasse aus Zuckerrohr muß mit Biotin angereichert werden. Alternativ kann auch Rübenmelasse mit 20% Zuckerrohr-Melasse als Substrat verwendet werden. Enthält das Medium genügend Biotin, das u.a. zur Hydrolyse von Harnstoff benötigt wird, können die Ammoniumsalze zur Stickstoffversorgung durch Harnstoff ersetzt werden.

Hefe wird in einem diskontinuierlichen Verfahren mit bis zu acht Scale-Up Schritten produziert. Die gängigen Produktionsreaktoren besitzen ein Volumen zwischen 50 und 350 m^3 oder mehr. Die beiden ersten Stadien zur Herstellung des Inoculums erfordern gewöhnlich aseptische Bedingungen. Die späteren Schritte zur Bildung des Inoculums sowie die Produktionsstufen können im allgemeinen auf aseptische Bedingungen verzichten und brauchen auch keinen Druckkessel. Die letzte Stufe zur Inoculum-Bildung und die eigentliche Produktionsstufe für die Zellsubstanz verlangen eine portionsweise Zugabe der Melasse. Im eigentlichen Produktionsschritt soll eine hohe Ausbeute an lebensfähiger Hefe mit optimaler Ausgewogenheit in bezug auf ihre Eigenschaften, eine möglichst hohe Fermentationsaktivität sowie Lagerungsfähigkeit entstehen. Die Lagerungsfähigkeit verbessert sich, wenn nach der Melassezugabe noch einige Zeit weiterbelüftet wird. Dadurch wird die Hefe physiologisch einheitlicher, und es werden weniger RNA und Protein synthetisiert.

Die aerobe Kultivierung läuft bei 28–30 °C ab. Pro Gramm produzierter Hefe entstehen 15 kJ Wärmeenergie, d. h. es muß entsprechen gekühlt werden. Der pH liegt zwischen 4,1 und 5,0. Ein pH in der Nähe der unteren Intervallgrenze sorgt einerseits dafür, daß die Kontaminationsgefahr durch Bakterien vermindert ist, fördert aber andererseits die Adsorption von Farbstoffen aus der Melasse. Die meisten technischen Fermentationen beginnen bei der unteren Intervallgrenze (pH 4,0–4,4) und enden an der oberen Grenze (pH 4,8–5,0). Die Hefekonzentrationen liegen am Ende zwischen 40 und 60 g l^{-1} (Trockensubstanz).

Der Sauerstoffbedarf für die Bildung von 1 g Hefe-Trockensubstanz beträgt 1 g bzw. 31 mM. Im späteren Stadium der diskontinuierlichen Kultivierung kann die Produktionsgeschwindigkeit bis auf 5 g Hefefetrockenmasse pro Liter und Stunde steigen, was bedeutet, daß das Belüftungssystem im Fermenter einen Sauerstofftransfer von etwa 150 mM pro Liter pro Stunde ermöglichen muß. Dies wird im allgemeinen mit wirksamen Gassprüh-Systemen und ohne Rührer erreicht.

Nach der kontinuierlichen Zentrifugation (Düsen-Typ) zur Fest-Flüssig-Trennung erhält man ein cremiges Produkt mit 18–20% Hefe-Trockensubstanz. Der Feststoffgehalt wird durch anschließende Vakuumrotationsfiltration mit Stärke als Filterhilfsmittel auf 27–28% erhöht. Höhere Feststoffgehalte können erzielt werden, wenn das cremige Produkt vor dem Filtrationsschritt ausgesalzen wird, d. h. der Feuchtigkeitsgehalt in der Zelle wird osmotisch herabgesetzt. Der krümelige Filterkuchen aus dem Filtrationsschritt wird häufig als Endprodukt vermarktet. Zur Erleichterung der Extrusion kann der sogenannte Hefekuchen mit Emulgatoren versetzt werden. Aktive Trockenhefe wird mit Fließbetttrocknern gewonnen, wobei erwärmte Luft so schnell von unten nach oben durch die Hefe geblasen wird, daß die Hefe im Fließbett suspendiert wird. Kurze Trocknungszeiten von 10 bis 30 Minuten werden erreicht, indem die anfängliche Lufttemperatur zwischen 100 und 150 °C liegt und die Hefe auf Temperaturen von 24 bis 40 °C gehalten wird. Mit dieser Technik läßt sich der Feuchtigkeitsgehalt auf ca. 7% absenken.

Starterkulturen für die milchverarbeitende Industrie. Bei der Fermentation von Milchprodukten werden mit Hilfe von Mikroorganismen Milchsäure gewonnen, Metaboliten mit charakteristischen Geschmacksstoffen ausgeschieden und andere, gewünschte chemische Eigenschaften herausgebildet. Mit die wichtigsten Käse-Starterkulturen sind die mesophilen, homofermentativen (d. h. ausschließlich milchsäureproduzierenden) *Streptococcus cremoris*- und *Streptococcus lactis*-Arten. Die Joghurt-Starterkulturen bestehen hauptsächlich aus zwei thermophilen, homofermentativen Arten, nämlich *Streptococcus thermophilus* und *Lactobacillus bulgaricus*, denen manchmal noch in geringen Mengen *Lactobacillus acidophilus* zugesetzt ist. Käsesorten, die durch oberflächlichem Pilzbewuchs reifen, wie Brie und Camembert, werden mit den weißen Schimmelpilzen *Penicillium camemberti* und dessen Biotypen *Penicillium candidum* sowie *Penicillium caseioculum* hergestellt. Dagegen wird der blaue Schimmelpilz *Penicillium roqueforti* zur Herstellung von Käsesorten verwendet, deren Reifung durch Schimmelpilzkulturen im Inneren der Käselaibe erfolgt, wie z. B. Gorgonzola und Stilton.

Die Technologie zur Gewinnung von Pilzsporen ist relativ gut entwickelt, wobei Oberflächenkulturen im kleinen Maßstab angewendet werden. Kommerzielle Sporenhersteller bieten dazu Sporen in Pulverform an.

Die beiden bakteriellen mesophilen Starterstämme können von Bakteriophagen befallen werden. Hier ist auch der hauptsächliche Grund zu suchen, wenn bei der Käseherstellung der Starter versagt. Folglich arbeitet man auch bei der Entwicklung von Starterkulturen hauptsächlich daran, die Probleme mit den Bakteriophageninfektionen zu lösen. Während der 30er und 40er Jahre wurden ungereinigte, gemischte Käsestarterkulturen jahrelang durch Subkulturen erhalten. Wegen der höheren Nachfrage mußte die Käseherstellung intensiviert werden. Dadurch erhöhte sich die Anfälligkeit der Starterkulturen, welche mit der damals üblichen Technik kultiviert worden waren, gegen Bakteriophagenbefall. Daraufhin wurden in der technischen Käseherstellung Starter aus nur einem Bakterienstamm eingeführt. Nun führten aber die unterschiedlichen Aktivitäten der Starterkulturen zu ernsthaften Problemen. Die Maßnahmen zur Vermeidung von Bakteriophagenkontamination umfaßten aseptische Startervermehrung, hygienische Verbesserung bei den Anlagen zur Käseherstellung, abgeschlossene Bottiche zur Käseherstellung und Verkürzung der Reifungszeiten. Doch trotz dieser Vorsichtsmaßnahmen konnte das Bakteriophagenproblem nicht gelöst werden. Seit den 50er Jahren boten die kommerziellen Hersteller von Kulturen der Käseindustrie zunächst gefriergetrocknete und später tiefgefrorene Starterkulturmischungen mit definierter und auch mit nichtdefinierter Zusammensetzung an. Diese eigneten sich sowohl zur Gewinnung von ‚Mutter'-Starterkulturen als auch zur Gewinnung großer Mengen an Starterkulturen. Die meisten der *S. cremoris*- und *S. lactis*-Stämme waren nur gegen eine bestimmte Anzahl von Phagentypen empfindlich. Da sich die Empfindlichkeits- und die Resistenz-Charakteristika der einzelnen Stämme einer Art unterschieden, konnte der Phagengehalt dadurch beschränkt werden, daß häufig zwischen Stämmen, die nicht phagenverseucht waren, hin und her gewechselt wurde. Die Einführung von phagenhemmenden Nährmedien mit Phosphaten zur Chelatisierung des für das Phagenwachstum notwendigen Calciums konnte die Phagenbildung bei der Gewinnung von größeren Starterkultur-Ansätzen auf einem niedrigen Niveau gehalten werden. Man entwickelte kommerzielle Kulturkonzentrate, die zunächst zum direkten Animpfen von großen Startertanks geeignet waren und später auch zum direkten Animpfen der Käsewannen. Akzeptable technische Starterstämme für Milchprodukte müssen wirksam Säure und Geschmacksstoffe produzieren können. Unempfindliche Stämme gegenüber Bakteriophagenbefall wurden seit Anfang der 80er Jahre erfolgreich entwickelt.

Abbildung 6.8 zeigt das Flußdiagramm für die Produktion von Milchsäurestarterkulturen. Fermentation und Abtrennung sind auf hohe Ausbeuten an bakteriophagenfreier Starterkultur hinoptimiert. Die Fermentationsmedien enthalten im allgemeinen komplexe Nährstoffe wie Milch, Molke, Hefeextrakt, Peptone, Mono- oder Disaccharide, Vitamine, Puffer, Salze und phageninhibierende Bestandteile. Die Medien können durch UHT-Verfahren sterilisiert werden. Die optimale Wachstumstemperatur hängt vom jeweiligen Stamm ab, liegt jedoch im allgemeinen für Streptococcen bei 25–30 °C und für Lactobacillen bei 30–37 °C. Der pH sollte gesteuert werden und im Bereich 5, 4–6, 3 eingestellt werden, wobei sich ein pH um 6, 0 als beson-

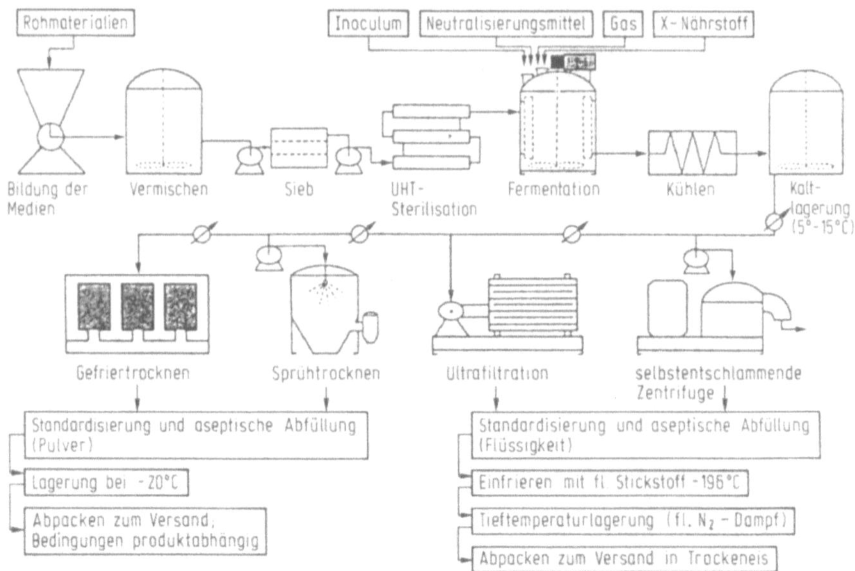

Abb. 6.8. Fließschema einer großtechnischen Produktion von Starterkulturen für Milch-breaksäure (mit freundlicher Genehmigung entnommen aus Porubscan und Sellars, 1979).

ders gut herausgestellt hat. Die pH-Einstellung erfolgt durch Ammoniakgas, Basen oder interne Puffer. Der Fermenterinhalt wird für gewöhnlich leicht gerührt. Nach dem Abschluß der Fermentation wird die Maische abgekühlt und bei Bedarf unter aseptischen Bedingungen durch Filtrieren eingeengt. Das so erhaltene Kulturkonzentrat kann entweder zum direkten Animpfen verwendet werden oder, nach dem Tiefgefrieren bzw. Gefriertrocknen, gelagert werden.

Starterkulturen für Fleisch. Fleischfermentation erfolgt zur Konservierung. Durch die mikrobielle Fermentation entsteht Säure, die feuchtigkeitsentziehend wirkt und einen gewissen Sicherheitsspielraum schafft. Die Fleischstabilität wird verbessert, und es entstehen produktspezifische Eigenschaften, wie z. B. Geschmacks- und Aromastoffe, die bislang noch nicht auf chemischen Wege allein gebildet werden konnten. Bei fermentierten Fleischprodukten handelt es sich hauptsächlich um Trocken- und Halbtrockenwürste. Durch den Zusatz von Zucker, der die schnelle Milchsäureproduktion anregt, und von Nitrat, das das Oxidations-Reduktions-Potential von Fleisch absenkt, da Nitrat zu Nitrit umgewandelt wird, konnte die Wurstproduktion technisch verbessert werden. Das abgesenkte Oxidations-Reduktions-Potential stabilisiert die Fleischfarbe, da die Oxidation von Hämoglobin unterdrückt wird. Außerdem wird durch die Maßnahmen ein Milieu gebildet, das mikro-aerophile Milchsäureproduzenten bevorzugt und die Entwicklung unerwünschter Bakterien unterdrückt. Wünschenswerte

Charakteristika von Fleisch-Starterkulturen sind (a) Fähigkeit zur Milchsäureproduktion, (b) Toleranz gegenüber Salzgehalt, Gewürzen, Nitrat- und Nitritgehalt sowie (c) Fähigkeit zur Nitratreduktion. In letzter Zeit wird in der Industrie bevorzugt Nitrit verwendet, d. h. die jeweiligen Starter brauchen keine Nitrat-reduzierenden Eigenschaften mehr zu haben.

Organismen, die sich als Inoculum für Fleisch-Starterkulturen eignen, sind (a) das Bakterium *Pediococcus cerevisiae*, das zwar säureproduzierende Eigenschaften aufweist, jedoch kein Nitrat reduzieren kann, (b) *Micrococcus*-Arten, die Nitrat reduzieren können und durch ihre eigene Katalase das gesamte, beim Fermentationsvorgang entstehende Peroxid abfangen können und (c) andere säurebildende Bakterien, wie z. B. *Lactobacillus plantarum*, *Lactobacillus brevis* und *Leuconostoc mesenteroides*. Kulturen aus entweder nur einem einzigen Stamm oder auch einer Mischung unterschiedlicher Stämme sind kommerziell in tiefgefrorenem oder gefriergetrocknetem Zustand lieferbar. Es wird erwartet, daß die Inocula zukünftig wohl wesentlich häufiger eingesetzt werden und zwar nicht nur bei Fleischfermentationen sondern auch, um das Wachstum unerwünschter Mikroorganismen unter Kontrolle halten zu können.

6.3.2 Weitere Anwendungen für mikrobielle Impfkulturen

Mikrobielle Impfkulturen beschränken sich nicht auf die Nahrungsmittelfermentation. Die Zusammenstellung in Tabelle 6.3 zeigt die wichtigsten Anwendungen für mikrobielle Impfkulturen.

Tabelle 6.3. Verwendungszwecke für mikrobielle Impfmedien

Anwendung	Gattung	Wirkung
Insektizide	*Bacillus thuringiensis*	pathogen gegenüber Lepidoptera-Larven
	Bacillus popilliae	pathogen gegenüber Japankäfer
	Bacillus alvei, *Bacillus circulans* und *Bacillus sphaericus*	pathogen gegenüber Moskitos
	Serratia piscatorum, *Streptococcus faecalis* und *Aerobacter aerogenes*	Abtötung von Schmetterlingslarven durch Absenkung des pH im Darm
	Beauveria tenella	pathogen gegenüber Maikäferlarven
	Veticillium lecanii	bekämpft Aphiden und Weißfliegen
	Hirsutella thompsonii	bekämpft Milben auf Citrusplantagen
	Metarrhizium-Art	bekämpft Lepidopteraarten
Mineralkreislauf	*Thiobacillus*-Arten	Schwefeloxidation
	Beggiatoa-Arten	oxidiert H_2S in Böden von Reisfeldern
	Bacillus megaterium, *Bacillus-, Pseudomonas-* und *Chromobacterium*-Arten	Phosphatmineralisierung und Herauslösen des Phosphors

Tabelle 6.3 (Fortsetzung)

Anwendung	Gattung	Wirkung
Stickstoff-fixierung	freie und symbiotisch lebende Stickstoff-fixierende Prokaryonten	Nachdruck liegt auf der Produktion von Impfkulturen für Leguminosen mit *Rhizobium*-Arten zur besseren Stickstoffixierung
Beschleunigung des Pflanzenwuchses mit mycorrhizalen Pilzen	Endomycorrhizen der Familie Endogonaceae, phylum Zygomycota (vesiculararbusculare Pilze). Ectomycorrhizae der phylum Dikaryomycota-Mehrheit sind Basidiomyceten	verbesserte Aufnahme von Nährstoffen und Wasser durch die Wurzel, Krankheitsschutz
Herstellung von Silage	*Streptococcus faecium, Lactobacillus plantarum*, weitere säurebildende Bakterien	pH-Absenkung zur Beschleunigung der Silierung
Probiotika	*Lactobacillus acidophilus, Streptococcus faecium*, Rumen-Bakterien	fördern die Verbaubarkeit von Tierfutter
Abfallbehandlung	Methanogene	anaerobe Verarbeitung
	Pseudomonas-Arten, *Acinetobacter*-Arten und und *Nocardia*-Arten;	bauen Alkane und schwer verwertbare Abfallstoffe ab
	Bakterien, die extracelluläre Enzyme produzieren	hydrolysieren überschüssige Proteine, Kohlenhydrate und Fette

7 Nahrungsmittelfermentationen

7.1 Einleitung

Schon seit Jahrhunderten werden Nahrungsmittel mit Hilfe von Mikroorganismen modifiziert. Und heute sind fermentierte Nahrungsmittel und Getränke ein großer und extrem wichtiger Sektor der Lebensmittelindustrie. In diesem Kapitel werden Fermentationsverfahren, die bei der Herstellung alkoholischer Getränke, bei der Käseherstellung, beim Backen von Brot, bei der Herstellung von fermentierten Nahrungsmitteln aus Soja, bei der Fleischverarbeitung und bei der Essiggewinnung eine Rolle spielen, näher behandelt.

7.2 Alkoholische Getränke

Alkoholische Getränke werden aus vielen unterschiedlichen Rohstoffen gewonnen, vor allem jedoch aus Getreide, Früchten sowie zuckerhaltigen Pflanzen. Fermentativ werden sowohl nicht-destillierte Getränke, wie Wein, Bier, Apfelwein und Sake, als auch destillierte Getränke hergestellt. So entstehen z. B. Whisky und Rum aus fermentiertem Getreide bzw. aus fermentierter Melasse, während Brandy durch Destillation von Wein gewonnen wird. Andere destillierte Getränke, wie Wodka und Gin, werden aus neutralem Alkohol, der destillativ aus fermentierter Melasse oder Molke, fermentierten Kartoffeln oder fermentiertem Getreide gewonnen wurde, hergestellt. Für Dessertweine wird zu Wein destillierter Alkohol bis zu einem Alkoholgehalt von 15–20% zugegeben. Zu den Dessertweinen zählen Sherry, Portwein und Madeirawein.

Allen diesen Verfahren ist gemeinsam, daß zunächst die Umwandlung von Zuckern zu Alkohol mit Hefen erfolgt. Daher soll im folgenden auch zuerst auf die Biologie der Hefefermentation näher eingegangen werden. Es schließt sich die nähere Behandlung von Produktionsverfahren für Bier, Whisky und Wein an.

7.2.1 Biologie der Hefefermentation

Mehr als 96% des fermentativ gewonnenen Alkohols werden mit Hilfe von *Saccharomyces cerevisiae*- oder ihnen verwandten Stämmen, insbesondere mit *Saccharomyces uvarum*, hergestellt. Die Bildung von Ethanol erfolgt auf dem Embden-Meyerhof-Parnas-(EMP)-Reaktionsweg. Dabei wird das während der Glykolyse gebildete Pyruvat zu Acetaldehyd und anschließend zu Ethanol umgewandelt. Als Gesamtgleichung ergibt sich

$$\text{Glucose} + 2\,\text{ADP} \longrightarrow 2\,\text{Ethanol} + 2\,CO_2 + 2\,\text{ATP}$$

Aus 1 g Glucose entstehen theoretisch $0,51$ g Ethanol und $0,49$ g CO_2. In der Praxis jedoch werden etwa 10% der Glucose in Biomasse umgewandelt und die Ausbeuten an Ethanol und CO_2 betragen höchstens 90% der Theorie. Das gebildete ATP dient für den Energiebedarf der Zelle.

Die Umhüllung der Hefezelle besteht aus einer Plasmamembran, einem periplasmatischen Raum und einer Zellwand, die hauptsächlich aus Polysacchariden und etwas Peptidmaterial besteht. Die Struktur der Wand ist halbfest, jedoch für gelöste Stoffe permeabel. Durch die Zellwand erhält die Hefezelle eine beachtliche Festigkeit gegenüber Kompressions-und Zugkräften. Brauhefen erhalten durch Carboxylgruppen an den Peptiden der Zellwand Flockungseigenschaften, die für ihre Anwendung wichtig sind, denn die postfermentative Trennung von Feststoff und Flüssigkeit wird dadurch erleichtert. Die Flockung resultiert vermutlich aus der Bildung von Salzbrücken zwischen Ca-Ionen und den Carboxyl-Gruppen in der Zellwand.

Fermentationsbedingungen.   Bei der Fermentation mit der Brauhefe *S. cerevisiae* werden die Zucker in der nachstehenden Reihenfolge abgebaut: Saccharose, Fructose, Maltose und Maltotriose. Zuerst wird die Saccharose durch eine im extracellulären periplasmatischen Raum lokalisierte Invertase zu Glucose und Fructose abgebaut. Zucker werden entweder aktiv oder passiv durch die Zellmembran transportiert, wobei induzierbare oder konstitutive Permeasen als Mediatoren agieren. Maltose und Maltotriose werden intracellulär durch die α-Glucosidase hydrolysiert. *Saccharomyces uvarum (S. carlsbergensis)* unterscheidet sich taxonomisch von *S. cerevisiae* dadurch, daß sie auch Melibiose verstoffwechseln kann. *Kluyveromyces fragilis* und *Kluyveromyces lactis*, die im Unterschied zu *S. cerevisiae* auch Lactose fermentieren können, besitzen ein Lactosepermease-System für den Transport von Lactose in die Zelle. Dort wird die Lactose zu Glucose und Galactose hydrolysiert. Die entstehenden Zucker werden anschließend glykolysiert. Mit Ausnahme von *Saccharomyces diastaticus*, die zum Brauen ungeeignet ist, können die *Saccharomyces*-Hefen weder Stärken noch Dextrine hydrolysieren. Wenn ein stärkehaltiges Material zu Alkohol fermentiert werden soll, müssen exogene Enzyme, wie α- und β-Amylasen aus Malz oder mikrobielle Enzyme, wie α-Amylase, Amyloglucosidase (Glucoamylase) oder Pullanase zugesetzt werdenim Traubensaft sind hauptsächlich Glucose und Fructose, und da *S. cerevisiae* bevorzugt Glucose metabolisiert, bleibt im fertigen Wein als unfermentierter Zucker nur Fructose übrig. Dagegen fermentieren Sautern-Weinhefen Fructose schneller als Glucose.

Die Brauwürze aus Gerstenmalz enthält 19 Aminosäuren und eine Vielzahl weiterer Nährstoffe. Während der Fermentation werden diese Aminosäuren unterschiedlich schnell assimiliert. Eine gemeinsam wirksame Aminosäure-Permease (GAP) kann mit Ausnahme von Prolin alle basischen und neutralen Aminosäuren transportieren. Außerdem existieren in der Hefezelle mindestens 11 weitere spezifische Transportmechanismen für Aminosäuren. Die Prolinpermease wird durch die Gegenwart anderer Aminosäuren und von Ammoniak unterdrückt.

Die alkoholische Fermentation läuft im wesentlichen anaerob ab. Jedoch muß ein geringer Sauerstoffanteil vorhanden sein, damit die Hefe Sterole und ungesättigte Fettsäuren als Membranbestandteile synthetisieren kann. Der natürliche Sterol-Gehalt und die Konzentration an ungesättigten Fettsäuren in der Brauwürze reichen im allgemein nicht aus. Werden dem Nährmedium jedoch Ölsäure oder Oleanolsäure zugesetzt, so wird kein weiterer Sauerstoff benötigt.

Viele *S. cerevisiae*-Stämme können einen Alkoholgehalt von 12–14% erreichen. Für high-gravity Brauverfahren und zur Produktion von Alkohol, der zur weiteren Verwendung destilliert werden soll, wäre es interessant, Hefen zur Verfügung zu haben, die hohe Alkoholkonzentrationen tolerieren können, denn so könnte die Produktivität der Anlage gesteigert und die Destiallationskosten gesenkt werden. Manche Stämme können tatsächlich bis zu Alkoholgehalten von 18–20% fermentieren, jedoch verlangsamt sich die Fermentationsgeschwindigkeit bei höher werdenden Alkoholgehalten im allgemeinen. Traubensaft mit sehr hohem Zuckergehalt kann nur durch osmophile Hefen, wie *Saccharomyces rouxii* und *Saccharomyces bailli* fermentiert werden, die auch Fructose gut fermentieren können. Die Alkoholtoleranz wird entscheidend von der Zusammensetzung der Phospholipide in der Plasmamembran beeinflußt. Die Alkoholtoleranz nimmt mit steigendem Gehalt an ungesättigten Fettsäuren in der Membran zu, sie läßt sich auch steigern, wenn dem Medium ungesättigte Fettsäuren, Vitamine und Proteine zugesetzt werden. Auch andere physiologische Faktoren, beispielsweise die Art und Weise, wie das Substrat zugegeben wird, die intracelluläre Ethanolanreicherung, der osmotische Druck und die Temperatur tragen zur Alkoholtoleranz der Hefe bei. Die glykolytischen Hefeenzyme Hexokinase, Glycerinaldehyd-3-phosphat-dehydrogenase und Pyruvat-decarboxylase reagieren nachgewiesenermaßen empfindlich auf die Ethanolkonzentration.

Für Wachstum und Fermentationsaktivität der Hefen eignet sich am besten ein pH-Wert zwischen 3 und 6. Die Fermentationsaktivität nimmt mit steigendem pH zu. Bei pH 3–4 verringert sich die Fermentationsaktivität merklich. Auch die Bildung von Nebenprodukten ist pH-abhängig. Hohe pH-Werte lassen die Glycerolbildung ansteigen. Der pH von Traubenmost liegt wegen des hohen Säuregehaltes (5–15 g l^{-1}, hauptsächlich als Wein- und Äpfelsäure) gewöhnlich zwischen 3,0 und 3,9. Mit Ausnahme der Essigsäure- und Milchsäurebakterien bevorzugen die meisten Bakterien eher einen neutralen pH-Wert, d. h. Traubenmost ist gegen eine Infektion weitgehend resistent.

Auch die optimalen Temperaturen für die Hefefermentation, die Hefeatmung und das Hefe-Zellwachstum unterscheiden sich. Im Bereich zwischen 15 und 35 °C nimmt die Fermentationsgeschwindigkeit im allgemeinen zu, wobei sich die Glycerol-, Aceton-, Butan-2,3-diol-, Acetaldehyd-, Pyruvat- und 2-Oxoglutarat- Konzentrationen in der Fermentationsmaische erhöhen. Auch die Bildung der höheren Alkohole ist temperaturabhängig. So werden Weißweine frischer und fruchtiger, wenn sie bei niedrigeren Temperaturen vergoren werden. Dabei ist auch das Risiko einer bakteriellen Infektion und die Produktion von flüchtiger Säure abgesenkt. Rotweine werden besser bei Temperaturen zwischen 22 und 30 °C mit den Schalen vergoren, denn dadurch wird die Extraktion der Farbstoffe verbessert und das Aroma reicher.

Organoleptische Verbindungen.   Bei der Herstellung von alkoholischen G etränken muß der Gärvorgang kontrolliert werden. Auf der einen Seite sollen Kohlenhydrate und andere Nährstoffe zur Umwandlung in Alkohol und gewünschte charakteristische Geschmacksstoffe assimiliert werden und auf der anderen Seite sollen möglichst wenig unerwünschte Geschmacksstoffe entstehen. Geschmacksstoffe sind z. B. höhere Alkohole, Ester, Carbonyle, organische Säuren, Schwefelverbindungen, Amine oder Phenole.

Sowohl mengenmäßig als auch bezogen auf ihren Einfluß auf den Geschmack sind in alkoholischen Getränken und in Destillaten am häufigsten die höheren Alkohole (auch Fuselalkohole oder Fuselöle genannt) als Geschmacksstoffe vertreten. In Bier und Wein kommen vor allem Amylalkohol, Isoamylalkohol und 2-Phenylethanol vor. Die Konzentration von höheren Alkoholen ist in Rotwein höher als in Weißwein. Destillate besitzen ein anderes Spektrum an höheren Alkoholen und enthalten u.a. Butanole und Pentanole. Das Polyol Glycerol kommt in beinahe allen alkoholischen Getränken, ob destilliert oder nicht, vor. Ein Glycerolgehalt in Weinen von bis zu einem Massenanteil von 11% trägt zum Körper des Getränkes bei.

In vielen Getränken und Alkoholika sind unter den flüchtigen Verbindungen wegen ihres durchdringenden Fruchtgeschmackes vor allem Ester vertreten. Viele Getränke enthalten vor allem Ethylacetat in organoleptisch merklichen Konzentrationen. Weitere bedeutende Ester sind Ethylformiat und Isoamylacetat.

Acetaldehyd mit seinen unerwünschten geschmacklichen Eigenschaften ist ein Zwischenprodukt bei der Alkoholfermentation. Hohe Hefeanstellraten oder starke Belüftung kann zu hohen Acetaldehydkonzentrationen führen. Diacetyl und Pentan-2,3-dion werden außerhalb der Hefezelle durch oxidative Decarboxylierung von α-Acetolactat und α-Acetohydroxybutyrat gebildet und besitzen charakteristische schlechte Geschmacksstoffeigenschaften und Aromen. Diacetyl und Pentan-2,3-dion können durch die Hefe reduziert werden. Überschüssiges Diacetyl in Bier tritt dann auf, wenn α-Acetolactat zu einem Zeitpunkt gebildet wird, zu dem sich die Hefezellen bereits abgesetzt haben oder die Fähigkeit, Diacetyl zu Acetoin zu reduzieren, bereits eingebüßt haben. Überschüssiges Diacetyl in Bier kann auch das Resultat von Fremdorganismen, wie *Pediococcus* oder *Lactobacillus* sein.

Während der primären Fermentation der Bierwürzen entstehen durch die Reduktion von Schwefelverbindungen beträchtliche Mengen an H_2S. Kleine Mengen an Schwefelverbindungen sind in Bier durchaus tolerierbar, in normalem Bier ist gewöhnlich immer SO_2 in Mengen unterhalb der Geschmacksgrenze enthalten. Höhere Konzentrationen an schwefelhaltigen Stoffen verursachen allerdings einen deutlichen Geschmacksverlust. Schwefeldioxid ist bei der alkoholischen Gärung durchaus willkommen, denn es bindet Acetaldehyd und kann auch einige unerwünschte Oxidationsreaktionen unterbinden. Im Weinmost unterdrückt SO_2 sowohl die Bildung unerwünschter Mikroorganismen, so auch von essigsäure- und milchsäurebildenden Bakterien, als auch das Wachstum einiger natürlich vorkommender Hefen, die flüchtige Säuren, Pyruvat und α-Oxoglutarat bilden. Essigsäure schmeckt unangenehm und verhindert zusammen mit Ethanol teilweise die Hefegärung. *Saccharomyces cerevisiae* reagiert darauf empfindlicher als *Saccharomycoides ludwigii* und *Schizosaccharomyces pombe*. Traubenmost mit einem geringen Säureanteil wird gezielt mit SO_2 versetzt, damit die Malo-Lactat-Gärung durch milchsäurebildende Bakterien unterdrückt wird und so verhindert wird, daß der Säuregehalt noch weiter abfällt. Erhöhte SO_2-Konzentrationen können den Beginn der Fermentation verzögern.

7.2.2 Malo-Lactat-Gärung

Wegen des niedrigen pH wachsen in Most und Wein selektiv milchsäure- und essigsäurebildende Bakterien. Die Überlebenszeit der essigsäurebildenden Bakterien ist wegen der reduzierenden Eigenschaften des Mediums im allgemeinen kurz. Die Milchsäurebakterien im Wein sind Mikroorganismen, die fakultativ anaerob oder auch mikrophil sein können, homofermentativ (alle *Pediococcus*- und manche *Lactobacillus*-Arten bilden aus Glucose nur Milchsäure) oder auch heterofermentativ (alle *Leuconostoc*- und manche *Lactobacillus*-Arten bilden aus Glucose Milchsäure, Ethanol und CO_2). Die Äpfelsäure und die Weinsäure, die in Wein in höheren Konzentrationen vorkommen, und auch die in geringeren Konzentrationen vorliegende Citronensäure können von Milchsäurebakterien metabolisiert werden. In nördlicheren Weinanbauregionen mag die bakterielle Verminderung des Säuregehaltes erwünscht sein, in anderen Weinbaugebieten mit säurearmem Most ist es jedoch wichtig, daß der Säuregehalt nicht noch weiter absinkt. Auch chemisch läßt sich der Säuregehalt absenken. Der Verderb von Wein mit hohem pH kann durch die Verminderung des Säureanteils verhindert werden. Bei einem pH von $3,3$–$3,4$ vergärt *Leuconostoc oenus* Äpfelsäure, *Pediococcus*-Arten jedoch nicht. Einige *Leuconostoc*-Arten sind an niedrige pH-Werte gut adaptiert und werden dann bevorzugt eingesetzt, wenn eine Malo-Lactat-Gärung erwünscht ist. Die Malo-Lactat-Gärung mit *Pediococcus* wird häufig von der Bildung von nicht erwünschten Diacetyl und Histamin begleitet.

7.2.3 Brauen

Rohstoffe und Mälzprozeß. Beim Brauen wird traditionell gemälztes Getreide verwendet, denn beim Mälzvorgang entstehen genau die Enzyme, die die Stärke extrahieren und in vergärbare Zucker überführen. Zum Mälzen wird das Getreide zwischen 48 und 60 Stunden bei Temperaturen zwischen 10 und 25 °C eingeweicht, wobei der Feuchtigkeitsgehalt von anfangs 10–12% auf 44–50% gesteigert wird. Nach dem Einweichen wird das Getreide bei 15–21 °C der Keimung überlassen, die genaue Temperatur hängt vom jeweiligen Malz ab. Die Keimung erfolgt in Trommeln oder in Kammern mit perforierter Grundfläche und unter kontrolliertem Feuchtigkeitsgehalt sowie kontrollierter Luftströmung. Bei diesem Schritt bilden sich verschiedene hydrolytisch wirksame Enzyme, wie α-Amylase, β-Glucanasen und Peptidasen aus und es beginnt auch schon der enzymatische Abbau von Hemicellulose, β-Glucan, Peptiden und etwas Stärke. Die β-Amylase, die im ungekeimten Weizen an Proteine gebunden vorliegt, wird bei der Keimung abgespalten. Nachdem die gewünschten Veränderungen stattgefunden haben, wird das Malz gedarrt, d. h. das Malz wird bei 65 °C bis zu einem Feuchtigkeitsgehalt von 6% getrocknet und anschließend bei 80–85 °C weitergetrocknet bis ein Feuchtigkeitsgehalt von etwa 4,5% erreicht worden ist. Durch diesen Schritt wird die weitere Keimung gestoppt, die Bildung von Mikroorganismen unterdrückt und die Maillard-Reaktion gefördert. Dadurch wird das Malz reicher an Geschmacksstoffen und es tritt die dunkle Färbung auf.

Qualitativ gutes Malz besitzt genügend Aktivität zur Extraktion und Konversion von Maischen, die zusätzlich zum Malz 60–70% Gehalt nicht vermälztes Getreide enthalten. Zur Gewinnung der Bierwürze kann Malz auch durch industrielle mikrobielle Enzyme ersetzt werden, d. h. alkoholische Getränke aus Getreide können heutzutage aus vielen unterschiedlichen Getreidearten gewonnen werden, u.a. aus Gerste, Weizen, Reis und Mais und auch aus Getreidemischungen, wobei gemälztes Getreide kein Muß mehr ist.

Vermaischung und Filtration. Während der Vermaischung werden die Rohstoffe mit Wasser extrahiert, wobei die für die Gärung wichtigen Kohlenhydrate und andere Nährstoffe in Lösung gehen, enzymatisch hydrolysiert werden und unter kontrollierten Temperaturbedingungen aus dem Getreide extrahiert werden. Das Mengenverhältnis von Wasser zu Getreide liegt beim Vermaischen gewöhnlich im Bereich von 2,5–3,0 zu 1,0. Die genauen Temperaturverläufe beim Vermaischen sind von Brauerei zu Brauerei bzw. von Brennerei zu Brennerei verschieden und hängen auch vom jeweiligen Getreide, von den temperaturbedingten Enzymeigenschaften, vom jeweiligen Biertyp, der hergestellt werden soll, und der Art und der Größe der technischen Ausrüstung zum Vermaischen ab. Die heutige Vermaischung läßt sich meist entweder in Infusions- oder Dekoktmaischeverfahren bzw. als eine Kombination dieser Systeme einteilen. Beim Infusionsmaischeverfahren wird stark modifiziertes Malz und das Getreide in einen Maischebottich gefüllt, dessen Boden als Filter ausgebildet ist (Abb. 7.1), und der teilweise mit Wasser gefüllt ist. Die Temperatur wird konstant bei 65 °C gehalten, damit die enzymatische Umwandlung und die Extraktion der Würze ablaufen können. Die Würze wird durch das Filter abgezogen und die zurückbleibende Maische wird besprüht, damit die noch vorhandenen Zucker ausgewaschen werden. Der Sprühvorgang wird erst abgebrochen, wenn das spezifische Gewicht der ablaufenden Flüssigkeit bei etwa 1,005 liegt.

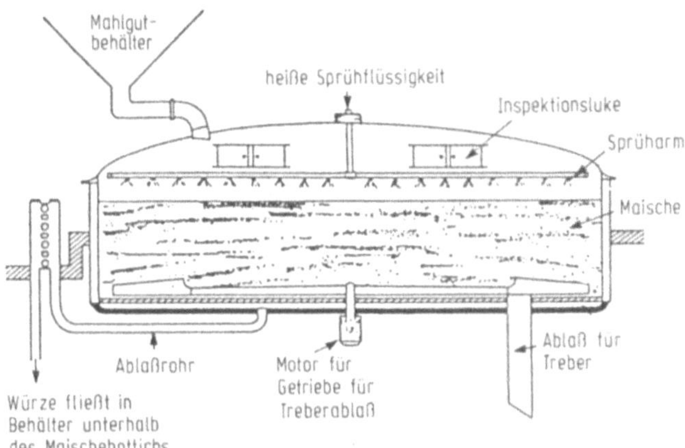

Abb. 7.1. Bottich für das Infusionsmaischeverfahren (mit freundlicher Genehmigung entnommen aus Hough, 1985).

Beim Dekoktverfahren wird das Mahlgut bei einer etwas geringeren Temperatur (etwa 50 °C) vermaischt. Die Temperatur des Ansatzes wird dadurch langsam erhöht, daß nacheinander Portionen der Maische in einem Kessel gekocht und wieder dem Ansatz zugeführt werden. Bei der Zweifach-Dekoktmaische wird dieser Vorgang zweimal durchgeführt (Abb. 7.2a). Nach dem Vermaischen wird die Würze in einem sog. Läuterbottich (der Läuterbottich ähnelt dem Vermaischungskessel, jedoch ist die Maischehöhe geringer) durch Filtration von der ausgelaugten Maische abgetrennt. Auch Maischefilter (Filterplatten mit Rahmen) sind gebräuchlich.

Die Vermaischungsbedingungen werden von der optimalen Arbeitstemperatur von Malzprotease, α-Amylase, β-Amylase und β-Glucanase bestimmt. Die Temperaturen beim Infusionsmaischeverfahren bevorzugen die Aktivität von Amylase und β-Glucanase. Sie liefern dann gute Ergebnisse, wenn die Maische stark modifiziert ist und der Proteinabbau beim Mälzvorgang bereits deutlich eingesetzt hat. Dekoktmaischen werden üblicherweise bei 50–55 °C gehalten (ideale Bedingungen zur optimalen Proteolyse) und anschließend bei 63–65 °C (ideale Bedingungen für den optimalen Stärke- und β-Glucanabbau). Bei 73 °C sind die Bedingungen zur Abtrennung der Würze optimal. In Nordamerika sind als Zusätze vermahlener Mais und Reis

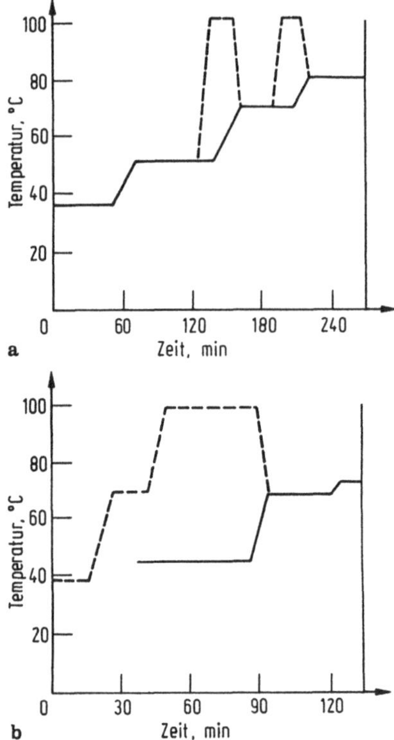

Abb. 7.2. Temperatur-Zeitprofile von
(a) Zweifach-Dekokt-Verfahren und
(b) Zweifach-Vermaischungs-Verfahren.

weit verbreitet. Mais und Reis müssen aber in einem doppelten Vermaischungsverfahren gekocht werden, damit die Stärke gut geliert (Abb. 7.2b). Um die Viskosität der Stärke vor dem Kochen abzusenken, wird die erste Maische, mit dem Mahlgut und etwas Malz, auf 65–70 °C erwärmt. Währenddessen wird die restliche Malzmaische zwischen 45 und 50 °C gehalten, damit die Proteolyse fortschreiten kann. Mit dem Zusammengeben der beiden Maischen wird die Temperatur auf 67 °C erhöht, wodurch die Amylolyse vorangetrieben wird. Die kombinierte Maische wird anschließend auf 73 °C erwärmt, damit die Viskosität zur Filtration geringer ist. Die Temperaturstufen für hauptsächlich mit mikrobiellen Enzymen umgewandelte Maischen geben die Temperaturaktivitäten und die Stabilitätseigenschaften der beteiligten Enzyme wieder.

Abtrennung der Würze.   Nachdem die Würze geklärt ist, wird sie im Braukessel erwärmt und 60–90 min gekocht. Der Kochvorgang soll folgendes bewirken: (a) Enzyminaktivierung (b) Sterilisierung der Würze (c) Ausfällung von Proteinen und Gerbstoffen (d) Austrag von Bitterstoffen und anderen Hopfenkomponenten (e) Ausbildung von Färbung und Geschmacksstoffen durch Karamelisierung der Zucker, Bildung von Melanoidin und Oxidation von Tannin und (f) Abdestillierung von flüchtigem Material. Anschließend wird der Proteinniederschlag, der sich während des Kochvorganges gebildet hat, zusammen mit dem ausgelaugten Hopfen und weiteren Feststoffen in einer Wirbelstromkammer oder in einer Kombination aus Absetztank und Filter bzw. Zentrifuge abgetrennt (manchmal erfolgt in einem vorgeschalteten Schritt noch der Zusatz von Flockungsmitteln). Nach der Abtrennung der Feststoffe (Treber) wird die Würze in einem Plattenwärmetauscher auf die Gärtemperatur abgekühlt. Außerdem wird sie belüftet, bis die Konzentration an gelöstem Sauerstoff 5–15 mg l^{-1} erreicht hat. Diese Sauerstoffkonzentration benötigt die Hefe zur Synthese von ungesättigten Fettsäuren und Sterolen.

Biergärung. Die Würze wird mit so viel Hefe angeimpft, daß mindestens 10^7 Hefezellen auf einen Milliliter Würze kommen. Für schnelle Gärungen muß die Konzentration der Hefezellen noch höher sein. Zur Produktion von Ale-Bier wurde traditionell obergärige Hefe verwendet. Die Gärung verläuft im Temperaturbereich von 15–22 °C und gegen Ende des Gärvorganges setzt sich die Hefe an der Oberfläche ab, von wo sie abgekämmt werden kann. Lager-Bier wurde dagegen mit untergärigen Hefen, d. h. mit Hefen, die bei 8–15 °C vergären und sich gegen Ende des Gärvorganges am Grund absetzen, hergestellt. Allerdings verschwinden mit der Einführung der großen zylindrisch-konischen Fermenter und der Verwendung von Zentrifugen langsam die Unterschiede zwischen ober- und untergärigen Hefen.

Bei einer typischen Vergärung zu Lager-Bier beträgt die anfängliche Zelldichte der Hefen 10^7 Zellen ml^{-1}, die anfängliche Kohlenhydratkonzentration 12 °P (spezifische Dichte = 1,050) und die Starttemperatur 10 °C. Die Hefepopulation hat sich nach etwa drei Tagen vervier- bis verfünffacht. Mit fortschreitendem Gärprozeß steigt die Temperatur und bei Erreichen einer gewissen Temperaturobergrenze ist Kühlung erforderlich. Nach ungefähr 5 Tagen ist der Kohlenhydratgehalt auf etwa 2–2,5 % (spezifisches Gewicht = 1,008–1,010) abgesunken. Im Temperaturbereich von 6–10 °C ist der Gärvorgang nach etwa 10 Tagen abgeschlossen. Abbildung 7.3 illustriert den Ablauf einer traditionellen Tieftemperaturvergärung zu amerikanischem Lager-Bier anhand einiger Kenngrößen. Alle Gärvorgänge zwischen 15 und 22 °C sind bereits nach etwa drei Tagen abgeschlossen.

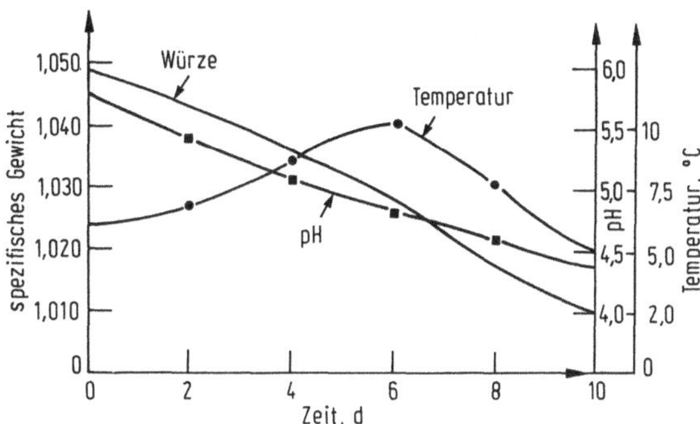

Abb. 7.3. Zeitlicher Verlauf eines traditionellen Gärverfahrens zur Herstellung von amerikanischem Lager-Bier.

Während der Gärung sinkt der pH (anfänglich ca. 5,2) um etwa 1 Einheit, was auf die Bildung von Säuren, vor allem Essigsäure, zurückzuführen ist.

Während des Gärvorganges werden die vergärbaren Zucker, die üblicherweise etwa 70–80% des Kohlenhydratanteiles der Würze ausmachen, zu Ethanol vergoren. Bei den restlichen 20–30% Kohlenhydraten handelt es sich hauptsächlich um höhere Dextrine und um Limit-Dextrine, die wegen ihren α-1,6-glykosidischen Bindungen von den Malz-Amylasen nicht abgebaut werden können. Bei der Produktion von kohlenhydratarmem Bier werden diese Limit-Dextrine mit Hilfe von mikrobiellen Amyloglucosidasen zu fermentierbarem Zucker hydrolysiert. Im Idealfall wird das Enzym der Würze noch vor dem Verkochen zugesetzt, damit es beim Kochvorgang inaktiviert wird. Amyloglucosidase kann die Limit-Dextrine auch während des Gärvorganges hydrolysieren, wird dann aber bei der nachfolgenden Pasteurisierung nicht inaktiviert und kann im Endprodukt auftreten.

Bierreifung und Konditionierung.   Vor der Abfüllung muß frisch vergorenes Bier einige weitere Behandlungsstufen durchlaufen. Zunächst wird das frische Bier der Reifung unterworfen, einer zweiten Gärung durch die Hefen, die aus dem ersten Gärbottich ins Bier mitgeschwemmt worden sind. Während dieses Prozesses werden Diacetyl und die Restmengen an Maltotriose assimiliert, während einige Ester gebildet werden. Kohlendioxid aus diesem zweiten Gärvorgang oder auch zugesetztes Kohlendioxid hilft, das Bier von Sauerstoff, H_2S und unerwünschten, flüchtigen Stoffen zu befreien. Manchmal werden anschließend Stoffe zur Klärung, zur Geschmacksausbildung, zur Korrektur von Aroma und Färbung, zur Schaumstabilisierung und zur mikrobiologischen Stabilität zugesetzt. Dauer und Temperatur für die Reifevorgänge unterscheiden sich von Brauerei zu Brauerei. Bei Temperaturen von 2–6 °C erfolgt die Reifung gewöhnlich innerhalb von 4 Tagen bis 4 Wochen.

Nach der Reifung enthält das Bier noch mikrobielle Zellen, Proteinniederschläge und Kolloide. Diese Bestandteile werden mit unterschiedlichen Verfahren, wie z. B. Flockung, Zentrifugation und Filtration entfernt. Die mikrobiologische Stabilität wird durch Sterilfiltration und/oder Pasteurisierung erreicht. Abbildung 7.4 zeigt den schematischen Ablauf des Brauverfahrens.

7.2.4 Whisky

Whisky entsteht durch Destillation eines fermentierten, wäßrigen Extraktes aus gemälzter Gerste oder anderen Getreidesorten. Je nach Rohstoff, Gär- und Destillationsverfahren unterscheiden sich die einzelnen Whiskysorten. Schottischer Whisky ist reiner ‚Maltwhisky' oder auch ein Verschnitt von Maltwhisky mit dem leichteren ‚Grainwhisky', der aus einer Mischung aus Gerstenmalz und ungemälzter, nicht vorgekochter Gerste hergestellt

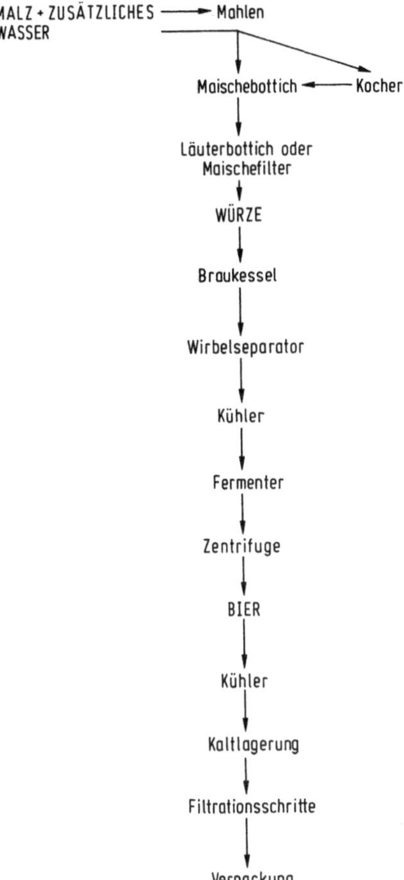

Abb. 7.4. Schematischer Ablauf eines Brauverfahrens.

wird. Der charakteristische, torfige Beigeschmack des schottischen Maltwhisky kommt von der Verwendung von Torf als Heizmaterial beim Darren des Malzes. Die Maischen für den in Amerika weit verbreiteten Bourbon-Whisky und den Kanadischen Rye-Whisky bestehen hauptsächlich aus Mais bzw. Roggen und geringen Mengen an Malz und Getreide anderweitiger Herkunft.

Vermaischung. Die Schotten und Iren produzieren mit einem Infusionsmaischeverfahren während der Vermaischung eine klare Würze. Die einzelnen Verfahrensschritte zur Herstellung der Würze ähneln den entsprechenden Schritten bei der Bierproduktion, jedoch wird zur besseren Vergärung der Würze Amyloglucosidase zugesetzt, die während des gesamten Gärprozesses aktiv bleibt. Beim nordamerikanischen Verfahren müssen die nichtvermälzten Getreide, vor allem Mais, wegen des höheren Gelierungspunktes ihrer Stärke vor dem Zusammengeben mit den anderen Maischekomponenten vorgekocht werden. Erst dann können die enzymatische Umwandlung und die Extraktion ablaufen. Das Vorkochen erfolgt sowohl diskontinuierlich als auch kontinuierlich in Druckpfannen im Temperaturbereich zwischen 110 und 170 °C.

Im amerikanischen batch-cooking-Verfahren wird gemahlenes Getreide mit Wasser aufgeschlämmt und in einer Konzentration von ungefähr 25 % Massenanteil in einen Rührkessel zum Kochen überführt. Während des Kochens hydrolysiert die temperaturstabile, verflüssigend wirkende α-Amylase die gelierte Stärke teilweise (Vorverflüssigung), wobei die Maische so verflüssigt wird, daß sie noch gerührt werden kann. Das Enzym wird erst oberhalb von 110 °C inaktiviert und die restliche Stärke geliert bei dieser Temperatur. Je nachdem, welche α-Amylase im nachfolgenden Verflüssigungsschritt verwendet wird (d. h. je nach deren charakteristischen Temperaturstabilität), wird die Maische auf 70–100 °C abgekühlt. Nachdem die Stärke durch die α-Amylase vollständig verflüssigt ist, wird die Temperatur weiter auf 60 °C abgesenkt und zur Umwandlung der Dextrine in Glucose (Verzuckerung) wird nun Amyloglucosidase zugesetzt. Kontinuierliche Verkochungs- und Verflüssigungsverfahren für Getreide erfordern erhöhten Aufwand bei der Verfahrenssteuerung und bessere apparatetechnische Ausrüstungen. Die Maischetemperatur wird beim kontinuierlichen Verfahren durch Zugabe von Reinstdampf in einem Einspritzkocher auf 150 °C erhitzt und anschließend für den Nachverflüssigungsschritt blitzgekühlt (Endtemperatur 80–90 °C). Der Nachverflüssigungsschritt ist nach 30–60 min abgeschlossen. Anschließend wird die Maische zur Verzuckerung in einen Bottich überführt. Soll die Maische zum Destillieren sowohl Malz als auch Getreide enthalten, können die beiden Maischen bereits beim Verzuckerungssschritt zusammengelegt werden, denn die Malzenzyme unterstützen die hydrolytischen Prozesse zusätzlich.

Zur Whiskyproduktion wird etwas Schlempe (Stillage) aus vorangegangenen Destillationen mit Wasser aus der Vermaischung des Getreides vermischt. Die Stillage senkt den pH etwas ab, bringt Pufferkapazität ein und dient als Stickstoffquelle für die Hefe. Außerdem wird mit dieser Methode Wasser eingespart.

Whiskyfermentation.   Für irischen und schottischen Whisky wird die klare Würze fermentiert, in Nordamerika erfolgt die Vergärung direkt in der nicht weiterbehandelten Maische.

Im Gegensatz zu Bierwürzen werden Whiskywürzen nicht mit Hopfen versetzt und nicht gekocht, was bedeutet, daß die Enzymaktivität während der gesamten Fermentation erhalten bleibt, aber auch, daß in der Würze mehr kontaminierende Bakterien vorhanden sind. Die Mehrheit der aeroben Bakterien stirbt in der anaeroben Umgebung während der Vergärung ab. Andererseits können sich *Lactobacillus*-und *Streptococcus*-Arten unter genau diesen Bedingungen gut vermehren. Bleibt ihre Anzahl im Rahmen, können die Stoffwechselprodukte dieser Bakterien durchaus zur sensorischen Qualität des fertigen Whisky beitragen. Vermehren sich diese Bakterien jedoch unkontrolliert, so sinkt zum einen die Alkoholausbeute und zum anderen leiden die sensorischen Qualitäten. Die Auswahl der Brennhefen erfolgt nach Kriterien, wie z. B. ihrer Angepaßtheit gegenüber dem Milieu beim Brennen, ihrer Fähigkeit zu Bildung hoher Alkoholausbeuten oder auch, welche erwünschten Geschmacksstoffen im Destillat auftreten.

Mit gut wirksamen Kühleinrichtungen kann die Fermentation durch entsprechendes Kühlen bei konstant 33 °C erfolgen. Brennereien, die kein derartiges Kühlsystem besitzen, beginnen die Fermentation bei tieferen Temperaturen (ca. 20 °C), so daß die Temperatur während der Fermentation nicht über 33 °C steigt. Zu Beginn der Fermentationen, wenn die Hefe wächst, sind etwas niedrigere Temperaturen durchaus erwünscht, denn höhere Temperaturen verlangsamen das Hefewachstum und erhöhen das Bakterienwachstum. Bei einer typischen Fermentation von Maltwhisky bildet sich im Laufe von 36-48 Stunden aus einer Würze mit einem anfänglichen spezifischen Gewicht von 1,050–1,060 ein Alkoholgehalt von 9–12%.

Whiskydestillation und -reifung. Die Whiskydestillations-Apparatur ist so ausgelegt, daß flüchtige Verbindungen, vor allem die Geschmacksstoffe, entfernt werden und daß während der Destillation in chemischen Reaktionen neue Geschmacksstoffe gebildet werden. Eine traditionelle Destillationsblase besteht aus einem Kupferkessel und einem gewundenen Röhrenkühler (Abb. 7.5). Dieser Destillen-Typ kann nur in geringem Ausmaß trennen und wird ausschließlich zur Destillation von schottischem Maltwhisky bzw. der meisten irischen Whiskysorten verwendet. Dabei entstehen Produkte mit hohen Gehalten an Estern, Aldehyden und höheren Alkoholen (artverwandte Inhaltsstoffe, engl. congeners). Grainwhisky wird mit Destillationskolonnen destilliert, die aus zwei Säulen, dem Analysator und dem Rektifikator bestehen. Der Zustrom wird vorgeheizt und im Analysator verdampft. Der größte Teil des Wassers und der o. g. Inhaltsstoffe werden im Rektifikator entfernt. In welchem Ausmaß sie entfernt werden, hängt vom jeweiligen Produkt ab. Im fertigen Whisky mögen einige oder sogar alle entstandenen o. g. Inhaltsstoffe durchaus erwünscht sein, nicht jedoch in neutralem Gäralkohol.

Whisky wird zur Reifung üblicherweise in Eichenfässern gelagert und zwar mindestens über die gesetzlich vorgeschriebene Zeitdauer. Produkte

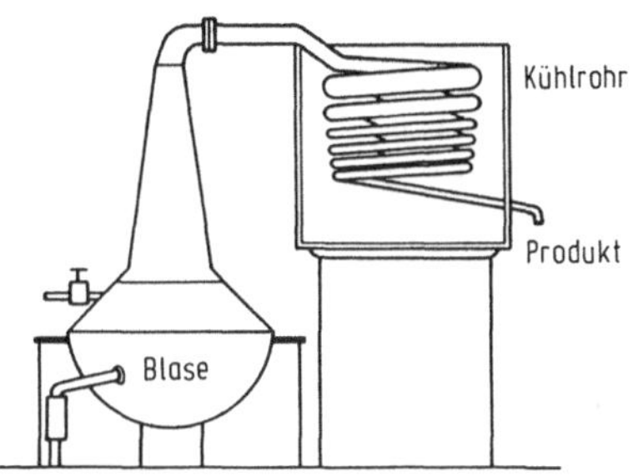

Abb. 7.5. Destillationsblase zur Whiskyproduktion.

von besonderer Qualität läßt man noch länger reifen. Während der Reifung laufen physikalische und chemische Reaktionen ab, wie z. B. Extraktion von Verbindungen aus dem Faßholz, Oxidation von Estern, Aldehyden und höheren Alkoholen im Destillat und von den aus dem Holz extrahierten Verbindungen. Auch Reaktionen zwischen den Inhaltsstoffen und den extrahierten Verbindungen laufen ab. Nach der Lagerung wird der gereifte Whisky zu den unterschiedlichen Whiskysorten verschnitten.

7.2.5 Wein

Für Weißwein werden die Trauben in Quetschwalzenmühlen zerquetscht und die Kerne und die Häute mit Hilfe von Schrauben- oder hydraulischen Pressen vom abfließenden Saft getrennt. Durch Zugabe von Schwefeldioxid werden die oxidativen Enzyme und das Wachstum unerwünschter Mikroorganismen unterdrückt. Der abgepreßte Saft wird durch Zentrifugation, Filtration oder Sedimentation von noch vorhandenen Partikeln befreit und anschließend mit Weinhefe bei Temperaturen von etwas unter 20 °C angeimpft. Während der Gärung steigt die Temperatur an, sie darf jedoch 36–38 °C nicht überschreiten, anderenfalls stirbt die Hefe ab. Gegen Ende des Gärvorganges wird ein Alkoholgehalt zwischen 8 und 15% Volumenanteil erreicht. Der Wein wird von der Hefe abgetrennt, geklärt, stabilisiert und gelagert.

Rotwein entsteht in einer 3- bis 10-tägigen oder auch noch länger dauernden Gärung in den zermahlenen Trauben als Rohmaterial (Maischegärung). Die Gärtemperatur wird auf 20–30 °C gehalten. Damit wird verhindert, daß zuviel Tannin extrahiert wird. Der bei der Maischegärung entstehende Alkohol beschleunigt die Extraktion des Farbstoffes (Anthocyan) aus den Traubenschalen in die flüssige Phase. Die Farbstoffextraktion läßt sich auch erreichen, wenn man die Traubenmaische kurzzeitig auf 85 °C erhitzt. Dabei geht auch weniger Tannin in die flüssige Phase über. Rotwein entsteht durch eine Malo-Lactat-Gärung. Die Abtrennung der Hefe vom Wein kann dadurch langsamer erfolgen. Infolgedessen beginnen bereits autolytische Vorgänge, die für einen gewissen Aminosäuregehalt im jungen Wein verantwortlich sind. Die Aminosäuren fördern aber das Wachstum der Bakterien, die für die zweite Gärung wichtig sind.

Für eine erste Weinklärung werden großformatige Rahmen-Tuchfilter verwendet. Der rohfiltrierte Wein wird anschließend geläutert, damit die Flockung und die Absorption von suspendiertem Material erleichtert wird. Anschließend wird erneut durch einen Rahmen-Plattenfilter abfiltriert. Vor dem Abziehen auf Flaschen soll der Wein in Tanks über einen Zeitraum zwischen vier Wochen und zwei Jahren altern. In dieser Zeit treten u. a. für den späteren Geschmack wichtige Oxidations- und Veresterungsreaktionen auf.

7.3 Käse

Bei den großtechnischen mikrobiologischen Verfahren belegt die Produktion von Milcherzeugnissen nach der Produktion von alkoholischen Getränken Rang zwei. Weich- und Hartkäse sind vielleicht die wichtigsten Milchprodukte, jedoch sind auch Joghurt, Saure Sahne, Buttermilch, Sauermilch, gereifte Sahnebutter, Kefir, Kumys und Kefir wichtige Milchprodukte. Im folgenden soll die Käseherstellung eingehender besprochen werden.

Die Produktion von Käse durchläuft im allgemeinen die folgenden Stufen:

(1) Vorbehandlung der Milch
(2) Koagulation
(3) Abtrennung des Bruchs von der flüssigen Molke
(4) Formgebung des Bruchs
(5) Käsereifung

Am besten eignet sich Milch mit einem geringen Bakteriengehalt zur Käseherstellung. Ein hoher Bakterienanteil kann zu Problemen mit übermäßiger Gasentwicklung und zur Ausbildung von schlechten Geschmacksstoffen führen. Auf die Käsebildung und den Käsegeschmack nehmen mehrere Milchenzyme Einfluß. Lactoperoxidase hemmt einige zur Käseherstellung wichtige Milchsäurebakterien. Lipasen und Proteasen hydrolysieren Milchfett und Casein und beeinflussen so Geschmack und rheologische Eigenschaften des fertigen Käse. Pasteurisierung der Milch vermindert die Aktivität von Mikroben und Enzymen. Hüttenkäse und Vollfettkäse werden gewöhnlich mit pasteurisierter Milch hergestellt. Zur Produktion von Vollfettkäse, einigen Weichkäsesorten und von Schmelzkäse wird homogenisierte Milch (reduzierte Größe der Fetttröpfchen in der Milch) verwendet, wodurch der Bruch weicher ist und Lipolyse sowie die Entwicklung von Geschmacksstoffen im allgemeinen schneller ablaufen. Zur Käseherstellung wird der Fettgehalt der Milch oft verändert, z. B. wird Vollfettkäse aus Sahne und Hüttenkäse aus entrahmter Milch hergestellt. Die natürliche Käsefärbung kann durch Benzoylperoxid aufgehellt, durch künstliche Färbung überdeckt oder mit natürlichen Farbextrakten, wie z. B. Annatto, intensiviert werden.

Die Koagulation der Milch wird im allgemeinen als Kombination von pH-Absenkung und Zugabe von Enzymen mit koagulierender Wirkung hervorgerufen. Der pH von Milch wird mit Milchsäurestarterkulturen, die Lactose zu Milchsäure fermentieren, abgesenkt (s. Kapitel 6, Starterkulturen für Milchprodukte), wodurch auch die Löslichkeit des Caseins abnimmt und zwar besonders ausgeprägt, wenn der pH sich dem Wert 4,6, dem isoelektrischen Punkt von Casein, annähert. Außerdem wird durch die pH-Absenkung die enzymatische Koagulation beschleunigt. Eine weitere pH-Absenkung hilft bei der Synärese (Extraktion) der Molke aus dem Bruch und unterdrückt die Entwicklung einer unerwünschten mikrobiellen Flora.

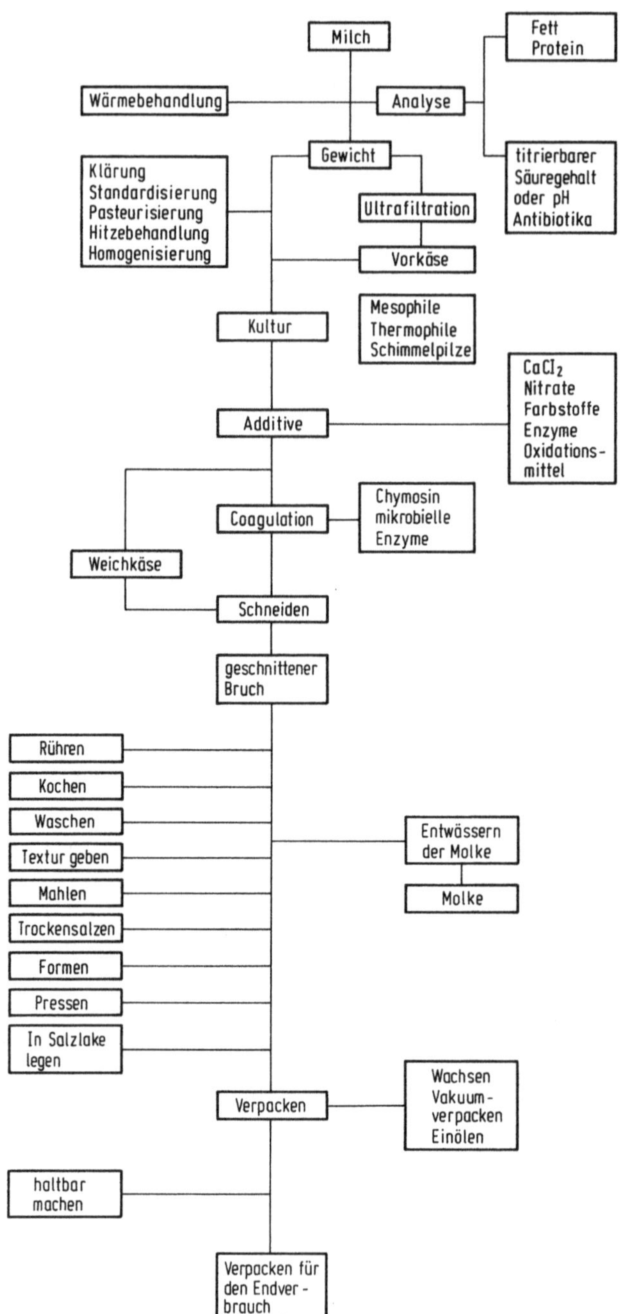

Abb. 7.6. Schematischer Ablauf der Käseproduktion (mit freundlicher Genehmigung entnommen aus Irving und Hill, 1985).

Die von den Milchsäurekulturen entwickelten Säuren und Stoffwechselprodukte tragen zum Käsegeschmack bei. Käseausfällende Enzyme sind vor allem dadurch gekennzeichnet, daß sie spezifisch die Kappa-Fraktion des Milch-Caseins hydrolysieren und zwar ohne Wirkung auf die in beachtlichen Mengen vorliegenden weiteren Caseinfraktionen. Das Kappa-Casein der Milch stabilisiert in Gegenwart von Calcium die Caseinmicellen in einer kolloidalen Suspension. Die Micellen werden durch ein Makropeptid aus dem Kappa-Casein, das durch das milchkoagulierende Enzym durch Hydrolyse freigesetzt wird, destabilisiert und koagulieren dann.

Geeignete koagulierend wirksame Enzyme müssen einerseits in hoher Wirksamkeit ausfällen und andererseits möglichst wenig proteolytische Aktivität besitzen. Durch Abbau von Protein würde die Bruchausbeute sinken. Die gängigsten koagulierenden Enzyme sind Kalbsrennin dem Labmagen von Kälbern), Mischungen aus Kalbsrennin und Schweinepepsin (50:50) und mikrobielles Rennin aus *Mucor miehei*. Die Milchkoagulation läßt sich sowohl beschleunigen (Erwärmen auf 45 °C) als auch verlangsamen (niedrige Temperaturen). Die Hydrolyse von Kappa-Casein kann vor der eigentlichen Koagulation zeitlich getrennt erfolgen, wenn das Lab bei niedrigen Temperaturen zugegeben wird und die Milch danach zur Koagulation erwärmt wird. Diese Technik wird bei kontinuierlichen Verfahren verwendet.

Nach der Koagulation wird der Bruch von der flüssigen Molke abgetrennt. Dieser Prozeß kann beschleunigt werden, wenn man z. B. den Bruch zerkleinert, die Temperatur erhöht, den pH mit Milchsäurebakterien senkt oder physikalische Trenntechniken verwendet.

Während der Käsereifung laufen viele geschmacksstoffbildende Reaktionen ab. In manchen Käsesorten wird der spezifische Geschmack im wesentlichen durch einen einzigen Mikroorganismus hervorgerufen, wie z. B. im Schweizer Käse durch *Propionibacterium*, im Roquefort-Käse durch *Penicillium roqueforti* oder im Camembert-Käse durch *Penicillium camemberti*. Manche Käsesorten erhalten ihren Geschmack durch Enzyme, wie z. B. den pregastrischen Esterasen (Romano, Provolone), wieder andere Käsesorten brauchen zur Ausbildung ihres typischen Geschmacks eine Kombination komplexer Reifungsreaktionen (Cheddar, Gouda) .

Das genaue Herstellungsverfahren ist von Käsesorte zu Käsesorte unterschiedlich. Abbildung 7.6 zeigt schematisch den prinzipiellen Ablauf der Käseproduktion.

7.4 Brot

Brotteig besteht meist aus einer Mischung aus Mehl (üblicherweise Weizenmehl), Wasser, etwas Hefe, Salz, Saccharose und Backfett. Der Teig wird einige Minuten gerührt und anschließend bei Temperaturen zwischen 25 und 35 °C mit einer Impfkultur aus *S. cerevisiae* versetzt. Damit soll die Vergärung der Zucker durch *S. cerevisiae* im Teig zu Alkohol und Kohlendioxidbläschen gefördert werden. Die Kohlendioxidbläschen bleiben im

Teig gefangen. Nach der Fermentation wird der Teig gebacken. Dabei wird das gebildete Ethanol ausgetrieben, die Luftblasen bleiben allerdings zurück und geben dem Brot die Struktur. Durch die Hefefermentation vergrößert sich das Teigvolumen, verändert sich die Glutenstruktur, wird die Textur luftig und erinnert an einen natürlichen Schwamm und entwickeln sich Geschmacksstoffe. Bei den Zuckern, die während der Gärung verstoffwechselt werden, handelt es sich neben der zugesetzten Saccharose um Glucose und Maltose. Letztere werden durch die im Getreide vorhandenen α- und β-Amylasen bzw. durch zugesetzte α-Amylase aus Pilzen beim Stärkeabbau gebildet.

Weizenbrotteig wird meist nach einer der folgenden Methoden hergestellt:

(1) schnelles Verfahren; alle Zutaten werden gleichzeitig vermischt und als diskontinuierlicher Ansatz fermentiert

(2) Vorteigverfahren; die Fermentation findet hauptsächlich in einem Vorteig (kleine Teigportion) statt

(3) kontinuierliches Verfahren; Vermischung und nachfolgende Fermentation entweder des gesamten Teiges oder des bereits in Laibe geformten Teiges

(4) Flüssiggärverfahren; eine Abart der Vorteigmethode, vor allem geeignet für kontinuierliche Teigmischungsverfahren. Der Vorteig wird durch ein pumpfähiges, flüssiges Fermentationssystem ersetzt.

Teig kann auch ohne fermentative Methoden gelockert werden. Einige Möglichkeiten sind z. B. Durchziehen von Luft unter mechanischer Bewegung, Zusatz von Natrium- oder Ammoniumbicarbonat, die beim Erhitzen CO_2 abgeben und damit ebenfalls Gasbläschen im Teig bilden.

Sauerteig wird vor allem aus Roggenmehl, nur selten auch aus Weizenmehl hergestellt. Die Elastizität eines Roggenteigs ist nicht besonders gut. Milchsäurebildende Bakterien werden dazu verwendet, den Roggenteig anzusäuern und ihn so besser geeignet zum Backen zu machen. Die Teiglockerung erfolgt durch eine Hefegärung. Enzyme aus Mikroorganismen im Sauerteig können die Pentosane und Proteine aus dem Getreide abbauen und tragen so dazu bei, daß der Teig weniger zäh wird. Die während der Fermentation gebildete Milch- und Essigsäure tragen zum charakeristischen Geschmack von Sauerteigbrot bei.

7.5 Fermentierte Lebensmittel aus Soja

Vor allem in Asien ist die Fermentation von Nahrungsmitteln, wie z. B. von Sojabohnen oder auch anderer Rohstoffe, schon seit vielen Jahrhunderten üblich. Die bedeutendsten Fermentationsverfahren sind die Herstellung von Sojasauce, Miso und Tempeh. Abbildung 7.7 gibt die Abfolge der einzelnen Herstellungsschritte schematisch wieder.

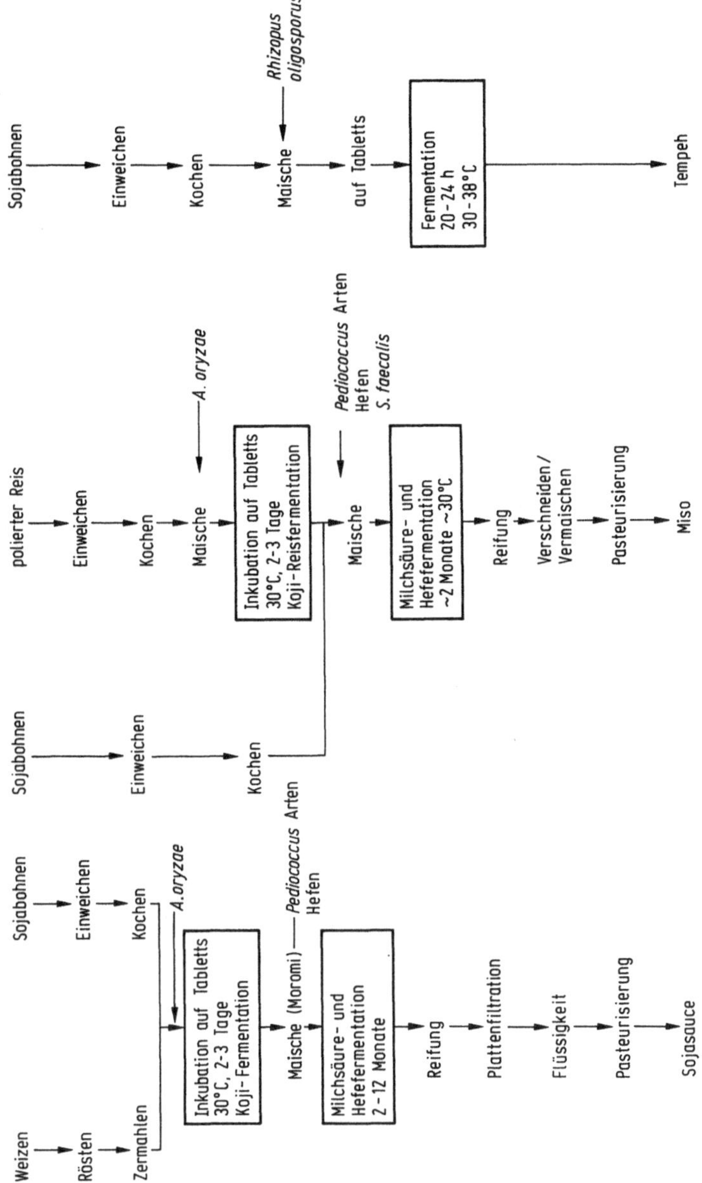

Abb. 7.7. Verfahren zur Herstellung von Sojasauce, Miso und Tempeh.

Es gibt viele unterschiedliche Sojasaucen. Eine der bedeutendsten in Japan produzierten Sojasaucen ist Koikuchi. Sie wird durch Fermentation einer Weizen-Sojabohnen-Mischung hergestellt. Die dunkelrot bis braun gefärbte Sauce wird als Würzmittel verwendet und besitzt ein ausgeprägtes Aroma. Die Herstellung beginnt mit einer ersten Fermentation einer 50:50 Mischung aus eingeweichten, dampfbehandelten Sojabohnen und geröstetem, zermahlenem Weizen (dessen Feuchtigkeitsgehalt liegt zwischen 27 und 37%). Die Mischung wird auf Tabletts ausgebreitet, mit *Aspergillus oryzae*-Arten beimpft und bei 25–30 °C 2–3 Tage lang fermentiert. *Aspergillus oryzae*-Arten besitzen eine ausgeprägt proteolytische und amylolytische Aktivität. Anschließend wird Salzwasser zugegeben und damit der Natriumgehalt der Maische auf etwa 18% angehoben. Die Maische (Moromi) wird nun zu einer zweiten Fermentation in große Bottiche überführt. Hierbei wirken halophile Bakterien und osmophile Hefen mit. Während der zweiten Fermentation, die 2–12 Monate dauert, soll die Temperatur auf 35–40 °C gehalten sowie hin und wieder gerührt werden. Nach der entsprechenden Zeit wird die flüssige Sauce abgezogen und pasteurisiert. Die Enzyme der ersten (Koji-) Fermentation hydrolysieren Proteine zu Peptiden und freien Aminosäuren und wandeln Stärke in einfache Zucker um. Die Abbauprodukte werden ihrerseits durch andere Mikroorganismen zu einer Reihe von Geschmacks- und Aromastoffen verstoffwechselt. Reinkultur-Impfmedien aus Pilzen, Bakterien und Hefen erleichtern die Kontrolle über das Fermentationsverfahren und führen auch zu gleichbleibender Produktqualität und zu gleichbleibendem Geschmack des Produktes.

In Asien wurden im Haushalt traditionell fermentierte Sojabohnen-Pasten hergestellt und als Grundlagen für Suppen und Saucen verwendet. In Japan wird eine solche Paste (Miso) großtechnisch in einem biotechnologischen Verfahren hergestellt. Das Verfahren beginnt mit der Koji-Fermentation von eingeweichtem, dampfbehandeltem, auf Tabletts ausgebreitetem Reis (auch Gerste oder Sojabohnen werden manchmal verwendet) mit speziellen *A. oryzae*-Stämmen (Fermentation dauert etwa zwei Tage bei 28–35 °C). Das Material aus der Koji-Fermentation wird anschließend in Kesseln mit eingeweichten, dampfbehandelten Sojabohnen im Verhältnis 1:2 vermischt und mit Natriumchlorid auf einen Gehalt von 4–13% eingestellt, mit Bakterien und Hefen angeimpft und 1–52 Wochen fermentiert. Zum Schluß wird das Produkt verschnitten und pasteurisiert. Je nach den Rohstoffen für das Koji-Material, dem Salzgehalt, dem Gehalt an süßschmeckenden Stoffen und der Fermentationsdauer können Miso-Produkte von unterschiedlichem Süßegrad bzw. Salzgehalt und unterschiedlicher Färbung hergestellt werden.

Zur Herstellung von Tempeh werden eingeweichte, dampfbehandelte Sojabohnen auf Tabletts mit *Rhizopus oligosporus* angeimpft und 24 Stunden bei 30–38 °C bebrütet und fermentiert. Das Produkt wird für den Verbrauch üblicherweise in Scheiben geschnitten, gesalzen und frittiert. Es ist nur kurze Zeit haltbar.

7.6 Fermentationen von Fleisch

Bei fermentierten Fleischprodukten handelt es sich hauptsächlich um Trockenwürste bzw. um halbgetrocknete Wurstwaren. Das Verhältnis von Feuchtigkeit zu Proteingehalt bewegt sich meist im Bereich zwischen 1.5–3 zu 1. Bei der Herstellung geht dem Erwärmen und/oder Trocknen des Produktes meist eine mikrobielle Fermentation unter optimalen Temperaturbedingungen voraus.

Bei der mikrobiellen Fermentation entstehen Säuren, wodurch die Wurstherstellung in vielerlei Hinsicht erleichtert wird. Durch Fermentation wird die Stabilität und Lagerfähigkeit des Produktes verbessert, der Feuchtigkeitsentzug erleichtert, und es entstehen die charakteristischen Aroma- und Geschmacksstoffe. Der pH im Produkt sollte stets unterhalb 5, 3 liegen, denn nur dann ist gewährleistet, daß sich *Staphylococcus aureus* nicht unkontrolliert vermehrt. Fermentationen, die auf die pH-Absenkung hinzielen, sollten bezüglich Temperatur und Zeitdauer besonderen Sicherheitsanforderungen Genüge leisten, d. h. es sollten Inkubationszeiten zwischen 80 und 18 Stunden bei Temperaturen zwischen 23, 9 und 43 °C eingehalten werden. *Pediococcus*-Arten können wirkungsvoll Milchsäure produzieren. Daher werden sie bei der industriellen Produktion von Wurstwaren oft als Impfkultur herangezogen. Zur Herstellung von Trockenwürsten wird oft die harmlose, Coagulase-negative *Staphylococcus carnosus* verwendet. Nitrit verbessert die Haltbarkeit von Fleisch, denn es hemmt die Entwicklung von *Clostridium botulinum*. *Micrococcus*-Arten können Nitrate zu Nitriten reduzieren und sind auch bei den Reaktionen, die beim Fleischpökeln auftreten, beteiligt. Auch können sie *C. botulinum* zurückdrängen. Bei der Schinkenherstellung sollen Starterkulturen das restliche Nitrit abbauen, damit die Bildung der carcinogenen Nitrosamine beim Braten möglichst unterbleibt.

Seit der Einführung von kommerziellen Impfkulturen sind die Fleischfermentationen noch besser zu steuern. Die Produkte sind von gleichbleibender Qualität und Beschaffenheit, während gleichzeitig die höchsten Sicherheitsstandards eingehalten werden können.

7.7 Essig

Unter Essig versteht man eine wäßrige Essigsäurelösung Die Essigsäure wird durch fermentative Oxidation einer verdünnten Ethanollösung gewonnen. Der Metabolismus besteht aus der Umwandlung von Ethanol zu Acetaldehyd durch die Alkohol-Dehydrogenase und die weitere Umwandlung des hydrierten Acetaldehyds durch die Acetaldehyd-Dehydrogenase zu Essigsäure, gemäß der Gleichung

$$C_2H_5OH \rightarrow CH_3CHO + H_2O \rightleftharpoons CH_3CH(OH)_2 \rightarrow CH_3COOH + H_2O$$

Branntweinessig wird fermentativ aus verdünntem reinen Ethanol (Weißsprit, Branntwein) gewonnen. Weinessig, Apfelessig, Malz- und Reisessig werden durch alkoholische Fermentation von Traubensaft, Apfelsaft, Gerstenmalz oder Reismaische gewonnen. Zur Essigsäurefermentation aus Weißsprit müssen noch eine Stickstoffquelle und entsprechende Mineralstoffe zugesetzt werden, die Essigfermentation aus Maischen erfordert meist noch den Zusatz von Nährstoffen. Zur modernen Essigfermentation werden stark belüftete Submersverfahren verwendet. Der Frings-Acetator (Abb. 7.8) ist zur technischen Essigsäureproduktion weitverbreitet. Er besteht aus einem Fermenter, der mit Prallblechen ausgekleidet ist, und einer vom Boden aus bewegten Hohllochturbine, deren Umdrehungsgeschwindigkeit zwischen 1450 und 1750 U min^{-1} beträgt. Durch die rotierende Turbine hindurch wird Luft durch den hohlen Rotor gezogen und radial über den gesamten Querschnitt des Fermenters verteilt.

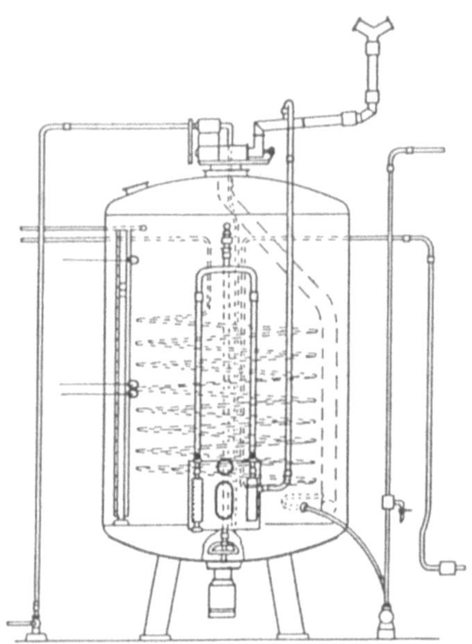

Abb. 7.8. Querschnitt durch den Frings-Acetator (mit freundlicher Genehmigung entnommen aus Greenshields, 1978).

Technische Verfahren werden typischerweise halbkontinuierlich gefahren, dazu zählt auch die Produktion von 12–15%igen Essigsäurelösungen. Der Cyclus startet mit etwa 7–10% Essigsäure und 5% Alkohol. Die Fermentation verläuft bei 27–32 °C so lange, bis der Alkoholgehalt auf 0, 1–0, 3% abgesunken ist, dann wird etwa ein Drittel des entstandenen Essigs abgelassen und der Kessel mit neuer Maische, die 0–2% Essigsäure und 12–15% Ethanol enthält, aufgefüllt. Der Cyclus kann erneut beginnen. Die Ethanolkonzentration wird automatisch gemessen und die Entleerungs- und Füllungsoperationen darüber gesteuert. Entleerung und Auffüllung müssen so ablaufen, daß weder Belüftung noch Rühren unterbrochen werden und auch so, daß der Fermentationsmaische niemals das gesamte Ethanol entzogen wird. Kontinuierliches, schnelles Rühren soll dafür sorgen, daß die Konzentrationsgradienten möglichst gering sind. Die Cycluszeiten liegen zwischen 24 und 48 Stunden.

Essigsäurebakterien, die Ethanol zu Essigsäure oxidieren und niedrige pH-Werte tolerieren, stammen aus den untereinander nahe verwandten *Acetobacter*- und *Gluconobacter*-Arten. Reinkulturen dieser Essigsäurebakterien zeichnen sich durch ihre hohe Anpassungsfähigkeit aus. Die Mischkulturen für technische Fermentationen entstammen konsequenterweise auch aus Reinkulturen. Die selektierten Stämme sollten einen hohen Säuregehalt tolerieren können und hohe Acetatproduktionsraten aufweisen. Diese Bakterien sind äußerst empfindlich. Sie sterben bei Mangel an Sauerstoff oder Ethanol ab und werden auch durch Acetat- bzw. Ethanol-Konzentrationsgradienten geschädigt. Mit zunehmendem Gesamtgehalt an Essigsäure und Ethanol steigt die Empfindlichkeit der Bakterien gegenüber Sauerstoffmangel. Allerdings kann bei guter Belüftung ohne negative Effekte auf die Fermentation eine Sauerstoffaufnahme von 80% erreicht werden. Eine Überoxidation, d. h. die Umwandlung von Essigsäure in CO_2 und H_2O, läßt sich dadurch verhindern, daß die Essigsäurekonzentration immer über 6% liegt und die Ethanolkonzentration niemals auf Null absinkt.

8 Industriechemikalien

8.1 Organische Grundchemikalien

8.1.1 Einleitung

Heute werden noch nahezu alle Grundchemikalien aus Erdöl oder Erdgas hergestellt. Die Abhängigkeit von Erdöl bringt allerdings auch Probleme mit sich, wie z. B. schwankende Erdölpreise, Unsicherheiten bei der Versorgungslage oder auch die Angst, daß dieser nicht-nachwachsende fossile Rohstoff vollständig versiegen könnte. Es wird allgemein vermutet, daß die Erdöl-Förderfirmen bei sich abzeichnendem Erdölmangel und steigenden Preisen auf Kohle als hauptsächliche Rohstoffquelle für chemische Reaktionen und zur Energiegewinnung umsteigen werden. Die meisten Verfahren, die heute mit Erdöl als Rohstoffquelle arbeiten, können auf Kohle als Rohstoff umsteigen und zwar ohne größere Investitionen an den chemischen Anlagen. Allerdings ist Kohle, ebenso wie Erdöl, nicht erneuerbar und so wird erwartet, daß ein allmähliches Umschwenken auf Biomasse als Rohstoff stattfinden wird. Mit diesen sogenannten nachwachsenden Rohstoffen könnte sich für die langfristigen Probleme, die mit Öl und Kohle verbunden sind, eine Lösung andeuten.

Ethanol wird gegenwärtig nur in den USA und in Brasilien fermentativ gewonnen und zwar hauptsächlich zur Verwendung als Kraftstoff und als Grundchemikalie. In diesen Ländern wird hauptsächlich Maisstärke bzw. Rohrzucker als Rohstoff eingesetzt. Rohstoffe auf Zucker- bzw. Stärkebasis können zwar prinzipiell noch in viel größerem Ausmaß als bisher geschehen eingesetzt werden, jedoch würden sich für die Welternährung zur Zeit Probleme einstellen, wenn zu viel Zucker und Stärke zu Energie und zu chemischen Produkten verarbeitet würden. Eine intensive Nutzung von Biomasse für diese Zwecke ist wohl am ehesten bei Lignocellulose denkbar. Biomasse als Rohstoff birgt prinzipiell den Nachteil, daß ihr spezifischer Energieinhalt nur etwa ein Drittel des Energieinhaltes von Erdöl beträgt, was bedeutet, daß die Transportkosten für die Biomasse zum verarbeitenden Unternehmen enorm hoch wären.

Vor der eigentlichen Fermentation müssen Rohmaterialien, die mikrobiell in entsprechende Chemikalien umgewandelt werden sollen, vorbehandelt werden, was mit vielerlei Methoden geschehen kann. Der Zucker aus dem Zuckerrohrsaft wird durch Mahl- und Waschvorgänge extrahiert. Getreide muß durch Mahlen, Vermaischen, Erhitzen sowie enzymatische Verflüssigung und Verzuckerung der Stärke zu Glucose für die Fermentation vorbereitet werden. Lignocellulosehaltige Biomasse muß massiver vorbehandelt und hydrolyisert werden. Die heutigen Methoden zur Entfernung von Lignin und zur Gewinnung von kristalliner Cellulose, wie z. B. Säure- oder Laugenbehandlung, Dampfdruckextraktion oder mechanische Methoden, sind sehr teuer und machen einen beträchtlichen Teil der Verfahrenskosten aus. In biologischen Delignifizierungsverfahren kann Lignin mit Hilfe von Mikroorganismen, wie z. B. *Chrysosporium pruinosum* entfernt werden. Dieses Verfahren ist zwar prinzipiell erfolgreich, doch läuft es derzeit noch zu langsam ab, um wirtschaftlich wettbewerbsfähig sein zu können. Außerdem ist die Cellulose wegen ihrer kristallinen Struktur gegenüber saurer und enzymatischer Hydrolyse wesentlich widerstandsfähiger als Polysaccharide, wie z. B. Stärke. Damit Lignocellulose als Rohstoffquelle verwertbar ist, müssen unbedingt verbesserte biotechnologische Verfahren zur Produktion und Verwendung von Cellulasen entwickelt werden.

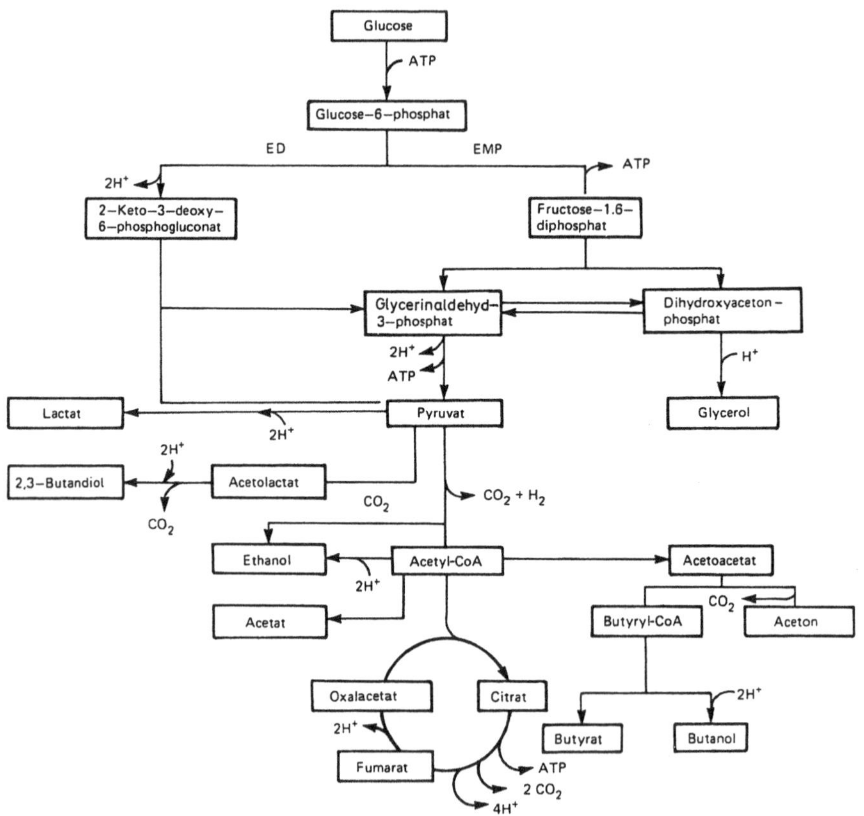

Abb. 8.1. Stoffwechselreaktionen zur Biosynthese von technischen chemischen Produkten (mit freundlicher Genehmigung entnommen aus Ng et.al., 1983).

Abbildung 8.1 zeigt die Stoffwechselreaktionen bei der fermentativen Gewinnung ausgewählter chemischer Produkte. Gegenwärtig sind lediglich die fermentative Gewinnung von Ethanol, Citronensäure, Gluconsäure, Methylenbernsteinsäure und Milchsäure wirtschaftlich. In der Vergangenheit wurden auch schon Aceton, Butanol, Glycerol und Fumarsäure fermentativ hergestellt. Mittlerweile wurden diese Verfahren aber durch preiswertere, chemische Verfahren auf Erdölbasis verdrängt. Der Aceton-Butanol-Prozeß wird derzeit mit dem Ziel weiterentwickelt, ihn ökonomisch wettbewerbsfähig zu machen. Die fermentative Herstellung von Essigsäure und 2,3-Butandiol als chemische Rohstoffe haben wiederum wirtschaftliche Wettbewerbschancen.

8.1.2 Ethanol

Die Vorzüge der fermentativen Gewinnung von Industriealkohol sind

- die bereits vorhandene Fermentationstechnologie
- die Möglichkeit, Alkohole aus erneuerbaren Rohstoffen herzustellen
- die Möglichkeit, Abfälle und ungenießbare landwirtschaftliche Erzeugnisse als Substrate zu verwenden
- die relativ einfache Aufarbeitung
- die weniger bedenklichen Verbrennungsprodukte von Alkohol im Vergleich zu Benzin in Verbrennungsmotoren

Industriealkohol wird in mehreren Handelsklassen hergestellt. Mengenmäßig am meisten wird der Alkohol mit 92,4% Gewichtsanteil Ethanol verarbeitet und zwar für chemische, kosmetische und pharmazeutische Anwendungen. Für chemische Spezialanwendungen wird wasserfreies Ethanol (99,8% Gewichtsanteil) benötigt und für Gasohol-Treibstoff eignet sich nahezu wasserfreies Ethanol (99,2% Gewichtsanteil). Die Aufarbeitung von Ethanol erfolgt nahezu ausschließlich destillativ. Die Anreicherung bis auf 95,7% Gewichtsanteil (hier bilden Wasser und Ethanol ein Azeotrop, d. h. beide Komponenten sind gleich flüchtig), erfolgt mit einfachen ein- oder zweibödigen Kolonnen, die mit Vorrichtungen zum Verdampfen und Rektifizieren versehen sind. Zur Herstellung von wasserfreiem Ethanol muß prinzipiell noch eine dritte Komponente (z. B. Benzol) zugegeben werden, wodurch die Gleichgewichtslage bei der Destillation beeinflußt wird.

Die wichtigsten Kohlenhydratquellen zur Ethanolgewinnung sind Rohr- und Rübenzucker, Getreidestärke und Stärke aus Wurzelknollen, cellulosehaltiges Material aus Holz und Abfällen sowie Nebenprodukte aus anderen Verfahren, wie z. B. Sulfitablauge oder Molke. 95% der Weltproduktion von Fermentationsalkohol erfolgt derzeit mit Hexosen und mit *S. cerevisiae*. Die biologischen Aspekte der Alkoholbildung durch *S. cerevisiae* wurden bereits in Kap. 7 behandelt. Hemicellulosen als Rohstoffe sind ebenfalls interessant. Daher werden zur Zeit auch fermentative Alkoholproduktionen aus Pentosen untersucht. *Saccharomyces*-Stämme können Xylose nicht metabolisieren, jedoch können andere Hefen Xylose zu Ethanol und Lactat umwandeln.

Clostridium thermosaccharolyticum, und weitere thermophile Bakterien eignen sich möglicherweise zum Fermentieren von Pentosen. Die bislang untersuchten Organismen bilden leider große Mengen an unerwünschten Nebenprodukten oder produzieren nur geringe Alkoholkonzentrationen. Allerdings können diese Organismen auch bei höheren Temperaturen arbeiten. Denkbar wäre, das Ethanol kontinuierlich abzuziehen und somit die negativen Auswirkungen der Endproduktinhibierung zu vermindern. Auch das Bakterium *Zymomonas mobilis* ist interessant, denn es kann Glucose um 5-10% effektiver als die meisten anderen Hefen zu Ethanol umwandeln. Leider ist seine Alkoholtoleranz nur gering, und da der Organismus sehr klein ist, ist die Abtrennung des Zellmaterials erschwert. Zur Umwandlung von Cellulose in Ethanol sind wärmestabile *Clostridium*-Stämme, einschließlich *Clostridium thermocellum* und *Clostridium thermohydrosulfuricum* interessant. Weiterhin werden zur Zeit physikalische, chemische und enzymatische Methoden zur Umwandlung von cellulose- und hemicellulosehaltigem Material in fermentierbare Zucker untersucht.

Die Verwendung von Alkohol als Kraftstoff geht auf die 20er Jahre zurück. Damals legte Henry Ford sein von ihm entwickeltes T-Mobil so aus, daß es sowohl mit Alkohol als auch mit Benzin oder mit einer Mischung aus beiden Komponenten fahren konnte. Bis in die 70er Jahre, als die Ölpreise dramatisch anstiegen, wurde Ethanol kaum als Kraftstoff verwendet. Die Suche nach neuen Energiequellen begann erst, als der Ölpreis plötzlich in die Höhe schnellte und die Begrenztheit der fossilen Brennstoffresourcen immer mehr ins Bewußtsein stieg. Damals wurden Projekte zur Erarbeitung und Entwicklung neuer und alternativer Energiequellen, wie z. B. die Sonnen-, Wind-, geothermische oder Tidenenergie, initiiert. Die photosynthetische Umwandlung von CO_2 durch Sonnenenergie zu Biomasse und die Umwandlung von Zuckern in der Biomasse durch Mikroorganismen zu Ethanol konnten sofort umgesetzt werden.

In den USA wurde Gasohol, ein Gemisch von 10% Alkohol in Benzin, eingeführt, und die Regierung unterstützte durch die Absenkung der Umsatzsteuer auf Gasohol die Gasohol-Produktion. Die nordamerikanische Regierung strebte an, daß bis Mitte der 80er Jahre für fermentativ gewonnenen Alkohol eine Produktionskapazität von 7 Milliarden Litern jährlich aufgebaut sein sollte. Brasilien, der weltweit größte Produzent von Gärungsalkohol, produzierte 1981/82 5,3 Milliarden Liter Ethanol und will seine Kapazität bis 1987 auf 11,3 Milliarden Liter ausbauen.

Das Gasohol-Programm. 1986 erreichte die Produktionskapazität für Ethanol in den USA 2,9 Milliarden Liter pro Jahr und das ursprüngliche Ziel von 7 Milliarden Litern pro Jahr sollte 1990 erreicht werden. Da die Umweltverträglichkeit von Ethanol besser als die von Benzin ist, wird in den USA starker Druck ausgeübt, alle Kraftfahrzeuge auf Gasohol (Gemisch aus Benzin und Alkohol im Verhältnis 90 : 10) umzustellen. Dies würde aber eine jährliche Fermentationskapazität für 30 Milliarden Liter Ethanol bedeuten.

Es wurde schon daran gedacht, in Kanada Produktionskapazitäten aufzubauen.

In den USA wird Kraftstoffethanol überwiegend aus Mais gewonnen und zwar sowohl in diskontinuierlich als auch in kontinuierlich arbeitenden Anlagen. Bei beiden Verfahren wird der Mais kontinuierlich vorgekocht. Tabelle 8.1 zeigt die Arbeitsschritte einiger typischer diskontinuierlicher Ethanol-Fermentationsverfahren. Die Hefepopulation beträgt ca. 2×10^8 Organismen pro Milliliter und die Fermentation dauert etwa 48 h. Bei einigen der großen Alkoholproduzenten in den USA sind kontinuierliche Fermentationsverfahren installiert. Hier wird der Mais naß vermahlen, damit die Maische frei von Feststoffen ist. Mit flockender Hefe und der Rückgewinnung der Hefezellen kann eine Populationsdichte von 6–8 ^{8} Hefezellen pro Milliliter erreicht werden und die Fermentation dauert nur 10–18 Stunden.

Tabelle 8.1. Typische diskontinuierliche Fermentation zur Ethanolproduktion aus Mais

a) Mahlen des Maises auf eine Korngröße von 0,3–0,5 cm

b) Wasserzusatz; Gewichtsverhältnis Wasser : Mais von 3–4 : 1

c) Vorverflüssigung der Maische mit Hilfe von temperaturstabiler α-Amylase aus *Bacillus licheniformis* bei 60–66 °C über eine Dauer von 20–30 min

d) Vollständige Gelierung der Maisstärke durch Temperaturerhöhung auf mehr als 150 °C über eine Dauer von 5–10 min

e) Nachverflüssigung der Stärke mit einer zweiten Zudosierung von temperaturstabiler α-Amylase, nachdem die Maischetemperatur auf 85 °C abgesenkt wurde

f) Abkühlung der Maische auf 32 °C und Überführung in den Fermenter

g) Zusatz von Amyloglucosidase und Hefe bewirkt den Beginn sowohl der Stärkeverzuckerung als auch den Beginn der Alkoholproduktion im Fermenter

h) Aufarbeitung des Alkohols nach einer ungefähren Kulturdauer von 48 h

Das Nationale brasilianische Alkoholprogramm. Das Nationale brasilianische Alkoholprogramm wurde 1975 mit dem Ziel ins Leben gerufen, die Ölimporte zu senken und Benzin ganz oder anteilig durch wasserfreies Ethanol zu ersetzen. Das Programm unterstützte Privatunternehmen bei der Produktionserhöhung pflanzlicher Energieträger. Weiterhin unterstützte es die Verarbeitung der pflanzlichen Rohstoffe zu Produkten, die sich als Ersatz für die entsprechenden Erdölprodukte eignen sowie die Verwendung der Energieträger als chemische Rohstoffe. Ethanol wurde ausschließlich fermentativ aus Rohrzucker gewonnen. Das staatliche Aeronautische Technische Zentrum modifizierte den Ottomotor so, daß er mit Ethanol lief. Die wissenschaftlichen Erkenntnisse wurden der Automobilindustrie überlassen. Finanzielle Anreize sollten überdies die Autofahrer veranlassen, ausschließlich Ethanol zu tanken. Die politischen Maßnahmen führten zu einem drastischen Anstieg sowohl beim Verbrauch von reinem Ethanol als auch von Gasohol als Kraftstoff. Andererseits jedoch kam es wegen der rückläufigen Menge an raffiniertem Erdöl zur Verknappung beim Dieselöl. Nun ist ein

großangelegtes Progamm zur Dieselölsubstitution notwendig. Gedacht ist
an Ethanol als Ersatzstoff.

Das Nationale Alkoholprogramm hat zum Inhalt, die Zuckerrohrproduktion, die eigentliche Alkoholfermentation sowie die Aufarbeitung der
Rückstände effizienter zu gestalten und zwar mit den folgenden Strategien:

(1) *Zuckerrohrproduktion.* Die als zu gering erachtete Zuckerrohrprodukti-
vität soll durch bessere Zuckerrohrsorten, Verbesserungen beim Anbau
und durch Kontrolle von Krankheiten und Insektenschäden angehoben
werden. Durch verbesserte Anbaumethoden soll die Zuckerrohrernte auf
76 Tonnen pro Hektar steigen und die durchschnittliche Produktivität
bei drei Ernten in vier Jahren wird auf 55 Tonnen pro Hektar und
Jahr geschätzt. Die jährliche, durchschnittliche Ernte soll durch neue
Pflanzensorten auf 80 Tonnen pro Hektar angehoben werden und es werden vier Ernten in vier Jahren angestrebt. Dadurch soll sich die Ernte
auf 101 Tonnen pro Hektar erhöhen. Weiterhin hofft man, den durchschnittlichen Gehalt an fermentierbarem Zucker innerhalb der nächsten
15 Jahre von 13.5% auf 17% anheben zu können und durch technische
Verbesserungen bei den Mühlen die Zuckerextraktion von 91% auf 97%.

(2) *Alkoholproduktion.* Es wird angestrebt, die Fermentation und Destillation effektiver zu gestalten, wodurch sich die Anlage- und Investitionskosten senken lassen. Um dieses Ziel zu erreichen, sollen die Lage-
rungsverfahren für Melasse und Zuckersaft verbessert und dadurch die
Laufzeit der Anlagen von den bisherigen 150-180 Ernte- und Mahlta-
gen auf 200-300 Tage ausgedehnt werden. Weiterhin strebt man durch
Verbesserungen bei der Temperatur- und pH-Kontrolle und durch wir-
kungsvolleren Schutz gegen Infektionen bei der Fermentation einen Ef-
fektivitätsanstieg von 85 auf 91% an.

(3) *Abfallbehandlung.* Bei der Ethanolproduktion fallen hauptsächlich die
Stillage und Bagasse als Abfall an. In Brasilien wird Stillage in getrock-
neter Form hauptsächlich als Dünger, als Ergänzung zum Viehfutter
(zuvor muß der Kaliumgehalt gesenkt werden, damit keine gastroin-
testinalen Unverträglichkeiten auftreten) und als Rohstoff zur Methan-
produktion verwendet. Bagasse dient als Brennstoff zur Dampfgewin-
nung.

Etwa die Hälfte der Alkohol-Produktionsanlagen in Brasilien verwenden
das Zuckerrohr direkt als Rohstoff. Das Zuckerrohr wird zuerst gehäckselt,
dann gemahlen und zum Schluß in einer Walzenmühle vermahlen, damit die
Zellen aufbrechen und den Saft freigeben (er enthält 12-16% Saccharose).
Die Zuckerlösung wird mit den nötigen Nährstoffen versetzt und mit Hefe
beimpft. Im diskontinuierlichen Verfahren wird die maximale Ethanolausbeute in einer 14–20stündigen Fermentation erreicht. Häufig werden mehrere Fermenter zeitlich versetzt beschickt, wodurch die Destillationsanlage
kontinuierlich Nachschub erhält. Die meisten brasilianischen Brennereien
arbeiten nach dem ,Melle Boinot'-Verfahren. Hierbei wird die lebende Hefe

durch Zentrifugation wieder zurückgewonnen (etwa 10-15% Volumenanteil des Fermenterinhaltes nach der Gärung). Mit der zurückgewonnenen Hefe werden die nächsten Fermenter beimpft.

8.1.3 Citronensäure

Citronensäure ist in der Natur weit verbreitet und wird in nicht-alkoholischen Getränken als Säuerungsmittel, in Marmelade als Hilfsstoff zum Gelieren und in der Süßwarenindustrie als vielseitige Komponente verwendet. Anfangs erfolgte die technische Gewinnung durch Extraktion aus Zitronen-

Tabelle 8.2. Eckdaten technischer Citronensäure Produktionsverfahren

Parameter	*Aspergillus niger*	*Aspergillus niger*	*Candida guilliermondii*
Kultivierungs-art	Oberflächenkultur Höhe 0,06–2 m	Submerskultur 40–200 m^3 Rührkesselreaktor; 200–900 m^3 Airlift-reaktor	Submerskultur 40–200 m^3 Rührkesselreaktor; 200–900 m^3 Airlift-reaktor
Inoculum für den Produktions-reaktor	Conidien/Sporen ca. 150 mg bzw. 2×10^9 Sporen/m^3	vegetatives Inoculum wird im Impfreaktor bzw. als direktes Sporen-Inoculum gewonnen	Inoculum wird im Impffermenter gewonnen
Kultivierungs-pH	anfänglich 5,0–7,0 zur Keimung und zum Wachstum von *A. niger*. Fällt bis zur Phase der Citratproduktion auf unter pH 2,0		pH 4,5–6,5 für Wachstum. Darf zur Citratproduktion auf unter pH 3,5 fallen
Temperatur	30 °C	30 °C	25–37 °C
Belüftung (Wirkung)*	– (Sauerstofftransfer, Kühlen)	0,5–1 vvm (Sauerstofftransfer, Mischen im Airlift-Reaktor). Hoher O$_2$-Druck (> 140 m bar). Kultur sehr sauerstoffempfindlich	0,5–1 vvm (Sauerstofftransfer, Mischen im Airlift-Reaktor)
Medium	Melasse bzw. Glucosesirup mit zusätzlichen Nährstoffen und Salzen 150 kg m^{-3}	140–220 kg m^{-3}	bis zu 280 kg m^{-3}
Vorbehand-lung des Mediums	wegen der erforderlichen geringen Mangan-konzentration Vorbehandlung mit HCF oder Kupfer-Ionen notwendig		keine Vorbehandlung mit Metallionen notwendig
Weiteres	NH$_4^+$ stimuliert die Citronensäureproduktion		Stickstofflimitierung löst Säureakkumulation aus
		Mycel in Form von Pellets	Zur Säureakkumulation Thiamin erforderlich

* vvm = Luftvolumen pro Einheitsvolumen des Mediums und Minute.

saft, später wurde die Citronensäure aus Glycerol und weiteren Stoffen chemisch synthetisiert und 1923 gelang erstmals die fermentative Gewinnung. 1933 überschritt die Weltproduktion 10 000 t pro Jahr, wovon mehr als 80% fermentativ gewonnen wurden. Als etwa um 1970 die Polyphosphate in den Detergentien durch Natriumcitrat ersetzt wurden, wuchs der Markt schnell und hat heute ein Volumen von mehr als 300 000 t pro Jahr, die ausschließlich fermentativ hergestellt werden. In den Anfangszeiten erfolgte die Fermentation mit *Aspergillus niger* in Oberflächenkulturen. Nach dem Zweiten Weltkrieg wurden Submersverfahren mit *A. niger* eingeführt und etwa um 1977 konnten Submersverfahren mit *Candida*-Hefen kommerziell eingeführt werden.

In Tabelle 8.2 sind die wichtigsten Eckdaten der technischen Citronensäureverfahren zusammengestellt. Auch heute noch ist das Oberflächenverfahren mit *A. niger* weitverbreitet. Es ist zwar arbeitsintensiver als das Submersverfahren, jedoch weniger energieintensiv. Beim Submersverfahren werden bevorzugt gut belüftete Airlift-Fermenter eingesetzt, denn dieser Kesseltyp erlaubt die Verwendung größervolumiger Kessel. Als Rohstoff zur fermentativen Citratproduktion ist Melasse weitverbreitet, allerdings ist die je nach Lieferung unterschiedliche Zusammensetzung des Rohstoffes auch ein großes Problem. Bei Submersverfahren mit *A. niger* wird die Citronensäureproduktion durch hohe Zuckergehalte stimuliert und wenn die Zuckerkonzentration unter 140 kg m^{-3} fällt, ist die Citratausbeute schlecht. Gewöhnlich werden etwa 0,1–0,4 g l^{-1} Stickstoff zugesetzt und die Citratproduktion erhöht sich, wenn während der Fermentation NH$_4^+$ zugesetzt wird.

Die Citronensäureproduktion mit *A. niger* ist gegenüber Mn^{2+} extrem empfindlich. Sie sinkt bei dem niedrigen Gehalt von 3 mg l^{-1} Mn^{2+} bereits drastisch ab. Die Melasse muß daher vorbehandelt werden und zwar entweder mit Komplexbildnern oder mit Stoffen, die das Mn^{2+} ausfällen, wie z. B. Hexacyanoferrat (HCF). Eine Vorbehandlung mit Kupfer bewirkt, daß das Mangan nicht in die Zelle aufgenommen wird. Durch das manganfreie Medium wird auch die Bildung von kleinen Mycelpellets mit harter, glatter Oberfläche angeregt, wie sie bei guten Citronensäurefermentationen mit Pilzen zu finden sind. Mit steigendem Mangangehalt neigen die Pilze zu filamentförmigem Wachstum, wobei sich die Zähigkeit der Maische extrem erhöht und gleichzeitig die Konzentration an gelöstem Sauerstoff erniedrigt. Die Citronensäureproduktion ist stark sauerstoffabhängig. Daher kann bereits eine kurze Unterbrechung in der Sauerstoffversorgung dazu führen, daß die Citratbildung irreversibel eingestellt wird. Zur Biosynthese von Citrat muß außerdem der pH ständig unterhalb 2, 0 gehalten werden, da *A. niger* bei höheren pH-Werten anstatt Citronensäure Gluconsäure akkumuliert.

Die Citratproduktion mit *Candida guilliermondii* unterscheidet sich von dem Submersverfahren mit *A. niger* in vielen Punkten. Da Mangan nicht stört, muß das Nährmedium nicht vorbehandelt werden. Die Citratproduktion erfolgt bei höherem pH (3, 5–5, 0) und durch Stickstoffbegrenzung kann die Säureakkumulation ausgelöst werden. Das *Candida*-Verfahren ist dem *A. niger*-Verfahren hauptsächlich wegen der höheren Fermentationsproduktivität überlegen. Wegen der besseren osmotischen Toleranz kann beim *Candida*-Verfahren mit höheren Zuckerkonzentrationen gearbeitet werden. Weiterhin verläuft die Fermentation rascher als beim *A. niger*-Verfahren.

Biochemie des Aspergillus niger-Verfahrens. Der Metabolismus, der letztendlich zur Citratakkumulation führt, läuft folgendermaßen ab:

(a) Abbau der Hexosen zu Pyruvat und Acetyl-CoA
(b) anaplerotische Bildung von Oxalacetat aus Pyruvat und CO_2
(c) Anreicherung von Citrat im Citronensäure-Cyclus.

Nach dieser Vorstellung sollte während der aktiven Citratproduktion kein überschüssiges CO_2 aus der oxidativen Decarboxylierung von Pyruvat zu Acetyl-CoA entstehen, denn das CO_2 wird bei der Umwandlung von Pyruvat zu Oxalacetat wieder verbraucht. Das Schlüsselenzym für letztere Reaktion, die Pyruvat-Carboxylase, wird von den *Aspergillus*-Arten konstitutiv gebildet. Durch hohe Zuckerkonzentrationen wird die Aktivität dieses Enzyms sowie weiterer glykolytischer Enzyme noch weiter verstärkt, was zur Repression einiger Enzyme im Citronensäure-Cyclus führen kann. Damit Citrat überhaupt akkumulieren kann, muß mindestens ein Enzym aus dem Citronensäure-Cyclus inhibiert sein. Neuere Ergebnisse zeigen, daß wohl die wichtigste regulative Komponente die α-Oxoglutarat-Dehydrogenase ist. Sie katalysiert die geschwindigkeitsbestimmende Reaktion im Cyclus und ist außerdem auch als einzige irreversibel. Dieses Enzym läßt sich durch erhöhte physiologische Konzentrationen an Oxalacetat und NADH inhibieren. Diese Stoffe erscheinen auch bei der Citratproduktion. Phosphofructokinase wird durch Citrat inhibiert, jedoch läßt sich der Inhibierung durch erhöhte intracelluläre NH_4^+-Konzentrationen entgegenwirken.

Manganmangel senkt die Aktivität einiger Enzyme aus dem Pentosephosphat-Weg (er würde Hexosen aus der Glykolyse und somit aus der Citratproduktion herausziehen), inhibiert einige Aktivitäten des Citronensäure-Cyclus und beeinträchtigt allgemein den anabolen Metabolismus, indem u.a. der Protein- und der Nucleinsäure-Umsatz behindert ist. Bei Manganmangel wird eine saure Protease gebildet, und die intracellulären Vorräte an Nucleinsäuren und Proteinen nehmen ab, wobei gleichzeitig Peptide, Aminosäuren und erhöhte Konzentrationen an NH_4^+ gebildet werden. Die hauptsächliche Wirkung des Manganmangels liegt wohl darin, daß der Proteinhaushalt beeinträchtigt wird. Daraus entstehen die erhöhten NH_4^+-Konzentrationen, die zur Aufhebung der Phosphofructokinase-Inhibierung durch das Citrat notwendig sind.

Zur die metabolischen Reoxidation von NADH während des Citratcyclus wird Sauerstoff benötigt. Solange sich Citrat ansammelt, wird das Standardatmungssystem zur NADH-Reoxidation durch ein anderes, sauerstoffgenerierendes System, das gegenüber Salicylhydroxamsäure (SHAM) emp-

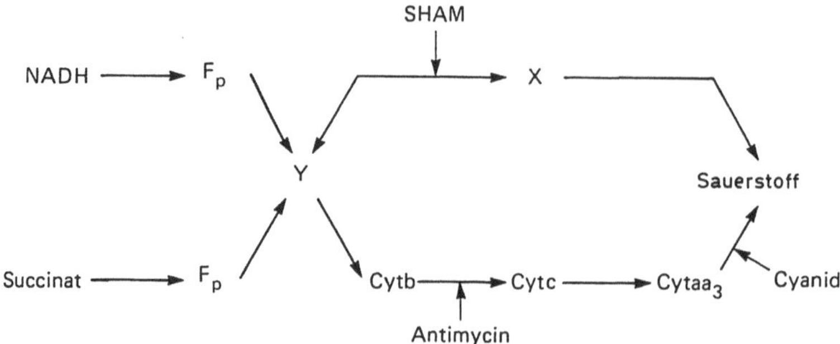

Abb. 8.2. Standardatmungskette (empfindlich gegenüber Antimycin und Cyanid) und das alternative SHAM-empfindliche System in *A. niger*.

findlich ist, beliefert. Allerdings wird in diesem System kein ATP gebildet (Abb. 8.2). Die Tatsache, daß die Citratakkumulierung durch SHAM sehr empfindlich inhibiert wird, läßt die Bedeutung dieses Systems erkennen. Die SHAM-empfindliche Atmung ist auf hohen Sauerstoffdruck angewiesen und wird auch schon durch eine kurze Unterbrechung der Belüftung inaktiviert.

Die Gluconsäureproduktion von *A. niger* wird durch eine extracelluläre, partiell an das Mycel gebundene Glucoseoxidase katalysiert, die bei pH-Werten unterhalb 2,0 inaktiviert wird. Bei höheren pH-Werten produziert *A. niger* aus Glucose Gluconsäure und Glucose induziert wiederum die Glucoseoxidase bei pH-Werten oberhalb 4,0. Die Citratfermentation muß also bei pH-Werten unter 2,0 ablaufen.

Die Bedingungen für eine erfolgreiche Citratproduktion durch *A. niger* lassen sich also folgendermaßen zusammenfassen:

- Kohlenhydrat-induzierte hohe Aktivitäten der glykolytischen Enzyme und der Pyruvat-Carboxylase führen zur Citratsynthese
- Inhibierung eines Enzyms aus dem Citronensäure-Cyclus, da sonst das Citrat abgebaut werden würde
- Bildung eines intracellulären NH_4^+-Pools durch Manganmangel, um der Citratinhibierung durch Phosphofructokinase entgegenzuwirken
- hoher Sauerstoffdruck sowie keine Unterbrechung bei der Sauerstoffversorgung, damit das SHAM-empfindliche Atmungssystem zur Reoxidation von NADH aktiv bleibt
- niedriger pH zur Inaktivierung der Glucoseoxidase.

8.1.4 Gluconsäure

D-Gluconsäure, Gluconsäuresalze und D-Glucono-δ-lacton sind nicht toxisch und können durch elektrochemische oder katalytische Oxidation oder auch durch Fermentation mit *A. niger* oder *Gluconobacter suboxydans* aus Glucose hergestellt werden. Heute wird die fermentative Oxidation bevorzugt.

D-Glucono-δ-lacton wird in Backpulvern als latente Säure angewendet. Natriumgluconat dient beim Waschen von Glasflaschen als Maskierungsmittel für Calcium, wenn mit der Gegenwart von Natriumhydroxid zu rechnen ist sowie zur Maskierung von Eisen beim alkalischen Entrosten von eisenhaltigen Materialien. Auch als Zusatz zu Zementmischungen wird Natriumgluconat verwendet. Bei Calcium- und Eisenmangel wird Calcium- und Eisen(II)-gluconat auch therapeutisch eingesetzt.

Gluconatfermentation.   Das Nährmedium zur Natriumgluconatproduktion durch *A. niger* besteht aus etwa 250 g l^{-1} Glucose (Startkonzentration) sowie aus Ammoniumsalzen, Harnstoff oder eingedampftem, gepulvertem Maisquellwasser als Stickstoffquelle und aus weiteren Nährstoffen. Die anfängliche Glucosekonzentration kann durch zusätzliche Zugabe von Glucose auf bis zu 600 g l^{-1} gesteigert werden. Ein zu hoher Stickstoffgehalt führt zu exzessivem Wachstum unter verminderter Säureausbeute. Bis sich optimales Wachstum und eine optimale Glucoseoxidase-Konzentration eingestellt haben, wird der pH über die Zugabe von NaOH zwischen 6,0 und 7,0 eingestellt, danach kann er bis etwa 3,5 sinken. Der Sauerstoffbedarf während der Kultivierung ist hoch. Die Temperatur wird zwischen 30 und 33 °C gehalten. Die tatsächliche Produktausbeute kann mehr als 90% der theoretischen Ausbeute betragen. Bei einer durchschnittlichen technischen Fermentation werden während einer Fermentationsperiode von 20–60 Stunden durchschnittlich 10–13 g $l^{-1}h^{-1}$ Natriumgluconat produziert. Bei Natriumgluconat-Endkonzentrationen von etwa 600 g l^{-1}, wie sie bei langdauernden Fermentationen durchaus erreicht werden, bereitet die Kristallisation des Produktes Schwierigkeiten. Aus diesem Grund wird ein Fermentationscyclus gern verkürzt.

Zur Bildung von Calciumgluconat wird mit Calciumcarbonat neutralisiert und der Fermentations-pH oberhalb 3,5 eingestellt. Damit kein Calciumgluconat ausfällt, werden nur etwa zwei Drittel des stöchiometrisch errechneten Calciumcarbonats zugesetzt. Der Rest wird der abgefilterten Maische erst nach der Fermentation zugesetzt. Dabei wird gleichzeitig Calciumgluconat kristallin erhalten.

Freie Gluconsäure wird hauptsächlich aus Natriumgluconat über Ionenaustausch erhalten. Sie bildet in wäßriger Lösung mit Glucono-δ-lacton und Glucono-γ-lacton ein Gleichgewicht, wobei die genaue Gleichgewichtslage temperatur-und konzentrationsabhängig ist. Die Gluconsäure-, Glucono-δ-lacton- bzw. Glucono-γ-lacton-Kristalle scheiden sich in den Temperaturintervallen 0–30 °C, 30–70 °C bzw. oberhalb 70 °C aus den übersättigten Lösungen ab. Dieses Verhalten ermöglicht die Gewinnung von technisch reinem Glucono-δ-lacton. Die technische Gluconsäure wird als 50%ige wäßrige Lösung vermarktet.

Biochemie der Gluconatbildung. α-D-Glucose wird spontan in β-D-Glucose umgewandelt und in *A. niger* wird diese Reaktion durch das Enzym Mutarotase beschleunigt. Mit Hilfe der Glucoseoxidase von *A. niger* wird die β-D-Glucose in D-Glucono-δ-lacton umgewandelt. Das Flavoprotein Glucoseoxidase übernimmt dabei von der Glucose zwei H-Atome und wird dabei selbst reduziert. Anschließend überträgt das Flavoprotein die beiden H-Atome auf molekularen Sauerstoff und wird dabei wieder reoxidiert. Bei dieser Reaktion entsteht H_2O_2, das seinerseits durch Katalase zersetzt wird. Die beiden Enzyme Glucoseoxidase und Katalase sind innerhalb der Peroxisomen lokalisiert, damit das während der Gluconatproduktion auftretende H_2O_2 seine zelltoxische Wirkung nicht entfalten kann. Wie bereits festgestellt, wird die Glucoseoxidase durch Glucose bei pH-Werten oberhalb 4,0 induziert und bei pH-Werten unterhalb 2,0 denaturiert. In *Gluconobacter suboxydans* wird die Umlagerung von β-D-Glucose zu D-Glucono-δ-lacton durch das Enzym NADP-Glucosedehydrogenase katalysiert.

Das Gleichgewicht zwischen D-Glucono-δ-lacton und D-Gluconsäure wurde bereits angesprochen. Die Umlagerung zu Gluconsäure erfolgt bei neutralem pH. Die spontane Umlagerung verläuft bei niedrigen pH-Werten weniger effektiv und wird bei manchen Verfahren, die mit *A. niger* arbeiten, durch Mitwirkung der D-Glucono-δ-lactonase erleichtert. Die Anreicherung von D-Glucono-δ-lacton verlangsamt die Glucoseoxidation. Deshalb sind die oben genannten Reaktionen zur weitestmöglichen Entfernung von D-Glucono-δ-lacton wichtig. Für die gebildete Gluconsäure gibt es sehr wohl katabolische Metabolismen. Bei den industriell verwendeten gluconatbildenden Stämmen scheint der Abbau bei überschüssiger Glucose und den herrschenden pH-Werten verlangsamt zu sein.

8.1.5 Methylenpyruvat

Methylenpyruvat ist für die Polymerchemie wegen seiner zwei Carboxylgruppen und der Methylengruppe eine wertvolle Zwischenstufe. Methylenpyruvat selbst polymerisiert nur zu niedermolekularen Polymeren. Sie eignet sich also vor allem für Copolymere. Auch bei der Synthese von Pyrrolidonen und als Additiv in Emulsionsfarben wird sie eingesetzt.

Methylenpyruvat wird mit *Aspergillus terreus* im aeroben Submersverfahren hergestellt. Das Nährmedium besteht aus Melasse und Ammoniumsalzen oder Maisquellwasser als Kohlenstoff- bzw. Stickstoffquellen. Der Organismus wächst am besten bei pH-Werten zwischen 5 und 7, wogegen die optimale Säureproduktion bei pH-Werten zwischen 3 und 4 liegt. Der anfängliche Zuckergehalt liegt bei 100–180 g l^{-1} und bezogen auf die eingesetzte Kohlenhydratmasse beträgt die Produktausbeute 55–65%. Die Fermentation dauert ungefähr 72 Stunden. Eine kurze Unterbrechung bei der Belüftung kann einen irreversiblen Zusammenbruch der Methylenpyruvatproduktion nach sich ziehen. Der Bildungsweg von Methylenpyruvat beginnt beim Citrat und geht via Aconitat (Abb. 8.3). Der Hexosemetabolismus zu Citrat ähnelt dem entsprechenden Metabolismus bei der Citratproduktion durch *A. niger*.

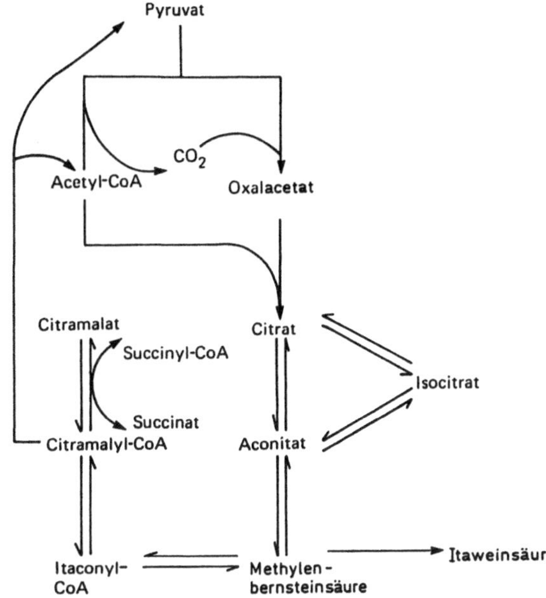

Abb. 8.3. Stoffwechselreaktionen zur Bildung von Methylenpyruvat.

8.1.6 Milchsäure

Etwa die Hälfte der weltweit hergestellten Milchsäure wird fermentativ gewonnen. Milchsäure dient hauptsächlich als Säuerungsmittel für Lebensmittel (50% der erzeugten Milchsäure), zur Herstellung von Stearoyl-2-lactylat (20%) und für pharmazeutische sowie anderweitige Anwendungen.

L-(+)-Milchsäure wird in anaerober Fermentation durch *Lactobacillus delbrückii* und andere verwandte homofermentative Stämme hergestellt. Die Nährmedien bestehen aus etwa 15% Saccharose oder Dextrose und aus komplex gebundenem Stickstoff. Der pH wird durch $CaCO_3$ oder $Ca(OH)_2$ bei 5,0–6,5 eingestellt, die Temperatur liegt zwischen 45 und 60 °C. Die Fermentation dauert 3–4 Tage. Bezogen auf den anfänglichen Zuckergehalt liegt die Produktausbeute bei 90–95%. Im Rahmen der Fermentation wird die Hexose über den Embden-Meyerhof-Parnas-Weg zu Pyruvat abgebaut und durch das Enzym L-Lactat-Dehydrogenase zu L-(+)-Lactat umgewandelt.

8.1.7 Glycerol

Glycerol wurde während des Ersten und Zweiten Weltkrieges zur Herstellung von Sprengstoffen fermentativ gewonnen.

Neben Ethanol wird bei der alkoholischen Fermentation von Hefe in kleinen Mengen Glycerol gebildet. Üblicherweise wird bei der Alkoholproduktion das $NADH + H^+$, das während der Glykolyse aus der Umwandlung von Glycerinaldehyd-3-phosphat zu 1,3-Diphosphoglycerinsäure gebildet wird, im Zuge der Reaktion von Acetaldehyd zu Ethanol reoxidiert.

Der Zusatz von Natriumbisulfit führt aber zur Bildung eines Acetaldehyd-Sulfit Komplexes und setzt das NADH + H$^+$ zur Reduktion der glykolytischen Zwischenstufe Dihydroxyacetonphosphat zu Glycerinphosphat frei. Glycerinphosphat wird anschließend zu Glycerol dephosphoryliert. Da bei dieser Reaktion auch Nebenprodukte gebildet werden, übersteigt die Ausbeute, bezogen auf die eingesetzte Kohlenhydratmasse, bei einer 2–3tägigen Fermentation niemals 30%. In Abb. 8.4 ist der metabolische Reaktionsweg schematisch zusammengestellt.

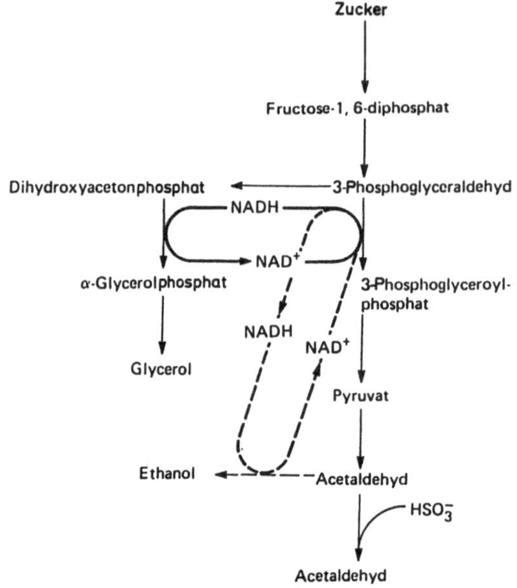

Abb. 8.4. Glycerolproduktion bei einer modifizierten Ethanolfermentation mit Hefe.

8.1.8 Aceton-Butanol

Aceton wird bei der Herstellung von Lacken, Harzen, Gummis, Fetten und Ölen als Lösungsmittel verwendet. Butanol ist bei der Herstellung von Lacken, Kunstseide, Detergentien, Bremsflüssigkeiten und Aminen ein geeignetes Lösungsmittel sowie bei vielen anderen Gelegenheiten. Die Aceton-Butanol Fermentation wurde jahrelang wirtschaftlich erfolgreich betrieben und die letzte Produktionsanlage, die von der National Chemical Products Südafrika betrieben wurde, wurde erst vor einigen Jahren geschlossen.

Das Aceton-Butanol-Verfahren besteht aus der anaeroben Fermentation von Melasse, Stärke oder anderem, ungereinigten Material mit *Clostridium acetobutylicum*, wobei der anfängliche Kohlenhydratgehalt 5–6,5% beträgt. Die beiden Produkte sind nach der Fermentation zu etwa 2% Gesamtkonzentration im Fermentationsmedium enthalten. Die Fermentation läßt sich in drei Stufen aufteilen. Die erste Phase von etwa 12–14 Stunden zeichnet sich durch schnelles Wachstum, die Bildung von Essig- und Buttersäure, einen pH-Abfall von $6,0$ auf etwa $4,0$ und die Entwicklung von CO_2 und H_2 aus. In der zweiten Phase werden die Säuren zu Aceton und Butanol umgesetzt, wobei wiederum CO_2, und zwar vermehrt, gebildet wird und der titrierbare Säuregehalt abnimmt. Phase drei wird durch Verminderung der Gas- und Aceton/Butanol-Produktion unter gleichzeitig beginnender Autolyse der Zellen gekennzeichnet. Durch Entwicklungsarbeiten an dieser Fermentation soll der Metabolismus so beeinflußt werden, daß vorwiegend eines der beiden Lösungsmittel produziert wird, die toxische Wirkung der Produkte auf die Zellphysiologie vermindert wird und die Gesamtausbeute sowie der Wirkungsgrad so ansteigen, daß das Verfahren wieder wirtschaftlich interessant wird.

8.1.9 Essigsäure

Der jährliche Weltmarkt für Acetat beträgt $2,5 \times 10^6$ t. Seit 1950 wurde der Großteil der weltweit benötigten Mengen an Essigsäure synthetisch erzeugt. Der Preis für den Rohstoff Ethylen ist allerdings zwischen 1970 und 1980 von 10 Pf/kg auf 50 Pf/kg gestiegen. Dadurch könnten alternative Produktionswege, unter anderem die biologischen Methoden, interessanter werden. In Brasilien wird Essigsäure durch chemische Umwandlung von Ethanol hergestellt, der seinerseits ausschließlich aus Biomasse erzeugt wird. Denkbar wäre auch eine fermentative Gewinnung von Acetat als chemische Grundkomponente.

Die aerobe Essigfermentation wurde bereits in Kap. 7 beschrieben. Bei anaeroben, acidogenen Fermentationen entstehen eine Reihe von flüchtigen Fettsäuren. Neben Essigsäure stellen Propion- und Buttersäure dabei den größten Anteil. *Clostridium butyricum* produziert aus Glucose eine Mischung aus Essig- und Buttersäure. *Clostridium thermocellum* und *Clostridium thermoaceticum* können Glucose und Fructose nahezu stöchiometrisch zu Acetat vergären. Bei der Acidogenese ist es wichtig, das Auftreten von methanbildenden Organismen zu verhindern, die zusammen mit Säureproduzenten häufig in Mischkultur auftreten und die gebildete Säure zu Methan und CO_2 umwandeln können.

Die erreichbare Acetatkonzentration wäre bei aerober Prozeßführung höher, jedoch beträgt die theoretische Acetatausbeute für anaerobe acidogene Prozesse $1,0$ im Vergleich zu $0,66$ für aerobe Verfahren. Die beiden CO_2-Moleküle, die während der Umwandlung von Pyruvat zu Acetyl-CoA gebildet werden, werden zu dem dritten Acetatmolekül aus Glucose assimiliert (Abb. 8.5). Das anaerobe Verfahren ist außerdem weniger energieintensiv und es können auch geringerwertige Substrate, wie z. B. Brennereiabfälle oder Sulfitablaugen eingesetzt werden. Anaerobe, essigsäurebildende Verfahren könnten also zur Herstellung der Grundchemikalie Acetat das Mittel der Wahl werden.

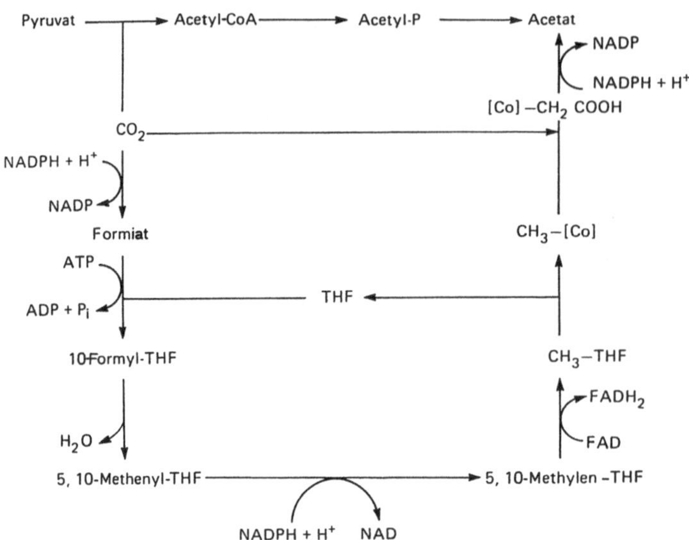

Abb. 8.5. Metabolismus der Acetatbildung in *Clostridium thermoaceticum*.

8.1.10 2,3-Butandiol

2,3-Butandiol kann derzeit zwar noch preiswerter chemisch aus Mineralöl hergestellt werden, jedoch könnten in Zukunft alternative, fermentative Produktionsmethoden interessant werden. *Klebsiella oxytoca* bildet sowohl aus Xylose als auch aus Glucose hauptsächlich 2,3-Butandiol. Damit eröffnet sich die Möglichkeit, niederwertige Substrate aus Holzhydrolysaten als Rohstoff zu verwenden. *Bacillus Polymyxa* kann aus Pentosen und Hexosen 2,3-Butandiol und Ethanol in äquimolaren Mengen herstellen.

2,3-Butandiol entsteht zwar im anaerobem Metabolismus, jedoch erhöht eine kontrollierte Sauerstoffzufuhr die Zelldichte. Von *K. oxytoca* werden neben 2,3-Butandiol noch Acetoin, Ethanol und Acetat sekretiert und über die Sauerstoffzufuhr läßt sich das Mengenverhältnis der drei Metabolite einstellen. In Abwesenheit von Sauerstoff werden äquimolare Mengen an Ethanol und 2,3-Butandiol gebildet. Bei limitierter Sauerstoffzufuhr wird die Ethanolbildung unterdrückt und die 2,3-Butandiol-Bildung maximiert. Mit zunehmend höherer Sauerstoffzufuhr wird die Vergärung zugunsten der Veratmung zurückgenommen und letztendlich wird das Substrat vollständig zu Zellmasse und CO_2 verstoffwechselt. Die wichtigste Steuervariable für dieses Verfahren ist also die Sauerstoffzufuhr. Mit ihr läßt sich die Bildungsgeschwindigkeit und die Produktausbeute von 2,3-Butandiol steuern.

Die maximale theoretische Ausbeute an 2,3-Butandiol aus Glucose beträgt 0,5 und die tatsächliche Ausbeute 80–90% der Theorie. Der möglichen Verwendung von *K. oxytoca* stehen noch ihre geringe osmotische Toleranz und Probleme mit Substrat-und Produktinhibierung im Wege. Je nach den

Bedingungen, die bei experimentellen diskontinuierlichen und kontinuierlichen Fermentationen gewählt wurden, konnten Endkonzentrationen von 30–99 g l^{-1} 2,3-Butandiol bei Produktivitäten von $0,9$–$3,0$ g $l^{-1}h^{-1}$ erreicht werden.

Bei der Bildung von 2,3-Butandiol aus Pentosen und Hexosen ist die Bildung von Brenztraubensäure die Schlüsselreaktion. Zwei Pyruvatmoleküle kondensieren zu Acetolactat, das anschließend durch eine Decarboxylase zu Acetoin umgewandelt wird. Acetoin kann entweder zu 2,3-Butandion (Diacetyl) oxidiert oder enzymatisch durch die Acetoinreductase zu 2,3-Butandiol reduziert werden.

8.2 Gibberellinsäure

Eine der fünf bekannten Phytohormon-Klassen bilden die Gibberelline. Aus der großen Familie der Gibberelline ist die Gibberellinsäure (Abb. 8.6), wirtschaftlich gesehen das bedeutendste Mitglied. Sie wird zur Beschleunigung der Malzbildung eingesetzt. Die Gibberellinsäure wird durch Kultivierung von *Fusarium moniliforme*, einem imperfekten Stamm des Pilzes *Gibberella fujikuroi*, gebildet. Ursprünglich wurde mit Oberflächenfermentationen gearbeitet. Damit konnten in 2–3 wöchigen Fermentationen Ausbeuten von 40–60 mg l^{-1} Gibberellinsäure erhalten werden. Die heutigen technischen Fermentationen arbeiten mit Submerskulturen und liefern nach 6 Tagen Ausbeuten von 1–2 g l^{-1}. Das Nährmedium bei der Gibberellin-Produktion muß arm an Stickstoff sein und die richtige Kohlenhydratmischung aufweisen. Die Fermentation läßt sich in sechs physiologisch getrennte Stufen unterteilen (Abb. 8.7):

(1) Verzögerungsphase
(2) Wachstumsphase, wobei der Stickstoffgehalt nicht limitierend wirkt, mit geringer Gibberellin-Produktion
(3) Glycin-Limitierung, langsame Zellwachstumsgeschwindigkeit, langsame Gibberellin-Produktion
(4) Glycinerschöpfung, Katabolyse der restlichen Glucose, hohe Gibberellin-Bildungsgeschwindigkeit
(5) Glucoselimitierung, verminderte Gibberellin-Akkumulierung
(6) Zellysis, pH-Anstieg.

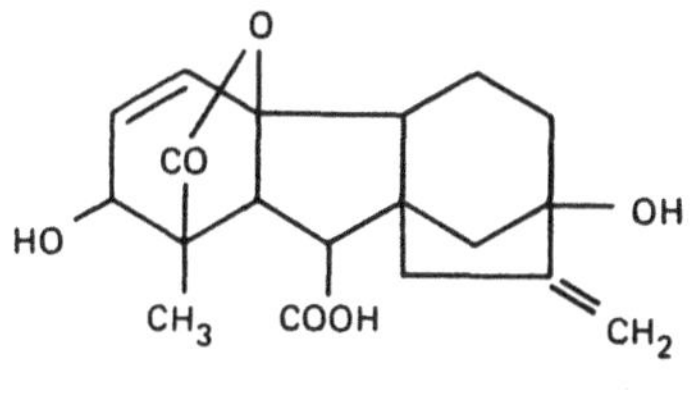

Abb. 8.6. Gibberellinsäure.

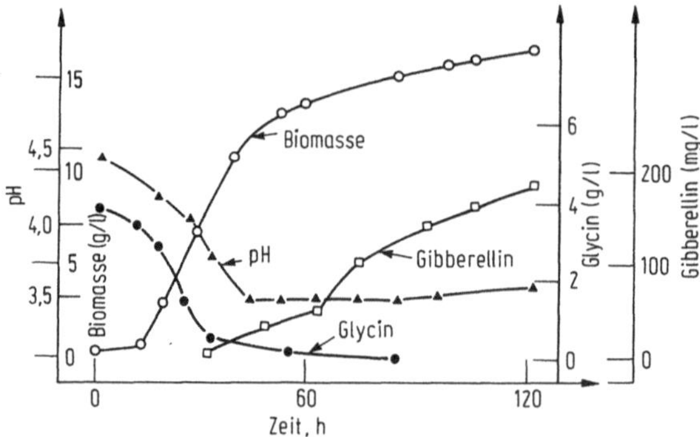

Abb. 8.7. Glycin-limitierte, diskontinuierliche Fermentation zur Bildung von Gibberellin mit *Gibberella fujikuroi* (aus Bu'Lock et al., 1974).

8.3 Biopolymere

Die mikrobiellen Polysaccharide und die Poly-β-hydroxybutyrate sollen im folgenden näher behandelt werden.

8.3.1 Mikrobielle Polysaccharide

Die traditionellen Quellen für industriell wichtige Polysaccharide sind Pflanzen und Meeresalgen. Mikrobielle Polysaccharide bieten möglicherweise eine sinnvolle Alternative für die derzeit verwendeten pflanzlichen Quellen und Algen, allerdings sind wohl auf längere Sicht neue industrielle Anwendungsmöglichkeiten interessanter. Die Genmutation bzw. die Gentechnik mancher der produktbildenden Organismen sowie/oder Änderungen der Milieubedingungen der Fermentationen sind die Werkzeuge, mit denen Produkteigenschaften und -spezifikationen verändert werden können. Dabei wächst die Vielfalt von verfügbaren Biopolymeren noch an.

Xanthangummi ist bisher das einzige mikrobielle Polysaccharid, das fermentativ hergestellt wird und auf dem Polysaccharid-Weltmarkt einen signifikanten Marktanteil besitzt. Die Basiseinheit besteht aus einem Pentasaccharid aus Glucose, Mannose, Glucuronsäure, Acetat und Pyruvat. Der Gummi ist bereits in geringer Konzentration hochviskos und zwar über einen großen pH-Bereich und unabhängig von Temperatur und Gegenwart weiterer Kationen. In Kombination mit pflanzlichen Polysacchariden bildet er in wäßrigen Lösungen stabile Gele aus. Xanthangummi wird als Stabilisator bei Gelsuspensionen und zur Einstellung von Viskositäten verwendet. Er eignet sich wegen seines pseudoplastischen Verhaltens und seiner Temperaturstabilität sowie seiner Unempfindlichkeit gegenüber Kationen als Schmiermittel. Xanthangummi wird zusammen mit oberflächenaktiven Stoffen sowie mit Kohlenwasserstoffen bei der tertiären Erdölförderung eingesetzt.

Alginate werden aus Seetang gewonnen. Da dessen Zusammensetzung Schwankungen unterworfen ist, ist die Industrie an fermentativ zugänglichen Ersatzstoffen, wie z. B. alginatartigen Polysacchariden aus *Azotobacter vinelandii* interessiert. Auch andere mikrobielle Polysaccharide, wie z. B. Pullulan aus *Aureobasidium pullulans*, Scleroglucan aus *Sclerotium*-Arten oder Gellan aus *Pseudomonas elodea* sind industriell interessant.

Die Produktionsverfahren für mikrobielle Exopolysaccharide leiden alle unter der hohen Viskosität des Fermentationsmediums, der geringen erreichbaren Produktkonzentration und unter den Konformationsänderungen, die während der Fermentation im Polymer auftreten. Damit die erwünschten Synthesegeschwindigkeiten auch erreicht werden, müssen die Zusammensetzung des Mediums und weitere Fermentationsparameter genau verfolgt werden. Begrenzte Untersuchungen zeigen, daß die Modifizierung des Exopolysaccharides durch Variationen des Wachstumsmediums hauptsächlich den Polymerisationsgrad des Exopolysaccharides beeinflussen und weniger die jeweilige Struktur sowie Zusammensetzung der Grundeinheit.

Bei der Produktion von Xanthangummi kann die Konzentration des Pyruvatsubstituenten zwischen 0 und 75% variieren, je nach Stamm und aktuellem Medium. Durch den Pyruvatgehalt lassen sich die rheologischen Eigenschaften des Polymers beeinflussen, wenn z. B. sich die Polymerkonzentration ändert oder die Ionenstärke des Mediums oder auch die Temperatur verändert wird. Manche Wachstumsmedien für die Xanthanproduktion ermöglichen die Bildung von Mutanten-Stämmen, die kein Polysaccharid mehr produzieren können. Durch die Wahl des richtigen Mediums sowie durch Nährstofflimitationen während der Wachstumsphase kann diese unerwünschte Reaktion jedoch vermieden werden. Allgemein sollte jedoch bei der Produktion geladener Polysaccharide der pH-Wert kontrolliert werden. Zur eigentlichen Xanthan-Bildung ist ein pH von 7,0 optimal. Wachstum sowie Produktbildung hören ab pH 5,5 auf. Im Laufe der Fermentation verändert sich das rheologische Verhalten der Maische von anfänglich niedriger Viskosität und Newtonschem Verhalten mit steigender Exo-Polysaccharid-Konzentration zu hoher Viskosität und nicht-Newtonschem Verhalten. Die Auswirkungen auf Rühreigenschaften und Massen- und Wärmetransferverhalten sind tiefgreifend und die Auslegung des Fermenters und des Verfahrens muß auf die sich verändernden rheologischen Eigenschaften Rücksicht nehmen. Es wird von erreichbaren Xanthankonzentrationen von etwa 50 g l^{-1} in der Fermentermaische und von Ausbeuten von 50–60 % in bezug auf die verbrauchte Glucose berichtet.

Die Synthese von bakteriellen Exopolysacchariden erfolgt jedoch meist intracellulär und zwar über den aktivierten Zucker-Nucleotid-Weg. Die Zucker werden vom Nucleotid auf einen Lipid-Carrier übertragen, der seinerseits durch den Transfer eines Zucker-Phosphates aktiviert worden ist. Durch die aufeinanderfolgenden Reaktionsschritte werden die sich wiederholenden Zuckersequenzen aufgebaut. Der genaue Mechanismus der Kettenverlängerung und der Polysaccharid-Extension ist noch nicht bekannt.

8.3.2 Poly-β-hydroxybutyrat (PHB)

Die Anwendungsmöglichkeit für Poly-β-hydroxybutyrat (PHB) als Substitut für Kunststoffe ist vor allem deswegen interessant, weil eine biologische Abbaubarkeit der Polymere gegeben ist. Bei geringen Sauerstoffkonzentrationen können die Bakterien NADH nur noch in beschränktem Ausmaß reoxidieren. Die Reoxidation erfolgt in solchen Fällen über die Bildung anderer Produkte, wie z. B. PHB, Ethanol oder Butanol. Auf diese Weise wird PHB von vielen Bakterien als Reservematerial angesammelt. *Alcaligenes eutrophus* kann z. B. 70–80% seines Eigengewichtes als PHB akkumulieren.

Die sich wiederholende Einheit bzw. das Monomer in PHB, das β-Hydroxybutyrat, wird aus zwei Acetyl-CoA Einheiten synthetisiert. Das erwünschte relative Atomgewicht des Polymers liegt bei 200 000–300 000. Limitierung von Phosphor oder Stickstoff fördert die PHB-Synthese, die weiterhin von der Sauerstoffkonzentration abhängig ist. Ein wirtschaftliches Herstellungsverfahren für PHB wird aller Voraussicht nach zweistufig sein. In der ersten Stufe, der Wachstumsphase, werden ohne Substrat- und Sauerstofflimitierung große Mengen an Biomasse akkumuliert. In einer zweiten Stufe erfolgt dann unter Nährstofflimitierung die Produktbildung. Gegenwärtig wird von *A. eutrophus* Glucose als Substrat verarbeitet. Für ein wirtschaftlich interessantes Verfahren wäre ein billigeres Substrat wünschenswert, wodurch sich die Produktionskosten wesentlich senken lassen könnten.

8.4 Bioinsektizide

Die Zurückhaltung gegenüber dem Einsatz von chemischen Insektiziden hängt mit folgenden Gründen zusammen: (a) sie wirken unspezifisch und können damit auch Insekten töten, auf die sie nicht angesetzt waren, (b) die bekämpften Organismen können gegenüber dem Insektizid resistent werden und (c) manche Insektizide werden nur sehr langsam abgebaut. Bei der Insektenbekämpfung mit mikrobiellen Stoffen werden Sporen oder lebensfähige Zellen von Mikroorganismen verwendet, die auf die Insekten pathogen wirken. Mittlerweile sind mehr als 400 Pilzsorten und mehr als 90 Bakterienarten bekannt, mit denen man Insekten und Milben bekämpfen könnte.

Bacillus thuringiensis-Arten können Raupen, Moskitos und die Schwarze Blattlaus bekämpfen. Sie sind mittlerweile großtechnisch als Fermentationsprodukte erhältlich und decken mehr als 90% des gesamten Bioinsektizid-Marktes ab. Zellen von *B. thuringiensis*, die Sporen gebildet haben, enthalten ein hochmolekulares, kristallines Protein, das Delta-Endotoxin, das auf Schmetterlingslarven toxisch wirkt. Der Kristall wird durch Proteasen im alkalischen Mitteldarm der Raupen zu toxischen Bruchstücken abgebaut, die offensichtlich die oberflächlichen Epithelzellen im Darm auflösen und zu

Lähmungserscheinungen und letztendlich zum Tod führen. *B. thuringiensis* bildet auch ein zweites Toxin, das Beta-Exotoxin bzw. das Thuringiensin, das gegenüber Hausfliegen toxisch wirkt. Von *B. thuringiensis* sind viele Unterarten bekannt, und Wildstämme der *kurstaki*-Unterart produzieren beispielsweise kein Beta-Exotoxin. Die *B. thuringiensis*-Unterart *israelensis* wirkt ziemlich spezifisch gegen im Wasser lebende Diptera-Larven, wie z.B. Moskitos. *Bacillus sphaericus*, das ein potentiell wirksames Insektizid zur Moskitobekämpfung produziert, und *Bacillus popilliae*, ein insektenpathogener Organismus gegenüber dem Japankäfer, haben gute wirtschaftliche Aussichten, jedoch müssen zuerst die Schwierigkeiten bei ihrer fermentativen *in vitro* Produktion beigelegt werden.

Bacillus thuringiensis wird in aeroben Submerskulturen in preiswerten Komplexmedien, wie z.B. Sojabohnenmehl, Maisstärke, Maisquellwasser, Melasse, Hefeextrakt oder hydrolysiertem Casein hergestellt. Die Fermentationsbedingungen sind dahingehend optimiert, daß die Wachstumsrate der Bakterien sowie die Zellausbeute möglichst hoch sind und gleichzeitig die Sporenbildung mit der gleichzeitigen Bildung des kristallinen Toxins möglichst effizient ablaufen kann.

Die Infektion von Insekten durch Pilze erfolgt generell durch die Oberhaut. Die erfolgreiche Invasion hängt mit der Bildung von Chitinasen, Proteasen oder Lipasen durch die Pilze zusammen. Die wichtigsten insektenpathogenen Pilze sind die Deuteromyceten (Fadenpilze), wie z.B. *Beauveria bassiana* und *Metarrhizium anisopliae* (allgemeine Pathogene), *Verticillium lecanii* (pathogene Wirkung gegenüber Weißfliegen und Blattläusen) oder *Hirsutella thompsonii* (pathogene Wirkung gegenüber eriophyiden Milben). Diese Pilzarten sind vor allem deshalb interessant, weil sie *in vitro* wachsen. Bei manchen Pilzen sind die Conidien für eine Infektion verantwortlich, was oft die Kultivierung auf festen oder halbfesten Nährböden erfordert. Bei *B. bassiana* und *H. thompsonii* konnte die Ausbildung von Conidien und von infektiösen Sporen auch schon in Submerskultur erreicht werden. Manche Spezies, wie z.B. *V. lecanii*, nehmen in Submerskulturen hefeartige Morphologie an, wobei sich knospenförmige Elemente oder Blastosporen herausbilden. Die Bildung von Blastosporen wurde in kommerziellen Verfahren noch selten benutzt, denn sie neigen zur Instabilität und ihre Infektionskraft ist gering. Sollten diese Probleme beseitigt werden können, so stünde mit den Submers-Fermentationen die wirksamste Methode zur Ausbildung von insektenpathogenen Stoffen aus Pilzen zur Verfügung. Die Nährstofferfordernisse für insektenpathogene Pilze sind leider oft komplex und noch nicht gut verstanden. Hier eröffnet sich ein großes Forschungsgebiet und zwar die Optimierung von Kulturbedingungen zur Produktion von Insektiziden aus Pilzen.

Insekten-infizierende Viren lassen sich auch durch virale Infektion von entsprechenden Insektenzellen, die mit Fermentationstechniken in Kultur gezüchtet worden sind, herstellen. Mittlerweile sind schon mehrere Zellinien, vor allem von Schmetterlings- und Diptera-Arten, verfügbar, und zur

Optimierung von Zellwachstum und der viralen Replikation in Kulturen aus Insektenzellen wurden viele unterschiedliche Techniken angewendet. Der Entwicklung wirtschaftlicher Fermentationsverfahren für virale Insektizide stehen derzeit vor allem die technischen Schwierigkeiten bei Zellkulturen im großen Maßstab sowie die hohen Kosten für die Nährmedien im Wege.

9 Lebensmittelzusatzstoffe

9.1 Einleitung

Auf den folgenden Seiten werden biotechnologische Verfahren zur Produktion von wichtigen Nahrungsmittelzusatzstoffen, wie Aminosäuren, Nucleotiden, Vitaminen, Fetten und Ölen vorgestellt. Die Unterscheidung zwischen Lebensmittelzusatzstoff und Industriechemikalie ist dabei nicht immer eindeutig. Die Produktionsverfahren für Stoffe, die sowohl als Nahrungsmittelzusatzstoffe als auch anderweitig verwendet werden, wie z. B. Citronensäure und mikrobielle Polysaccharide, wurden bereits in Kap. 8 behandelt. Einzellerprotein sowie Essig (Kap. 7) und auch viele Enzyme (Kap. 11) können ebenso als Lebensmittelzusatzstoffe angesehen werden. Umgekehrt existieren für manche der in diesem Kapitel besprochenen Lebensmittelzusatzstoffe auch andere Anwendungen. So dient z. B. Glutaminsäure als Ausgangsstoff zur Synthese von Spezialchemikalien, wie z. B. N-Acylglutamat, einer biologisch abbaubaren oberflächenaktiven Verbindung, oder Oxopyrrolidincarbonsäure, ein natürlicher Feuchtigkeitsfaktor. In ähnlicher Weise dient γ-Linolensäure als Vorstufe zur Prostaglandinsynthese.

9.2 Aminosäuren

Die Produktion von Aminosäuren bedient sich einer breiten Methodenauswahl, u.a. der direkten Biosynthese, der Biotransformation von Vorstufen mittels Zellen oder Enzymen, der Extraktion von Proteinhydrolysaten und der chemischen Synthese. Die Aminosäuren finden in der Nahrungs- und Futtermittelindustrie als Nähr- sowie Geschmacksstoffe viele Anwendungen. Tabelle 9.1 gibt einen Überblick über den jährlichen Bedarf, die Produktionsmethoden und die Anwendungsgebiete von Aminosäuren in der Nahrungsmittelindustrie. Wichtige Aminosäuren, die nicht nur in der Nahrungsmittelindustrie eingesetzt werden, sind L-Arginin, L-Glutamin, L-Histidin, L-Leucin, L-Phenylalanin, L-Tyrosin und L-Valin.

Bis auf Glycin, L-Cystein und L-Cystin können alle Aminosäuren fermentativ oder in Biotransformationsverfahren hergestellt werden, jedoch arbeiten diese Verfahren nicht für alle Aminosäuren wirtschaftlich. Die Gewinnung von L-Asparagin, L-Leucin, L-Tyrosin, L-Cystein und L-Cystin er-

Tabelle 9.1. Jährliche Aminosäureproduktion zur Verwendung in Nahrungsmitteln

Aminosäuren	Jährliche Produktion, t	Direkte Fermentation	Produktionsmethoden			Wichtigste Verwendung in der Nahrungsmittel- bzw. Futtermittel- industrie
			Biotrans- formation	Extraktion von Protein- hydrolysaten	Chemische Synthese	
L-Alanin	50		+			Geschmacksverstärker
D,L-Alanin	200				+	Geschmacksverstärker
L-Aspartat	1 000		+			Geschmacksverstärker
L-Cystein	200			+		Antioxidans beim Backen
L-Glutamat	400 000	+			+	Geschmacksverstärker
Glycin	6 000				+	Süßstoff
L-Lysin	40 000	+				Futterzusatz
D,L-Methionin	70 000				+	Futterzusatz
L-Threonin	100	+			+	Futterzusatz

folgt durch Reinigung von Proteinhydrolysaten. Dagegen ist für optisch inaktive, racemische Mischungen aus D- und L-Isomeren, wie D,L-Alanin, D,L-Methionin, D,L-Tryptophan und Glycin die chemische Synthese wirtschaftlicher. Die racemischen Mischungen können anschließend mittels der Aminoacylase-Reaktion aufgetrennt werden (Kap. 11).

Bakterienstämme der Gattungen *Corynebacterium* und *Brevibacterium* haben bei der Produktion von Aminosäuren durch Biosynthese größere Bedeutung erlangt. Natürliche Wildstämme können große Mengen an Glutaminsäure sekretieren. Da die Bildung der Aminosäuren in diesen Wildtypen metabolischen Regulationsmechanismen, vor allem einer Endproduktrepression und -hemmung, unterliegen, werden normalerweise nur selten größere Mengen an Aminosäuren sekretiert. Die Produktion von Aminosäuren in wirtschaftlichen Größenordnungen hängt mit der erfolgreichen Entwicklung von deregulierten Mutanten zusammen. Zwei der wichtigsten Methoden zur Überproduktion von Aminosäuren sind die Verwendung von auxotrophen und von regulatorischen Mutanten oder einer Kombination der beiden. Den auxotrophen Mutanten fehlt das Enzym zur Bildung des Effektors für die Produkthemmung (in vielen Fällen das Endprodukt). Sie können

Tabelle 9.2. Genetische Eigenschaften einiger aminosäurebildender Stämme der Gattung *Brevibacterium flavum* sowie *Corynebacterium glutamicum*

Rasse	Aminosäure	Genetische Charakteristika	Ausbeute, gl^{-1}
Brevibacterium	L-Arginin	Gua$^-$ TA^r	35
flavum	L-Histidin	TA^{r}SM^{r}Eth^{r}ABT^r	10
	L-Isoleucin	AHV^{r}OMT^r	15
	L-Lysin	AEC^r	57
	L-Prolin	Ile$^-$SG^{r}DHP^r	29
	L-Threonin	Met$^-$ AHV^r	18
Corynebacterium	L-Glutamat	Wildtyp	> 100
glutamicum	L-Glutamin	Wildtype	40
	L-Lysin	Hom$^-$ Leu$^-$ AEC^r	39
	L-Phenylalanin	Tyr$^-$ PFP^{r}PAP^r	9
	L-Tryptophan	Phe$^-$Tyr$^-$5MT^{r}TrpHx^{r}6FT^r	
		4MT^{r}PFP^{r}PAP^{r}TyrHx^{r}PheHx^r	12
	L-Tyrosin	Phe$^-$PFP^{r}PAP^{r}PAT^{r}TyrHx^r	18

Abkürzungen für Resistenzen: r, resistent; ABT, 2-Aminobenzthiazol; AEC, S-(β-Aminoethyl)-L-cystein; AHV, α-Amino-β-hydroxyvaleriansäure; DHP, 3,4-Dehydroprolin; Eth, Ethionin; 6FT, 6-Fluorotryptophan; 4MT, 4-Methyltryptophan; 5MT, 5-Methyltryptophan; OMT, O-Methylthreonin; PAP, p-Aminophenylalanin; PheHx, Phenylalaninhydroxamat; SG, Sulfaguanidin; TA, 2-Thiazolalanin; TyrHx, Tyrosinhydroxamat; TrpHx, Tryptophanhydroxamat.
Abkürzungen für Auxotrophie: –, auxotroph; Ile, Isoleucin; Met, Methionin; Hom, Homoserin; Leu, Leucin; Phe, Phenylalanin; Tyr, Tyrosin; Gua, Guanin.

die metabolische Zwischenstufe, die das Substrat für das fehlende Enzym wäre, akkumulieren und sekretieren. Einer Lysin-auxotrophen Mutante fehlt z. B. in der Reaktionssequenz zur Lysin-Synthese ein Enzym. Damit die Zellen wachsen können, ist dieser Stamm auf das Angebot an Lysin, bzw. einer metabolischen Vorstufe, die zu Lysin umgewandelt werden kann, angewiesen. Die Endprodukthemmung, die durch die Aminosäure als Endprodukt eines unverzweigten biosynthetischen Reaktionsweges hervorgerufen wird, kann durch die Entwicklung von regulationsdefekten Mutanten umgangen werden. Die regulationsdefekte Mutante besitzt als Schlüsselenzym ein anderes Enzym, das gegenüber Feedback-Regulation unempfindlich ist. Auf diese Weise kann die entsprechende Aminosäure akkumulieren. Zum Screening von analogresistenten oder regulationsdefekten Mutanten sind auch Endprodukt-Analoga, die ebenfalls das empfindliche Schlüsselenzym inhibieren können, nützlich. Aus den auxotrophen Mutanten (die offensichtlich kein Schlüssel-Regulierungsenzym mehr besitzen) können auch Revertanten ausgewählt werden, die ein modifiziertes, regulationsdefektes Enzym produzieren. In Tabelle 9.2 sind die genetischen Charakteristika von Mutanten von *Brevibacterium*-und *Corynebacterium*-Arten sowie eine Auswahl der veröffentlichten Ausbeuten der überproduzierten Aminosäuren zusammengestellt. Als Ausgangssubstrat diente in allen Fällen Glucose.

9.2.1 Glutaminsäure

Die geschmacksverstärkenden Eigenschaften von Natriumglutamat wurden zu Beginn des zwanzigsten Jahrhunderts in Japan entdeckt. Mittlerweile wird durch einen Fermentationsprozeß mit *Corynebacterium glutamicum* ein jährlicher Weltmarkt von etwa 400 000 t gedeckt.

Zur technischen Produktion von Glutaminsäure mit *C. glutamicum* und dazu verwandten Stämmen werden üblicherweise Melasse oder Stärkehydrolysate verwendet. Eine geeignete Stickstoffquelle, z. B. als Ammoniumsalz, muß in reichlichem Umfang angeboten werden, denn in das Aminosäuremolekül wird NH_3 aufgenommen. Glutaminsäure-produzierende Bakterien können auch Harnstoff als Stickstoffquelle verarbeiten. Die Ammonium-Konzentration im Medium muß auf einem niedrigen Stand gehalten werden, da sonst das Zellwachstum und die Produktbildung gehemmt werden. Der pH im Nährmedium tendiert wegen der Sekretion von Glutamat aus der Zelle und der Assimilation von Ammonium dazu, abzusinken. Mit gasförmigem Ammoniak wird gleichzeitig erreicht, daß der Stickstoffgehalt im Medium einreguliert und der optimale pH von $7,0-8,0$ während der Fermentation eingehalten wird. Die Glutamat-Biosynthese verläuft aerob und ist während der gesamten Fermentation auf eine genügend hohe Sauerstoffzufuhr angewiesen.

Die Glutamat-bildenden Bakterien brauchen für ihr Wachstum Biotin. Leider akkumuliert die Glutaminsäure am besten bei einer Biotinkonzentration von $0,5\,\mu$g pro Gramm Biotrockenmasse, was allerdings für ein optimales Zellwachstum zu wenig ist. Überschüssiges Biotin fördert zwar die Zunahme der Zellmasse, schadet jedoch der Glutamat-Akkumulation. Werden während des Zellwachstums gesättigte C_{16}–C_{18} Fettsäuren zugesetzt, so kann Glutamat auch in Gegenwart hoher Biotinkonzentrationen akkumulieren. Der Grund liegt darin, daß die Akkumulierung der Aminosäure vorwiegend über ihre Sekretionsgeschwindigkeit und weniger durch die Geschwindigkeit ihrer Biosynthese geregelt ist. Biotin ist ein Cofaktor der Acetyl-CoA-Carboxylase, die das erste Enzym im biosynthetischen Reaktionsweg von Ölsäure ist (ungesättigt, $C_{18:1}$) und außerdem bei der anschließenden Verknüpfung der Ölsäure mit Phospholipiden wirkt. Gesättigte C_{16}–C_{18} Fettsäuren unterdrücken die Acetyl-CoA-Carboxylase. Phospholipide regulieren offensichtlich die Permeabilität der Zelle für Glutamat. Bei zu geringer Biotinkonzentration oder bei Vorhandensein gesättigter C_{16}–C_{18} Fettsäuren wird die Phospholipidkonzentration in der Zelle abgesenkt, wodurch sich die Permeabilität für Glutamat erhöht.

Glutamat-produzierende Bakterien können, wenn sie in Gegenwart von Penicillin wachsen, sogar bei überschüssigem Biotin große Mengen an Glutamat bilden. Penicillin inhibiert die Zellwand-Synthese der Bakterien. Dadurch kommt es zur Bildung von Zellen mit geschwächter Zellwand, wodurch die Permeabilitätsbarriere der Zellmembran ebenfalls herabgesetzt wird.

Bei optimalen Bedingungen läuft die Glutamatbildung aus Hexosen überwiegend nach dem Embden-Meyerhof-Parnas Weg ab, wodurch Kohlenstoff-Vorstufen in den Citrat-Cyclus geschleust werden. Das bei der oxidativen Decarboxylierung von Isocitrat zu α-Oxoglutarat gebildete NADPH + H^+ stellt den reduzierten Cofaktor, der zusammen mit NH_3 zur Umwandlung von α-Oxoglutarat zu Glutamat unter Mithilfe der Glutamat-Dehydrogenase benötigt wird. Den Stämmen, die sich zur großtechnischen Glutaminsäureproduktion eignen, fehlt die α-Oxoglutarat-Dehydrogenase im Citrat-Cyclus. Folglich akkumuliert, wenn kein NH_4^+ vorhanden ist, wohl aber genügend Sauerstoff, α-Oxoglutarsäure. Zwischenstufen aus dem Krebscyclus, die zur Auffüllung des Oxalacetats (zur Kondensation der Citratsynthase) und für weitere Zellreaktionen benötigt werden, werden durch leistungsstarke anaplerotische Reaktionen zur Verfügung gestellt. Bei der Carboxylierung von Phosphoenolpyruvat zu Oxalacetat spielt die Phosphoenolpyruvat-Carboxylase eine wichtige Rolle. Die Zwischenstufen aus dem Krebscyclus können alternativ auch über den Glyoxylat-Cyclus zur Verfügung gestellt werden (s. Kap. 2). Stöchiometrisch entsteht aus 1,4 mol Glucose 1 mol Glutamat, wenn der Glyoxylat-Cyclus mit einbezogen wird. Dagegen ist der Reaktionsweg über die Kohlendioxidfixierung durch die Phosphoenolpyruvat-Carboxylase effizienter. Hier entstehen pro mol Glucose zwei mol Glutamat. Zur Erhöhung der Ausbeute wurden einige Mutanten eingeführt, deren Konzentrationen an Isocitrat-Lyase aus dem Glyoxylat-Cyclus geringer ist. Der Metabolismus der Glutamatbildung aus Glucose ist in Abb. 9.1 zu sehen.

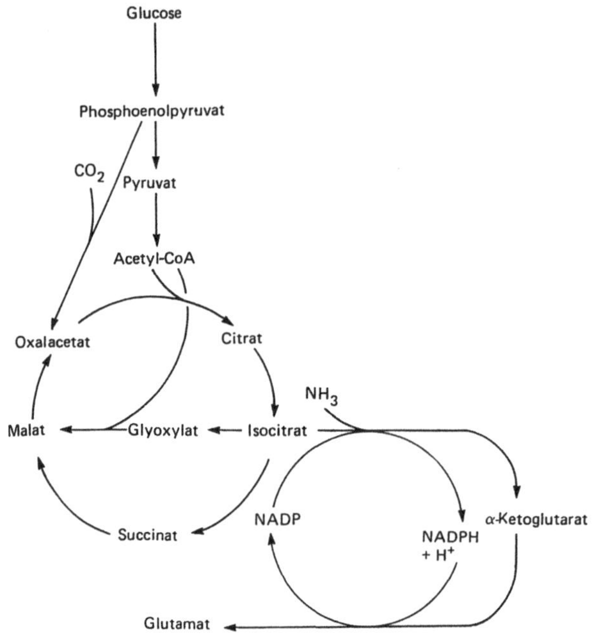

Abb. 9.1. Metabolismus der Glutaminsäureproduktion aus Glucose.

9.2.2 Lysin

Lysin ist für Mensch und Tier eine essentielle Aminosäure und kommt in Getreide nicht vor. Aus dieser Tatsache entstand für Lysin ein jährlicher Weltmarkt von mehr als 40000 t. Die Aminosäure wird größtenteils mittels einer auxotrophen *Corynebacterium glutamicum*-Mutante in direkter Biosynthese gewonnen. Daneben gibt es ein zweites Verfahren, das mit einer Regulationsmutante von *Brevibacterium flavum* arbeitet, sowie ein Biotransformations-Verfahren, bei dem das chemisch synthetisierte α-Aminocaprolactam zu L-Lysin konvertiert wird.

Abbildung 9.2 zeigt den biosynthetischen Reaktionsweg für Lysin in *C. glutamicum* und *B. flavum*. Das erste Enzym, die Aspartokinase, wird durch L-Threonin und L-Lysin mittels einer konzertierten Feedback-Inhibierung reguliert. L-Threonin verursacht eine Feedback-Inhibierung der Homoserin-Dehydrogenase, während L-Methionin die Synthese ebendieses Enzyms unterdrückt. Ein Homoserin-auxotropher bzw. ein Threonin-Methionin-doppeltauxotropher *C. glutamicum*-Stamm senkt den intracellulären Vorrat an Threonin und schwächt den merklichen inhibitorischen Feedback von Threonin auf die Aspartokinase ab, wodurch die Lysin-Produktion angekurbelt wird. S-(2-Aminoethyl)-L-cystein (SAEC), ein Lysin-Analogon, wirkt als falscher Feedback-Inhibitor auf die Aspartokinase und hemmt das Wachstum von *B. flavum*. Diese inhibitorische Wirkung wird durch L-Threonin noch verstärkt und von L-Lysin abgeschwächt. Einige Mutanten

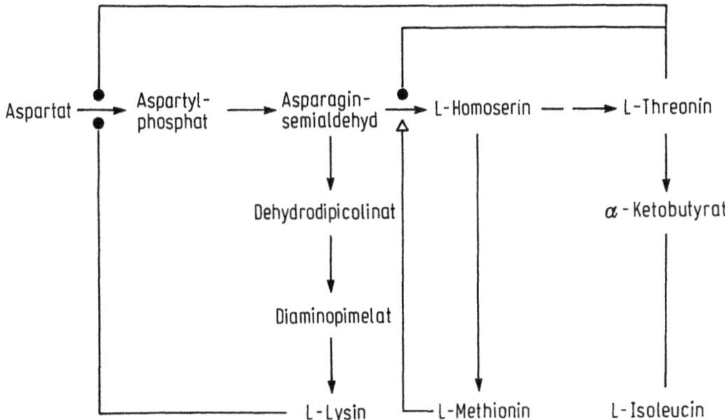

Abb. 9.2. Metabolismus der Lysin-Biosynthese in *Corynebacterium glutamicum* und *Brevibacterium flavum* (●: Inhibierung; △: Repression).

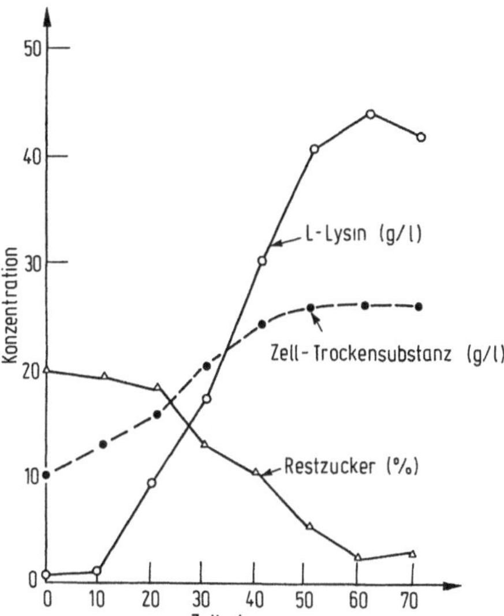

Abb. 9.3. Zeitlicher Ablauf einer Lysin-Produktion mit einem Homoserin-auxotrophen Stamm (mit freundlicher Genehmigung entnommen aus Nakayama, 1985).

besitzen zwar die Aspartokinase, wachsen aber sowohl in Gegenwart von AEC als auch von L-Threonin. Ihre Aspartokinase ist gegenüber der konzertierten Feedback-Inhibierung weniger empfindlich. Diese Mutanten sind potente L-Lysinbildner. Regulatorische und auxotrophe Mutanten, die gegenüber SAEC resistent sind und Homoserin oder Threonin und Methionin zum Wachstum brauchen, können Lysin überproduzieren.

Die Biosynthese von Aspartat zur Lysinproduktion stammt aus der Oxalacetat-Komponente aus dem Krebs-Cyclus. Als vorherrschende anaplerotische Reaktion wird eher das Phosphoenolpyruvat-Carboxylierungssystem als der Glyoxylat-Cyclus angesehen. Setzt man dem Medium überschüssiges Biotin zu, so kann eine unerwünschte Glutamat-Überproduktion verhindert werden.

Abbildung 9.3 zeigt den zeitlichen Verlauf einer Lysin-Produktion am Beispiel eines Homoserin-auxotrophen Bakterienstammes.

Zur L-Lysin-Produktion durch Biotransformation dient D,L-α-Aminocaprolactam, das chemisch aus Cyclohexan gewonnen wird, als Startprodukt. Die Reaktion wird durchgeführt mit Aceton-gefällten Cryptococcus laurentii-Zellen (enthalten das Enzym L-α-Aminocaprolactam-Hydrolase). Diese wandeln das L-Aminocaprolactam in L-Lysin um. Eine vollständige Umwandlung von D,L-α-Aminoprolactam wird möglich bei gleichzeitiger Verwendung von ebenfalls mit Aceton getrockneten *Achromobacter obae*-Zellen. Diese enthalten eine Racemase, die das D-α-Aminocaprolactam in die L-Form umwandeln kann (Abb. 9.4).

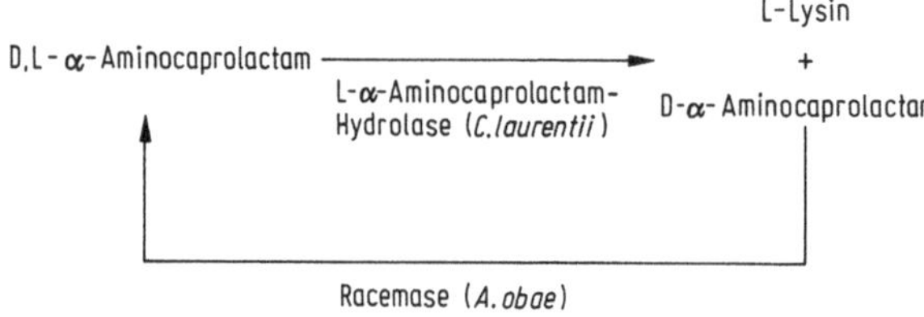

Abb. 9.4. Biotransformatorische Umwandlung von D,L-α-Aminocaprolactam.

9.3 Nucleoside

Die geschmacksverstärkende Wirkung des japanischen Katsubushi, das in Japan benutzt wird, stammt aus dem Histidinsalz des 5′-Inosinmonophosphates (IMP). 5′-Guanosinmonophosphat (GMP) wirkt ebenfalls merklich geschmacksverstärkend. IMP und GMP wirken synergetisch. Sie werden in Japan großtechnisch sowohl durch enzymatische Hydrolyse von Hefe-RNA als auch durch direkte Fermentation gewonnen.

Die biotechnologische Gewinnung von IMP geschieht entweder über die mikrobielle Produktion von Inosin, das dann chemisch zu IMP phosphoryliert wird, oder in einer direkten Fermentation. Die normale Zellmembran ist zwar für Inosin permeabel aber nicht für IMP.

Die Biosynthese für Purinnucleotide mit *Bacillus subtilis* ist in Abb. 9.5 wiedergegeben. In einer Abfolge von metabolischen Reaktionsstufen wird 5-Phospho-ribosyl-pyrophosphat (PRPP) zu IMP umgewandelt, das eine gemeinsame Vorstufe für GMP und AMP ist (Verzweigungspunkt). Die spezifische Aktivität der IMP-Dehydrogenase ist wesentlich höher als die der Adenylsuccinat-Synthetase, wodurch IMP vorrangig zu GMP umgewandelt wird. XMP und GMP bewirken eine Feedback-Inhibierung und eine Repression der IMP-Dehydrogenase. Die Adenylsuccinat-Synthetase und die Adenylsuccinat-Lyase werden durch AMP reguliert. AMP und

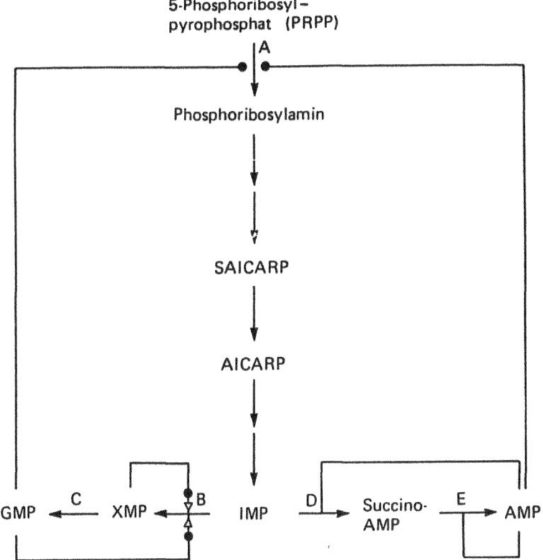

Abb. 9.5. Biosynthese von IMP, GMP und AMP mit *B. subtilis*; •: Inhibierung; Δ: Repression. A: PRPP-Aminotransferase; B: IMP-Dehydrogenase; C: XMP-Reduktase; D: Adenylsuccinat-Synthetase; E: Adenylsuccinat-Lyase; SAICARP: 5′-Phosphoribosyl-5-amino-4-imidazol-N-succinocarboxamid; AICARP: 5′-Phosphoribosyl-5-amino-4-imidazol-carboxamid).

GMP bewirken eine weniger ausgeprägte Feedback-Inhibierung der PRPP-Aminotransferase.

Das von der Zelle synthetisierte IMP kann von der Zelle dephosphoryliert und als Inosin ins Medium sekretiert werden. Bei den technischen inosinproduzierenden Stämmen handelt es sich um Adenin- und Guanin-deregulierte Auxotrophe. Typische IMP-Bildner sind Adeninauxotrophe mit geringer Aktivität der IMP-abbauenden Enzyme. Sie sind Permeabilitätsmutanten und können IMP sekretieren. Mutanten von *Brevibacterium ammoniagenes*, die bei der industriellen Produktion verwendet werden, sind weiterhin gegenüber Mn^{2+}, das üblicherweise für eine verminderte IMP-Produktion verantwortlich ist, unempfindlich. In Abb. 9.6 ist der Produktionsverlauf für IMP durch *B. ammoniagenes* dargestellt.

Die hauptsächlichen Probleme mit der Überproduktion von GMP bei der direkten Biosynthese hängen mit der Feedback-Regulation der PRPP-Aminotransferase durch GMP zusammen. GMP kann in unterschiedlichen Fermentationsverfahren produziert werden:

(1) Produktion von Guanosin durch eine direkte Biosynthese mit Adenin-Auxotrophen, damit die GMP-Produktion aus Glucose forciert wird. GMP kann die Zellmembran nicht durchdringen und wird als Guanosin sekretiert, d. h. GMP muß chemisch phosphoryliert werden.

(2) Mit einer Mischkultur aus zwei *Brevibacterium ammoniagenes*-Mutanten, wobei die eine XMP aus Glucose bildet und die andere XMP in GMP umwandelt.

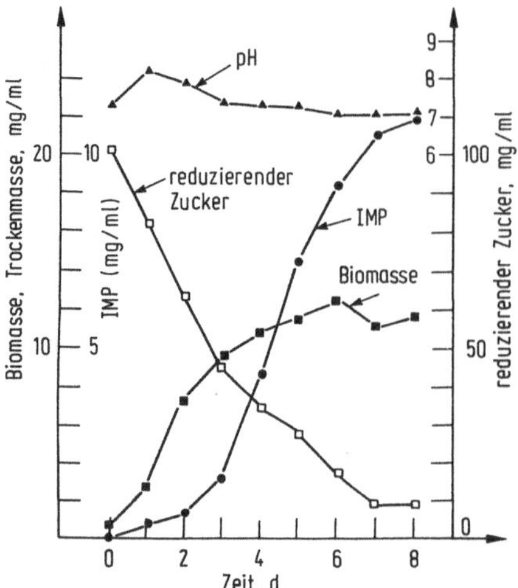

Abb. 9.6. Zeitlicher Verlauf der IMP-Produktion durch *Brevibacterium ammoniagenes* KY 13102 (mit freundlicher Genehmigung entnommen aus Furuya et al., 1968).

(3) Biosynthetische Gewinnung von 5-Amino-4-imidazolcarboxamid-Ribosid (AICAR) mit nachfolgender chemischer Umsetzung zu GMP.

In Tabelle 9.3 sind die Nucleosidausbeuten bzw. die entsprechenden Produktausbeuten zusammengestellt, die in Fermentationen mit Mutanten-Stämmen erreicht werden.

Tabelle 9.3. Biotechnologische Produktion von Nucleotiden und ähnlichen Produkten

Rasse		Produkt	Genetische Charakteristika	Ausbeute, gl^{-1}
B. ammoniagenes	Ky 13102	IMP	Ade	12,8
	Ky 13105	IMP	$Ade^- Mn^{2+}$ unempfindlich	19,0
	Ky 13714	Inosin	$Ade^- Gua^- 6MG^r$	13,6
	Ky 13761	Inosin	$Ade^- Gua^- 6MG^r 6MTP^r$	30,0
Microbacterium sp.	NO 250	Inosin	$Ade^- 6MTP^r 8AG^r MSO^r 6TG^r$	35,0
B. subtilis	C-30	Inosin	$Ade^- His^- Tyr^-$	10,5
	RDA-16	Inosin	$Ade^- His^- Red^- Dea^- 8AG^-$	18,0
	MG1	Guanosin	$Ade^- His^- Red^- MSO^r Psi^r Dec^r$	16,0
B. ammoniagenes		GMP	zwei Mutanten; davon konvertiert eine Glucose zu XMP und die andere XMP zu GMP	2,5
B. megaterium	335	AICAR	Mutante	16,0

Abkürzungen für Resistenzen: r, resistent; 8AG, 8-Azaguanin; 6MG, 6-Mercaptoguanin; 6MTP, 6-Methylthiopurin; MSO, Methioninsulfoxid; Psi, Psicofuranin; 6TG, 6-Thioguanin; Dec, Decoyinin
Abkürzungen für Auxotrophie: Ade, Adenin; Dea, AMP-Deaminase; Gua, Guanin; His, Histidin; Red, GMP-Reduktase; Tyr, Tyrosin.

9.4 Vitamine

Mikroorganismen können zwar eine Reihe von Vitaminen produzieren, jedoch üblicherweise nicht im Überschuß. Von den Vitaminen werden Vitamin B_{12} und Riboflavin (Vitamin B_2) im großen Maßstab fermentativ gewonnen, wobei Riboflavin heute überwiegend chemisch synthetisiert wird.

9.4.1 Vitamin B_{12}

Derzeit werden pro Jahr ca. 10 000 kg Vitamin B_{12} produziert. Im Einsatz ist sowohl ein zweistufiges Verfahren mit *Propionibacterium*-Arten als auch ein einstufiges Verfahren mit *Pseudomonas denitrificans*.

In der ersten Stufe des *Propionibacterium*-Verfahrens bildet sich hauptsächlich 5'-Deoxyadenosylcobinamid, das dann im zweiten Schritt zu Vitamin B_{12} umgewandelt wird. Beide Stufen verlaufen aerob und bei einer Kulturdauer von etwa 6 Tagen beträgt die Gesamtausbeute 40 mg l^{-1}.

Das einstufige, aerobe *P. denitrificans*-Verfahren wird in einem Medium durchgeführt, dem Cobalt und 5,6-Dimethylbenzimidazol zugesetzt sind. Durch Betain wird die Produktausbeute erhöht, wobei noch nicht geklärt ist, ob Betain die Biosynthese aktiviert oder die Membranpermeabilität verbessert. Als Kohlenstoffquelle eignet sich hervorragend Rübenmelasse, die Betain enthält. Mutierte *P. denitrificans*-Stämme können im Laufe einer viertägigen Kultivierung 60 mg l^{-1} Produkt bilden.

9.4.2 Riboflavin (Vitamin B_2)

1947 wurde ein aerobes Produktionsverfahren zur Riboflavin-Herstellung mit *Ashbya gossypii* eingeführt. Nach siebentägiger Kultivierung wird das Riboflavin, das sowohl in Lösung als auch an Mycel gebunden vorliegt, in Ausbeuten von 7–8 g l^{-1} erhalten. Chemische und mikrobiologische Produktionsmethoden unterliegen einem starken gegenseitigen Wettbewerb. Die Forschungen konzentrieren sich auf die Entwicklung von *Bacillus subtilis*-Stämmen, die Riboflavin überproduzieren und sekretieren. Man kann davon ausgehen, daß mit DNA-Rekombinationstechniken *Bacillus subtilis*-Stämme entwickelt werden können, die wirtschaftliche Ausbeuten an Riboflavin produzieren.

9.5 Fette und Öle

Häufig ist zu hören, daß auch für die Herstellung von Fetten und Ölen biotechnologische Verfahren interessant sein könnten und zwar speziell in Europa, das den überwiegenden Teil dieser Waren importieren muß. Unter der Annahme, daß für 1 Tonne aufgearbeitetes Fett 5–6 Tonnen Weizen als Rohstoff benötigt werden, wird bei einer hocheffektiven Produktion je

Tonne Fett ein Herstellungspreis von 7500–9000 DM geschätzt. Diese Kosten können derzeit mit den entsprechenden Kosten für raffinierte Pflanzenöle in keiner Weise mithalten (Tabelle 9.4). Technische Verfahren mit Kohlenhydraten als Substrat sind derzeit keine sinnvolle Alternative zur Produktion von Ölen aus Handelslipiden. Biotechnologische Prozesse können höchstens Nischen abdecken, wie z. B. die Produktion von Spezialölen mit mikrobiellen Techniken.

Tabelle 9.4. Preise für raffinierte, pflanzliche Öle (1987) (mit freundlicher Genehmigung entnommen aus *Enzyme and Microbial Technology*, 1987).

Pflanzenöl	DM pro Tonne	Pflanzenöl	DM pro Tonne
Gebrauchsöle		Gebrauchsöle	
Nußmehlöl	1 620	Palmöl	690
Sojaöl	810	Olivenöl	3 510
Rapsöl	2 640		
Sonnenblumenöl	900	Spezialöle	
Baumwollöl	1 200	Rizinusöl	3 510
Copra	810	Kakaobutter	9 000
Palmkernöl	660	Jojobaöl	30 000
Leinsamenöl	1 500	Nachtkerzenöl	105 000
Maisöl	1 050		

γ-Linolensäure.   γ-Linolensäure dient zur Nahrungsergänzung und wird als Vorstufe in der Prostaglandinsynthese verwendet. Pflanzliche Quelle ist das Nachtkerzenöl, das bis zu 7% γ-Linolensäure enthält. Einige Schimmelpilze aus der Ordnung der Mucoralen, nämlich *Cunninghamella elegans* und *Mortierella isabellia*, bilden 3-5% ihrer Biomasse als γ-Linolensäure. Vor kurzem teilte die Firma John E. Sturge (GB) mit, daß sie ein wirtschaftliches Verfahren zur Produktion von Linolensäure gestartet hat. Das Verfahren bedient sich einer *Mucor*-Art und läuft in Rührreaktoren mit 220 m^3 Fassungsvermögen ab. Das wichtigste Substrat ist reine Glucose. Das raffinierte Öl wird über eine Lösungsmittelextraktion der Zellen freigesetzt.

10 Arzneimittel

10.1 Antibiotika

Antibiotika sind Sekundärmetabolite, die den Wachstumsprozeß anderer Organismen unterdrücken können. Die Beobachtung von Alexander Fleming im Jahre 1929, daß *Penicillium notatum* das Wachstum von Staphylococcen verhindern kann, führte zur Entwicklung von Produktionsverfahren für Penicillin und war der Beginn des Antibiotika-Zeitalters. Mittlerweile sind mehr als 6000 Stoffe mit antibiotischer Wirkung bekannt. Über 100 Antibiotika werden biotechnologisch produziert und etwa 50 halbsynthetische Verbindungen sind in der Medizin als Antibiotika eingesetzt. Jährlich werden weltweit mehr als 100 000 t Antibiotika mit einem geschätzten Marktwert von 5 Milliarden Dollar produziert. Am weitesten verbreitet sind die β-Lactame (Penicilline und Cephalosporine) und die Tetracycline. Die mikrobiellen Antibiotika Chloramphenicol und Pyrrolnitrin können mittlerweile preiswerter auf chemischen Wege hergestellt werden.

Antibiotika werden vorwiegend zur Therapie von Krankheiten beim Menschen bzw. bei Infektionen als antimikrobielle Agenzien eingesetzt. Manche wirken auch cytostatisch und werden zur Bekämpfung bestimmter Tumore verwendet. Weiterhin helfen sie auch in der Veterinärmedizin und in der Pflanzenpathologie, Krankheiten einzugrenzen, dienen zur Haltbarmachung von Lebensmitteln und als wachstumsfördernde Substanzen bei Tieren. In Abb. 10.1 sind ausgewählte, wichtige fermentativ hergestellte Antibiotika für den pharmazeutischen Einsatz zusammengestellt. Viele der genannten Substanzen sind Vertreter einer ganzen Familie untereinander verwandter Antibiotika.

10.1.1 Penicilline

Alle Penicilline besitzen als Grundkörper die 6-Aminopenicillansäure (6-APA). Sie besteht aus einem Thiazolidin-Ring, der mit einem β-Lactam-Ring verschmolzen ist (Abb. 10.2). Die Aminogruppe in der 6-Position kann mit unterschiedlichen Acyl-Resten substituiert sein. Ohne einen Zusatz von Seitenketten-Vorstufen (Precursor) zum Fermentationsmedium entsteht eine Mischung aus natürlichen Penicillinen, wovon jedoch nur Benzylpenicillin (Pen G) und Phenoxymethylpenicillin (Pen V) therapeutisch wirksam

Antibiotikum Gruppe	Beispiel	produzierender Organismus	Wirkungsspektrum[1]	Struktur[2]	Anmerkungen
β-Lactam	Penicillin G	*Penicillium chrysogenum*	G^+	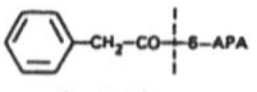 Penicillin G	kaum toxisch, säurelabil, empfindlich gegenüber β-Lactamase
	Ampicillin	*Penicillium sp.*	G^+G^-	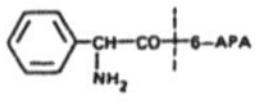 Ampicillin	empfindlich gegenüber β-Lactamase, säurestabil
	Cephalosporin C	*Cephalosperium acremonium*	G^+G^-	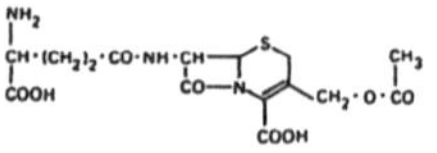 Cephalosporin C	kaum toxisch, resistent gegenüber Penicillinase, wird jedoch von den β-Lactamasen mancher G^- Bakterien inaktiviert
Peptid	Bacitracin	*Bacillus licheniformis*	G^+G^-	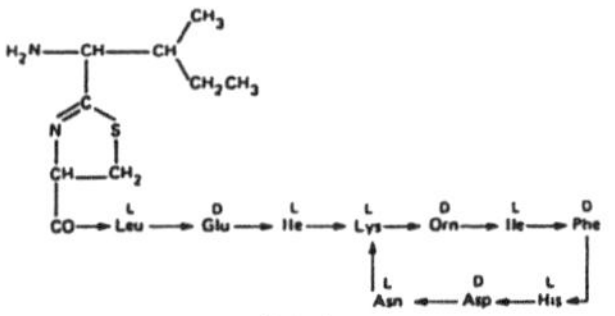 Bacitracin	auf lokale Anwendung beschränkt, da toxisch
Aminoglycosid	Streptomycin	*Streptomyces griseus*	G^-	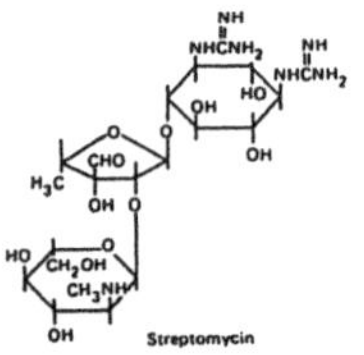 Streptomycin	hauptsächlich zur Tuberkulosebehandlung
Macrolid	Erythromycin	*Streptomyces griseus*	G^+	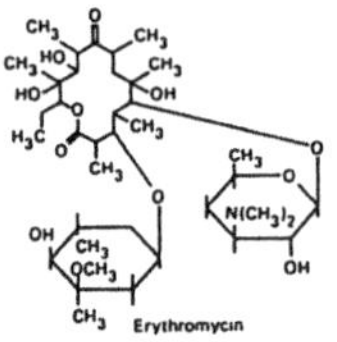 Erythromycin	speziell gegen *Staphylococcus* wirksam, kaum toxisch
Polyenmacrolid	Candidin	*Streptomyces viridoflavus*	P	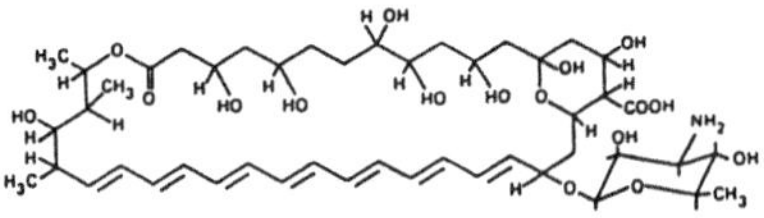 Candidin	weitverbreitet für lokale Anwendung gegen Pilzbefall
Tetracyclin	Chlortetracyclin	*Streptomyces aureofaciens*	G^+G^-	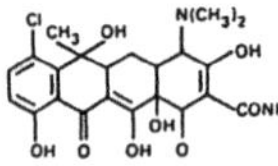 Chlortetracycline	
Aromat	Griseofulvin	*Penicillium patulum*	P	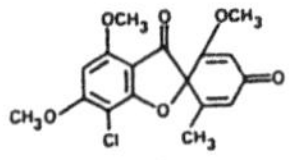 Griseofulvin	

[1] G^+, Grampositiv; G^-, Gramnegativ; P, Pilz.

[2] 6-APA = 6-Aminopenicillansäure.

Abb. 10.1. Wichtige, biotechnologisch hergestellte Antibiotika-Arten für den pharmazeutischen Einsatz.

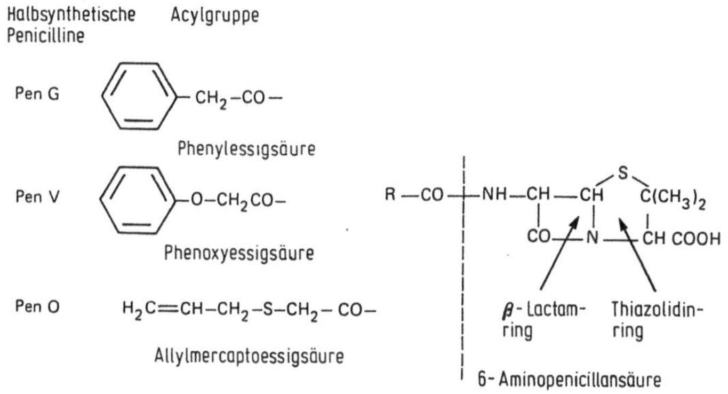

Halbsynthetische Penicilline — Acylgruppe

Pen G: Phenylessigsäure — CH_2-CO-

Pen V: Phenoxyessigsäure — $O-CH_2CO-$

Pen O: Allylmercaptoessigsäure — $H_2C=CH-CH_2-S-CH_2-CO-$

6-Aminopenicillansäure:
$R-CO-NH-CH-CH$ S $C(CH_3)_2$; $CO-N-CH$ $COOH$ — β-Lactam-ring, Thiazolidin-ring

Abb. 10.2. Stukturen von 6-Aminopenicillansäure sowie von Acylresten einiger halbsynthetischer Penicilline.

sind. Beide Penicilline wirken auf ähnliche Zielorganismen, nämlich Gram-positive Bakterien. Pen G ist jedoch säurelabil und muß parenteral verabreicht werden. Das säurestabile Pen V kann dagegen oral eingenommen werden. Pen G entsteht auf natürlichem Wege. Seine Ausbeute läßt sich jedoch durch eine Prozeßsteuerung und den Zusatz von Phenylessigsäure als Precursor zum Medium steigern. Werden dem Medium die Vorstufen Phenoxyessigsäure und Allylmercaptoessigsäure zugesetzt, so bilden sich Phenoxymethylpenicillin (Pen V) und das weniger allergen wirkende Allylmercaptomethylpenicillin (Pen O). Penicillinderivate mit verbesserter Stabilität und antimikrobieller Wirksamkeit können nach chemischer oder enzymatischer Hydrolyse von Pen G zu 6-APA halbsynthetisch gewonnen werden.

Biosynthese von Penicillin. Das β-Lactamthiazolidin wird aus L-α-Aminoadipat, L-Cystin und L-Valin über die Bildung und Cyclisierung eines Peptids zur Isopenicillansäure gebildet. Benzylpenicillin bildet sich anschließend durch Transacetylierung. Lysin und Penicillin teilen sich einen gemeinsamen anabolen Reaktionsweg zur L-α-Aminoadipinsäure, wobei Lysin die Penicillinsynthese hemmt. Abbildung 10.3 zeigt den Metabolismus sowie einige der möglichen Regulationsmechanismen zur Bildung von Benzylpenicillin. Glucose bewirkt bei der Penicillinbiosynthese eine Katabolitrepression und Penicillin scheint seine eigene Bildung zu regulieren. Weiterhin wirkt sich auch die Phosphatkonzentration auf die Penicillinproduktion aus.

Entwicklung geeigneter Stämme. Fleming erreichte mit seinem *P. notatum*-Stamm anfängliche Penicillinausbeuten von 2 internationalen Einheiten (IU) pro ml (1,2 mg l^{-1}). Mit der Isolierung von *P. chrysogenum* NRRL-1951 wurde 1943 ein Stamm entdeckt, der sich für Submerskulturen besser eignet als der ursprüngliche *P. notatum*-Stamm . Mit dem neu entdeckten Stamm stiegen die Ausbeuten auf 120 IU ml^{-1} (71 $mg\,l^{-1}$).

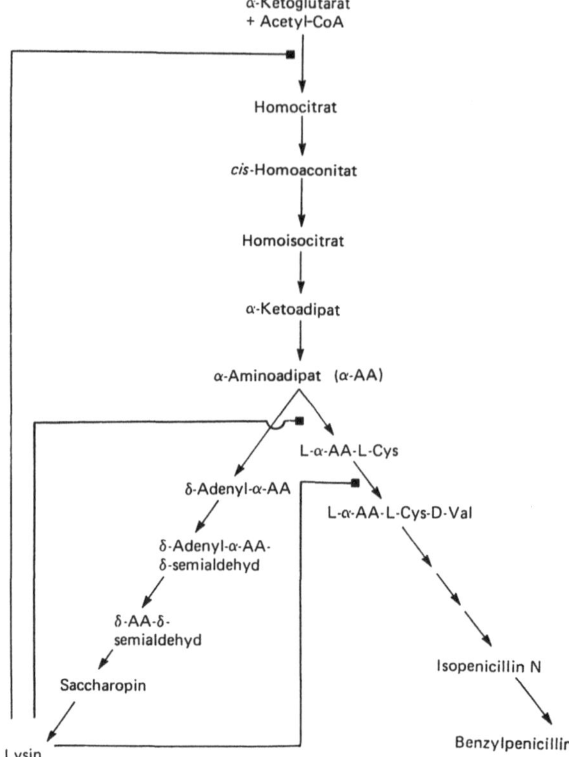

Abb. 10.3. Schematische Darstellung der Biosynthese von Benzylpenicillin und der Regulierung durch Lysin.

Aus Mutationen dieses Stammes entstand der berühmte Wisconsin-Stamm Wis Q 176, mit dem 900 IU ml^{-1} (530 mg l^{-1}) erreicht wurden. Bis in die frühen 70er Jahre wurde mit Mutations- und Selektionstechniken, wie z. B. Röntgenstrahlen, kurzwellige Strahlen, UV-Strahlen sowie chemischen Mutagenen (z. B. Methylbis-(β-chlorethyl)amin, Nitrosoguanidin, Alkylierungsmitteln und Nitrit) gearbeitet. Studien mit blockierten Mutanten führten zum Verständnis der Biosynthese, was wiederum zu geeigneten Selektionstechniken führte. Nach der Entdeckung des parasexuellen Cyclus in *P. chrysogenum* führten parasexuelle Züchtungsmethoden und Protoplasma-Fusionstechniken zur weiteren Verbesserung der Stämme. Mittlerweile sind durch systematische, kontinuierliche Verbesserungen der Stämme sowie Optimierung der Kultivierung Penicillinausbeuten von 85 000 IU ml^{-1} bzw. 50 g l^{-1} üblich.

Penicillinproduktion. Für hohe Penicillinausbeuten sind zum einen eine optimale Sporenkonzentration im Impfmedium und zum anderen die Ausbildung von lockeren Pellets bzw. die Verhinderung von kompakten Pellets während der vegetativen Wachstumsphase Voraussetzung. Die Biomasse verdoppelt sich gewöhnlich innerhalb von etwa 6 Stunden. Die Stämme

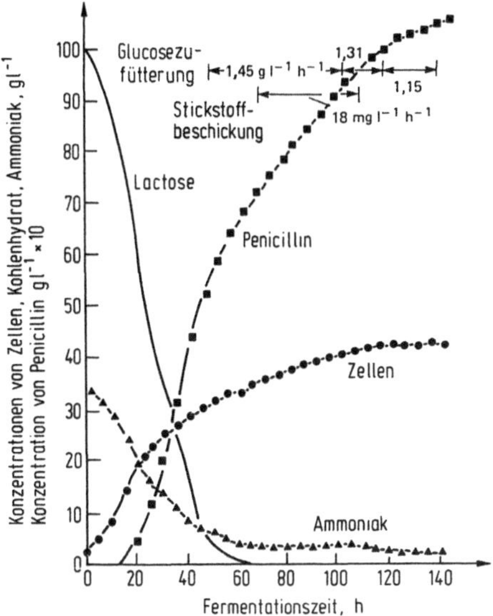

Abb. 10.4. Zeitlicher Verlauf einer Penicillinproduktion (mit freundlicher Genehmigung aus Queener und Swartz, 1979).

neigen zur Instabilität, was bedeutet, daß hierauf ein besonderes Augenmerk gerichtet werden muß. Die typische Penicillinproduktion verläuft in einem Fedbatch-Verfahren und einem Medium aus Maisquellwasser, Ammoniak, Salzen sowie einer Kohlenstoffquelle (z. B. Glucose, Lactose oder Melasse), wobei meistens Maisquellwasser als organische Stickstoffquelle benutzt wird. Dieses enthält Vorstufen der Seitenketten, folglich erhöht sich mit der Verwendung von Maisquellwasser die Penicillinausbeute. Je besser man in der Lage war, den Medien Seitenkettenvorstufen zuzusetzen, umso mehr verdrängten diese Medien das Maisquellwasser als Stickstoffquelle. Eine gleichbleibende Ammoniakkonzentration im Medium unterstützt die Atmung, verhindert die Mycel-Lyse und ist wichtig für die Penicillinsynthese. Der pH wird auf 6,5 eingestellt und der Precursor Phenylessigsäure bzw. Phenoxyessigsäure wird kontinuierlich zugesetzt. Wichtige Parameter für das Fermentationsverfahren sind die Geschwindigkeit des Zuckerverbrauchs sowie die Geschwindigkeit, mit der der Sauerstoff zugesetzt wird. Vor allem die Sauerstoffversorgung ist kritisch, denn die zunehmende Viskosität der Kulturmaische behindert den Sauerstofftransfer. Das Verfahren erfordert eine Sauerstoffaufnahmerate von 0,4–1,0 mmol pro Liter und Minute sowie einen RQ (CO_2-Bildung (Mol) / O_2-Verbrauch (Mol)) von etwa 0,95. In Abb. 10.4 ist der Verlauf einer Fermentation schematisch dargestellt, u. a. sind auch Substratverbrauch und Produktbildung in Abhängigkeit von der Fermentationszeit aufgenommen. Der technische Prozeß zeichnet sich typischerweise durch eine hohe Zellwachstumsrate ungefähr während der ersten beiden Tage aus. Anschließend sinkt die Wachstumsgeschwindigkeit, wobei die Penicillinbildungsgeschwindigkeit gleichzeitig steigt. Unter der Voraussetzung, daß die Substrate in ausreichenden Konzentrationen zugeführt werden, dauert die Penicillinproduktion ungefähr 6–8 Tage.

6-APA wird aus Pen G gewonnen. Dafür wird Pen G mit immobilisierter Penicillin-Acylase behandelt, die es in Phenylessigsäure und 6-APA spaltet. Der pH muß dabei durch NaOH-Zugabe neutral gehalten werden. Die so erhaltene 6-APA wird anschließend bei pH 4,0 ausgefällt. Zur Synthese von halbsynthetischen Penicillinen wird die so erhaltene 6-APA mit Standardmethoden chemisch mit der geeigneten Seitenkette acyliert.

10.1.2 Tetracycline

Den Tetracyclinen liegt ein Naphthacenring (s. Abb. 10.1) zu Grunde. Die klinisch bedeutenden Tetracycline unterscheiden sich voneinander durch spezifische Ringsubstituenten. Sie werden entweder biosynthetisch oder halbsynthetisch gewonnen. *Streptomyces* bildet vor allem Chlortetracyclin und Oxytetracyclin und nur in geringen Mengen Tetracyclin. *Streptomyces aureofaciens*-Stämme, die so mutiert sind, daß sie die Chlorierungsreaktion blockieren, sekretieren vor allem Tetracyclin.

Tetracyclin-Biosynthese.   Die Biosynthese von Chlortetracyclin verläuft in einem komplexen metabolischen Reaktionsweg mit 72 Zwischenstufen und mehr als 300 Genen. Eine der ersten Stufen ist die Bildung von Malonamoyl-CoA, das an den Anthracen-Synthase Enzymkomplex gebunden ist. Malonamoyl-CoA kondensiert anschließend mit acht Molekülen Malonyl-CoA und über einen Ringschluß entsteht letztlich Chlortetracyclin. Stämme, die hohe Tetracyclinmengen bilden, sind durch relativ geringe Glykolyse-Geschwindigkeit gekennzeichnet. Weiterhin kann die Chlortetracyclin-Synthese durch Benzylthiocyanat, einem Glykolyse-Inhibitor, angeregt werden. Unter diesen Bedingungen steigt die Aktivität des Pentosephosphat-Cyclus. Anhydrotetracyclin-Oxygenase, das vorletzte Enzym in der Biosynthese, ist für die Chlortetracyclin-Biosynthese vermutlich geschwindigkeitsbestimmend. Seine Aktivität ist offenbar proportional zur Geschwindigkeit der Antibiotikum-Synthese. Phosphat hemmt die Synthese dieses Enzyms und Benzylthiocyanat stimuliert sie. Weiterhin wurde ein umgekehrt proportionaler Zusammenhang zwischen den Adenylat-Konzentrationen und der Aktivität von Anhydrotetracyclin-Oxygenase beobachtet. Die ATP-Konzentration bzw. die Gesamt-Adenylatkonzentration wirkt vermutlich als metabolischer Effektor bei der Katabolitregulierung der Tetracyclin-Biosynthese.

Produktion von Chlortetracyclin.   Heute sind industrielle Tetracyclin-Ausbeuten von etwa 20 000 μg ml^{-1} die Regel. Wegen der komplexen Biosynthese mußten sich die Verbesserungen der Stammausbeuten auf Mutationsund Selektions-Techniken beschränken. Ein anderer Weg zur Verbesserung der Produktionskapazität war die Selektion von Stämmen, die gegenüber dem gebildeten Antibiotikum resistent sind. Die Produktionsmedien für die

Fermentationsschritte bestehen gewöhnlich aus Saccharose, Maisquellwasser, Ammoniumphosphat und Salzen. Der pH wird auf Werte zwischen 5,8 und 6,0 eingeregelt, die Temperatur bei 28 °C gehalten. Vor allem während des Wachstums der Biomasse sind unbedingt hohe Belüftungsraten erforderlich. Wird Glucose verwendet, so muß sie kontinuierlich zugesetzt werden. Wegen der repressiven Wirkungen von Phosphat muß die Tetracyclin-Herstellung unter Phosphat-Limitierung durchgeführt werden.

Die Produktion von Chlortetracyclin in Submerskulturen läßt sich in drei Phasen unterteilen. In der ersten Phase nimmt die Biomasse schnell zu und die Nährstoffe werden schnell verbraucht. Beim Mycel treten in dieser Phase dicke, basophile Hyphen mit hohem RNA-Gehalt auf. In der zweiten Stufe sinkt die Wachstumsgeschwindigkeit und manchmal wird das Wachstum sogar vollständig eingestellt. Gleichzeitig werden die höchsten Bildungsgeschwindigkeiten für das Antibiotikum beobachtet und die Organismen beginnen zu differenzieren. Die Hyphenfilamente erscheinen dünn und enthalten wenig RNA. In der dritten Stufe sinkt die Bildungsgeschwindigkeit des Antibiotikums, weiterhin wird Mycelfragmentierung sowie -lyse beobachtet.

Streptomyces aureofaciens bildet neben Chlortetracyclin auch etwas Tetracyclin. Zur Bildung von Chlortetracyclin ist der Pilz, vor allem die Hochleistungsmutanten, auf Chlorid-Ionen angewiesen. Andere Stoffe dagegen, wie z. B. Fluorid-Ionen, Kupfer, Methionin oder 5-Fluoruracil unterdrücken die Tetracyclinbildung.

Grundvoraussetzung zur Bildung von Tetracyclin durch *S. aureofaciens* ist eine niedrige Chlorid-Konzentration im Nährmedium. Unter Phosphat-Limitierung wird von *Streptomyces rimosus* Oxytetracyclin gebildet.

10.1.3 Neuere Forschungen zur Herstellung von Antibiotika

Das neuartige β-Lactam-Antibiotikum Thienamycin, das von *Streptomyces cattleya* gebildet wird und 1976 entdeckt wurde, besitzt ein ungewöhnlich breites antibiotisches Wirkungsspektrum gegenüber Gram-positiven und Gram-negativen Bakterien. Es wird von β-Lactamasen, die von vielen Penicillin- und Cephalosporin-resistenten Stämmen gebildet werden, nicht angegriffen.

Da bei der Antibiotikum-Biosynthese sehr viele Gene beteiligt sind, gestalten sich Versuche, Antibiotika-produzierende Stämme mit der DNA-Rekombinationstechnik zu entwickeln, sehr komplex. Die modernen DNA-Techniken beschränken sich vor allem darauf, den bzw. die geschwindigkeitsbestimmenden Schritt(e) in der Biosynthese zu beschleunigen, und zwar durch Erhöhung der Gendosierung. Allerdings muß dabei auf möglicherweise ablaufende Regulierungen durch Transkription, Translation oder Substratkonzentrationen geachtet werden, ebenso wie auf Sekretionsprozesse. Mittlerweile wird die DNA-Rekombination bei *Aspergillus-, Streptomyces-, Penicillin-* sowie *Cephalosporium*-Arten durchgeführt. Man erwartet, daß damit die Entstehungswege der Sekundärmetabolite über Genmanipulation, Sequenzierung, Vergrößerung und in-vitro-Mutagenese schon in naher Zukunft verändert werden können. Für DNA-Techniken bei der Protoplastenfusion und für das Klonen von Genen mittels Plasmidvektoren ist es überaus wichtig zu wissen, auf welchen Genen das Kontrollsystem des biosynthetischen Reaktionsweges lokalisiert ist.

Für *Cephalosporium* wurde bereits ein Transformations-System entwickelt und das Gen für *C. acremonium*-Cyclase wurde schon geklont. Die Klonierung der übrigen Gene für die β-Lactam-Biosynthese in *C. acremonium* und *P. chrysogenum* könnte die wirksame Deregulierung des letzten Schrittes ermöglichen. Die beiden Organismen könnten auch als Wirtsspezies für Gene aus *Streptomyces*-Arten attraktiv sein, die β-Lactamantibiotica produzieren. Die β-Lactam-Antibiotika werden oral besser absorbiert und besitzen ein breiteres Wirkspektrum als die oben behandelten Antibiotika. Die β-Lactame sind vermutlich die in Zukunft dominierenden Antibiotika.

10.2 Steroidbiotransformationen

Viele wichtige Steroide werden in Reaktionssequenzen mit einer oder mehreren biosynthetischen Stufen hergestellt. Abbildung 10.5 gibt die Strukturformeln einiger Steroide, sowie die Reaktionen, die durch sie katalysiert werden, wieder. Steroide werden zur Behandlung einer Reihe von Krankheitsbildern und Verletzungen verwendet. In den 40er Jahren wurden die natürlichen Corticosteroide Cortison (2) und Cortisol (Hydrocortison) (10) erfolgreich zur Behandlung von entzündlichen und allergischen Krankheitsbildern eingesetzt. Viele aus Pflanzen und Tieren isolierte Verbindungen wurden untersucht, ob sie sich als Startsubstanzen zur Synthese dieser neuartigen Wirkstoffklasse eignen könnten. Cholesterol (1) eignete sich chemisch nicht. Bald stellte sich heraus, daß sich Diosgenin (3) (in den Wurzeln der Barbasco-Pflanze) und Stigmasterol (4) (im Öl von Sojabohnensamen) möglicherweise zur Synthese von Progesteron bzw. Pregnenolon eignen könnten.

Pregnenolon läßt sich chemisch leicht in Progesteron (7) überführen, dessen A-Ring die richtige Konformation der Corticosteroide aufweist. Die Einführung einer Hydroxylgruppe beim Progesteron in Position 21 führt zu Deoxycorticosteron (8), einem natürlich vorkommenden Corticosteroid. Ausgehend von (8) müssen zur Bildung von Cortison und Hydrocortison noch eine Hydroxylgruppe in die 17α-Position sowie eine Oxogruppe bzw. eine Hydroxylgruppe in die Position 11 eingeführt werden. Die 17α-Hydroxylgruppe kann sowohl chemisch als auch mikrobiologisch eingeführt werden, wobei heute ausgeklügelten chemischen Methoden der Vorzug gegeben wird. Murray und Peterson erzielten 1952 einen großen Fortschritt, als sie ein biologisches Konvertierungsverfahren von Progesteron zu 11-α-Hydroxyprogesteron (6) mit *Rhizopus arrhizus* entdeckten. In den Folge-

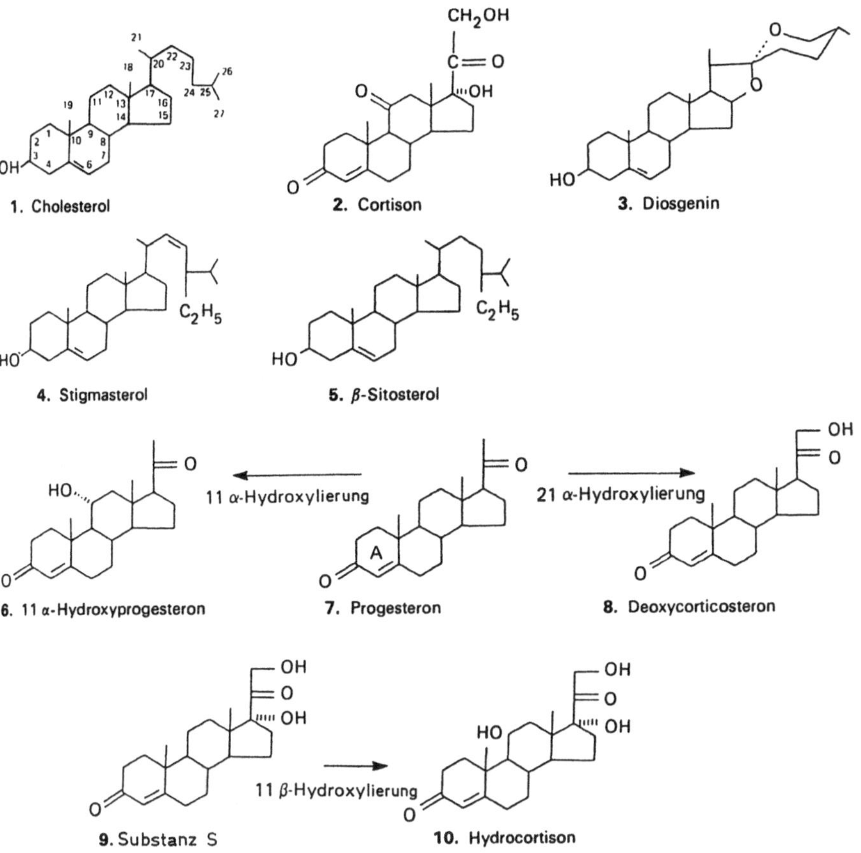

Abb. 10.5. Strukturformeln einiger Sterole und Beispiele für von ihnen katalysierten Biotransformationen.

jahren wurden mehrere Biokonvertierungen für spezifische Positionen im Steroidgerüst entdeckt. Die größte praktische Bedeutung erlangten die 11-Hydroxylierungen, die 16α-Hydroxylierungen und die 1-Dehydrogenierung.

10.2.1 Biotransformationen

Die entsprechenden Organismen mit dem gewünschten Enzym (bzw. den gewünschten Enzymen) werden in herkömmlichen Submerskultivierungen für die Steroidbiotransformationen gezüchtet, wobei die Reaktionsbedingungen so gewählt werden, daß die Synthese der entsprechenden Enzyme induziert wird. Nach der Wachstums- und Enzymbildungsphase wird das wasserunlösliche Steroidsubstrat entweder als Suspension oder gelöst in einem organischen Lösungsmittel zugesetzt. Anschließend kann die Bioumwandlung stattfinden. Nach Beendigung der Reaktion, die z. T. bei sehr hohen

Steroidkonzentrationen erfolgt, wird der größte Teil des Produktes durch Abfiltrieren zusammen mit der Biomasse abgetrennt und anschließend durch Extraktion mit organischen Lösungsmitteln abgetrennt.

Zur großtechnischen 11α-Hydroxylierung von Steroiden werden *Rhizopus nigricans* und *Aspergillus ochraceus* verwendet. Die α-Hydroxylase wird während der Fermentation durch Progesteron induziert, ebenso wie die unerwünschte 6β-Hydroxylase. Die Fermentationsbedingungen müssen also so gewählt werden, daß die nicht erwünschte Hydroxylase in möglichst geringen Mengen entsteht.

Curvularia lunata und *Cunninghamella blakesleeana* sind die Mikroorganismen, die zur 11-β-Hydroxylierung von Steroiden am häufigsten eingesetzt werden. 17α,21-Dihydroxypregn-4-en-3,20-dion („Substanz S', 11-Desoxycortisol) (9) wird als Substrat zur Produktion von Hydrocortison (10) verwendet, wobei wiederum Nebenprodukte auftreten. Das Enzym wird von Substanz S und weiteren Substraten induziert.

Viele Mikroorganismen sind in der Lage, bei Steroiden die Dehydrierung in Stellung 1 zu katalysieren. Hydrocortison ist ein typisches Substrat für die Prednisolonproduktion. Bei jedem der untersuchten Organismen ist die 1-Dehydrogenase induzierbar, jedoch wirken in den gut untersuchten *Septomyxa*-Arten Cortison und Hydrocortison nicht induzierend, wogegen Progesteron und BNA (3-Oxobisnor-4-cholen-22-al) gute Induktoren sind. Die Induktion erfolgt jedoch erst dann, wenn die Glucose verbraucht ist.

10.2.2 Neue Entwicklungen auf dem Gebiet der Steroidtransformationen

In den letzten Jahren finden Forschungen über den gezielten mikrobiellen Abbau von Seitenketten in technisch leicht zugänglichen Sterolen, wie z. B. im reichlich vorhandenen Cholesterol (aus Wolle) und β-Sitosterol (5) (aus Sojabohnenöl) immer mehr Interesse. Häufig werden jedoch die Steroidringe schneller abgebaut als die Sterolseitenketten abgespalten werden können. Gegenwärtig versucht man daher, diesen unerwünschten Ringabbau zu unterdrücken.

Durch die chemische Einführung eines Fluorid-Ions in 9α-Stellung wird die entzündungshemmende Wirkung mancher Corticosteroide deutlich verbessert, allerdings wird auch die unerwünschte Salzretention im menschlichen Körper verstärkt. Diese unerwünschte Nebenwirkung ließe sich durch eine mikrobielle Hydroxylierung in 16α-Stellung reduzieren, die mit *S. argenteolus* in 50%iger Wirksamkeit durchführbar ist. Als Nebenreaktion tritt eine 2β-Hydroxylierung auf. Sie kann durch die Auswahl geeigneter Mutanten minimiert werden.

Die Biokonversionen von Steroiden wurden bisher mit konventioneller Züchtung und anschließender Biotransformation erreicht. Mit in Aceton getrockneten *Arthrobacter simplex*-Zellen zur 1-Dehydrierung von 9α-Fluoro-16α-hydroxycortison sinkt die unerwünschte Nebenproduktbildung deutlich, denn durch die Vorbehandlung wird die Konzentration der störenden 20-Oxoreduktase vermindert. Allerdings muß dem Reaktionsansatz als künstlicher Elektronenakzeptor Menadion zugesetzt werden. Hydrocortison konnte außerdem bereits zu Prednisolon umgewandelt werden. Hierfür wurde das in Ethanol und Phenazinmethosulfat gelöste Substrat durch eine Enzym-Säule mit immobilisierter 1-Dehydrogenase geleitet. Mit Zellen oder Enzymen in organischen Lösungsmitteln, die Steroidsubstrate und -produkte lösen, eröffnet sich die Möglichkeit, Biokonversionen bei wesentlich höheren Substratkonzentrationen durchzuführen. Ganze *Corynebacterium simplex*-Zellen sind im Gegensatz zu isolierten, immobilisierten Enzymen, nicht auf Elektronenakzeptoren angewiesen und die Aktivitätseinbußen bei der Immobilisierung der Zellen sind wesentlich niedriger als beim Enzym.

Aufgearbeitete, resuspendierte *Septomyxa affinis*-Sporen, die auf festen oder in flüssigen Medien gezüchtet wurden, können mehrere Steroide in der 1-Position dehydrieren. *Aspergillus ochraceus*-Sporen wurden zur Umwandlung von Progesteron zu 11α-Hydroxyprogesteron verwendet. In Alginat- oder Agar-Gelen (nicht jedoch in Polyacrylamid) immobilisierte *Rhizopus nigricans*-Zellen können Progesteron α-hydroxylieren. Weiterhin konnte die ‚Verbindung S' durch *Curvularia lunata*, das in vernetzten Polyacrylamid-Gelen immobilisiert vorlag, in 11β-Stellung hydroxyliert werden.

10.3 Ergot-Alkaloide

Ergot-Alkaloide verwendet man therapeutisch zur Behandlung eines breiten Spektrums von Krankheitsbildern, u.a. werden sie bei Migräne oder anderen vaskulär hervorgerufenen Kopfschmerzen, bei Uterusatonie, bei Kreislaufstörungen, Bluthochdruck und der Parkinsonschen Krankheit verabreicht. Mittlerweile sind mehr als 40 Ergot-Alkaloide bekannt, die von verschiedenen parasitären Ascomyceten-Stämmen (*Claviceps*) gebildet werden. Die Ergot-Alkaloide bestehen aus *d*-Lysergsäure (bzw. aus deren Stereoisomer, der *d*-Isolysergsäure), die über eine Amidbindung an ein tricyclisches Peptid oder an einen Aminoalkohol gebunden ist. In Abb. 10.6 sind die Strukturen einiger natürlich vorkommender Ergot-Alkaloide zu sehen.

Die Ergot-Alkaloide sind über chemische Totalsynthesen, die jedoch noch zu teuer sind, zugänglich. Ergot-Alkaloide werden häufig immer noch auf herkömmliche Weise durch mechanische Infektion von Roggenblüten mit *Claviceps*, Einsammeln und Extraktion aus den entstehenden Sklerotien gewonnen. Das Produktionsverfahren ist also saison- und wetterabhängig.

Zur biotechnologischen Produktion von Alkaloiden werden drei *Claviceps*-Spezies eingesetzt, nämlich *C. paspali*, *C. fusiformis* und *C. purpurea*. Während die ursprüngliche *C. paspalis*-Art nur 20 μg l^{-1} produzierte, konnten die Ausbeuten durch Weiterentwicklungen der Stämme und Optimierungen beim Medium auf mehr als 5 g l^{-1} angehoben werden. Die Zusammensetzung des Alkaloids hängt einerseits vom verwendeten Stamm

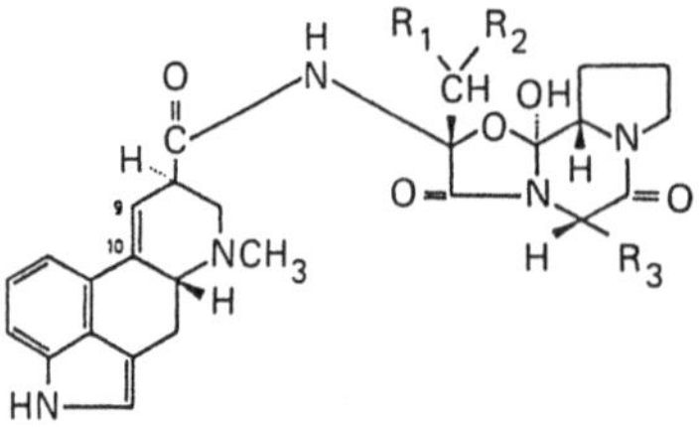

R_1	R_2	R_3	Name
H	H	$CH_2-\langle\rangle$	Ergotamin
H	H	$CH_2CH(CH_3)_2$	Ergosin
CH_3	CH_3	$CH_2-\langle\rangle$	Ergocristin
CH_3	CH_3	$CH_2CH(CH_3)_2$	α-Ergocryptin
CH_3	CH_3	$CH(CH_3)CH_2CH_3$	β-Ergocryptin
CH_3	CH_3	$CH(CH_3)_2$	Ergocornin
H	CH_3	$CH_2-\langle\rangle$	Ergostin

Abb. 10.6. Strukturen der natürlichen Ergot-Alkaloide.

und andererseits von den Kulturbedingungen ab. Hohe Alkaloidkonzentrationen hängen offensichtlich damit zusammen, daß der Organismus in einem phosphatarmen Medium gleichzeitig hohe Saccharose- und hohe Citratkonzentrationen metabolisieren kann. Die Synthese verläuft parallel mit dem Aufbau von Lipiden und Sterolen. Die Alkaloid-produzierenden Stämme sind empfindlich gegenüber Scherkräften, sind auf hohe Sauerstoffkonzentration angewiesen und instabil.

10.4 Produkte aus mikrobieller rekombinanter DNA

Escherichia coli ist als Wirtsorganismus zu Produktbildungen aus rekombinierter DNA (rDNA) ideal, da das genetische System gut bekannt ist. Mit dieser Technik konnten hohe Konzentrationen extrazellulärer Produkte erzielt werden. *E. coli* läßt sich auch leicht und in hohen Wachstumsraten auf definierten Medien zu hohen Zelldichten züchten.

Als erster therapeutischer Stoff, der mit der rDNA-Technik hergestellt wurde und die Zulassungskriterien erfüllte, gilt Humaninsulin. Dieses Hormon wird fermentativ mit einem rekombinierten *E. coli*-Stamm hergestellt. Nach den Aussagen der Firma Eli Lilly & Co., die dieses Hormon herstellt, kann die chemische und physikalische Struktur des so gewonnenen Hormons vom natürlichen Humaninsulin nicht unterschieden werden. Novo Industri in Dänemark beschritt zur technischen Produktion von Humaninsulin einen alternativen Weg. In den Anfängen wurde Schweineinsulin zu Humaninsulin umgewandelt und später wurde Humaninsulin mit einem rekombinanten Hefestamm hergestellt. Weiterhin wird humanes Wachstumshormon aus einem rekombinierten *E. coli*-Stamm zur Behandlung von Zwergenwachstum eingesetzt. Auch Interleukin-2 (IL-2 bzw. lymphozytischer Wachstumsfaktor) wird von rekombinierter *E. coli* gebildet. IL-2 soll die T-Zellen im Körper so stimulieren, daß sie abgegrenzte Tumoren bekämpfen können und zum

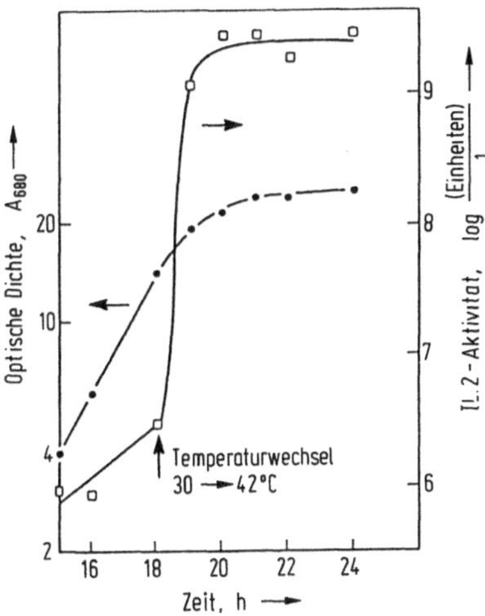

Abb. 10.7. Produktion von Interleukin-2 (IL-2) durch *Escherichia coli* K-12. Der Stamm enthält das Plasmid, das IL-2 codiert, ein temperaturempfindlicher Promoter. Bei 30 °C wird zwar das bakterielle Wachstum gefördert, die IL-2 Bildung jedoch unterdrückt. Mit dem Temperaturanstieg auf 42 °C wird eine schnelle IL-2 Synthese induziert (mit freundlicher Genehmigung entnommen aus Bauer. Siehe Khosrovi und Gray, 1985).

Schrumpfen veranlassen können. Abbildung 10.7 zeigt ein Produktionsprofil zur Herstellung von rekombiniertem IL-2.

Interferone sind Proteine, die von den meisten Zellen höherer Tiere als Antwort auf Virusinfektionen gebildet werden. Die Interferone werden von infizierten Zellen gebildet und sollen der weiteren Ausbreitung der Infektion auf gesunde Zellen entgegenwirken (eng.: interfere). Interferone wirken bei manchen Krebsarten cytostatisch. Der extreme Mangel an hochreinen Humaninterferonen erschwert klinische Studien zu ihrer therapeutischen Wirksamkeit. α-Interferon wurde erfolgreich in *E. coli* geklont und kann technisch hergestellt werden. Es ist Gegenstand vieler klinischen Studien. Interferonen, die auf diese Weise von Bakterien hergestellt werden, fehlt die Glykoprotein-Komponente der natürlichen Interferone. In *E. coli* wurden noch weitere Stoffe geklont, u.a. β- und γ-Humaninterferone, verschiedene tierische Interferone, verschiedene menschliche und tierische Wachstumshormone, epidermale- und andere Wachstumsfaktoren, Lymphokine, humanes Serumalbumin, Plasminogenaktivatoren und eine Reihe von Enzymen.

Escherichia coli scheidet als Wirtsorganismus leider grundsätzlich keine rekombinierten Proteine aus. Weiterhin können sich in den Zellen Endotoxine und pyrogene Lipopolysaccharide bilden, die im Zuge der Reinigungsschritte entfernt werden müssen. Mit *Bacillus subtilis* steht ein weiterer Wirtsorganismus zur Gewinnung von rekombinanten Produkten zur Verfügung. Dieses Bakterium ist nicht pathogen, wächst unter aeroben Bedingungen, produziert keine Lipopolysaccharide und sekretiert extracelluläre Proteine direkt ins Medium. Wo Gene von einer *Bacillus*-Art in eine andere geklont wurden, beobachtet man die Ausscheidung großer Stoffmengen. Im Unterschied zu *E. coli* wurde jedoch bei *B. subtilis* beobachtet, daß das Ausmaß des Ausscheidens um Größenordnungen abfiel, wenn heterologe Gene in *B. subtilis* geklont wurden. Hefen sind in der Regel ungefährliche

Organismen, denn sie werden schon äußerst lange zur Nahrungsmittelfermentation benutzt. Außerdem bilden sie keine pyrogenen Lipopolysaccharide und können rekombinierte Proteine sekretieren und glykosilieren. Proteine, die in Hefen geklont wurden, werden allerdings in geringerem Ausmaß ausgeschieden als Proteine die in *E. coli* geklont wurden. *Saccharomyces cerevisiae* konnte so verändert werden, daß sie viele kommerziell verwertbare Produkte produziert, wie z. B. das Hepatitis B Oberflächenantigen (ist von der US-amerikanischen Nahrungs- und Arzneimittelbehörde FDA zugelassen), Superoxid-Dismutase, Epidermis-Wachstumsfaktor u.a.. Zur Produktion einiger rekombinierter Proteine konnten erfolgreich Sekretionssysteme entwickelt werden.

Fadenpilze, wie *Aspergillus niger* können aus der Kopie eines einzigen Glucoamylase-Gens bis zu 20 g l^{-1} Enzym produzieren. Sie können so verändert werden, daß sie heterologe bakterielle Proteine sowie heterologe Säugetierproteine sekretieren können (die prinzipiellen Sekretionsprozesse sind bei Pilzen und bei Säugetierzellen sehr ähnlich). Die Systeme in Pilzen können prinzipiell so modifiziert werden, daß sich die weitere Reaktionssequenz des sekretierten Proteins der entsprechenden Sequenz einer Säugetierzelle annähert. Allerdings müßte die Glykosylierung in Pilzen noch besser verstanden sein. Fadenpilze sind daher als Wirtsorganismen zur Synthese großer Mengen heterologer Säugetierproteine sehr vielversprechend.

10.5 Impfstoffe

Es gibt mehrere Impfstoff-Typen, wie z. B. lebende oder abgetötete mikrobielle Zellen oder Viren, natürlich vorkommende oder modifizierte extracelluläre Produkte (z. B. Toxine) oder subcelluläre Fraktionen aus Zellen und Viren. Bei Lebend-Impfstoffen können sich die Mikroorganismen im Empfängerorganismus vermehren. Der *Mycobacterium tuberculosis*-Impfstoff wirkt z. B. dadurch, daß im menschlichen Körper eine bestimmte Anzahl an Vermehrungscyclen ablaufen kann. Der Lebend-Impfstoff gegen den Poliovirus wirkt ebenso. Aufgrund spezieller Behandlung können die Lebend-Impfstoffe kein Krankheitsbild mehr hervorrufen. Lebend-Impfstoffe können auch aus Bakterien oder Viren bestehen, die zum Zielorganismus zwar nahe verwandt sind, die Krankheit aber nicht ausbrechen lassen und dennoch Immunität induzieren (z. B. Pocken-Impfstoff). Tot-Impfstoffe bestehen aus den ganzen Zellen oder auch aus Zellbestandteilen und werden im allgemeinen aus den durch Hitze oder chemische Behandlung inaktivierten virulenten Krankheitserregern hergestellt. Extracelluläre, mikrobielle Stoffe, wie z. B. Toxine, können ebenfalls als Impfstoffe benutzt werden (Toxoid-Impfstoffe). Die Toxine werden durch Behandlung mit chemischen Reagenzien entgiftet, wodurch zwar die Toxizität beseitigt wird, nicht jedoch die immunologische Aktivität.

10.5.1 Produktion von Bakterienzellen für Impfstoffe

Die Mehrzahl der bakteriellen Impfstoffe werden diskontinuierlich in Submerskulturverfahren hergestellt. *Bordetella pertussis*-Bakterien (Erreger von Keuchhusten) werden in Medien aus säurehydrolysiertem Casein, Mineralien und Wachstumsfaktoren gezüchtet. Abbildung 10.8 gibt den zeitlichen Verlauf der Kultivierung wieder. Das Risiko, daß der Mitarbeiter von den Zellen infiziert wird, läßt sich dadurch senken, daß die Zellen durch Fällung im sauren Milieu (schnelle Sedimentation bei pH 4,0) abgetrennt werden. Die Zellfraktion beträgt 3–5% des Kulturvolumens. Der eigentliche Impfstoff gegen Keuchhusten wird durch Abtöten und Entgiften der Zellen erhalten, was entweder durch Erwärmen oder durch Zugabe von Natrium-Ethylmercurithiosalicylat oder durch eine Kombination beider Methoden geschieht. *Salmonella typhi* und *Vibrio cholera*, die als Impfstoffe gegen Typhus bzw. Cholera eingesetzt werden, werden in Medien aus komplexiertem Stickstoff und Glucose, die während der Fermentation nach und nach zugesetzt wird, gezüchtet. Durch effektive Kontrolle von pH und Sauerstoff-Partialdruck während der Fermentation erreicht man ein schnelles Zellwachstum und hohe Zellausbeuten. Die Abb. 10.9 und 10.10 geben die Kulturverläufe von *V. cholera* und *S. typhi* wieder. Die Aufarbeitung und Inaktivierung für *S. typhi* erfolgt in einer Suspension der Zellen über 24 h bei 37 °C in Aceton und einer nachfolgenden Lyophilisierung der Zellen. Auch bei den Impfstoffen gegen Cholera und Pest handelt es sich um inaktivierte Bakterien, nämlich inaktivierte *Vibrio cholera-*

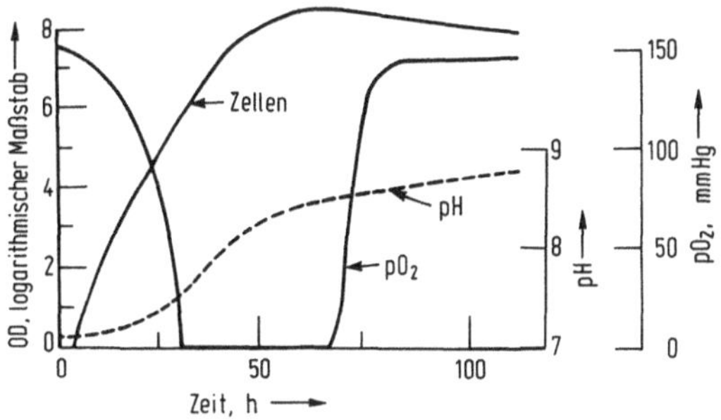

Abb. 10.8. Kulturverlauf zur Produktion von Biomasse mit *Bordetella pertussis*. Kulturvolumen: 7 L, Belüftung: 0,2 % Volumenanteil pro min, Rührergeschwindigkeit: 450 Upm; OD = optische Dichte (mit freundlicher Genehmigung entnommen aus Van Hemert, 1974).

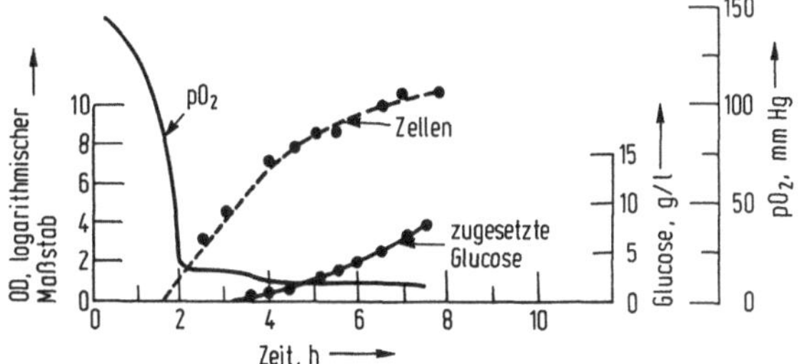

Abb. 10.9. Kulturverlauf zur Herstellung von *Vibrio cholera* unter kontrolliertem Sauerstoff-Partialdruck, bei 15 mm Hg und einem pH von 7,3; OD = optische Dichte (mit freundlicher Genehmigung entnommen aus Van Hemert, 1974).

bzw. *Yersinia pestis*-Stämme. Das *Mycobacterium tuberculosis*-Bakterium (BCG-Impfstoff) wächst als kohärentes Häutchen auf der Oberfläche flüssiger Medien und wurde ursprünglich in Glasschalen auf einer flachen Mediumsschicht gezüchtet. Die Biomasse wird zu einem dichten Kuchen gepreßt und durch Schütteln des Häutchens zusammen mit Stahlkugeln entsteht eine Suspension. Zur Herstellung von Material, das sich zur Lyophilisierung eignet, ist die Submerskultur die Methode der Wahl. Die Zellen werden in einem Komplexmedium mittels Tween 80 dispergiert. Abbildung 10.11 zeigt einen typischen Kulturverlauf. Da für den Impfstoff vermehrungsfähige Zellen benötigt werden, sind Aufarbeitung und Lagerung der Zellen so optimiert, daß die Lebensfähigkeit der Zellen möglichst hoch bleibt.

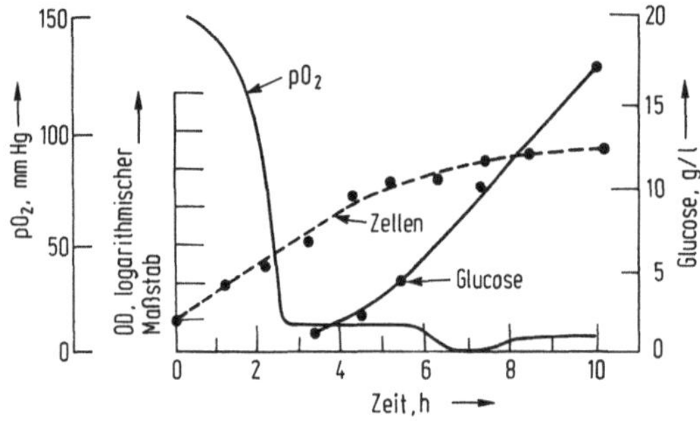

Abb. 10.10. Kulturverlauf zur Produktion von *Salmonella typhi*. Kulturvolumen: 7 L, Gasfließrate: 0,43% Volumenanteil pro min, Rührergeschwindigkeit: 450 Upm, pH 7,6, Einstellung erfolgt mit NaOH; OD = optische Dichte (mit freundlicher Genehmigung entnommen aus Van Hemert, 1974).

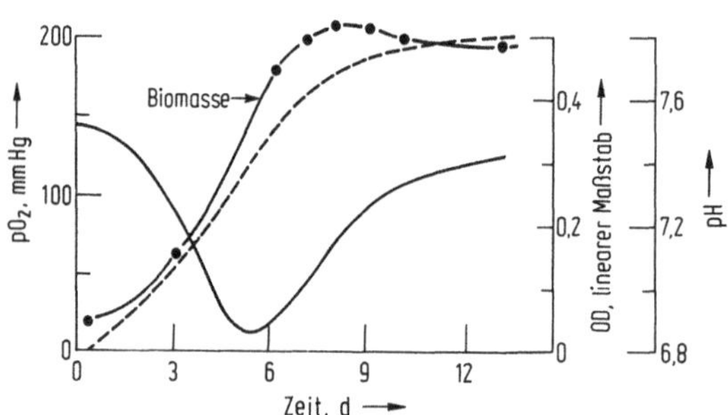

Abb. 10.11. Kulturverlauf zur Produktion von BCG-Zellen; OD = optische Dichte (mit freundlicher Genehmigung entnommen aus Van Hemert, 1974).

10.5.2 Produktion bakterieller Toxine als Impfstoffe

Der Diphtherietoxin-Impfstoff wird von *Corynebacterium diphtheriae* in einem Komplexmedium in Submerskultur produziert und sekretiert (Abb. 10.12). Die aktuelle Eisenkonzentration spielt bei der Toxinbildung eine wichtige Rolle. Ein Zuviel an Eisen inhibiert die Synthese. Das gewünschte Toxin kann bis zu 75% des gesamten sekretierten extracellulären Proteins ausmachen. *Clostridium tetani* ist obligat anaerob und bildet das Tetanustoxin. Das Bakterium kann thermostabile Sporen bilden. Die WHO hat deshalb zur Produktion der Bakterien Sicherheitsvorschriften erlassen. Abbildung 10.13 gibt den Produktionsverlauf für das Toxin wieder, wobei die

relativen intracellulären und extracellulären Toxinkonzentrationen zusätzlich noch oberhalb des Fermentationsverlaufs aufgetragen wurden. Die Ent-
giftung erfolgt unter kontrollierten Reaktionsbedingungen mit Formaldehyd. Die ungereinigten Rohpräparate des Toxins enthalten viele Verunreinigungen sowie Antigene und werden üblicherweise weiter aufgereinigt.
Weitverbreitet ist die stufenweise Fraktionierung des Materials unter sauren Bedingungen mit Methanol und nachfolgende Lyophilierung. Andere
Reinigungsverfahren bedienen sich der Dialyse, der Gelfiltration sowie der
DEAE-Cellulose Chromatographie.

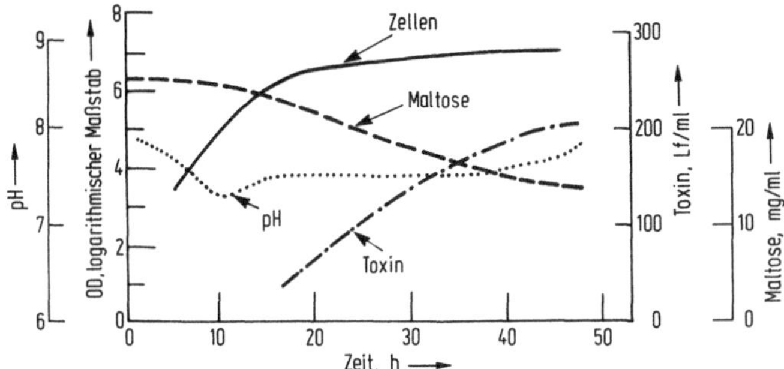

Abb. 10.12. Produktionsverlauf zur Bildung von *Corynebacterium diphtheriae*-Toxin; OD
= optische Dichte (mit freundlicher Genehmigung entnommen aus Van Hemert, 1974).

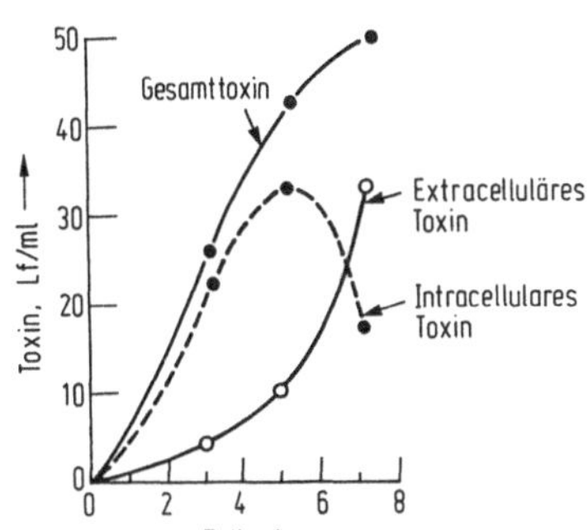

Abb. 10.13. Bildung von intracellulärem und ex-
tracellulärem Toxin während der Kultivierung
von *Clostridium tetani* (mit freundlicher Genehmigung entnommen aus Van Hemert, 1974).

10.5.3 Produktion viraler Impfstoffe

Die Produktion von viralen Impfstoffen (sowohl Lebend- als auch Tot-
Impfstoffe) zur Anwendung am Menschen erfolgt üblicherweise mit in-vitro
Tierzellkulturen. Primäre Zellen (d. h. Zellen, die direkt aus dem normalen
Gewebe entnommen wurden und nur einmal subkultiviert worden sind) oder
auch diploide Zell-Linien werden gegenüber aneuploiden Zell-Linien bevor-
zugt, da bei letzteren das Risiko von onkogenen Wirkungen befürchtet wird.

Zur Herstellung von Tier-Impfstoffen werden bereits Zell-Linien verwendet. Wann der Virus propagiert, hängt davon ab, ob die Zelle nach der Infektion abstirbt oder sich weiterhin repliziert. Allerdings wird zur Produktion mancher Impfstoffe das Virus immer noch in befruchteten Hühnereiern vermehrt.

Der Lebend-Impfstoff gegen den Poliovirus besteht aus einer Mischung aus drei unterschiedlichen, abgeschwächten Poliovirus-Arten, die in Zellkulturen aus Affennierenzellen bzw. in Zell-Linien aus humanen diploiden Zellen vermehrt wurden. Bei inaktivierten Impfstoffen sind die Viren mit Formaldehyd behandelt. Inaktiviertes Tollwut-Virus wird auf menschlichen diploiden Zellen gezüchtet. Impfstoffe aus lebenden, abgeschwächten Viren werden zur Immunisierung gegen Röteln, Masern, Mumps und Gelbfieber verwendet. Der Rötel-Virus wird in menschlichen, diploiden Zellen vermehrt, die Masern-, Mumps-, Gelbfieber- und Pockenviren in primären Hühnerembryo-Zellen.

Zwei Arten von inaktivierten Influenza-Viren werden aus Viren produziert, die auf befruchteten Hühnereiern gezüchtet werden. Der gesamte, abgetötete Virus wird in Formaldehyd oder β-Propiolacton inaktiviert.

Virenbruchstücke können durch Behandlung mit Cetyltrimethylammoniumbromid (CETAB), Natriumdodecylsulfat und Triton X-100, Butyl- und Ethylacetat sowie Tween 80 und Tri-n-butylphosphat erhalten werden.

10.5.4 Produktion von isolierten Antigenen und Impfstoffen aus ganzen Zellen

Impfstoffe aus ganzen Zellen enthalten neben den gewünschten immunogenen Antigenen häufig noch toxische Komponenten, die sich nicht leicht inaktivieren lassen. In der vollständigen Zelle ist das gesamte genetische Material des pathogenen Organismus enthalten und falls dieser nicht vollständig getötet oder abgeschwächt ist, kann der Impfstoff selbst das entsprechende Krankheitsbild hervorrufen. Es kommt andererseits auch vor, daß der abgeschwächte Stamm wieder virulent wird. Bei einigen Impfstoffen muß man auch davon ausgehen, daß nicht alle Empfänger gegenüber allen Stämmen des pathogenen Organismus immunisiert werden und manche Impfstoffe sind bei der Lagerung instabil.

Es wurde versucht, subcelluläre Fraktionen zu isolieren, die zwar noch immer immunisieren können, jedoch nicht mehr toxisch sind. So enthält z. B. ein in Japan benutzter acellulärer Toxoid-Impfstoff als wirksames Antigen fadenförmiges Hämagglutinin (FHA) und den lymphocytosefördernden Faktor (LPF). Die toxische Wirkung des lymphocytosefördernden Faktors wird mit Formalin beseitigt. Das Präparat enthält deutlich reduzierte Mengen an Lipopolysaccharid-Endotoxin. Impfstoffe gegen Lungenentzündung bestehen aus einer Mischung gereinigter, verkapselter Polysaccharide aus 14 *Streptococcus pneumonia*-Arten. Die Reinigung erfolgt über alkoholische Fraktionierung, Zentrifugation, Behandlung mit kationischen Detergentien (z. B. CETAB), Proteasen, Nucleasen oder Aktivkohle, Ultrafiltration und Lyophilisierung. Gereinigte, verkapselte Polysaccharide aus *Neisseria meningitidis* (Serumgruppen A und C) werden in Meningitis-Impfstoffen verwendet.

10.5.5 Entwicklung von Impfstoffen mit Hilfe rekombinanter DNA

Mit Hilfe der DNA-Rekombinationstechnik werden derzeit Spalt-Impfstoffe entwickelt. So konnten Gene, die Teile des Hepatitis B Oberflächenantigens codieren, geklont werden. Die isolierten Oberflächenantigene erwiesen sich als wirksame Impfstoffe. Der Impfstoff wurde 1986/87 zugelassen. Weiterhin konnte ein rekombinierter Kuhpocken-Impfstoff gegen Pocken entwickelt werden, der sowohl sicher ist als auch preiswert produziert werden kann.

Mit der DNA-Rekombinationstechnik werden zur Zeit auch Impfstoffe gegen weitere Viren, wie z. B. das Influenza-, Polio- und Herpesvirus entwickelt. An der Oberfläche des AIDS-Virus (HIV, human immunodepressant virus) wurden Proteinantigene isoliert, die bei Nagern die Bildung von Antikörpern auslösen. Die Antikörper können nachgewiesenermaßen den Virus abtöten. Dieses Ergebnis gab den Anstoß zur Entwicklung eines Impfstoffes gegen den HIV-Virus mittels der DNA-Rekombinationstechnik. 1987 wurde der erste Impfstoff gegen AIDS, der auf rekombinierten Arten des virulenten HIV Antigens basierte und in Kulturen aus Insektenzellen produziert wurde, von der Food and Drug Administration (FDA) zum klinischen Test zugelassen.

Als erster gentechnisch hergestellter Impfstoff kam 1986 ein Impfstoff gegen Pseudorabies, einen Herpesvirus, der Schweine befällt, auf den Markt. Eine ganze Reihe von DNA-rekombierten Impfstoffen für Tiere sind derzeit in Entwicklung. Mit zunehmendem Verständnis der molekularen Strukturen, die für den Erwerb der Immunität verantwortlich sind, verbessern sich auch die Chancen für die Entwicklung von sicheren, synthetischen Impfstoffen (z. B. von kurzen Aminosäureketten, die die entsprechenden Bindungsstellen auf einem viralen Mantelprotein nachahmen.)

10.6 Monoklonale Antikörper

Wird ein Körper mit einer fremden Substanz, wie z. B. einem Virus oder einem Mikroorganismus, konfrontiert, so antworten die weißen Blutzellen (B-Lymphocyten) mit der Bildung von Hunderten von Antikörpern, die sich selektiv an den eindringenden Fremdstoff binden. Immunisierungstechniken waren das Werkzeug zur Ausbildung von natürlichen Resistenzen gegenüber pathogenen Organismen. In der Medizin sind Antikörper, die z. B. in Antiseren vorliegen, für diagnostische Zwecke sowie zur Therapie mancher Krankheitsbilder verbreitet. Köhler und Milstein entwickelten 1975 die grundlegenden Technologien zur Produktion von monoklonalen Antikörpern

(= monoclonal antibodies; Abk. MABs). MABs sind Präparate aus individuellen, spezifischen Antikörpern, die von Zellen gebildet werden, die aus einem einzigen Individuum bzw. aus einem einzigen Klon stammen. MABs besitzen hohe spezifische Bindungsfähigkeiten für eine einzige Bindungsstelle (Epitop) auf einem antigenen Molekül oder der Zelloberfläche eines Antigens. Sie können auch zwischen verwandten Antigenen differenzieren, die sich möglicherweise nur durch ein einziges Epitop unterscheiden.

MABs sind mittlerweile bei standardisierten klinischen Diagnosen zum Nachweis von Krankheiten oder körperlichen Veränderungen weit verbreitet. Ihr Einsatzgebiet reicht vom Nachweis einer Schwangerschaft bis zum Nachweis von Krebszellen. Versuche, mit MABs Krankheiten oder Veränderungen innerhalb des Körpers zu markieren (diagnostic imaging) sind noch im Versuchsstadium. Noch größer könnte die Bedeutung von MABs bei der Therapie von Krankheiten werden. Ein auf dem Markt befindliches MAB-Präparat ist in der Lage, die Abstoßungserscheinungen, die während einer Nierentransplantation auftreten, zu blockieren und ein weiteres kann eine mögliche Überdosierung von Digitalis neutralisieren (Digitalis dient zur Therapie cardiovaskulärer Krankheitsbilder). Auch außerhalb der Medizin eröffnen sich für MABs viele Einsatzmöglichkeiten. 1987 wurde der Markt für die zu diesem Zeitpunkt mehr als 100 MAB-Präparate auf etwa 300 Millionen Dollar geschätzt und er soll bis 1990 auf mehr als 1 Milliarde Dollar ansteigen. Wenn vielleicht ab Mitte der 90er Jahre die MABs auch noch therapeutisch verwendet werden können, könnte das Marktvolumen auf 7 Milliarden Dollar in die Höhe schnellen.

10.6.1 Entwicklung von Hybridom-Zellen

Hybridomzellen können einerseits MABs produzieren und sich andererseits auch *in vitro* endlos teilen. Sie entstehen aus der Verschmelzung zwischen B-Lymphocyten (können Antikörper produzieren) und Myelomzellen (können sich auch in vitro unendlich oft teilen).

Eine Eltern-Myelomzellinie, der das Enzym Hypoxanthinphosphoribosyl-Transferase (HPRT) fehlt, wird mit Zellen aus der Milz, die zuvor mit dem gewünschten Antigen immunisiert worden sind, bebrütet. Durch die Zugabe von Polyethylenglykol in das Inkubationsmedium wird die Fusion der Zellen und die Produktion von Hybridzellen erleichtert. Die Zellen werden nach einigen Minuten vom Inkubationsmedium abgetrennt, in einem Kulturmedium mit fötalem Kalbsserum suspendiert und zur Inkubation in die Vertiefungen von Mikrotiterplatten überführt. Ins Medium werden noch Hypoxanthin und Aminopterin zugegeben. Das Post-Fusionsmedium (Hypoxanthin-Aminopertin-Thymidin, HAT) enthält außerdem noch Thymidin, damit die Zellen über den Rettungsweg Pyrimidine bilden können.

Normale Milzzellen können sich in Kultur nicht vermehren. Da die HPRT fehlt, sterben auch die Eltern-Myelomzellen in Kultur ab, wenn Aminopterin, ein Antifolsäure-Wirkstoff, der der Zelle den alternativen Syntheseweg zur Nucleotidsynthese blockiert, vorliegt. Folglich können nur verschmolzene Zellen überleben und zu Kolonien heranwachsen, die für das Auge sichtbar werden. Die überstehende Kulturflüssigkeit über den Hybridomzellen wird auf Antikörperreaktionen mit dem gewünschten Immunisierungsstoff getestet und ausgewählte Kulturen werden auf ihre Antikörper-Spezifität getestet. Diejenigen Hybridoma, die die gewünschten Antikörper bilden, werden geklont und in flüssigem Stickstoff aufbewahrt.

10.6.2 Produktion von monoklonalen Antikörpern

Der Hybridoma-Klon kann in die Bauchhöhle von Mäusen injiziert werden. Dort vermehrt er sich in der Bauchhölenflüssigkeit. Aus der sogenannten Ascites können die Antikörper leicht isoliert werden. Mit dieser Methode lassen sich Antikörperkonzentrationen von mehr als 10 mg ml^{-1} erreichen und eine Maus kann genügend Antikörper für mehr als 20 000 Diagnosevorgänge bilden (ein Test verbraucht nur sehr geringe Mengen an Antikörper). Therapeutische Anwendungen erfordern wesentlich größere Mengen. Damit auch hierfür genügende Mengen an MABs zur Verfügung stehen, versuchte man in-vitro-Produktionsverfahren für MABs zu entwickeln. Die Charles River Biotechnical Services (USA) produzierte z. B. 1985 mit der Ascites-Methode mehr als 3 kg MABs in Mäusen. Bedenkt man zum einen, daß für 1g MAB 200–500 Mäuse gebraucht werden und zum anderen, wie zeit- und kostenintensiv ihre Betreuung ist, so lassen sich die Ausmaße einer in-vivo Fabrikationsanlage für 3 kg MABs pro Jahr erahnen.

Celltech (GB) besaß 1986 wohl die weltgrößte Zellkultur-Anlage für MABs. Sie bestand aus zwei 1000 l-Fermentern, einem 200 l-Fermenter und mehreren 100 l-Fermentern. Nachteilig bei der herkömmlichen Fermentation mit Zellkultur ist jedoch, daß sich Säugetierzellen auf nicht mehr als 2×10^6 Zellen pro Milliliter aufkonzentrieren lassen. Mit diesem Handicap betrug die Konzentration der gebildeten MABs üblicherweise nicht mehr als 75 μg ml^{-1}. Folglich bestand großes Interesse an der Entwicklung neuartiger Methoden zur Zellkultur von Säugetierzellen. Es wurde sowohl eine höhere Zellkonzentration als auch eine höhere Produktkonzentration angestrebt. Die Monsanto Corporation entwickelte ein kontinuierliches Kultursystem zur Produktion von MABs. Der Reaktor faßt 16, 5 l und soll der Produktionskapazität eines herkömmlichen 1000 l Fermenters in Batch-Kultur entsprechen. Die Zellen werden zunächst in einem perforierten Chemostat gezüchtet, anschließend aufkonzentriert, mit einem Matrixmaterial im Verhältnis 1:10 vermischt und in einen zylindrischen Kesselreaktor überführt. In den Reaktor reichen poröse Rohre, durch die das Medium durch die Kultur zirkulieren kann. Zur Sauerstoffversorgung und zur Entfernung von CO_2 wird eine semipermeable Membran verwendet (Abb. 10.14). Charles River erweiterte seine in vitro Kapazität zur großtechnischen MAB-Produktion durch das ‚Opticel' System. Hier werden die Hybridomzellen auf einer keramische Matrix immobilisiert. Bio-

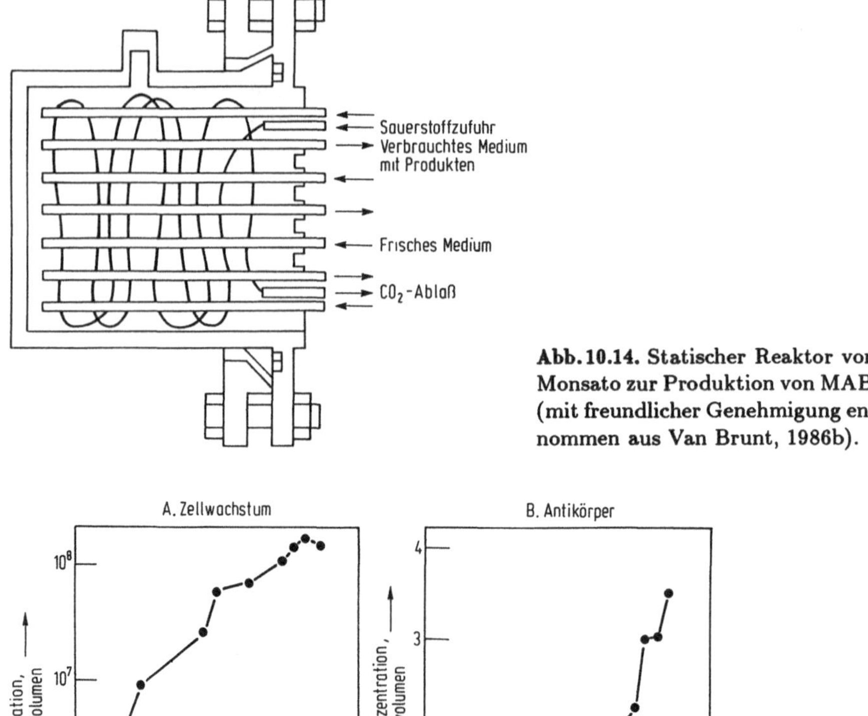

Abb. 10.14. Statischer Reaktor von Monsato zur Produktion von MABs (mit freundlicher Genehmigung entnommen aus Van Brunt, 1986b).

Abb. 10.15. Wachstum von Hybridomzellen und Bildung von monoklonalen Antikörpern in Mikrokapseln (mit freundlicher Genehmigung entnommen aus Posillico, 1986).

Response (USA) kann pro Tag bis zu 150 g MABs aus einer durchschnittlichen Mäuse-Hybridomen Kultur gewinnen, die in einem 400 l Hohlrohrreaktor wächst. Die Zelldichten werden auf weniger als $5 \times 10^7 \mathrm{ml}^{-1}$ gehalten. Dadurch sollen die Zellen geringere Serumkonzentrationen benötigen als bei normalen Batch-Kulturen und zudem können chemisch definierte Medien mit geringem Serumgehalt verwendet werden. Damon Biotech (USA) hat eine spezielle Technik zur Mikroverkapselung entwickelt, bei der die Hybridomzellen in gelierten Natriumalginat-Hohlkugeln immobilisiert werden. Die Zellen können innerhalb der Mikrokapsel wachsen und wandern. Der Porendurchmesser der Kapsel wird so eingestellt, daß Nährstoffe und Metaboliten leicht diffundieren können, während der Antikörper zurückgehalten wird. Die Mikrokapseln werden in 40 l Reaktoren überführt, die mit Rührern von variabler Rührgeschwindigkeit bestückt sind sowie mit Zu- und Ableitungen für Sauerstoff und Luft/CO_2-Gemische. Während der 2–3 wöchigen Kultivierungsdauer ist für eine kontinuierliche Zuführung des Mediums gesorgt. Mit fortschreitender Fermentation steigen die Zellkonzentrationen und die MAB-Konzentrationen innerhalb der Mikrokapseln auf mehr als 10^8 Zellen ml^{-1} bzw. 3 mg ml^{-1} (Abb. 10.15).

10.6.3 Entwicklung verbesserter monoklonaler Antikörper

In den noch wenigen therapeutischen Versuchen mit MABs aus Mäusen stellten die MABs ihre Wirksamkeit unter Beweis und zwar bereits bei geringer Dosierung. Weiterhin besitzen die MABs lediglich eine geringe Toxizität. Mäuseproteine wirken im menschlichen Körper allerdings immunogen und die Patienten entwickeln schnell störende Antimaus-Antikörper. Menschliche Hybridomen können zwar hergestellt werden, jedoch verläuft die Transformation sehr langsam und die Produktionskapazität für MABs schwankt. Derzeit wird versucht, sowohl humane MABs als auch Hybrid-Antikörper (Antikörper-Chimären, mit einem Abschnitt aus dem Mensch und einem Abschnitt aus der Maus) in Zellinien aus Mäusezellen zu züchten. Normale Antikörper bestehen aus vier Molekülen und zwar zwei identischen, schweren Ketten und zwei identischen, leichten Ketten. Zur Zeit wird an der Entwicklung einer zweiten Antikörpergeneration gearbeitet, d. h. an Antikörpern, die nur aus einer einzigen Kette bestehen. Bei diesen Antikörpern handelt es sich um rekombinierte Moleküle, die mit *E. coli* produziert werden. Der Antikörper besteht aus zwei Molekülteilen, der eine aus Teilen der variablen Regionen der schweren Ketten und der andere aus Teilen der variablen Regionen der leichten Ketten, die über einen Peptid-Spacer kovalent

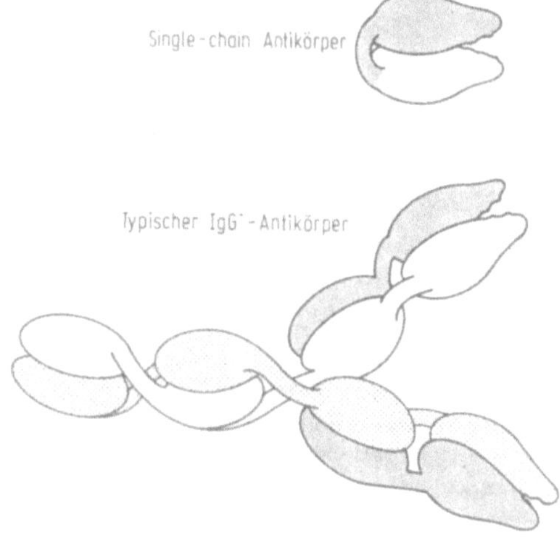

Abb. 10.16. Neuartiger, einkettiger Antikörper. Er besteht aus der variablen Region einer leichten Kette und einer variablen Region einer schweren Kette, die durch ein Peptid miteinander verbunden sind. Die Bindung mit dem Antigen soll für beide Antikörper von rechts erfolgen (mit freundlicher Genehmigung entnommen aus Klausner, 1986).

zu einem Molekül verbunden sind (Abb. 10.16). Solche Antikörper sollen wegen ihrer geringen Größe, ihrer erhöhten Stabilität und der geringeren Produktionskosten (sie brauchen nicht in Säugetierzellkulturen produziert werden, sondern können aus mikrobiellen Kulturen gewonnen werden) von Vorteil sein.

10.7 Weitere Produkte aus Säugetierzellkulturen

Zur Zeit wird daran gearbeitet, Säugetier-Zellkulturen nicht nur zur Produktion von MABs und von viralen Impfstoffen zu verwenden, sondern auch zur Produktion vieler anderer Produkte, wobei vor allem an Therapeutika für Mensch und Tier sowie an Diagnostika gedacht ist. In Tabelle 10.1 sind eine Auswahl von pharmazeutisch wirksamen Produkten zusammen mit ihrer Anwendung aufgelistet. Das Marktvolumen für die menschlichen Hormone Insulin, Somatotropin (Wachstumshormon), Fruchtbarkeitshormon, Epidermis-Wachstumfaktor und Östrogen soll im Jahr 1991 1.9 Milliarden Dollar erreichen. Es wird erwartet, daß der Markt für den Gewebe-Plasminogenaktivator und für Interleukin-2, Interferon und andere Lymphokine schnell wächst und daß Verfahren mit Tierzellenkulturen bzw. Fermentationen mit rekombinierten Bakterienstämmen miteinander konkurrieren werden. Zur großtechnischen Anwendung von Zellkulturen werden ähnliche Bioreaktoren wie zur Produktion von monoklonalen Antikörpern eingesetzt. Der folgende Abschnitt stellt Beispiele für die Produktion von Interferonen in Zellkultur vor.

Tabelle 10.1. Produkte aus Säugetier-Zellkulturen und ihre Anwendung (mit freundlicher Genehmigung entnommen aus Ratafia, 1987).

Produkt	Erkrankung
Lymphokine	Virale Infektionen
Erythropoietin	Anämie, Hämodialyse
Rekombiniertes Insulin	Insulinabhängiger Diabetes
Betazellen	Diabetes
Urokinase	Thromben
Granulozyten-stimulierender Faktor	schwere Wunden
Gewebeplasminogenaktivator	Herzattacken, als Soforthilfe
Transferfaktor	Multiple Sklerose
Protein C	Hüftoperationen, Protein-C-Mangel
Epidermaler Wachstumsfaktor	Verbrennungen
Faktor VIII	Hämophilie
Humanes Wachstumshormon	bei hypophysärem Mangel
Orthoclon	Abstoßungsreaktionen bei Nierentransplantationen
Alpha-Interferon	Haarzellenleukämie

Seit hochentwickelte genetische Systeme entwickelt wurden, können gewünschte Gene in bereits vorhandene Zellinien insertiert werden. Damit lassen sich entsprechende Stoffe, u.a. humane Interferone, humane Wachstumshormone oder der humane Plasmafaktor VIII produzieren. Mit Zellkulturen als Wirt können die Proteine genau dann weiteren Reaktionen unterworfen werden (z.B. Glykosilierung), wenn sie im Körper gebildet werden, und werden in der richtigen Konformation ins Medium sekretiert. Die Schwierigkeiten mit der Kultivierung von scherempfindlichen Zellen konnten mit neuen Reaktoren, die nur geringfügige Scherkräfte aufbauen, beseitigt werden. Die hohen Kosten für serumhaltige Medien, die sich negativ auf die Wirtschaftlichkeit auswirkten, konnten durch die Entwicklung definierter Medien beseitigt werden.

10.8 Zytostatika

Die Chemotherapie bei Krebs beruht auf der Erkenntnis, daß zytotoxische Stoffe bei Säugetierzellen die Zellteilung hemmen können. Das Umsatzvolumen für Zytostatika betrug 1987 weltweit mehr als 1 Milliarde Dollar und soll bis zum Ende des Jahrhunderts auf 27 Milliarden Dollar ansteigen. Derzeit werden ca. 30–45% der Zytostatika fermentativ gewonnen. Viele Zytostatika, die von Mikroorganismen und transformierten Säugetierzellen gebildet werden, befinden sich noch im Entwicklungsstadium. Nachfolgend sollen die biotechnologischen Grundlagen für die Produktion von zytotoxischen Stoffen durch Mikroorganismen und Tierzellen diskutiert werden.

Adriamycin gehört zur Gruppe der Anthracyclin-Antibiotika und wird von *Streptomyces peucetius* gebildet. Einige Jahre war Adriamycin das meistverkaufte Zytostatikum in den USA. Zur Behandlung von Leukämie und Gewebstumoren wurden auch Enzyme kommerziell hergestellt, die sowohl essentielle als auch nicht-essentielle Aminosäuren erschöpfen können. Unter den therapeutischen, anti-neoplastischen Enzymen ist L-Asparaginase das erfolgreichste. Asparaginase aus dem Serum von Meerschweinchen wird wegen seiner geringeren antigenen Wirkung der Asparaginase aus *E. coli* oder *Erwinia carotovora* vorgezogen. Es wird erwartet, daß die Nachfrage nach Stoffen wie den Interferonen oder den monoklonalen Antikörpern (zur Therapie von Lungen-, Brust-, Dickdarm- und Prostatatumoren sowie zur Therapie von speziellen Leukämie- und Lymphomarten) in den nächsten Jahren besonders ansteigen wird. Die monoklonalen Antikörper befinden sich derzeit in der klinischen Testphase.

10.8.1 Anthracycline

1963 wurde mit Daunorubicin das erste klinisch erfolgreiche Anthracyclin-Antibiotikum aus *Streptomyces coeruleorubidus* isoliert. Anthracyclin dient vor allem zur Behandlung der akuten Leukämie. Bei dem Versuch, Daunorubicin durch Mutation von *S. peucetius* zu verbessern, wurde Doxorubicin (kommerzieller Name: Adriamycin) erhalten. Die beiden Anthracycline kumulieren jedoch dosisabhängig und sind irreversibel cardiotoxisch. In der Folgezeit wurde versucht, wirksame Stoffe mit einer geringeren cardiotoxischen Wirkung zu erhalten. Dies geschah einmal durch die Isolierung weiterer Anthracycline und zum anderen durch die Herstellung von Anthracyclinen auf semisynthetischem Weg. Die Struktur der Anthracycline ist in Abb. 10.17 gezeigt.

Ein fermentatives Verfahren zur Herstellung von Daunorubicin zeigt Abb. 10.18. Das Produktionsmedium enthält Kohlenstoffquellen (Glucose oder Stärke), komplexierte Stickstoffquellen (Sojamehl, lösliche Rückstände aus Brennereien, Hefeextrakte oder Fischmehl) und anorganische Salze. Die Belüftung erfolgt mit 0,5 % Volumenanteil pro Minute und die Umdrehungsgeschwindigkeit der Rührers an den Blattspitzen beträgt 229 m min^{-1} (und

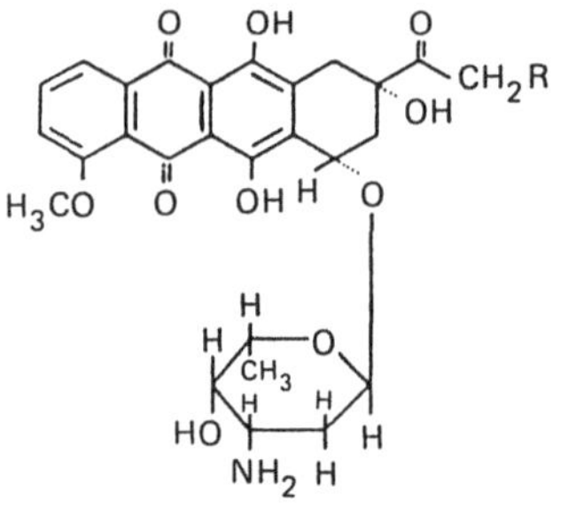

Daunorubicin R = H
Adriamycin   R = OH

Abb. 10.17. Struktur von Daunorubicin (R = H) und Doxorubicin (Adriamycin) (R = OH).

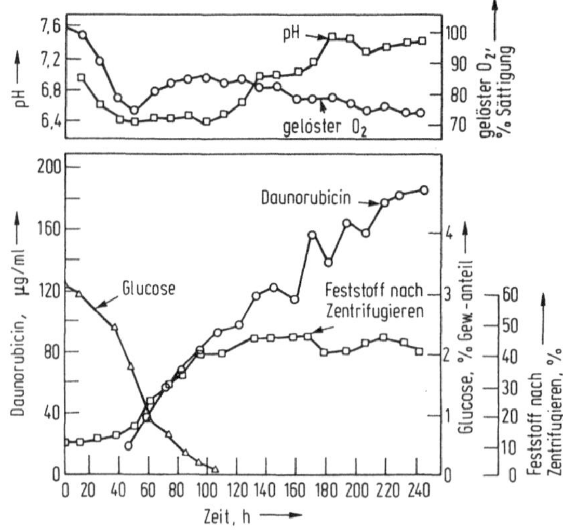

Abb. 10.18. Produktion von Daunorubicin durch *Streptomyces peucetius* in Submerskultur (mit freundlicher Genehmigung entnommen aus Flickinger, 1985).

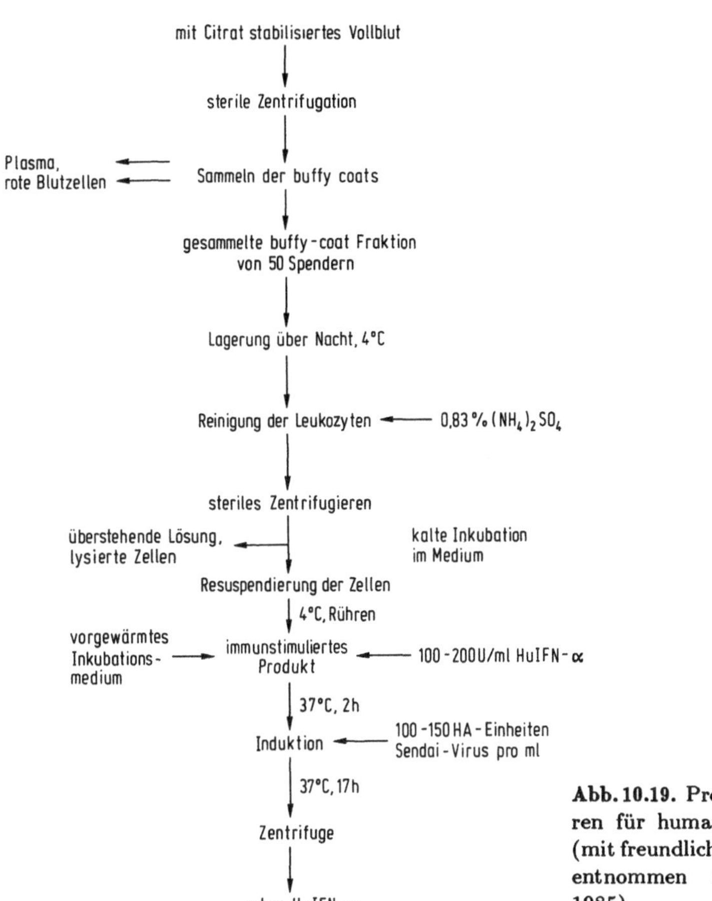

Abb. 10.19. Produktionsverfahren für humanes α-Interferon (mit freundlicher Genehmigung entnommen aus Flickinger, 1985).

zwar gleichermaßen im Forschungsfermenter wie im Produktionsfermenter). Daunorubicin wird als Glykosid gebildet. Durch Ansäuerung der gesamten Maische nach der Kultivierung werden die Zellen lysiert und das Glykosid zum Daunorubicin hydrolysiert.

Wegen der möglichen Toxizität der Substanzen dürfen Menschen während der Produktion nicht mit den Flüssigkeiten in Berührung kommen, die die zytotoxischen Substanzen enthalten. Besondere Sicherheitsmaßnahmen während Produktion und Reinigung verhindern den Kontakt.

10.8.2 Interferon

Die Produktion von Interferon aus diploiden Fibroblasten und Leukocyten ist ein Beispiel für neuentwickelte Produktionsverfahren für Zytostatika mittels Zellkulturen aus Säugetierzellen.

Diploide Fibroblasten werden in Kolben mit den Gewebekulturen und in Rollerflaschen inkubiert, damit ein kontinuierliches Wachstum sichergestellt wird. Durch Kontakt mit Polyinosinpolycytidylsäure (Poly I:C) können die diploiden Fibroblasten dazu gebracht werden, menschliches Fibroblasten-interferon (HuIFN-β) zu produzieren. Die Ausbeuten lassen sich erhöhen, wenn vor dem Versetzen mit Poly I:C als Primer 100 U ml^{-1} HuIFN-β zugesetzt wird. Die Zellen sind auf eine Verankerung angewiesen. Beim Scale-Up macht es vor allem Schwierigkeiten, eine angemessen große Oberfläche für das Wachstum anzubieten. Es wurden schon stationäre Glaskolben, Rollerflaschen, Stapelplatten, Fasern sowie in Rührreaktoren Mikrocarrier ausprobiert. Bei jedem Schritt beträgt das Volumen des Inoculums ca. 20–25% des Gesamtvolumens. Maximal können ca. $2\text{–}5 \times 10^6$ Zellen pro Milliliter erreicht werden. HuIFN-β fällt üblicherweise in Ausbeuten von $3,2 \times 10^4$ U ml^{-1} an.

Leukocyten-Interferon (HuIFN-α) wird aus Leukocytensuspensionen mit HuIFN-α als Primer und dem Sendai- oder dem Newcastle-Desease-Virus als Induktor produziert. Die ‚nackten' Leukocyten werden aus Blut gewonnen und von den anderen Leukocyten durch Behandlung mit Ammoniumchlorid abgetrennt. Die Ausbeuten an HuIFN-α liegen zwischen 20 000 und 60 000 U ml^{-1}. Das Produktionsverfahren für humanes α-Interferon ist in Abb. 10.19 schematisch dargestellt.

Als Zytostatikum ist die Wirkung von Interferon bei Gewebetumoren nicht besonders ermutigend, jedoch zeigt es sich durchaus wirksam bei der Behandlung einiger seltener Krebsarten, wie der Haarzellen-Leukämie.

10.9 Weitere mikrobielle Pharmazeutika

Mit den Möglichkeiten der Molekularbiologie können vielleicht neue Generationen mikrobieller Pharmazeutika entdeckt werden oder auch neuartige Bioaktivitäten von neu charakterisierten mikrobiellen Produkten. Als Zielsubstanzen kommen in Frage: entzündungshemmende Mittel, Enzyminhibitoren, Immunodepressiva, Immunostimulantien, Hormonagonisten und -antagonisten. Manche dieser Stoffe sind strukturell mit den Antibiotika verwandt. Viele sind natürlich vorkommende oder chemisch modifizierte Sekundärmetaboliten und zeigen ein weitgestreutes Aktivitätsspektrum, wie Bindung an Rezeptoren, Wechselwirkung mit der Zellwand bzw. -membran, Bindung an Nucleinsäuren oder auch Aktivierung bzw. Hemmung von Enzymen. Voraussetzung zur Entdeckung solcher Wirkstoffe ist jedoch, Bioaktivitäten mit effektivem in-vitro Screening testen zu können. Die Möglichkeit, Gene zu klonen, erleichtert die Konstruktion von Zellsystemen zur Entdeckung von Molekülen mit neuen biochemischen Aktivitäten. Durch Klonen und Ausscheiden von eukaryontischen Genen werden Rezeptoren und Liganden gut zugänglich. Eine gute Ausgangsbasis zur Entwicklung solcher Systeme ist der ‚enzym-linked immunosorbent assay (ELISA)'. Gegenwärtig wird verstärkt nach pharmazeutisch wirkungsvollen Sekundärmetaboliten, die nicht mit den Antibiotika verwandt sind, geforscht. Viele Hersteller von pharmazeutischen Präparaten sehen dieses Zusammenziehen der Aktivitäten als den Start in ein zweites, großes Zeitalter ähnlich der ‚goldenen Antibiotika-Ära' in den 40er und 50ern.

10.10 Shikoninproduktion durch Pflanzenzellkulturen

Shikonin und seine Derivate (Abb. 10.20) kommen in den Wurzeln von *Lithospermum erythrorhizon* vor. In Japan wird diese Pflanze seit Alters her als Arzneistoff verwendet. Das darin enthaltene Shikonin wirkt entzündungshemmend und antibakteriell. Shikonin, ein hellroter Naphthochinonfarbstoff, wird auch als Farbstoff in Kosmetika verwendet. Die Pflanze stammte ursprünglich aus China und Korea und wurde nach Japan importiert, wo daraus reines Shikonin gewonnen wurde. Es besitzt einen Wert von 4500 Dollar pro Kilogramm.

Zur Herstellung von Shikonin konnte eine Zellinie entwickelt werden, die bis zu 15% ihrer Biomasse als Shikonin akkumulieren kann. Weiterhin wurde

R:	
OH	Shikonin
H	Deoxyshikonin
OCOMe	Acetylshikonin
$OCOCHMe_2$	Isobutylshikonin
$OCOCH{=}CMe_2$	$\beta.\beta$-Dimethylacrylshikonin
$OCOCH_2\,CHMe_2$	Isovalerylshikonin
$OCOCH_2\,CHMe_2$–OH	β-Hydroxyisovalerylshikonin

Abb. 10.20. Shikoninstruktur und Strukturen von Derivaten.

Tabelle 10.2. Zusammensetzung des Mediums sowie weitere Parameter zur Produktion von Shikoninen durch *Lithospermum erythrorhizon* in Suspensionskultur (mit freundlicher Genehmigung aus Fujita und Hara, 1985).

Medium, mg/l			
$Ca(NO_3)_2 \cdot 4H_2O$	1 388	$CuSO_4 \cdot 5H_2O$	0,6
KNO_3	160	$Na_2MoO_4 \cdot 2H_2O$	0,004
KCl	130	$NaFe\text{-}EDTA \cdot 3H_2O$	3,6
$NaH_2PO_4 \cdot 2H_2O$	38	KI	1,5
$MgSO_4 \cdot 7H_2O$	1 500	Na_2SO_4	2 960
$ZnSO_4 \cdot 4H_2O$	6	Saccharose	40 000
H_3BO_3	9	3-Indolylessigsäure	3,5
Kulturparameter		*Zellausbeute*	
Inkubationstemperatur (°C)	25	Ertrag an Zellen (g/l)	17,5
Konzentration des Inoculums (g Trockenmasse/l)	5,6	Shikonin-Zellgehalt (%)	13,2
$K_L a$ (h^{-1})	12	Shikonin-Ausbeute (mg/l)	2 300

die Produktivität durch systematische Entwicklung der Zellkultur verbessert. Die Produktion verläuft in einem zweistufigen Verfahren. In der ersten Stufe wird die Biomasse angezogen. Hierfür werden die Zellen in einem 200 l Fermenter etwa neun Tage gezüchtet, anschließend geerntet, und für die zweite Stufe in einen 750 l Produktionskessel überführt und dort etwa 14 Tage inkubiert. Die jeweilige Ausbeute an Shikoninderivaten reagiert sehr empfindlich auf das Zusammenspiel zwischen Sauerstoffversorgung, Volumen des Inoculums und den Konzentrationen der einzelnen Komponenten im Medium. Die Sekundärmetaboliten von Pflanzenzellen werden nicht ins Medium sekretiert, sondern akkumulieren in den Vakuolen und Organellen. Die Shikonine können durch Extraktion mit Ethanol aus den Zellen entfernt werden. Tabelle 10.2 zeigt die Produktionsbedingungen zur Produktion von Shikoninen mit einer Ausbeute von 2, 31 g pro Liter Kulturmedium.

11 Technische Enzyme

11.1 Enzymanwendungen

Die meisten technischen Enzyme sind extracelluläre mikrobielle Enzyme.
Etwa die Hälfte des mikrobiellen Enzymmarktes entfällt auf die Proteasen. Die hauptsächlichen industriellen Anwendungen von Proteasen sind
die Verwendung der basischen Serinprotease aus *Bacillus licheniformis* in
Waschmitteln (Detergentien), gefolgt von *Mucor miehei*-Lab zur Käseherstellung und der Pilzprotease aus *Aspergillus oryzae* zur Teigbehandlung
beim Brotbacken und zur Herstellung von Crackern.

Die extracellulären, stärkeabbauenden Enzyme werden hauptsächlich
zum Abbau von Stärke in glucose-, maltose- und oligosaccharidhaltige Si-
rups, zur Bildung von fermentierbaren Zuckern beim Brauen und Brennen
und zur Modifizierung von Backmehl verwendet. Wichtige technische Enzyme für diese Reaktionen sind die α-Amylasen aus *Bacillus licheniformis*,
Bacillus amyloliquefaciens und *Aspergillus oryzae* sowie die Amyloglucosidase aus *Aspergillus niger*.

Pectinasen und Hemicellulasen werden hauptsächlich von *A. niger*-Stäm-
men gebildet. Hauptbestandteile von Pectinasen sind die Pectin-Esterase,
die Endopolymethylgalacturonat-Lyase und die Polygalacturonase. Bei der
Extraktion von Fruchtsäften und bei der Herstellung von Wein verhelfen
die Pectinasen zu höheren Saftausbeuten, zu geringeren Viskositäten, zur
verbesserten Farbstoffextraktion aus den Fruchtschalen und zum besseren
Aufschließen von Fruchtfleisch und Gemüsegewebe.

Technische Cellulasen werden von *Trichoderma reesei-*, *Penicillium fu-
niculosum-* und *Aspergillus niger*-Stämmen gebildet und finden derzeit leider nur begrenzte Verwendung bei der Behandlung von Lebensmitteln,
beim Brauen, bei der Alkoholgewinnung und bei der Abfallbehandlung. Ihr
größtes wirtschaftliches Potential liegt im Abbau der Lignocellulose und
Cellulose zu Glucose. Die wichtigsten Bestandteile der Cellulase sind Cellobiohydrolase, die von allen celluloseabbauenden Wirkstoffen die beste Affinität zur kristallinen Cellulose besitzt, die *endo*-β-1,4-Glucanase und die
Cellobiase. *Penicillium emersonii* bildet eine β-1,3;1,4-Glucanase, die vor
allem zur Hydrolyse von β-Glucanen in Gerste eingesetzt wird.

Die Lipasen aus Hefen und Pilzen und die Lactasen und Dextranasen
aus Pilzen sind weitere wichtige mikrobielle extracelluläre Enzyme.

Das wichtigste technische intracelluläre Enzym in der Nahrungsmittelindustrie ist die Glucose-Isomerase. Sie wandelt bei der Produktion des

‚high-fructose corn syrup' (HFCS, ein flüssiges Gemisch aus etwa gleichen Teilen Fructose und Glucose) die Glucose in Fructose um. Auch die technischen Hefe- und Bakterien-Lactasen aus *Kluyveromyces lactis-*, *Kluyveromyces fragilis*-und *Bacillus*-Arten sind intracelluläre Enzyme. Intracelluläre Enzyme werden auch als klinische Diagnostika bei gentechnischen Forschungs- und Entwicklungsarbeiten und für Biotransformationen von chemischen und pharmazeutisch wirkenden Stoffen verwendet. Wichtige Beispiele für mikrobielle Enzyme in der klinischen Diagnostik sind die Hexokinase, die Glucose-Oxidase, die Glucose-6-phosphat-Dehydrogenase sowie die Cholesterol-Oxidase.

Unter Biotransformationen versteht man die selektiven, enzymatischen Umwandlungen von reinen Stoffen zu spezifischen Endprodukten oder Zwischenstufen. Für Biotransformationen können entweder isolierte Enzyme oder die ganzen Zellen frei oder immobilisiert verwendet werden. Viele Enzyme spielen bei Biotransformationen eine Rolle. Beispielsweise werden mit der Penicillin-Acylase die Penicillin-Seitenketten hydrolysiert, um zur 6-Aminopenicillansäure (6-APA) zu gelangen, und mit L-Aminosäure-Acylasen werden aus acylierten D,L-Aminosäureracematen selektiv die L-Aminosäuren entfernt. Die L-Aminosäure-Acylasen deacylieren nämlich nur die L-Aminosäuren und die D-Form bleibt zurück. Sie wird abgetrennt, chemisch re-racemisiert und wieder als Substrat verwendet. Die vermutlich bedeutendsten enzymatischen Biotransformationen, wie z. B. die Sterol-Transformationen, werden in der pharmazeutischen Industrie durchgeführt (s. Kap. 10).

Papain ist das bedeutendste nicht-mikrobielle Enzym. Es wird aus der Pflanze *Carica papaya* extrahiert und zum Brauen und in der Nahrungsmittelindustrie verwendet. Auch Chymosin, das aus dem Labmagen von noch säugenden Kälbern extrahiert wird, ist ein wichtiges Enzym zur Käseherstellung. Weitere nicht-mikrobielle Enzyme kommen in gemälztem Getreide vor, wie es beim Brauen verwendet wird, und zwar handelt es sich hierbei um α- und β-Amylasen, Proteasen und β-Glucanasen, die für die Verflüssigung, Verzuckerung und Extraktion von fermentierbaren Zuckern und Nährstoffen aus dem Getreide sorgen.

Die extracellulären mikrobiellen Enzyme werden hauptsächlich in Lösung und nur einmal verwendet. Der Kostenanteil für das Enzym pro Ansatz ist gering und die Rückgewinnung von Enzymen oder die Verwendung immobilisierter Enzyme rechnet sich hierbei bislang in den wenigsten Fällen. Industrielle Reaktionen mit intracellulären Enzymen werden dagegen meist mit immobilisierten Enzymen oder mit freien oder immobilisierten ganzen Zellen durchgeführt, denn diese Präparate können wiedergewonnen werden. Beispielsweise wird die technische Glucose-Isomerase je nach Anbieter durch Immobilisierung von Zellen (die das Enzym enthalten) oder durch Immobilisierung des isolierten Enzyms auf einer synthetischen Matrix hergestellt.

Der Grund dafür ist, daß intracelluläre Enzyme wesentlich teurer zu produzieren sind als extracelluläre Enzyme, denn gegenüber letzteren fallen wesentlich höhere Kosten für ihre Isolierung und Reinigung an. Aus wirtschaftlichen Gründen ist es daher im allgemeinen wünschenswert, das Enzym mehrmals zu verwenden, was z. B. durch Immobilisierung des Enzyms ermöglicht wird. Freie oder immobilisierte ganze Zellen sind für Biotransformationen vorteilhaft, weil keine Kosten für die Enzymisolierung anfallen. Allerdings muß gewährleistet sein, daß sowohl Substrat als auch Produkt genügend schnell in die Zelle hinein bzw. aus der Zelle heraus penetrieren oder diffundieren können und daß eventuelle Bildungsreaktionen von unerwünschten Nebenprodukten inhibiert oder minimiert werden können. Biotransformationen mit ganzen Zellen bieten sich vor allem dann an, wenn das entsprechende Enzym an die Membran gebunden vorliegt, es spezielle Cofaktoren braucht oder wenn mehr als ein Enzym an der gewünschten Reaktion beteiligt ist.

Systeme, die mit isolierten, immobilisierten Enzymen oder immobilisierten Zellen arbeiten, sind zur Produktion hochreiner Verbindungen ohne Reste an Enzymproteinen geeignet. Die Enzymstabilität steigt durch Immobilisierung oder Retention des Enzyms in immobilisierten Zellen generell an.

11.2 Neuere Entwicklungen

11.2.1 Milchverarbeitung

Mikrobielle Labpräparate sind inzwischen preisgünstiger als Lab aus Kälbermägen (Chymosin) und werden weltweit inzwischen für mehr als ein Drittel der Käseproduktion eingesetzt. Die ersten mikrobiellen Labpräparate waren im Gegensatz zum Kalbslab relativ hitzestabil, was dazu führte, daß sie im Käse aktiv blieben und zu Geschmackseinbußen und Ausbeuteverringerungen führten. Durch chemische Behandlung von *M. miehei*-Lab mit oxidierenden Stoffen (z. B. H_2O_2) erhielt man ein Enzym, dessen thermische Eigenschaften ähnlich wie die von Chymosin sind. Qualität und Ausbeute von Käse, der mit diesem Enzym produziert wird, sind ähnlich hoch wie Qualität und Ausbeute von Käse, der mit Chymosin produziert wird. Viele Biotechnologie-Firmen und Forschungsinstitute arbeiten daran, Chymosin in gentechnisch veränderten Bakterien oder Pilzen herzustellen.

Die in Milch und Molke vorkommende Lactose ist weniger löslich und weniger süß als ihre Einzelkomponenten Glucose und Galactose. Für lösliche oder immobilisierte Lactase bestehen zwar schon viele wichtige Anwendungen, jedoch scheitert die Entwicklung weiterer technischer Verfahren derzeit noch an den hohen Enzymkosten (Tabelle 11.1). Die Tetra Pak International entwickelte das Tetra Lacta[R]-System. Der sterilisierten Milch wird hierbei eine kleine Dosis Enzym zugesetzt und während einer Lagerzeit von

ein bis zwei Wochen wird die Lactose in der abgepackten Milch zu 80%
hydrolysiert.

Tabelle 11.1. Die wichtigsten Anwendungen für Lactase

Rohmaterial	Produkt	Bemerkung
Molke	Tierfutter	Höhere Molkezusätze möglich; Verhindert die Lactosekristallisation im Molkekonzentrat
	Lactose-hydrolysierter-Molkensirup	Als Inhaltsstoff bei Backwaren, in Konditorei- und Eiscremeprodukten
Entproteinierte Molke	Lactose-hydrolysierter-Permeatsirup	Eigenschaften des Produkts ähnlich wie die von Glucosesirup mit mittlerem Dextroseäquivalent
Milch	Lactose-hydrolysierte Milch	Verstärkt den süßen Geschmack; Verhindert Kristallisation in Milchkonzentraten

Technische Enzyme können bei der Käseherstellung die geschmacks-
bildende Wirkung von Enzymen aus den Starterkulturen verstärken. Die
Protease aus *B. amyloliquefaciens* fördert z. B. die Reifung von Cheddar
und in italienischen Käsesorten verstärken Lipasen den Geschmack. Erst
vor kurzem wurde das Enzym Sulfhydryl-Oxidase entwickelt, das die unerwünschten Thiolgeschmacksstoffe in ultrahocherhitzter Milch beseitigen
kann.

11.2.2 Neue Enzyme zum Brauen und zur Stärkehydrolyse

Ein Drittel bis ein Viertel der Kohlenhydrate in der Würze einer gängigen
Biersorte liegen in nicht verwertbarer Form vor (Limitdextrine), können
nicht fermentiert werden und verbleiben im Endprodukt. Diese sogenannten Limitdextrine können durch Glucoamylase aus *A. niger* zu fermentierbaren Zuckern hydrolysiert werden, was bedeutet, daß mit einer verdünnten
Würze der gleiche Alkoholgehalt wie in einem normalen Bier erzielt werden
kann. Das so hergestellte Bier enthält dann einen geringeren Brennwert als
normales Bier. Das Enzym kann entweder kurz vor dem Aufkochen bei 65°C
der Würze schnell zugesetzt werden oder vor der Fermentation langsam dem
Fermenterinhalt zugesetzt werden, so daß es während der Fermentation wirken kann. Nachteilig beim letzteren Verfahren ist, daß das Enzym bei den
üblichen Pasteurisierungs-Temperaturen nicht inaktiviert wird und dadurch
bei der Lagerung Probleme auftreten können. Die Immobilisierung der Glucoamylase wäre eine mögliche Lösung.

Die neuesten Überlegungen zur Verwendung von Enzymen beim Brauen
gehen dahin, die Hefe zu veranlassen, die obigen Enzyme während der Fermentation zu sekretieren. *Saccharomyces diastaticus* produziert im Gegensatz zu *S. cerevisiae* Glucoamylase. Leider eignet sich *S. diastaticus* nicht

zum Brauen, da sie schlechte Geschmacksstoffe produziert und ihre Glucoamylase außerdem zu temperaturstabil ist. Die Hefe *Schwanniomyces castelli* besitzt eine Glucoamylase, die bei den normalen Pasteurisierungstem-
peraturen inaktiviert wird. Ideal wäre wohl die gentechnische Einschleusung
dieser Glucoamylase in *S. cerevisiae*. Weitere Forschungen befassen sich damit, β-Glucanase, kältebeständige Protease und weitere Enzyme, die beim
Brauen beteiligt sind, in *S. cerevisiae* zu klonen.

Bei der Bierreifung sind die oxidative Transformation von α-Acetolactat
in Diacetyl und die Reduktion von Diacetyl zu Acetoin für den Gesamtpro-
zeß geschwindigkeitsbestimmend (Abb. 11.1). Wird zu frisch fermentiertem
Bier Acetolactat-Decarboxylase zugesetzt, so entsteht kein Diacetyl und die
Reifung erfolgt wesentlich schneller. Noch werden geeignete Quellen für dieses Enzym gesucht.

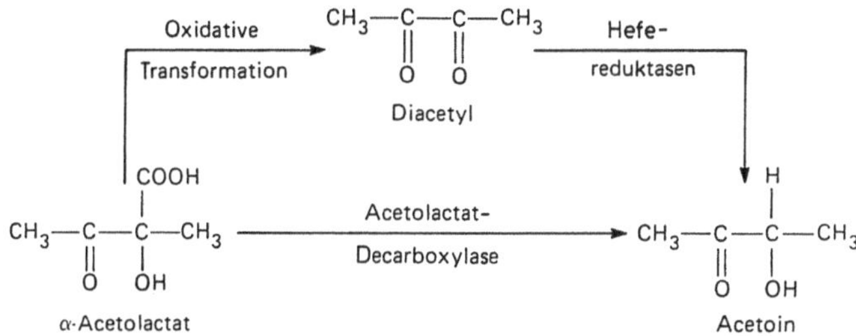

Abb. 11.1. Umwandlung von α-Acetolactat in Acetoin.

Die Verflüssigung und Verzuckerung von Stärke zu Glucose erfolgt
durch Glucoamylase und die bis zu hohen Temperaturen stabile α-Amylase.
Die Glucoamylase hydrolysiert zwar sowohl die α-1,4- als auch die α-
1,6-Glykosidbindung, letztere jedoch nur sehr langsam. Die Verzuckerung
verläuft wesentlich schneller mit Enzymen, die an Verzweigungspunkten an-
greifen können. Pullulanase hydrolysiert z. B. bevorzugt die α-1,6-Bindun-
gen. Die erste kommerzielle Pullulanase stammte aus *Aerobacter aerogenes*
und hatte ihr Wirkungsoptimum bei pH 6,0. Sie arbeitete leider in dem zur
Verzuckerung durch Glucoamylase einzuhaltenden pH-Intervall von 4,0–4,4
nicht besonders effektiv. Erst vor Kurzem wurde ein neues Pullulanase-
Präparat aus *Bacillus acidopullulyticus* eingeführt, das in bezug auf Temperatur und pH die passenden Aktivitäts- und Stabilitätseigenschaften zur
Verzuckerung besitzt.

11.2.3 Abbau von Polysacchariden aus pflanzlichen Zellwänden

Die enzymatischen Abbauverfahren für nicht-verholztes pflanzliches Gewebe, wie z. B. Fruchtfleisch und Gemüse, machten in letzter Zeit deutliche
Fortschritte. Die Zellwände bestehen aus Cellulosefasern, die an Hemicellulose assoziiert, in einer Matrix aus pektinösen Substanzen eingebettet

sind. Die bislang kommerziell verfügbaren Hemicellulasen und Cellulasen konnten diese komplexen Zellwandmaterialien nicht vollständig verflüssigen. Zum vollständigen Abbau müssen viele Enzyme, u. a. Cellulasen, weitere Glucanasen, Galactanasen, Arabinasen sowie Pectinasen, zusammenwirken. Wenn erst die Eigenschaften dieser Enzyme und der Organismen, die diese Enzyme produzieren, besser verstanden sind, werden wohl eine Reihe von Enzymformulierungen zur Erleichterung der folgenden Aktionen zur Verfügung stehen: (a) spezifischer Abbau von speziellen Geweben, ohne daß andere Gewebe angegriffen werden, (b) vollständiges Aufschließen und Lösung des Gewebes und (c) vollständiger Abbau der Polysaccharide zu Monosacchariden.

Der enzymatische Abbau von Lignocellulose ist derzeit noch nicht wirtschaftlich, vor allem weil Lignin biologisch kaum anzugreifen ist. Die kristalline Cellulose in Holz ist in Lignin eingebettet und entzieht sich daher dem hydrolytischen Angriff durch Cellulasen. Es müssen also zuerst wirtschaftliche Methoden zum Aufbrechen der Lignocellulose-Komplexe entwickelt werden, so daß der enzymatische Angriff auf die Cellulose leichter möglich wird. Zur Hydrolyse von Cellulose müssen drei wichtige Enzyme zusammenwirken: die Cellobiohydrolase wirkt auf die mikrokristalline Cellulose ein, die *endo*-Glucanase greift die amorphen Regionen der Cellulosefasern an und die besser löslichen 1,4-β-Glukane und die β-Glucosidase hydrolysiert die durch die Einwirkung der ersten beiden Enzyme entstandene Cellobiose zu Glucose. Im wirkungsvollsten kommerziellen Enzympräparat, das von *Trichoderma reesei* produziert wird, wird die Aktivität der beiden erstgenannten Enzyme durch Cellobiose inhibiert. Außerdem bildet *Trichoderma reesei* nur geringe Mengen an β-Glucosidase, die die Cellobiose abbauen konnte und somit deren inhibitorischen Effekt vermindern würde. Die β-Glucosidase selbst wird durch ihr Produkt, die Glucose, inhibiert. Die genannten produktinhibitorischen Effekte erschweren die Entwicklung enzymatischer Verfahren zur Bildung von Glucose aus Cellulose wohl prinzipiell. Man muß also Cellulasen entdecken oder so modifizieren, daß sie gegenüber Produktinhibierung unempfindlich sind.

11.2.4 Enzymreaktionen in organischen Phasen

In den letzten Jahren konnten erstaunliche Anwendungen von Enzymreaktionen in Zweiphasensystemen aus Wasser und organischen Lösemitteln und auch in nichtwäßrigen, organischen Medien entwickelt werden. Enzyme werden üblicherweise in wäßrigen Lösungen verwendet. Ist Wasser selbst ein Reaktionspartner, so erfolgt aufgrund der Gleichgewichtslage bei enzymatischen Reaktion bevorzugt die Hydrolyse. Bei der Reaktionsführung in organischem Milieu läßt sich Wasser zum limitierenden Faktor machen, und die Gleichgewichtslage kann zugunsten der Synthese verschoben werden.

Zweiphasen-Systeme aus Wasser und einem organischen, kaum mit Wasser mischbaren Lösungsmittel können die Wirksamkeit von enzymkatalysierten Reaktionen mit relativ wasserunlöslichen Substraten verbessern. Die wäßrige Phase enthält das Enzym sowie alle wasserlöslichen Cofaktoren oder Cosubstrate und die organische Phase enthält das Substrat. Die Enzymreaktion verläuft an der Grenzschicht zwischen den beiden Phasen. Die Grenzschicht läßt sich durch Rühren, d. h. durch Emulsionsbildung, vergrößern. Tabelle 11.2 zeigt eine Auswahl an enzymatischen Reaktionen die bereits in zweiphasigen Systemen ausgeführt wurden, Tabelle 11.3 eine Zusammenstellung der Vorteile dieser Systeme.

Tabelle 11.2. Biokonversionen organischer Verbindungen in organischen, wasserunlöslichen Lösungsmitteln

Substrat	Biotransformation	Katalysator	Organisches Lösungsmittel
Cholesterol	Oxidation der Hydroxylgruppe, Isomerisierung	*Nocardia*-Zellen	Tetrachlorkohlenstoff
3β- bzw. 17β-Hydroxysteroide	Oxidation der 3β- bzw. 17β-hydroxylgruppe	β-Hydroxysteroid-Dehydrogenase	Ethyl- oder Butylacetat
20-Ketosteroide	Reduktion der 20-Ketogruppen	20β-Hydroxysteroid-Dehydrogenase	Ethyl- oder Butylacetat
Östrogene	Bildung von Oligo-Östrogen	Pilzlaccase	Ethylacetat
4-Androstendion	Δ^1-Dehydrogenierung	*Nocardia rhodocrous*-Zellen	Benzol-Heptan
1,7-Oktadien	7,8-Epoxidation	*Pseudomonas oleovorans*-Zellen	Cyclohexan
N-Acetyl-AA* + Ethanol	Veresterung	Chymotrypsin	Chloroform
Glycerol + Phosphat	Veresterung	Basisches Phosphat	Chloroform

* AA = Tryptophan, Tyrosin, Phenylalanin

Tabelle 11.3. Vorteile zweiphasiger Systeme aus Wasser und einer organischen Phase bei enzymatischen Biokonversionen

- Die effiziente Konversion eines schlecht wasserlöslichen Substrates wird ermöglicht
- Durch geeignete Reaktionsbedingungen können hydrolytisch wirksame Enzyme synthetisch wirken
- Schlecht wasserlösliche Produkte lassen sich leicht vom Enzym trennen
- Unter den obigen Bedingungen sind Enzyme relativ stabil und können durch Immobilisierung noch weiter stabilisiert werden
- Mikrobielle Kontaminationen werden durch die organische Phase verhindert

Lange war es unumstrittene Tatsache, daß Enzyme nur in wäßriger Lösung arbeiten können, jedoch belegen neuere Forschungen, daß die meisten, wenn nicht sogar alle Enzyme ihre katalytischen Eigenschaften auch in fast wasserfreien organischen Lösungsmitteln entfalten können. Alle Wechselwirkungen nicht-kovalenter Natur, die dazu beitragen, die katalytisch aktive Struktur des Enzyms beizubehalten (z. B. van der Waals Kräfte, Wasserstoffbrückenbindungen oder Salzbrücken), sind entweder direkt oder indirekt auf die Gegenwart von Wasser angewiesen. Befindet sich das Enzym in einer vollständig wasserfreien Umgebung, wird es denaturiert. Wasser ist in der Natur jedoch meist sehr stark an das Enzym gebunden und so ist das Enzym in den meisten Fällen mindestens von einer monomolekularen Schicht aus Wassermolekülen umgeben, was für die eben beschriebenen Prozesse, auch in organischen Lösungsmitteln, vollkommen ausreicht. Solange diese monomolekulare Schicht nicht entfernt wird, ist das Enzym auch in einem organischen Milieu aktiv. Die Enzyme liegen in wasserfreien, organischen Medien meist suspendiert vor und lassen sich nach Reaktionsende leicht z. B. durch Filtration abtrennen. Die Art des Lösungsmittels wirkt sich auf den Erhalt der essentiellen Wasserschicht um das Enzym aus. Am besten eignen sich die am ausgeprägtesten hydrophoben Lösungsmittel, wie z. B. Kohlenwasserstoffe. Weniger hydrophobe Lösungsmittel zeigen gegenüber Wasser eine höhere Affinität und neigen dazu, dem Enzym das essentielle Wasser zu entziehen. Enzyme sind in nahezu allen organischen Lösungsmitteln unlöslich und bilden Suspensionen. Die einphasigen, organischen Systeme arbeiten daher am besten unter Rühren. Einige Enzyme sind in organischen Lösungsmitteln temperaturstabiler als in wäßriger Umgebung. Pankreas-Lipase wird in wäßriger Umgebung bei 100 °C sofort inaktiviert, während seine Halbwertszeit bei 100 °C in organischen Lösungsmitteln mit 1% bzw. 0,02% Wassergehalt 10 min bzw. 10 h beträgt.

In organischer Umgebung können Enzyme viele Reaktionen katalysieren, die in wäßriger Umgebung wegen ungünstiger Gleichgewichtslagen so nicht ablaufen können. Lipasen können z. B. in organischen Lösungsmitteln Umesterungen, Veresterungen, Aminolysen, Acylaustausch, Thioumesterungen und Oximolysen katalysieren, während in wäßriger Umgebung die Hydrolyse dominiert.

Aufgrund dieser neuen Entwicklungen in der Enzymtechnologie eröffnen sich enorme Möglichkeiten für weitere technische Enzymanwendungen, vor allem auf dem Gebiet der organischen Synthese.

11.3 Produktion von Enzymen

11.3.1 Allgemeingültige Produktionsverfahren

Mikrobielle Enzyme werden von Stämmen produziert, die auf hohe Ausbeuten hin optimiert sind. Die Kultivierungen laufen unter kontrollierten Bedingungen in Oberflächen- oder Submerskulturen ab. Die einzelnen Verfahrensstufen zeigt Abb. 11.2. Extracelluläre Enzyme werden von den Zellen ins Medium abgegeben. Bei Submerskulturen besteht der erste Aufarbeitungsschritt darin, die zellfreie Flüssigkeit mit dem Enzym durch Filtration oder Zentrifugation von der restlichen Maische abzutrennen. Neben den Submerskulturen sind auch noch Oberflächenkulturen weitverbreitet und zwar vor allem zur Produktion von extracellulären Enzymen aus Pilzen. Die Aufarbeitung dieser Enzyme beginnt für gewöhnlich mit der Extraktion der halbfesten Masse aus dem Fermentationsschritt mit Wasser und zwar noch vor der Filtration. Die überstehende Flüssigkeit bzw. das Filtrat mit den abgetrennten Enzymen wird konzentriert und häufig direkt als standardisiertes Flüssigenzympräparat vermarktet. Dem Flüssigpräparat sind noch Konservierungsmittel und/oder Stabilisatoren zugesetzt. Die Enzyme können auch ausgefällt (manchmal auch in einer Sprühkristallisation granuliert), getrocknet und vermahlen werden und kommen dann als Pulver oder Granulat in den Handel.

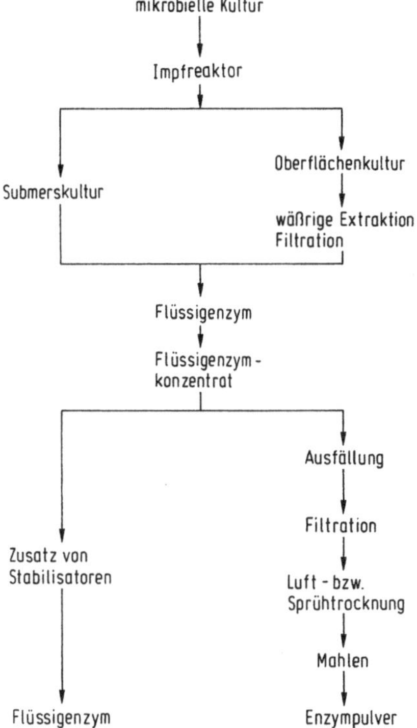

Abb. 11.2. Flußdiagramm der Produktion für ein fermentativ hergestelltes technisches Enzym.

Im allgemeinen erfordert die Aufarbeitung der technisch relevanten extracellulären Enzyme keine Enzymfraktionierung. Allerdings sind in den meisten Kulturmaischen zur Produktion extracellulärer Enzyme neben dem Hauptenzym noch mehrere andere Enzyme vorhanden, durch die das Produkt im Hinblick auf seine Anwendungseigenschaften sogar noch verbessert wird. So erhöht sich z. B. durch die Anwesenheit von Proteasen, Hemicellulasen, Cellulasen und weiteren Enzymen in Amyloglucosidase-Präparaten aus Pilzen die Alkoholausbeute bei der Fermentation von Getreidemaischen mit der α-Amylase/Amyloglucosidase. In wenigen Fällen senken die Begleitenzyme die Effektivität der extracellulären Enzyme. In solchen Fällen müssen die störenden Enzyme denaturiert oder entfernt werden. Dies geschieht üblicherweise schon im Kulturfiltrat. Transglucosidase, die in ungereinigten Amyloglucosidase-Präparaten vorkommt, katalysiert bei Stärkeverzuckerungen die Konversion von Glucose zu Isomaltose und Panose. Damit sinkt bei solchen Verzuckerungsreaktionen die Glucoseausbeute und bei alkoholischen Gärungen die Ethanolausbeute (denn Isomaltose und Panose werden nicht zu Ethanol fermentiert). Die Transglucosidase läßt sich durch Adsorption an Bentonit aus Amyloglucosidase-Präparaten entfernen. Die Amyloglucosidase zur Produktion von kohlenhydratarmem Bier soll nur eine geringfügige Protease-Aktivität aufweisen, denn sonst ist die Schaumbildung im fertigen Bier unbefriedigend. Außerdem kann sich überschüssiger α-Amino Stickstoff bilden, wodurch der Verderb während der Lagerung beschleunigt wird.

Herstellungsverfahren zur Produktion intracellulärer Enzyme müssen gestoppt werden bevor die Zellyse beginnt, denn sonst gelangt ein Teil der gebildeten Enzyme ins Medium. Die intracellulären Enzyme mit den gewünschten Spezifikationen werden nach Aufschluß der Zellen und einer Abfolge von biochemischen Reinigungsschritten isoliert. Enzyme für klinische Zwecke dienen häufig zur Bestimmung von Substratkonzentrationen. Meist wird mit gekoppelten Nachweisverfahren gearbeitet, an denen mehrere Enzyme und Cofaktoren beteiligt sind. Letztlich wird die Menge des oxidierten bzw. reduzierten NAD bzw. NADP bei 340 nm spektroskopisch verfolgt. Die Spezifikation dieser Enzyme beinhaltet eine minimale, tragbare enzymspezifische Aktivität und, was noch eine viel größere Bedeutung hat, eine garantierte Obergrenze für den Gehalt an verunreinigenden Enzymen, die möglicherweise das Ergebnis verfälschen könnten. Die Bestimmung von Glucose erfolgt z. B. mit einem gekoppelten Hexokinase/Glucose-6-phosphat-Dehydrogenase-Nachweis. Durch die Oxidation von Glucose wird quantitativ reduziertes NADH gebildet, was sich spektrophotometrisch quantifizieren läßt. Gleichzeitig eventuell noch vorhandene Glucose-Oxidase, Glucose-6-phosphat-Isomerase, 6-Phosphogluconat-Dehydrogenase, ATP-ase oder NADH-Oxidase würden den gekoppelten Enzymnachweis stören und dürfen daher in diagnostischen Enzympräparaten nur in ganz geringem Umfang vorhanden sein.

Bei Produktionsverfahren von Mikroorganismen für celluläre Biotransformationen muß mehreres beachtet werden. Zum einen ist es wichtig, die Bildung von Enzymaktivitäten, die unerwünschte Nebenreaktionen oder den Abbau des Zielproduktes bewirken, möglichst gering zu halten. Werden die unerwünschten Enzyme nicht für das eigentliche Zellwachstum und den Metabolismus gebraucht, können sie über Selektionsverfahren aus dem Organismus entfernt werden. Sind sie für das Zellwachstum essentiell, so können sie vor der Biotransformation auf physikalischem oder chemischen Wege durch Erhitzen bzw. durch Behandlung mit Säuren, Basen, Lösungsmitteln, Inhibitoren oder Detergentien inaktiviert bzw. inhibiert werden. Möglicherweise muß auch die Permeabilität der Zelle so beeinflußt (manchmal wird die Membran nit Aceton oder Toluol zerstört) werden, daß Substrat und Produkt genügend schnell zum bzw. vom aktiven Zentrum des Enzyms hin- bzw. wegdiffundieren können.

11.3.2 Verfahren zur Enzym-Immobilisierung

Im ersten kommerziellen Verfahren zur Immobilisierung von Glucose-Isomerase wurde das Enzym innerhalb der Wirtszelle immobilisiert. Dafür wurden die *Streptomyces*-Zellen, die das Enzym enthalten, über kurze Zeiträume erhitzt. Dadurch wurden die autolytischen Enzyme denaturiert, die Zellen stabilisiert und für kleine Moleküle durchlässig gemacht. Ein anderes technischen Verfahren fixierte die Glucose-Isomerase innerhalb von *Arthrobacter*-Zellen mit Hilfe von Flockungsmitteln. Die Zellpräparate wurden anschließend pelletiert und in Enzymreaktoren verwendet. Die Glucose-Isomerase läßt sich auch mit einem bifunktionalen Aldehyd (z. B. Glutardialdehyd) als Vernetzungsmittel innerhalb der Zellen fixieren. In einem weiteren technischen Immobilisierungsverfahren werden die Glucose-Isomerase-haltigen Zellen zunächst mit Glutardialdehyd fixiert und danach in Gelatine eingeschlossen.

Isolierte technische Enzyme können auch in fasrigen Materialien, wie z. B. Cellulose-triacetat, eingeschlossen werden. Dieses Verfahren wurde bereits für Glucose-Isomerase, Aminoacylase und β-Galactosidase angewendet. Immobilisierte Glucose-Isomerase für technische Zwecke wird auch schon durch die Adsorption des aus einem *Streptomyces*-Stamm gebildeten Enzyms an DEAE-Cellulose bzw. an Tonerde hergestellt. Immobilisierte Enzyme wurden erstmals zur Auftrennung eines chemisch hergestellten *N*-Acyl-D,L-Aminosäuregemisches mit einer an DEAE-Sephadex gebundenen Aminoacylase aus Pilzen großtechnisch angewendet.

11.3.3 Biosynthese mikrobieller Enzyme

Bei der technischen Produktion extracellulärer Enzyme spielen vor allem die *Bacillus*- und die *Aspergillus*-Arten eine wichtige Rolle. Diese beiden Mikroorganismen-Arten produzieren 80–85% der extracellulären Enzyme die auf dem Markt sind. Der beste technische Cellulase-produzierende Mikroorganismus ist derzeit *Trichoderma reesei*. Der Markt für Cellulasen ist noch klein, das wirtschaftliche Potential für die Zukunft ist jedoch riesig und kann vielleicht alle anderen Enzyme zusammen in den Schatten stellen. Voraussetzung ist jedoch, daß die noch bestehenden Probleme bei der Hydrolyse von Lignocellulose gelöst werden. *Arthrobacter-, Streptomyces*- und *Actinoplanes*-Arten produzieren die zur Herstellung von Fructosesirup notwendige Glucose-Isomerase.

Allgemeines zur Induktion bzw. Repression von Enzymsynthesen und Mechanismen der Enzymabscheidung wurde bereits in Kap. 2 behandelt.

Ein Charakteristikum vieler extracellulärer Enzyme ist die erhöhte Stabilität ihrer mRNA, was darin begründet sein könnte, daß die mRNA vom Entstehungsort zu den Translationsplätzen auf der inneren Oberfläche der Cytoplasmamembran transportiert werden muß. Die Beobachtung, daß proteasebildende Zellen große Lager an Protease-spezifischer mRNA anhäufen, wurde mit der relativ langen Halbwertszeit der Protease-spezifischen mRNA in Zusammenhang gebracht.

Die technisch wichtigen Amylasen und Proteasen aus *B. amyloliquefaciens* und *B. licheniformis* sind konstitutive Enzyme, d. h. die Enzymbildungsgeschwindigkeit ist relativ konstant und unabhängig vom Substrat im Fermentationsmedium. Die induzierbaren extracellulären Enzyme werden, wenn kein Substrat vorliegt, üblicherweise nur in ganz geringen Grundkonzentrationen gebildet. Über Induktion kann ihre Synthesegeschwindigkeit jedoch bis auf mehr als das Tausendfache ansteigen. Maltose ist offensichtlich der beste Induktor für die α-Amylase von *A. oryzae*, aber auch Stärke, Glucose sowie viele weitere α-D-Glucoside induzieren das Enzym. Stärke, Maltose und Glucose stimulieren die Amyloglucosidase-Produktion durch *A. niger*. Diese Enzyme erleiden keine Katabolit-Repression durch Glucose. Cellulose induziert zwar den Cellulase-Komplex in *T. reesei*, der eigentliche Induktor ist jedoch wahrscheinlich Cellobiose. Auch Lactose wirkt als Induktor auf die Cellulasen von *T. reesii* und dient gleichzeitig noch als Kohlenstoffquelle für das Zellwachstum. *Trichoderma-* und *Aspergillus-*Arten bilden extracelluläre Cellobiasen (β-Glucosidasen), die durch viele β-Glucoside, einschließlich Cellulose, nicht jedoch durch Cellobiose, induzierbar sind. Diese beiden Organismen bilden auch konstitutiv intracelluläre β-Glucosidasen. Die Synthese von Polygalacturonase durch *A. niger* wird durch die Gegenwart pektischer Substanzen im Wachstumsmedium angeregt.

Die Synthese vieler extracellulärer Enzyme ist endproduktkontrolliert oder unterliegt einer Katabolit-Repression. Die α-Amylasen einiger *B. licheniformis*-Stämme erleiden durch die wichtigsten Endprodukte aus der Stärkehydrolyse eine Katabolit-Repression. Glucose bewirkt eine Katabolit-Repression der Cellulasen aus *T. reesei* und unterdrückt die Synthese der Cellobiohydrolase und der Endoglucanase in Gegenwart von Cellulose und weiteren Induktoren. Die konstitutiven intracellulären β-Glucosidasen aus *Trichoderma-* und *Aspergillus*-Arten sind gegenüber Katabolit-Repression verhältnismäßig unempfindlich. Die Bildung von Polygalacturonase durch *A. niger* unterliegt der Katabolit-Repression durch Glucose. Die Protease wird von *Bacillus*-Arten zwar konstitutiv gebildet, ist jedoch gegenüber Endprodukthemmung empfindlich. Glutamat und Aspartat unterdrücken die Protease-Synthese in *B. subtilis* sowie die Protease-Sekretion in *B. licheniformis*.

Die klassischen Steuerungsmodelle für die Enzyminduktion und -repression entsprechen dem Operon-Regulationsmodell aus Kap. 2 am Beispiel von *E. coli*. Die bisherigen Ergebnisse deuten allerdings darauf hin, daß die Synthese der extracellulären Enzyme vorwiegend auf der Stufe der Transkription reguliert wird und daß das Operonmodell zur Genregulierung auf diese Systeme anwendbar ist. Das Operonmodell konnte bei der Penicillinase-Synthese von *B. licheniformis* bestätigt werden. Die Operone für die meisten extracellulären Enzyme bestehen offensichtlich aus nur einem einzigen Strukturgen und nicht aus einem der typischen Strukturgen-Cluster, die eine Reihe von Enzymen aus Stoffwechsel-Reaktionssequenzen codieren. In Enterobakterien ist das cAMP der Hauptmediator für die Katabolit- Repression. Allerdings konnten solche Moleküle in *Bacillus*- Stämmen bislang noch nicht nachgewiesen werden. Ihr Mechanismus der Katabolit-Repression ist bis heute noch ungeklärt. In *B. licheniformis* soll das cyclische Guanosin-3,'5'-Monophosphat der hauptsächliche Effektor sein. Auch die Proteinsynthese in Eukaryonten scheint hauptsächlich durch die Regulierung der Transkription zu erfolgen, jedoch ist die Gen-Expression komplizierter als bei Bakterien. In Eukaryonten wird ein hochmolekulares RNA-Transskript weiterverarbeitet, wobei Segmente (Introne) entfernt und die restlichen Sequenzen (Exone) zusammengespleißt werden und somit die übersetzbare mRNA entsteht. Diese RNA wird dann an beiden Enden weiter modifiziert.

Die Synthese extracellulärer Enzyme erfolgt üblicherweise in der exponentiellen oder post-exponentiellen Wachstumsphase. Die *Bacillus*-Arten bilden unter den meisten Wachstumsbedingungen ihre extracellulären Proteasen während der post-exponentiellen Wachstumsphase. Die α-Amylasesynthese in *B. licheniformis* und in *A. oryzae* erfolgt während der exponentiellen Wachstumsphase, während das gleiche Enzym in *B. subtilis* und *B. amyloliquefaciens* in der post-exponentiellen Phase gebildet wird. Werden die Enzyme in der post-exponentiellen Phase gebildet, so geht man davon aus, daß die De-Repression dieser Enzyme auf der Spezifitätsänderung der RNA-Polymerase beruht. Vermutlich besteht die Veränderung aus der Modulation eines kleinen Effektormoleküls oder aus der Änderung der Zusammensetzung der RNA-Polymerase und ist in manchen Fällen mit besonderen Ereignissen, wie z. B. Sporenbildung verknüpft.

11.4 Produktion von rekombinanten Enzymen

Mit Hilfe der Gentechnik wurde von der Pharmazeutischen Industrie bereits eine Reihe neuartiger Produkte hergestellt. Enzyme werden ausgehend von den Genen direkt gebildet und eignen sich daher gut als Ziel für gentechnische Verbesserungen. Die Vorteile von wirtschaftlichen Verfahren mit gentechnisch manipulierten Stämmen sind u. a. (a) Kostenersparnisse bei der Enzymproduktion, (b) die Enzymproduktion kann in GRAS-(,generally regarded as safe')-Organismen erfolgen, die auch bei der Behandlung von Lebensmitteln eingesetzt werden und (c) durch spezielle Genmodifikationen direkt an der DNA können z. B. die thermischen Eigenschaften und weitere Enzymcharakteristika verbessert werden.

Mit *E. coli* konnte eine hohe Enzymkonzentration erreicht werden. Allerdings akkumulieren viele Fremdproteine im Cytoplasma von *E. coli* in Form von Körnchen. Das Granulat kann zwar leicht isoliert und das geklonte Produkt gereinigt werden, jedoch müssen die Körnchen zunächst mit Detergentien oder Denaturierungsmittel in Lösung gebracht werden. Hierbei kann sich die Faltstruktur des aktiven, nativen Proteins verändern und das Protein renaturiert werden. Infolgedessen steigen die Verfahrenskosten bei schlechter Ausbeute. Die neueste Forschung setzt darauf, Sekretionsvektoren in *E. coli* zu klonen, die fremde Proteine zur Sekretion bringen sollen. Während der Sekretion soll ein vorhandenes Signalpeptid mittels der in *E. coli* vorhandenen Signalpeptidasen entfernt werden.

Wohl die beste Idee für großtechnische Enzymproduktionen wäre, die gewünschten Enzyme aus neuen Quellen gentechnisch in die heutigen Zugpferde der industriellen Enzymindustrie, wie z. B. *B. subtilis, B. licheniformis, A. niger* usw. einzuschleusen.

Mitglieder aus der *Bacillus*-Familie werden bereits erfolgreich als Wirtsorganismen für wichtige Proteine aus rekombinierter DNA verwendet. Die Stabilität der Plasmide bereitet noch Sorgen. Die Plasmid-DNA teilt sich bei der Zellteilung nicht immer zu gleichen Teilen zwischen den Tochterzellen auf. Es können also plasmidfreie Tochterzellen entstehen. Diese sind beim Zellwachstum im Vorteil, denn sie müssen keine Energie zur Produktbildung aufbringen. Weiterhin kommen im Plasmid häufig Struktur-Deletionen vor. Die zum Klonen verwendeten *Bacillus*-Wirtsorganismen sollten niedrige Proteasekonzentrationen besitzen, damit die Proteolyse von Fremdproteinen im Rahmen bleibt. Nach Lösung der angesprochenen Probleme könnten *Bacillus*-Stämme die idealen Wirtsorganismen zur extracellulären Produktion von heterologen Proteinen sein, die ohne eine post-translationale Glykosylierung auskommen.

Fadenpilze, wie z. B. *A. niger*, sind in der Lage, aus einer einzigen Glucoamylase-Genkopie bis zu 20 g l^{-1} Enzym zu produzieren. Sie lassen sich so verändern, daß sie Proteine aus bakteriellem Ursprung exprimieren und sekretieren können. Die Sekretion läuft in Pilzen und Säugetierzellen ähnlich ab. Die Kenntnisse über die Glykosilierungs-Sequenz in Eukaryonten muß allerdings noch vertieft werden. Pilze bieten jedoch schon heute gute Möglichkeiten zur Synthese und Sekretion großer Mengen Säugetier-Proteine.

Saccharomyces cerevisiae ist in der Lage, Enzyme aus Pilzen oder anderen Eukaryonten, wie z. B. die Glucoamylase aus *Aspergillus*, zu exprimieren, zu glykosilieren und zu sekretieren. Allerdings kann *Saccharomyces* die Introne im Pilzgen nicht korrekt verarbeiten, so daß ein Gen ohne Introne verwendet werden muß. Die *Aspergillus*-Arten können gegenüber Hefen wesentlich größere Mengen exprimieren.

Auch Bakterien können große Enzymmengen exprimieren. Gram-negative Bakterien sind im allgemeinen keine guten Sekretoren für extracelluläre Proteine, wohl dagegen manche Gram-positive Bakterien. Manche Probleme mit der Sekretion lassen sich durch eine richtige Signalsequenz beseitigen. Bislang konnte noch nicht nachgewiesen werden, daß die Fadenpilze ebenso hohe Konzentrationen an heterologen Proteinen wie an homologen Proteinen bilden können.

Die großtechnische Produktion von Proteinen, einschließlich der technischen Enzyme, aus rekombinierter DNA wird erst möglich sein, wenn die momentanen Schwierigkeiten bei der Manipulation von rekombinierten Organismen zur Bildung und Sekretion von sehr hohen Ausbeuten an heterologen Proteinen gelöst sind.

12 Abwasser- und Abfallbehandlung

12.1 Einleitung

Die Behandlung von Abwässern zählt mit zu den Verfahren, an denen im bisher größten Volumenmaßstab, zumindest in Teilen, mikrobiell kontrollierte Reaktionen beteiligt sind. Die Abwasserbehandlung soll den Anteil der organischen Stoffe sowie die Zahl der möglicherweise pathogenen Organismen im Abwasser senken, damit es gefahrlos wieder in den Wasserkreislauf zurückgegeben werden kann.

Die größten Umweltprobleme verursacht der organische Anteil aus den Hausabwässern sowie den Abwässern aus Landwirtschaft und Industrie. Die organischen Stoffe werden nämlich von den natürlich vorhandenen Organismen aus den Gewässern abgebaut, was schnell zu einer Sauerstoffverarmung und letztlich zur Zerstörung der Flora und Fauna der Gewässer führt. Der Anteil der organischen Stoffe im Gesamtabwasseraufkommen läßt sich auf drei unterschiedliche Weisen bestimmen. Die Analysenmethoden zur Bestimmung des chemischen Sauerstoffbedarfs (CSB, durch chemische Oxidation) und zur Bestimmung des gesamten Gehaltes an organischem Kohlenstoff (engl. total organic carbon, TOC, durch Pyrolyse) erfassen den gesamten organischen Kohlenstoff. Bei beiden Methoden wird das entstehende CO_2 über IR-Messungen quantitativ erfaßt. Der Biologische Sauerstoffbedarf (BSB_5) erfaßt den Teil des Abwassers, der biologisch während eines Bebrütungszeitraumes von 5 Tagen oxidierbar ist. Das verwendete Impfmedium ist bereits an die Bedingungen angepaßt. Die im Abwasser suspendierten Feststoffe werden durch Filtrations- und Trübungsmessungen erfaßt, wobei die Wirkung der Verschmutzung auf die Lichtdurchlässigkeit (beeinflußt das Algenwachstum) sowie auf das Absetzen von Feststoffen (beeinflußt das Leben im Flußbett) getestet wird. Stickstoff ist zur Abwasserbehandlung zwar unumgänglich, jedoch wirkt nicht verbrauchtes Ammoniak auf die Lebensformen im Wasser toxisch. Die oxidierten Ammoniakprodukte verursachen ein schnelles Algenwachstum und wenn das gereinigte Abwasser wieder der Trinkwasserversorgung dient, wirkt das Nitrat vor allem bei Kindern und alten Menschen toxisch.

12.2 Methoden zur Wasseraufbereitung

Die Abwässer sind normalerweise komplex zusammengesetzt und die Kläranlagen müssen mit unterschiedlichsten Mikroorganismen arbeiten, damit
die unterschiedlichsten Abfallstoffe vollständig oder „möglichst vollständig"
metabolisiert werden können. Das geklärte Abwasser soll nämlich in der
Umwelt keinen Schaden anrichten. Die grundsätzliche Vorgehensweise von
Kläranlagen für Hausabwässer und von Kläranlagen für Industrieabwässer
aus der chemischen und lebensmittelverarbeitenden Industrie ist im wesentlichen gleich: im ersten Schritt werden Sand und Kies abgetrennt und feste
Stoffe in einen Schlammverarbeiter überführt. In der zweiten Stufe wird
belüftet, damit die gelösten organischen Stoffe sowie ein Teil der suspendierten Stoffe durch Mikroben verstoffwechselt werden. Der nächste Schritt,
die chemische Ausfällung von Phosphaten und Stickstoffverbindungen, wird
nur bei Bedarf ausgeführt. Im letzten Schritt wird anaerob verstoffwechselt.
Dadurch verringert sich das Volumen des entstandenen Schlammes und es
wird gleichzeitig noch Methan produziert.

Landwirtschaftliche Abfälle werden mit relativ einfachen aeroben Methoden beseitigt, wie z. B. in Oxidationsweihern und Barrieregräben. Vor
allem die großen Betriebe mit intensiver Tierhaltung sind sehr an der Entwicklung von aeroben Abbaumethoden für Jaucheabfälle interessiert.

12.2.1 Aerobe Abwasserbehandlung

In Tabelle 12.1 sind einige Stufen einer aeroben Abwasserbehandlung zusammengestellt. Im Laufe der Zeit entwickelten sich zwei unterschiedliche Verfahrensarten und zwar einmal Verfahren mit biologischen- bzw.
Tropfkörperfiltern und zum anderen die Aktivschlammverfahren.

Tabelle 12.1. Übersicht über Verfahrensstufen zur aeroben, mikrobiologischen Abwasserbehandlung.

1. Adsorption des Substrates an eine biologische Oberfläche
2. Abbau des adsorbierten Substrates mit Hilfe von extracellulären Enzymen
3. Absorption des gelösten Materials durch die Zellen
4. Ausscheidung/Absonderung der Abbauprodukte aus den Zellen
5. Zell-Lyse und Aufnahme durch eine zweite Zellpopulation

Tropffilter. Ein üblicher, einfach gebauter Filter besteht aus einem cylin-
drischen Tank mit etwa 10 m Durchmesser und 2.5 m Höhe. Der Tank
ist mit einem porösen Bett aus Steinen und anderem Adsorptionsmaterial
gefüllt und besitzt am Boden ein Drainage-System (s. Abb. 12.1). Während
das Abwasser von oben nach unten durch das Bett sickert, bildet sich auf
dem Adsorptionsmaterial eine schleimige Schicht aus organischen Stoffen.

Durch das Bett hindurch strömt von unten nach oben Luft, die ihrerseits die organischen Bestandteile oxidiert. Durch das zunehmende Wachstum der Mikroorganismen im Filter werden die Belüftung und der Luftstrom behindert, was bis zur Verstopfung und zum Ausfall des Filters führen kann. Der periodische Wechsel der Fließrichtung des Abwassers verbessert die Filterwirkung (als Meßkriterium dient dabei der BSB-Wert).

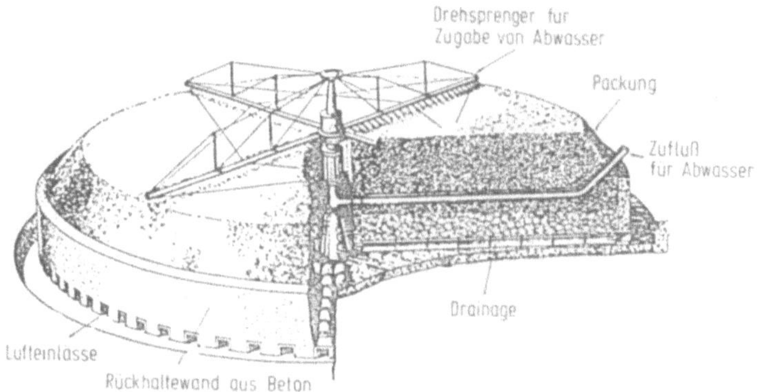

Abb. 12.1. Tropfkörper (mit freundlicher Genehmigung entnommen aus Abson und Todhunter, 1967).

Aktivschlammverfahren. Die gängigste Alternative zum Tropfbettverfahren ist das Aktivschlammverfahren. Hier erfolgt die Vermischung durch Belüften und Rühren, was entweder durch Diffusion von Luft durch den perforierten Boden hindurch oder durch Oberflächenbewegung erreicht wird (s. Abb. 3.9 auf S. 58). Das teilweise geklärte Abwasser wird in einen belüfteten Kessel mit einer ausgeflockten Suspension von Mikroorganismen übergeleitet. Während der Verweilzeit des Abwassers im Kessel (4–10 Stunden) wird belüftet. Im Anschluß daran wird das Abwasser in einen Absetztank geleitet, damit sich der ausgeflockte Aktivschlamm absetzen kann. Ein Teil des Sediments wird wieder dem belüfteten Tank zugesetzt und dort mit der nächsten Abwasserportion vermischt. Das restliche Sediment wird entwässert und getrocknet. Es kann in dieser Form gelagert oder als Dünger verwendet werden. Das Aktivschlammverfahren ist wirkungsvoller als die Filtration, denn pro Volumeneinheit kann es wesentlich höhere Schmutzfrachten verarbeiten als das Tropfkörperverfahren. Die laufenden Kosten sind beim Aktivschlammverfahren wegen der Belüftung und der apparatetechnischen Ausrüstung für die Mischvorgänge jedoch wesentlich höher als beim Tropfkörperverfahren.

Neuere Entwicklungen. Aerob arbeitende Kläranlagen sollen in bezug auf das ankommende Abwasser, die Mikrobenpopulation und die Belüftung optimale Fermentationsbedingungen liefern. Als limitierender Faktor stellt sich im allgemeinen die wirksame Belüftung heraus. Leichtes Kunststoffmaterial, das zur Erhöhung der Oberfläche und Verbesserung der Belüftung viele Einbuchtungen besitzt, erleichterte die Entwicklung von hohen, platzsparenden Filtrationsanlagen, die nicht einmal auf größere Rückhaltewände angewiesen sind.

Neuerdings werden auch rotierende Scheiben verwendet, die ungefähr zur Hälfte in die zu klärende Flüssigkeit eintauchen und sich langsam drehen, so daß der Film aus den Mikroorganismen im langsamen Wechsel einmal in das Abwasser taucht und einmal der Luft ausgesetzt ist. Eine übliche derartige Anlage mißt 7,5 m in der Länge und 3,5 m im Durchmesser und stellt für das Wachstum der Mikroorganismen eine Fläche von etwa 9500 m^2 zur Verfügung. Die Charakteristiken eines solchen ,biologischen Rotations-Kontaktverfahrens' ähneln den Charakteristiken eines Tropfkörperfilters.

Da Sauerstoff relativ preiswert zu erhalten ist, wurde eine Variante des Aktivschlammverfahrens, nämlich das abgeschlossene Aktivschlammverfahren, entwickelt. Dieses Verfahren arbeitet mit reinem Sauerstoff, wodurch höhere Konzentrationen an gelöstem Sauerstoff erreicht werden können. Außerdem ist es möglich, mit höheren Konzentrationen an Biomasse zu arbeiten. Mit diesen Voraussetzungen kann die Verweilzeit ohne Einbußen bei der Effektivität des Verfahrens verkürzt werden (Abb. 12.2). Mit dem Konstruktionsprinzip des Airlift-Reaktors wurde ein wirkungsvoller Kläranlagentyp auf aerober Wirkungsbasis entwickelt (Abb. 12.3). Der Reaktor enthält ein innenliegendes Zugrohr (s. Abb. 3.10 auf S. 60). Das ankommende Abwasser wird zusammen mit rückgeführtem Schlamm und Luft in die abwärtsströmende Sektion eingelassen. In die aufwärtsfließende Sektion werden dagegen Luftblasen eingedüst, wodurch sich in dieser Sektion die Dichte der Suspension verringert. Die Zirkulation der Flüssigkeit beruht auf dem Dichtegradient, der sich zwischen der abwärts fließenden und der aufwärts fließenden Fraktion (oberhalb des Einsprühpunktes der Luft) ausbildet.

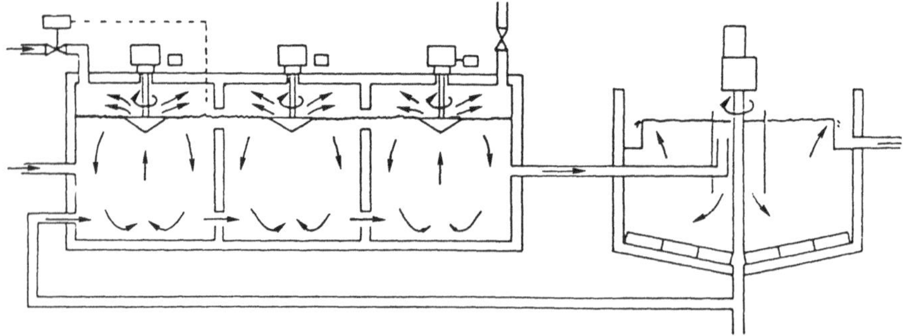

Abb. 12.2. Abgeschlossenes Aktivschlammverfahren mit reinem Sauerstoff (mit freundlicher Genehmigung entnommen aus Wheatley, 1984).

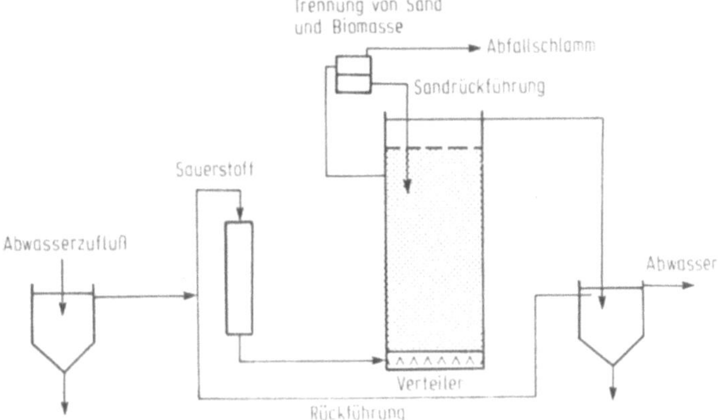

Abb. 12.3. Sauerstoff-Fließbettanlage zur Abwasserbehandlung mit Sand als Trägermaterial (mit freundlicher Genehmigung entnommen aus Wheatley, 1984).

Das aerobe Fließbettverfahren ist eine neue Technik. Das Verfahren kombiniert im Prinzip die Verfahrensgrundlagen des Tropfkörperverfahrens und des Aktivschlammverfahrens. Als Trägermaterialien für die Mikroorganismen dienen Kunststoffe oder Sand und die Verflüssigung wird durch Eindüsen von Luft oder Sauerstoff vom Reaktorboden aus erreicht (Abb. 12.3). Mit diesem System läßt sich die Konzentration an Biomasse auf hohem Niveau halten. Die Neuentwicklungen könnten sehr erfolgversprechend bei der Verwirklichung der Bestrebungen sein, das Abfallaufkommen auf den Mülldeponien so weit wie möglich zu reduzieren.

12.2.2 Anaerobe Abfallbehandlung

Die anaerobe Abfallbehandlung wurde anfänglich in einfachen, großen Tanks durchgeführt. Mittlerweile stehen dafür hochentwickelte und sehr schnell arbeitende Reaktoren zur Verfügung. Gegenüber den aeroben Verfahren besitzt das anaerobe Verfahren durchaus Vorteile, wie z. B. der geringere Energiebedarf pro BSB-Einheit, die höhere Beladungskapazität für den Fermenter, die Bildung von verbrennbaren Gasen als Endprodukt und die Verminderung der Biomasse für die Deponie. Trotz allem kann der anfallende Abfall auch durch diese Methode nicht vollständig abgebaut werden und als Ergänzung ist immer noch die aerobe Abfallbehandlung nötig.

Abbildung 12.4 zeigt die biochemischen Reaktionsschritte, die beim anaeroben Abbau von organischem Abfall zu Methan und Kohlendioxid ablaufen. Die Verfahren sind von der Entwicklung einer komplexen Bakterienpopulation, von aufeinander angewiesenen Bakterienarten, abhängig. Die Bakterien stammen aus drei Mikrobengattungen: (1) aus der hydrolytischfermentativen Gruppe, (2) aus der wasserstoffproduzierenden-acetogenen Gruppe und (3) aus der hydrogenotrophen-methanogenen Gruppe. Die hy-

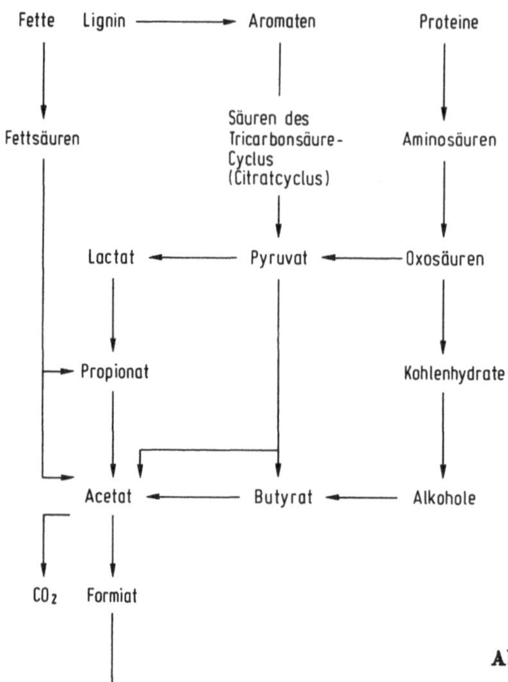

Abb. 12.4. Anaerober Metabolismus von organischen Verbindungen zu Methan und Kohlendioxid.

drolytisch, fermentativen Bakterien wandeln komplexe Polymere in Zucker, organische Säuren, Alkohole und Ester um und bilden dabei Kohlendioxid und Wasserstoff. Die wasserstoffproduzierenden- acetogenen Bakterien transformieren die Fermentationsprodukte der ersten Bakteriengruppe zu Acetat, Kohlendioxid und Wasserstoff. Die methanogenen Bakterien bilden schließlich aus dem Acetat und dem Wasserstoff Methan und Kohlendioxid.

Die methanogenen Bakterien wachsen langsam und reagieren auf Streß durch die Anreicherung von Wasserstoff und durch neue Abfallbeladung empfindlich. Diese Bakterien verursachen auch die meisten Verfahrensprobleme bei der anaeroben Abfallbehandlung. Kohlenhydrate können nur bei Wasserstoffpartialdrücken unterhalb 1×10^{-3} atm unter anaeroben Bedingungen erfolgreich abgebaut werden. Die Verdopplungszeit der hydrogenotrophen Methanogene, die für die hemmenden Wasserstoffkonzentrationen verantwortlich sind, beträgt 8–10 h und die der säurebildenden hydrolytischen Bakterien ca. 30 min. Durch die streßbedingte Abnahme der Population der Methanbildner und die relative Vermehrung der hydrolytischen Bakterien akkumuliert der Wasserstoff. Bei erhöhten Wasserstoffkonzentrationen verändert sich der Stoffwechsel der säurebildenden Bakterien und anstatt Acetat und Wasserstoff werden Propionsäure, Buttersäure, Capronsäure, Valeriansäure und Milchsäure gebildet. Die Überforderung der Bakterien äußert sich also durch einen Anstieg der Wasserstoffkonzentration sowie der Konzentrationen einiger Säuren. Man kann also die Konzentrationen dieser Metaboliten kontinuierlich aufzeichnen und die Werte zur Steuerung der frisch zugesetzten Abfallmenge heranziehen.

Auslegung von anaeroben Reaktoren. Abbildung 12.5 zeigt einige der gängigen Reaktortypen für anaerobe Verfahrensführung. Der herkömmliche Fermenter (a) arbeitet als vollständig gemischtes System und sieht keinerlei Rückführung von Biomasse vor. Sein Wirkungsgrad ist relativ gering. Die Reaktortypen (b) bis (e) sind dagegen so ausgelegt, daß im Reaktor möglichst viel Biomasse zurückgehalten wird. Bei (b) wird dieses Ziel erreicht, indem die Biomasse aus dem Auslaßstrom abgetrennt und wieder aufbereitet wird, bei (c) durch Flockung und bei (d) und (e) durch die Verankerung von mikrobiellen Filmen auf Trägermaterialien.

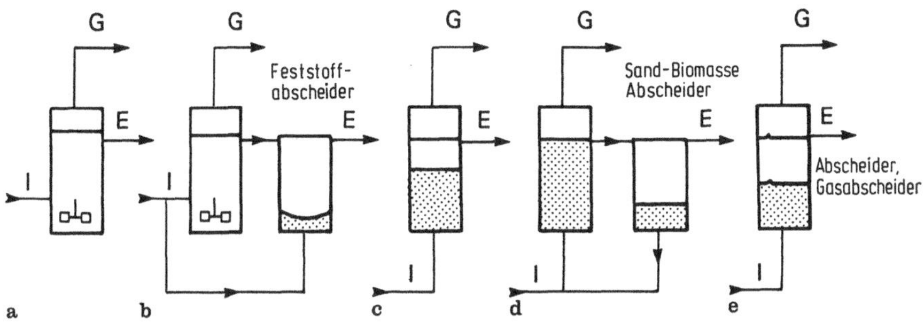

Abb. 12.5. Reaktoren für die anaerobe Abfallbehandlung . (a) Standardreaktor; (b) Anaerobes Kontaktverfahren; (c) Anaerober Filter; (d) Fließbettverfahren; (e) Anaerobes Schlammverfahren, mit Fließrichtung von unten nach oben. E = Einlaßstrom, G = Gas, A = Auslaßstrom.

12.3 Mikrobielle Impfkulturen und Enzyme zur Abfallbehandlung

In den vergangenen 10 Jahren wurden viele mikrobielle Impfkulturen und Enzymadditive zur Abfallbehandlung entwickelt. Zur Beschleunigung des Cellulose-, Hemicellulose-, Fett- und Proteinabbaus (und anderer organischer Stoffe) können dem Abwasser entweder technische mikrobielle Enzyme oder auch die Mikroorganismen, welche die entsprechenden Enzyme bilden, zugesetzt werden. Mikrobielle Impfkulturen werden auch während der Anfangsphase des Klärcyclus zugesetzt. Im laufenden Verfahren helfen sie, Abbauprozesse, die durch ein Zuviel an neuankommendem Abwasser oder durch darin enthaltene toxische Stoffe ins Stocken geraten sind, wieder in Gang zu bringen. Mit neuen gentechnischen Methoden könnte es möglich werden, ausgehend von heutigen Impfkulturstämmen, neue, wirkungsvollere Stämme zu entwickeln, die Abfallstoffe sowohl anaerob als auch aerob schneller verstoffwechseln können als die natürlichen Pendants aus den heutigen Mikrobenpopulationen.

Biologische Systeme sind nicht nur als Impfkulturen zur Behandlung von Hausmüll und landwirtschaftlichen Abfällen interessant, sondern auch für den Abbau von Kohlenwasserstoffen und widerstandsfähigen chemischen Produkten. Mikrobielle Impfkulturen zur biologischen Beseitigung von Rohölen und einigen speziellen, toxischen Stoffen, wie z. B. Phenol, sind mittlerweile erhältlich. Mit entsprechenden Isolierungsmethoden zur Anreicherung mikrobieller Kulturen sowie Forschungen über genetische Manipulationen wird gegenwärtig an der Entwicklung von geeigneten mikrobiellen Stämmen gearbeitet, die sich zum Abbau von Azofarbstoffen, Stilbenen, Chloraromaten, chlorhaltigen Kohlenwasserstoffen und DDT eignen.

Literatur

Abson J.W., Todhunter K.H. (1967) Effluent disposal. In: Blakebrough N. (Hrsg.) Biochemical and Biological Engineering Sci. Academic Press, London, Bd.1, 310–343

Adler-Nissen J. (1987) Newer uses of microbial enzymes in food processing. Tibtech 5, 170–174

Aharonowitz Y., Cohen G. (1981) The microbial production of pharmaceuticals. Scient. Amer. 245, 141–152

Aida K., Chibata I., Nakayama K., Takinami K., Yamada H. (Hrsg.) (1986) Biotechnology of Amino Acid Production. Progress in Industrial Microbiology. Elsevier, Amsterdam, Bd. 24

Anderson C., Solomons G.L. (1984) Primary metabolism and biomass production from *Fusarium*. In: Moss M.O., Smith J.E. (Hrsg.) The Applied Mycology of Fusarium (British Mycological Society Symposium No.7). Cambridge University Press, Cambridge, 231–250

Anderson L.A., Phillipson J.D., Roberts M.F. (1985) Biosynthesis of secondary products by cell cultures of higher plants. In: Fiechter A. (Hrsg.) Adv. Biochem. Engin./Biotechnol. Springer, Berlin, 31, 1-36

Atkinson B., Mavituna F. (1983) Biochemical Engineering and Biotechnology Handbook. Macmillan, London

Axelsson H.A.C. (1985) Centrifugation. In: Moo-Young M. (Hrsg.) Comprehensive Biotechnology. Pergamon, Oxford, 2, 325–350

Bacus J. (1984) Update: meat fermentation 1984. Food Technology, 38(6), 59–63

Bailey J.E., Ollis D.F. (1986) Biochemical Engineering Fundamentals, 2. Aufl. McGraw-Hill, New York

Belter P.A. (1985) Ion exchange recovery of antibiotics. In: Moo-Young M. (Hrsg.) Comprehensive Biotechnology. Pergamon, Oxford, 2, 473–487

Benda I. (1982) Wine and brandy. In: Reed G. (Hrsg.) Prescott and Dunn's Industrial Microbiology, 4. Auflage. AVI Publishing Co., Westport, 293–402

Bernstein S., Tzeng C.H., Sisson D. (1977) The commercial fermentation of cheese whey for the production of protein and/or alcohol. In: Humphrey A.E., Gaden (Jr.) E.L. (Hrsg.) Single Cell Protein from Renewable and Nonrenewable Recources. Biotechnology and Bioengineering Symposium. Wiley, New York, Bd.7, 1-9

Berry D.R. (1984) The physiology and microbiology of Scotch whisky production. In: Bushell M.E. (Hrsg.) Progress in Industrial Microbiology. Elsevier, Amsterdam, Bd.19, 199–244

Best D.J., Jones J., Stafford D. (1985) The environment and biotechnology. In: Higgins I.J., Best D.J., Jones J. (Hrsg.) Biotechnology, Principles and Applications. Blackwell Scientific, Oxford, 213–256

Beuchat L.R. (1984) Fermented soybean foods. Food Technology 38(6), 64–70

Boeriu C.G., Dordick J.S., Klibanov A.M. (1986) Enzymatic reactions in liquid and solid paraffins: application for enzyme-based temperature sensors. Bio/Technol. 4, 99–103

Bonnerjea J., Oh S., Hoare M., Dunnill P. (1986) Protein purification: the right step at the right time. Bio/Technol. 4, 954–958

Brierley C.L., Kelly D.P., Seal K.J., Best D.J. (1985) Materials and biotechnology. In: Higgins I.J., Best D.J., Jones J. (Hrsg.) Biotechnology, Principles and Applications. Blackwell Scientific, Oxford, 163–212

British Valve Manufacturers Association (1966) Technical Reference Book on Valves for the Control of Fluides. Pergamon Press, Oxford

Brock T.D. (1986) Thermophiles: General, Molecular and Applied Microbiology. Wiley, New York

Buckland B. (1985) Fermentation exhaust gas analysis using mass spectrometry. Bio/-Technology 3, 982–988

Bull D.N. (1985) Instrumentation for fermentation process control. In: Moo-Young M.(Hrsg.) Comprehensive Biotechnology. Pergamon, Oxford, Bd. 2, 149–163

Bull D.N., Thoma R.W., Stinnett T.E. (1983) Bioreactors for submerged culture. In: Mizrahi A., Van Wezel A.L. (Hrsg.) Advances in Biotechnological Processes. Alan R.Liss, New York, Bd. 1, 1–30

Bulloch W. (1979) The History of Bacteriology. Dover, New York

Bu'Lock J.D., Detroy R.W., Hostalek Z., Munin-Al-Shakarchi A. (1974) Regulation of secondary biosynthesis. In: Gibberella fujikuroi Transactions of the British Mycological Society 62, 377–389

Bylinski G. (1987) Coming: star wars medicine. Fortune 115(9), 153–165

Cantell K., Hirvomen S., Kauppinen H.L., Myllyla G. (1981) Production of interferon in human leukocytes from normal donors with the use of Sendai virus. In: Pestka (Hrsg.) Methods in Enzymology. Academic Press, New York, Bd. 78A, 27–38

Carleysmith S.W., Fox R.I. (1984). Fermenter instrumentation and control. In: Mizrahi A., Van Wezel A.L. (Hrsg.) Advances in Biotechnological Processes. Alan R. Liss, New York, Bd. 3, 1–51

Commercial Biotechnology, An International Analysis (1984) Office of Technology Assessment Report. US Congress, Washington

Cooney C.L. (1981) Growth of microorganisms. In: Rehm H.J., Reed G. (Hrsg.) Biotechnology. Verlag Chemie, Weinheim, Bd. 1, 73–112

Cooney C.L. (1983) Bioreactors: design and operation Science 219, 728–734

Crueger W., Crueger A. (1984) Biotechnology: a Textbook of Industrial Microbiology. Science Tech, Inc., Madison

Cullen D., Leong S. (1986) Recent advances in the molecular genetics of industrial fungi. Tibtech 4, 285–288

D'Amore T., Stewart G.G. (1987) Ethanol tolerance of yeast. Enzyme and Microbial Technology 9, 322–330

Darnell J., Lodish H., Baltimore D. (1986) Molecular Cell Biology. Scient. Amer. Books, New York

Deacon J.W. (1984) Introduction to Modern Mycology. Blackwell Scientific Publications, Oxford

Demain A.L. (1971) Overproduction of microbial metabolites and enzymes due to alteration of regulation. In: Ghose T.K., Fiechter A. (Hrsg.) Adv. Biochem. Engin. Springer, New York, Bd. 1, 113–142

Demain A.L. (1980) The new biology: opportunities for the fermentation industry. In: Tsao G.T. (Hrsg.) Annual Reports on Fermentation Processes. Academic Press, Orlando, Bd. 4, 93–208

Demain A.L., Solomon N.A. (1981) Industrial microbiology Scient. Amer. 245, 67–75

Demain A.L., Solomon N.A. (1985) Biology of Industrial Microorganisms. Benjamin/-Cummings Co., California

Dimmling W. (1985) Critical assessment of feedstocks for biotechnology. In: Stewart G.G., Russell I. (Hrsg.) Critical Reviews of Biotechnology. CRC, Boca Raton, Bd. 2, 233-285

Doelle H. W., Ewings K. N., Hollywood N. W. (1982) Regulation of glucose metabolism in bacterial systems. In: Fiechter A. (Hrsg.) Adv. Biochem. Engin. Springer, Berlin, Bd. 23, 1–35

Dwyer J. L. (1984) Scaling up byproduct separation with high performance liquid chromatography. Bio/Technology, 2, 957–964

Eisenbarth G. S. (1985) Monoclonal antibodies. In: Moo-Young M. (Hrsg.) Comprehensive Biotechnology. Pergamon, Oxford, Bd. 4, 31–40

Elander R. P. (1985) Present and future roles for biotechnology in the fermentation industry. In: Underkofler L. A. (Hrsg.) Developments in Industrial Microbiology. Society for Industrial Microbiology, Arlington, Bd. 26, 1–21

Enders (Jr.) G. L., Kim H. S. (1985) AgriCultures: beneficial applications for crops and animals. In: Underkofler L. A. (Hrsg.) Developments in Industrial Microbiology. Society for Industrial Microbiology, Arlington, Bd. 26, 347–376

Enei H., Shibai H., Hirose Y. (1982) Amino acids and nucleic acid-related substances. In: Tsao G. T. (Hrsg.) Annual Reports on Fermentation Processes. Academic Press, Orlando, Bd. 5, 79–100

Enei H., Shibai H., Hirose Y. (1985) 5′-Guanosine-monophosphat. In: Moo-Young M. (Hrsg.) Comprehensive Biotechnology. Pergamon, Oxford, Bd. 3, 653–658

Eveleigh D. E. (1981) The microbial production of industrial chemicals. Scient. Amer. 245, 155–178

Fassatiova O. (1968) Moulds and filamentous fungi in technical biology. In: Progress in Industrial Microbiology. Elsevier, Amsterdam, Bd. 22

Fayerman, J. T (1986) New developments in gene-cloning in antibiotic producing microorganisms. Bio/Technology, 4, 786–789

Fish N. M., Lilly M. D. (1984) The interactions between fermentation and protein recovery. Bio/Technology, 2, 623–627

Flickinger M. (1985) Anticancer agents. In: Moo-Young M. (Hrsg.) Comprehensive Biotechnology. Pergamon, Oxford, Bd. 3, 231–273

Flynn D. S. (1983) Instrumentation and control of fermenters. In: Smith J. E., Berry D. R., Kristiansen B. (Hrsg.) The Filamentous Fungi. Arnold, London, Bd. IV, Fungal Technology, 77–100

Fogarty W. M. (1980) Microbial Enzymes and Biotechnology. Applied Science Publishers, London

Fowler M. W., Stepan-Sarkissan G. (1983) Chemicals from plant cell fermentation. In: Mizrahi A., Van Wezel A. L. (Hrsg.) Advances in Biotechnological Processes. Alan R. Liss, New York, Bd. 2, 135–158

Fujita Y., Hara Y. (1985) The effective production of shikonin by cultures with an increased cell population. Agricultural and Biological Chemistry 49(7), 2071–2075

Furuya A., Abe S., Kinoshita S. (1968) Production of nucleic acid related substances by fermentative processes. XIX. Accumulation of 5′-inosinic acid by a mutant of *Brevibacterium ammoniagenes*. Applied Microbiology, 16, 981–987

Gaden E. L. (1981) Production methods in industrial microbiology. Scient. Amer. 245, 181–197

Germanier R. (1984) Bacterial Vaccines. Academic Press, Orlando

Glick B. R., Whitney G. K. (1987) Factors affecting the expression of foreign proteins in *Escherichia coli*. J. Ind. Microbiol. 1, 277-282

Godfrey T., Reichelt J. (1983) Industrial Enzymology. Nature Press, New York

Greenshields R. N. (1978) Acetic acid: vinegar. In: Rose A. H. (Hrsg.) Economic Microbiology. Academic Press, London, Bd. 2, 121–186

Grein A. (1987) Antitumor anthracyclines produced by *Streptomyces peucetius*. In: Laskin A. I. (Hrsg.) Advances in Applied Microbiology. Academic Press, Orlando, Bd. 32, 203–214

Guthrie R. K., Davis E. M. (1985) Biodegradation in effluents. In: Mizrahi A., Van Wezel A. L. (Hrsg.) Advances in Biotechnological Processes. Alan R. Liss, New York, Bd. 5, 149–192

Hamer G. (1985) Chemical engineering and biotechnology. In: Higgins I. J., Best D. J., Jones J. (Hrsg.) Biotechnology, Principles and Applications. Blackwell Scientific, Oxford, 346–414

Hamman J. P., Calton G. J. (1985) Immunosorbent chromatography for recovery of protein products. In: Le Roith D., Shiloach J., Leahy T. J. (Hrsg.) Purification of Fermentation Products. ACS Symposium Series 271. American Chemical Society, Washington, 105–122

Hara Y., Suga C. (1986) Method for producing secondary metabolites of plants. Europäisches Patent Nr. EP0071999B1

Heckendorf A. H., Ashare E., Rausch C. (1985) Process scale chromatography. In: Le Roith D., Shiloach J., Leahy T. J. (Hrsg.) Purification of Fermentation Products. ACS Symposium Series 271. American Chemical Society, Washington, 91–103

Helbert J. R. (1982) Beer. In: Reed G. (Hrsg.) Prescott and Dunn's Industrial Microbiology, 4. Auflage. AVI Publishing Co., Westport, 403–467

Hemming, M. L., Ousby J. C., Plowright D. R., Walker J. (1977) 'Deep shaft' – latest postion. Water Pollution Control 76, 441–451

Hirose Y., Enei H., Shibai H. (1985) L-Glutamic acid fermentation. In: Moo-Young M. (Hrsg.) Comprehensive Biotechnology. Pergamon, Oxford, Bd. 3, 593–600

Hopwood D. A. (1981) The genetic programming of industrial microorganisms. Scient. Amer. 245, 91–102

Hough J. S. (1985) The Biotechnology of Malting and Brewing. Cambridge University Press, Cambridge

Hsiung H. M., Mayne N. G., Becker G. W. (1986) High-level expression, efficient screening and folding of human growth hormone in *Escherichia coli*. Bio/Technology 4, 997–999

Huggins A. R. (1984) Progress in dairy starter cultures. Food Technology 38(6), 41–50

Hutter R. (1982) Design of culture media capable of provoking wide gene expression. In: Bu'Lock J. D., Nisbert L. J., Winstanley D. J. (Hrsg.) Bioactive Microbial Products: Search and Discovery. Academic Press, London, 37–50

Ignoffo C. M., Anderson R. F. (1979) Bioinsecticides. In: Peppler H. J., Perlman D. (Hrsg.) Microbial Technology. Academic Press, New York, Bd. 1, 1–28

Irving D. M., Hill A. R. (1985) Cheese technology. In: Moo-Young M. (Hrsg.) Comprehensive Biotechnology. Pergamon, Oxford, Bd. 3, 523–565

Jayme D. W., Blackman K. E. (1985) Culture media for propagation of mammalian cells, viruses and other biologicals. In: Mizrahi A., Van Wezel A. L. (Hrsg.) Advances in Biotechnological Processes. Alan R. Liss, New York, Bd. 5, 1–30

Jegede V. A., Kowal K. J., Lin W., Ritchey M. B. (1978) Vaccine technology. In: Grayson M. (Hrsg.) Kirk-Othmer Encyclopedia of Chemical Technology. Wiley, New York, Bd. 23, 629–643

Johnson I. S. (1983) Human insulin from recombinant DNA technology. Science 219, 632–637

Katinger H. W. D., Blien R. (1983) Production of enzymes and hormones by mammalian cell culture. In: Mizrahi A., Van Wezel A. L (Hrsg.) Advances in Biotechnological Processes. Alan R. Liss, New York, Bd. 2, 61–95

Kato N., Tani Y., Yamada H. (1983) Microbial utilization of methanol: production of useful metabolites. In: Mizrahi A., Van Wezel A. L (Hrsg.) Advances in Biotechnological Processes. Alan R. Liss, New York, Bd. 1, 171–203

Kennedy J. F., Bradshaw I. J. (1984) Production, properties and applications of xanthan. In: Bushell M. E. (Hrsg.) Progress in Industrial Microbiology. Elsevier, Amsterdam, Bd. 19, 319–372

Khosrovi B., Gray P. P. (1985) Products from recombinant DNA. In: Moo-Young M. (Hrsg.) Comprehensive Biotechnology. Pergamon, Oxford, Bd. 3, 319–330

Kisser M., Kubicek C. P., Röhr M. (1980) Influence of manganese on morphology and cell wall composition of *Aspergillus niger* during citric acid fermentation. Archives of Microbiology 128, 26–33

Klausner A. (1986) 'Single chain' antibodies become reality. Bio/Technology, 4, 1041–1043

Klein F., Ricketts R., Pickle D., Flickinger M. C. (1983) Interleukin-2 and Interleukin-3: suspension cultures of constitutive producer cell lines. In: Mizrahi A., Van Wezel A. L. (Hrsg.) Advances in Biotechnological Processes. Alan R. Liss, New York, Bd. 2, 111–134

Klibanov A. M. (1986) Enzymes that work in organic solvents. Chemtech 16, 354–359

Kristiansen B., Chamberlain H. E. (1983) Fermenter design. In: Smith J. E., Berry D. R., Kristiansen B. (Hrsg.) The Filamentous Fungi. Edward Arnold, London, Bd. 4, 1–19

Kubicek C. P., Röhr M. (1986) Citric acid fermentation. In: Stewart. G. G., Russell I. (Hrsg.) Critical Reviews of Biotechnology. CRC, Boca Raton, Bd. 3, 331–373

Kula M.-R. (1985) Liquid-liquid extraction of biopolymers. In: Moo-Young M. (Hrsg.) Comprehensive Biotechnology. Pergamon, Oxford, Bd. 2, 451–471

Laine B. M. (1974) What proteins cost from oil. Hydrocarbon Processing 53(11), 139–142

Lambert P. W. (1983) Industrial enzyme production and recovery from filamentous fungi. In: Smith J. E., Berry D. R., Kristiansen B. (Hrsg.) The Filamentous Fungi. Edward Arnold, London, Bd. IV: Fungal Technology, 210–237

Law B. A.(1982) Cheeses. In: Rose A. H. (Hrsg.) Fermented Foods, Economic Microbiology. Academic Press, London, Bd. 7, 147–198

Law B. A.(1984) Microorganisms and their enzymes in the maturation of cheeses. In: Bushell M. E. (Hrsg.) Progress in Industrial Microbiology. Elsevier, Amsterdam, Bd. 19, 245–284

Le M. S., Howell J. A. (1985) Ultrafiltration. In: Moo-Young M. (Hrsg.) Comprehensive Biotechnology. Pergamon, Oxford, Bd. 2, 383–409

Lechevalier H. A., Solotorovsky M. (1974) Three Centuries of Microbiology. Dover, New York

Lehninger A. L. (1982) Principles of Biochemistry. Worth Publishers, New York

Litchfield J. H. (1983) Single-cell Proteins. Science 219, 740–746

Lockwood L. B (1979) Production of organic acids by fermentation. In: Peppler H. J., Perlman D. (Hrsg.) Microbial Technology. Academic Press, New York, Bd. 1, 355–387

Lonsane B. K., Ghildyal N. P., Budiatman S., Ramakrishna S. V. (1985) Engineering aspects of solid-state fermentation Enzyme and Microbial Technology 7, 258–265

Lyons T. P., Rose A. H. (1977) Whisky. In: Rose A. H. (Hrsg.) Alcoholic Beverages, Economic Microbiology. Academic Press, London, Bd. 1, 635–692

Macleod A. M. (1977) Beer. In: Rose A. H. (Hrsg.) Alcoholic Beverages, Economic Microbiology. Academic Press, London, Bd. 1, 43–137

Magee R. J., Kosaric N. (1987) The Microbial production of 2,3-butanediol. In: Laskin A. I. (Hrsg.) Advances in Applied Microbiology. Academic Press, Orlando, Bd. 32, 89–161

Margaritis A., Pace G. W. (1985) Microbial Polysaccharides. In: Moo-Young M. (Hrsg.) Comprehensive Biotechnology. Pergamon, Oxford, Bd. 3, 1005–1043

Maxon W. D. (1985) Steroid bioconversions: one industrial perspective. In: Tsao G. T. (Hrsg.) Annual Reports on Fermentation Processes. Academic Press, Orlando, Bd. 8, 171–186

McGregor W. C. (1983) Large-scale isolation and purification of recombinant proteins from recombinant *E. coli*. Annals of the New York Academy of Science 413, 231–236

McNeil B., Kristiansen B. (1986) The acetone butanol fermentation. In: Laskin A. I. (Hrsg.) Advances in Applied Microbiology. Academic Press, Orlando, Bd. 32, 61–92

Miller M. W. (1982) Yeasts. In: Reed G. (Hrsg.) Prescott and Dunn's Industrial Microbiology. AVI Publishing Co., Westport, 4. Auflage, 15–43

Miller T. L. (1985) Steroid fermentations. In: Moo-Young M. (Hrsg.) Comprehensive Biotechnology. Pergamon, Oxford, Bd. 3, 297–318

Miller T. L., Churchill B. W. (1986) Substrates for large-scale fermentations. In: Demain A. L., Solomon N. A. (Hrsg.) Manual of Industrial Microbiology and Biotechnology. American Society for Microbiology, Washington, 122–136

Millis N. F. (1985) The organisms of biotechnology. In: Moo-Young M. (Hrsg.) Comprehensive Biotechnology. Pergamon, Oxford, Bd. 3, 7–19

Misawa M. (1985) Production of useful plant metabolites. In: Fiechter A. (Hrsg.) Adv. Biochem. Engin./Biotechnology. Springer, Berlin, Bd. 31, 59–88

Moo-Young M., Moreira A. R., Tengerdy R. P. (1983) Principles of solid-substrate fermentation. In: Smith J. E., Berry D. R., Kristiansen B. (Hrsg.) The Filamentous Fungis. Edward Arnold, London, Bd. IV: Fungal Technology., 117–144

Nakayama K. (1985) Lysine. In: Moo-Young M. (Hrsg.) Comprehensive Biotechnology. Pergamon, Oxford, Bd. 3,607–620

Ng T. K., Busche R. M., McDonald C. C., Hardy R. W. F. (1983) Production of feedstock chemicals. Science 219, 733–740

Nielsen M. D., Henning M. D., Duncan J. R. Monoclonal antibodies in veterinary medicine. In: Russel G. E. (Hrsg.) Biotechnology and Genetic Engineering Reviews. Intercept, Newcastle, Bd. 1, 331–353

Nilsson K., Buzsaky F., Mosbach K. (1986) Growth of anchorage-dependent cells on macroporous microcarriers. Bio/Technology, 4, 989–990

Ogata K., Kinoshita S., Tsunoda T., Aida K. (1976) Microbial Production of Nucleic Acid-Related Substances. Kodansha, Tokyo

Oki, T. (1984) Recent developments in the process improvement of production of antitumour anthracycline antibiotics. In: Mizrahi A., Van Wezel A. L. (Hrsg.) Advances in Biotechnological Processes. Alan R. Liss, New York, Bd. 3, 163–196

Olsen S. (1986) Biotechnology, An Industry Comes of Age. National Academy, Washington

Onions, A. H. S., Allsopp D., Eggins H. O. W. (1981) Smith's Introduction to Industrial Mycology. Edward Arnold, London, 7. Auflage

Onken U., Weiland P. (1983) Airlift fermenters: construction, behaviour and uses. In: Mizrahi A., Van Wezel A. L. (Hrsg.) Advances in Biotechnological Processes. Alan R. Liss, New York, Bd. 1, 67–95

Oura E., Soumalainen H., Viskari R. (1982) Breadmaking. In: Rose A. H. (Hrsg.) Fermented Foods, Economic Microbiology. Academic Press, London, Bd. 7, 87–146

Pandrey R. C., Kalita C. C., Gustafson M. E., Kling M. C., Leidhecker M. E., Ross J. T. (1985) Process developments in the isolation of largomycin F-II, a chromoprotein antitumour antibiotic. In: Le Roith D., Shiloach J., Leahy T. J. (Hrsg.) Purification of Fermentation Products. American Chemical Society, Washington, ACS Symposium Series 271, 133–153

Phaff H. J. (1981) Industrial microorganisms. Scient. Amer. 245, 77–89

Pirt S. J. (1982) Microbial photosynthesis in the harnessing of solar energy. Journal of Chemical Technology and Biotechnology 32, 198–202

Porubscan R. S., Sellars R. L. (1979) Lactic starter culture concentrates. In: Peppler H. J., Perlman D. (Hrsg.) Microbial Technology. Academic Press, New York, Bd. 1, 59–91

Posillico E. G. (1986) Microencapsulation technology for large-scale antibody production. Bio/Technology, 4, 114–117

Priest F. G. (1984) Extracellular Enzymes. Van Nostrand Reinhold, Wokingham (UK)

Purchas D. B. (1971) Industrial Filtration of Liquids. Leonard Hill, Glasgow

Queener S. W., Swartz R. W. (1979) Penicillins: biosynthetic and semisynthetic. In: Rose A. H. (Hrsg.) Economic Microbiology. Academic Press, London, Bd. 3, 35–123

Ratafia M. (1987) Mammalian cell culture: worldwide activities and markets. Bio/Technology 5, 692–694

Reed G. (1982) Microbial biomass, single cell protein, and other microbial products. In: Reed G. (Hrsg.) Prescott and Dunn's Industrial Microbiology. AVI Publishing Co., Westport, 4. Auflage, 541–592

Reuveny S. (1983) Microcarriers for culturing mammalian cells and their applications. In: Mizrahi A., Van Wezel A. L. (Hrsg.) Advances in Biotechnological Processes. Alan R. Liss, New York, Bd. 1, 1–32

Ricketts R. T., Lebherz III W. B., Klein F., Gustafson M. E., Flickinger M. C. (1985) Application, sterilization and decontamination of ultrafiltration systems for large-scale production of biologicals. In: Le Roith D., Shiloach J., Leahy T. J. (Hrsg.) Purification of Fermentation Products. American Chemical Society, Washington, ACS Symtosium Series 271, 51–69

Robbers J. E. (1984) The fermentative production of ergot alkaloids. In: Mizrahi A., Van Wezel A. L. (Hrsg.) Advances in Biotechnological Processes. Alan R. Liss, New York, Bd. 3, 197–239

Rolz C., de Cabrera S., Calzada F., Garcia R., de Leon R., del Carmen de Arriola M., de Micheo F., Morales E. (1983) Concepts on the biotransformation of carbohydrates into fuel ethanol. In: Mizrahi A., Van Wezel A. L. (Hrsg.) Advances in Biotechnological Processes. Alan R. Liss, New York, Bd. 1, 97–142

Rose A. H. (1980) Microbial Enzymes and Bioconversions, Economic Microbiology. Academic Press, London, Bd. 5

Rose A. H. (1981) The microbiology of food and drink. Scient. Amer. 245, 127–138

Samuelov N. S. (1983) Single-cell protein production: review of alternatives. In: Mizrahi A., Van Wezel A. L. (Hrsg.) Advances in Biotechnological Processes. Alan R. Liss, New York, Bd. 1, 293–336

Shoham J. (1983) Production of human immune interferon. In: Mizrahi A., Van Wezel A. L. (Hrsg.) Advances in Biotechnological Processes. Alan R. Liss, New York, Bd. 2, 209–269

Sinden K. W. (1987) The production of lipids by fermentation within the EEC. Enzyme and Microbial Technology 9, 124–125

Sitrin R. D., Chan G., De Phillips P., Dingerdissen J., Valenta J., Snader K. (1985) Preparative reversed phase high performance liquid chromatography. In: Le Roith D., Shiloach J., Leahy T. J. (Hrsg.) Purification of Fermentation Products. American Chemical Society, Washington, ACS Symposium 271, 71–89

Smith J. E. (1985) Biotechnology Principles. Van Nostrand Reinhold, Wokingham (UK)

Solomons G. L. (1983) Single Cell Protein. In: Stewart G. G., Russell I. (Hrsg.) Critical Reviews of Biotechnology. CRC, Boca Raton, Bd. 1, 21–58

Solomons G. L. (1985) Production of biomass by filamentous fungi. In: Moo-Young M. (Hrsg.) Comprehensive Biotechnology. Pergamon, Oxford, Bd. 3, 483–505

Spier R. E. (1983) Production of veterinary vaccines. In: Mizrahi A., Van Wezel A. L. (Hrsg.) Advances in Biotechnological Processes. Alan R. Liss, New York, Bd. 2, 33–59

Stanbury P. F., Whitaker A. (1984) Principles of Fermentation Technology. Pergamon, Oxford

Steinkraus K. H. (1983) Industrial applications of oriental fungal fermentations. In: Smith J. E., Berry D. R., Kristiansen B. (Hrsg.) The Filamentous Fungi. Edward Arnold, London, Bd. IV: Fungal Technology, 171–189

Stewart, G. G., Panchal C., Russell I., Sills A. M. (1984) Biology of ethanol-producing organisms. In: Stewart G. G., Russell I. (Hrsg.) Critical Reviews of Biotechnology. CRC, Boca Raton, Bd. 1, 161–188

Stewart, G. G., Russell I. (1985) Modern brewing technology. In: Moo-Young M. (Hrsg.) Comprehensive Biotechnology. Pergamon, Oxford, Bd. 3, 335–382

Street G. (1983) Large scale industrial enzyme production. In: Stewart G. G., Russell I. (Hrsg.) Critical Review of Biotechnology. CRC, Boca Raton, Bd. 1, 59–89

Strom, P. F., Chung J.-C. (1985) The rotating biological contactor for wastewater treatment. In: Mizrahi A., Van Wezel A. L. (Hrsg.) Advances in Biotechnological Processes. Alan R. Liss, New York, Bd. 5, 193–225

Stroshane R. M. (1984) Production of daunorubicin. In: Mizrahi A., Van Wezel A. L. (Hrsg.) Advances in Biotechnological Processes. Alan R. Liss, New York, Bd. 3, 141–161

Stutzenberger F. (1985) Regulation of cellulolytic activity. In: Tsao G. T. (Hrsg.) Annual Reports on Fermentation Processes. Academic Press, Orlando, Bd. 8, 111–154

Swartz R. W. (1985) Penicillins. In: Moo-Young M. (Hrsg.) Comprehensive Biotechnology. Pergamon, Oxford, Bd. 3, 7–47

Szmant H. H. (1986) Industrial Utilization of Renewable Resources. Technomic, Lancaster

Tautorus T. E. (1985) Mushroom fermentation. In: Mizrahi A., Van Wezel A. L. (Hrsg.) Advances in Biotechnological Processes. Alan R. Liss, New York, Bd. 5, 227–273

Thielsch H. (1967) Manufacture, fabrication and joining of commercial piping. In: King R. C. (Hrsg.) Piping Handbook. McGraw-Hill, New York, 7.1–7.300

Trevan M. D., Boffey S., Goulding K. H., Stanbury P. (1987) Biotechnology, The Biological Principles. Open University Press, Milton Keynes

Tutunjian R. S. (1985) Ultrafiltration processes. In: Moo-Young M. (Hrsg.) Comprehensive Biotechnology. Pergamon, Oxford, Bd. 2, 411–437

Tzeng C. H. (1985) Applications for starter cultures in the dairy industry. In: Underkofler L. A. (Hrsg.) Developments in Industrial Microbiology. Society for Industrial Microbiology, Arlington, Bd. 26, 323–338

Van Brunt J. (1986a) Fungi: the perfect hosts? Bio/Technology, 4, 1057–1062

Van Brunt J. (1986b) Immobilized mammalian cells: the gentle way to productivity. Bio/Technology, 4, 505–510

Van Hemert P. (1974) Vaccine production as a unit process. In: Hockenhull D. J. D. (Hrsg.) Progress in Industrial Microbiology. Churchill Livingstone, Edinburgh, Bd. 13, 151–271

Van Uden N. (1985) Ethanol toxicity and ethanol tolerance of yeasts. In: Tsao G. T. (Hrsg.) Annual Reports on Fermentation Processes. Academic Press, Orlando, Bd. 8, 11-58

Ward O. P. (1985a) Hydrolytic enzymes. In: Moo-Young M. (Hrsg.) Comprehensive Biotechnology. Pergamon, Oxford, Bd. 3, 819–836

Ward O. P. (1985b) Proteolytic enzymes. In: Moo-Young M. (Hrsg.) Comprehensive Biotechnology. Pergamon, Oxford, Bd. 3, 789–818

Wasserman B. P. (1984) Thermostable enzyme production. Food Technology 38(2), 78–89, 98

Watson J. D., Hopkins N. H., Roberts J. W., Steitz J. A., Weiner A, M. (1987) Molecular Biology of the Gene, 4. Auflage. Benjamin/Cummings, California

Wheatley A. D. (1984) Biotechnology of effluent treatment. In: Russell G. E. (Hrsg.) Biotechnology and Genetic Engineering Reviews. Intercept, Newcastle, Bd. 1, 261–310

White R. J., Klein F., Chan J. A., Stroshane R. M. (1980) Large-scale production of human interferons. In: Tsao G. T. (Hrsg.) Annual Reports on Fermentation Processes, Bd. 4, 109–234

White T. J., Meade J. H., Shoemaker S. P., Koths K. E., Innis M. A. (1984) Enzyme cloning for the food fermentation industry. Food Technology 38(2), 90–95

Wiegel J., Ljungdahl L. (1986) The importance of thermophilic bacteria in biotechnology. In: Stewart G. G., Russell I. (Hrsg.) Critical Reviews of Biotechnology. CRC, Boca Raton, Bd. 3, 39–108

Wilson T. (1984) Bioreactor, synthesizer, biosensor markets to increase by 16 percent annually. Bio/Technology, 2, 869–873

Wiseman A. (1983) Principles of Biotechnology. Surrey University Press, London

Wodzinski R. J., Gennaro R. N., Scholla M. H. (1987) Economics of the bioconversion of biomass to methane and other vendable products. In: Laskin A. I. (Hrsg.) Advances in Applied Microbiology. Academic Press, Orlando, Bd. 32, 37–88

Wood B. J. B. (1982) Soy Sauce and Miso. In: Rose A. H. (Hrsg.) Fermented Foods, Economic Microbiology. Academic Press, London, Bd. 7, 39–86

Wood B. J. B. (1984) Progress in soy sauce and related fermentations. In: Bushell M. E. (Hrsg.) Progress in Industrial Microbiology. Elsevier, Amsterdam, Bd. 19, 373–410

Workman W. E., McLinden J. H., Dean D. H. (1986) Genetic engineering applications to biotechnology in the genus *Bacillus*. In: Stewart G. G., Russell I. (Hrsg.) Critical Reviews of Biotechnology. CRC, Boca Raton, Bd. 3, 190–234

Zahka J., Leahy T. J. (1985) Practical aspects of tangential flow filtration in cell separations. In: Le Roith D., Shiloach J., Leahy T. J. (Hrsg.) Purification of Fermentation Products. American Chemical Society, Washington, ACS Symposium Series 271, 51–69

Quellennachweise

Ich möchte den folgenden Autoren, Verlagen und Unternehmen für ihre Erlaubnis danken, Originalmaterial oder geschütztes Material veröffentlichen zu dürfen.

Autoren

Abson J. W., Todhunter K. H. (Abbildung 12.1); Bauer K. (Abbildung 10.7); Furuya A. et al. (Abbildung 9.6); Greenshields R. N. (Abbildung 7.8); McGregor W. C. (Abbildung 5.13); Miller T. L., Churchill B. W. (Tabelle 4.2); Ng T. K. et al. (Abbildung 8.1); Pirt S. J. (Abbildung 6.7); Porubscan R. S., Sellars R. L. (Abbildung 6.8); Queener S. W., Swartz R. W. (Abbildung 10.4).

Verlage und Unternehmen

Academic Press Inc., Orlando, Florida: Abbildung 6.8 aus: Porubscan R. S., Sellars, R. L. (1979). Lactic Starter Culture Concentrates. Microbial Technology, Bd. 1, 59–61; Abbildung 12.1 aus: Abson J. W., Todhunter K. H. (1967). Effluent Disposal. Biochemical and Biological Engineering Sci., Bd. 1, 310–343; Abbildung 7.8 aus: Greenshields R. N. (1978). Acetic Acid: Vinegar. Economic Microbiology, Bd. 2, 121–186; Abbildung 10.4 aus: Queener S. W., Swartz R. W. (1979). Penicillins: Biosynthetic and Semisynthetic. Economic Microbiology, Bd. 3, 35–123.

Agricultural Chemical Society of Japan: Tabelle 10.2 aus: Fujita Y., Hara Y. (1985). Agric. Biol. Chem. 49(7), 2071–2075.

American Chemical Society: Abbildung 5.14 aus: Pandrey R. C. et al. (1985). Process Developments in the Isolation of Largomycin F-II, a Chromoprotein Antitumour Antibiotic. Purification of Fermentation Products, ACS Symposium Series 271, 133–153

American Society for Microbiology: Abbildung 9.6 aus: Furuya A. et al (1968). Production of nucleic acid related substances by fermentative processes. XIX. Accumulation of 5'inosinic acid by a mutant of *Brevibacterium ammoniagenes*. Applied Microbiology, 16, 981–987; Tabelle 4.2 aus: Miller T. L., Churchill B. W. (1986). Substrates for Large-Scale Fermentations. Manual of Industrial Microbiology and Biotechnology, 122–136

American Association for the Advancement of Science: Abbildung 6.3 aus: Litchfield J. H. (1983). Single-cell proteins. Science, 219, 740–746; Abbildung 8.1 aus: Ng T. K. et al. (1983). Production of feedstock chemicals. Science, 219, 733–740

Ametek/Process Equipment, Californien; Abbildung 5.6.

Bio/Technology: Abbildung 3.11 aus: Wilson T. (1984). Bioreactor, synthesizer, biosensor markets to increase by 16 percent annually. Bio/Technology, 2, 869–873; Abbildung 5.1 aus: Dwyer J. L. (1984). Scaling up biproduct separation with high performance liquid chromatography. Bio/Technology, 2, 957–964; Abbildungen 5.2 und 5.12 aus: Fish N. M., Lilly M. D. (1984). The interactions between fermentation and protein recovery. Bio/Technology, 2, 623–627; Abbildung 10.14 aus: Van Brunt (1986b). Immobilized mammalian cells: the gentle way to productivity. Bio/Technology, 4, 505–510; Abbildung 10.15 aus: Posillico E. G. (1986). Microencapsulation technology for large-scale antibody production. Bio/Technology, 4, 114–117; Abbildung 10.16 aus: Klausner A. (1986), 'Single chain' antibodies become reality. Bio/Technology, 4, 1041–1043; Tabelle 10.1 aus: Ratafia M. (1987). Mammalian cell culture: worldwide acivities and markets. Bio/Technology, 5, 692–694.

Blackwell Scientific Publications, Oxford: Abbildungen 2.1 und 2.5 aus: Deacon J. W. (1984). Introduction to Modern Mycology.

British Mycological Society: Abbildung 8.7 aus: Bu'Lock J. D. et al. (1974). Regulation of secondary biosynthesis. In: Gibberiella fujikuori. Transactions of the British Mycological Society, 62, 377–389.

Butterworth Scientific Ltd., England: Tabelle 9.4 aus: Sinden K. W. (1987). The production of lipids by fermentation within the EEC. Enzyme and Microbial Technology, 9, 124–125.

Cambridge University Press: Abbildung 6.6 aus: Anderson C., Solomons G. L. (1984). Primary metabolism and biomass production from *Fusarium*. The Applied Mycology of Fusarium, 231–250; Abbildung 7.1 aus: Hough J. S. (1985). The Biotechnology of Malting and Brewing.

Churchill Livingstone, Edinburgh: Abbildungen 10.8, 10.9, 10.10, 10.11, 10.12 und 10.13 aus: Van Hemert P. (1974). Vaccine Production as a Unit Process. Process in Industrial Microbiology, Bd. 13, 151–271.

CRC Press Inc., Boca Raton, Florida: Tabelle 6.1 aus: Solomons G. L. (1983). Single Cell Protein. Critical Reviews of Biotechnology, 1(1), 21–58.

Edward Arnold, London: Abbildung 3.7 aus: Kristiansen B., Chamberlain H. E. (1983). Fermenter Design. The Filamentous Fungi, Bd. IV, 1–19.

Gulf Publishing Co., Texas: Abbildung 6.2 aus: Laine B. M. (1974). What proteins cost from oil. Hydrocarbon Processing, 53 (11), 139–142.

Intercept Ltd., England: Abbildungen 3.9, 12.2 und 12.3 aus: Wheatley A. D. (1984). Biotechnology of Effluent Treatment. Biotechnology and Genetic Engineering Reviews, Bd. 1, 261–310.

John Wiley & Sons Inc., New York: Abbildung 6.5 aus: Bernstein S. et al. (1977). The Commercial Fermentation of Cheese Whey for the Production of Protein and/or Alcohol. Single Cell Protein from Renewable and Nonrenewable Resources, Biotechnology and Bioengineering Symposium, 7, 1–9.

Leonard Hill Books, London: Abbildung 5.5 aus: Purchas D. B. (1971). Industrial Filtration of Liquids.

McGraw Hill Book Company, New York: Abbildung 5.3 aus: Bailey J. E., Ollis D. F. (1986). Biochemical Engineering Fundamentals, 2. Auflage.

New York Academy of Science: Abbildung 5.13 aus: McGregor W. C. (1983). Large-Scale Isolation and Purification of Recombinant Proteins from Recombinant *E. coli*. Annals of the New York Academy of Science, 413, 231–236.

Penwalt Corporation, Sharples-Stokes Division, Pennsylvania: Abbildung 5.4.

Pergamon Press Ltd., Oxford: Abbildung 5.9 aus: Tutunjian R.S. (1985). Ultrafiltration Processes. Comprehensive Biotechnology, Bd. 2, 411–437; Abbildung 7.6 aus: Irving D.M., Hill A.R. (1985). Cheese Technology. Comprehensive Biotechnology, Bd. 3, 523–565; Abbildung 9.3 aus: Nakayama K. (1985). Lysine. Comprehensive Biotechnology, Bd. 3, 607–620; Abbildungen 10.18 und 10.19 aus: Flickinger M. (1985). Anticancer Agents. Comprehensive Biotechnology, Bd. 3, 231–273.

Springer-Verlag, New York: Abbildung 2.14 aus: Demain A.L. (1971). Overproduction of Microbial Metabolites and Enzymes Due to Alteration of Regulation. Advances in Biochemical Engineering, Bd. 1, 113–142.

Van Nostrand Reinhold (UK) Ltd.: Abbildung 2.17 aus: Priest F.G. (1984). Extracellular Enzymes. Abbildungen 3.7 und 3.8 aus: Smith J.E. (1985). Biotechnology Principles.

Sachverzeichnis

Abfallbehandlung 238, 240, 242, 244
  anaerob 241
Abgasanalyse 61
Absetztank 86
Abwasserbehandlung, aerob 238
Acetobacter sp. 145
Acetobacter aceti 6
Acinetobacter sp., Anwendung 122
Acetoin 215
α-Acetolactat 215
Acetolactat-Decarboxylase 215
Aceton-Butanol Fermentation 7
Aceton-Butanol-Gärung 160
Achromobacter obae 176
Acylaustausch, enzymatisch 218
N-Acylglutamat 169
Adenylcyclase 37
Adriamycin 205, 206
Adsorption 94, 95
Äpfelsäure 127
Aerobacter aerogenes 215
  Anwendung 121
Affinitätschromatographie 94
AIDS-Virus, Impfstoff gegen 199
Airlift-Fermenter, zur Citronensäure-
  produktion 154
Aktivierung/Inhibierung 34
Aktivschlammverfahren 238, 239
  abgeschlossenes 239
Aldosteron 12
Ale-Bier 131
Alginat 8
Alginate, biotechnische Gewinnung 165
Alcaligenes eutrophus 8, 166
Alkohol, Produktion aus Molke 114
Alkoholelektrode 64
alkoholische Gärung, Sauerstoffbedarf
  125
alkoholische Getränke 123
Allylmercaptomethylpenicillin 183
Aminocaprolactam 174
Aminoacylase, immobilisiert 221
Aminolyse, enzymatisch 218
6-Aminopenicillansäure 181

Aminopterin, beim Hybridomverfahren
  200
Aminosäuren, Aufarbeitung von 95, 96
  Bildung bei der Citronensäure-
    produktion 155
  für Nahrungsmittel 170
  fermentative Produktion 169
    Geschichtliches 8
L-Aminosäure-Acylasen 212
cAMP 37
Ampicillin 182
α-Amylase 212
β-Amylase 212
Amylasen, fermentative Produktion,
  Geschichtliches 10
Amyloglucosidase 220
Analysen, off-line 61
  on-line 61
anaplerotische Reaktion 31
anchorage-dependent 24
Anthracycline 205
Antibiotika 181
  Anthracycline 205
  Geschichtliches 11
  Produktion von 181
Antigenimpfstoffe 198
Antikörper-Chimären 203
Antikörper, einkettig 203
  für diagnostische Zwecke 199
  zur Hybridomenproduktion 200
  zweite Generation 203
Antischaummittel 74
Antonie van Leeuwenhoek 2
Apfelessig 144
Arthrobacter simplex 190
Arabinasen 216
Aseptisches Verfahren, Reaktor für 48
asexuelle Sporen 21
Ashbya gossypii 179
  zur Produktion von Riboflavin 9
Aspergillus sp. als Wirtsorganismus 14
Aspergillus niger 6, 32, 56, 154
  Amyloglucosidase aus 211
  rekombinant 194

im Citronensäure Produktions-
    verfahren 153
  zur Produktion rekombinanter Enzyme
    224
  Zusammensetzung der Zellwand 72
Aspergillus ochraceus-Sporen 191
Aspergillus oryzae 59, 142, 211
  α-Amylasen aus 211
Aspergillus terreus 32, 158
L-Asparaginase 205
Aspartokinase 174
Aspergillus niger-Verfahren 155
Aufarbeitung nichtflüchtiger Stoffwechsel-
    produkte 95
Aureobasidium pullulans 8, 165
Ausbeutefaktor 44
Ausbeutekoeffizient 68
Auswaschen 47
Azofarbstoffe, mikrobieller Abbau 244
Azotobacter vinelandii 8, 165

Bacillus sp. 212
  als Wirtsorganismus 14
  zur Produktion rekombinanter Enzyme
    224
Bacillus acidopullulyticus 215
Bacillus alvei, Anwendung 121
Bacillus amyloliquefaciens, α-Amylasen
    aus 211
Bacillus circulans, Anwendung 121
Bacillus licheniformis 10, 211
  α-Amylasen aus 211
Bacillus megaterium sp., Anwendung
    121
  zur Produktion von Nucleotiden 178
Bacillus mesentericus 10
Bacillus Polymyxa 162
Bacillus popilliae 167
  Anwendung 121
Bacillus sphaericus 167
  Anwendung 121
Bacillus subtilis 10, 176, 179, 222
  rekombinant 193
    zur Produktion von Riboflavin 9
  zur Produktion von Nucleotiden 178
Bacillus thuringiensis 9, 166
  Anwendung 121
  Produktion von 167
Bacillus thuringiensis subsp. israelensis
    167
Bacillus thuringiensis subsp. kurstaki
    167
Bacitracin 182
Backhefe 116

Aufarbeitung 118
Geschichtliches 5
Bakterien 18
  Abfallbehandlung 237
  chemo-organotrophe, Eigenschaften
    19
  Gram-negative 18
    Enzymsekretion bei 42
  Gram-positive 18
    Sekretion bei 41
  methanogene 242
  wasserstoffbildende, acetogene 242
  hydrolytisch, fermentativ 242
Bakteriophageninfektion 119
Basalmedium 79
Batch-Verfahren 43
BCG-Impfstoff 12, 196
Beauveria bassiana 167
Beauveria tenella, Anwendung 121
Beggiatoa sp., Anwendung 121
Behring 12
Belebtschlamm-Bioreaktor 57
Benzylpenicillin 181
  Biosynthese von 184
Beta-Exotoxin 167
Bier 128
  Geschichtliches 1
Bierbrauen, Mälzen 128
  Vermaischung 128
  Würze 130
Biergärung 131
Bierreifung 132
Bindungsstelle, allosterische 38
Bioinsektizide, biotechnische Gewinnung
    166
Biokonversion, in organischen, wasser-
    unlöslichen Lösungsmitteln 217
biologischer Sauerstoffbedarf 237
biologisches Rotations-Kontaktverfahren
    239
Biomasse, Produktion mit *Bordetella
    pertussis* 195
  Produktion von 103
Biomasse-Ausbeutekoeffizient 29
Biopolymere, biotechnische Gewinnung
    von 164
  mikrobielle 8
  Produktion von, Geschichtliches 8
Bioreaktoren, Auslegung 48
  Belüftung 50
  für Pflanzen-Zellkulturen 59
  Mischvorgang 50
Biosensor 64
Biosynthese mikrobieller Enzyme 221

Biotin 9
   Rolle bei der Glutamatproduktion
      172
Biotransformation 189, 212
   bei Steroiden 189
Blondeau 2
Boidin 10
Bordetella pertussis 195
Borynebacetrium glutamicum 171
Bourbon-Whisky 133
Branntweinessig 144
Brauhefe 1
Brevibacterium ammoniagenes 177
   zur Produktion von Nucleotiden 178
Brevibacterium flavum 171, 174
   genetische Eigenschaften 171
Brevibacterium sp. 32, 171, 172
Brie 118
Bromid, Inhibitor 69
Brot 139
Brotteig, Fermentation von 4
n-Butanol 7
2,3-Butandiol, biotechnische Gewinnung
   von 162

Cagniard-Latour 2
Calciumgluconat 157
Calciumlactat, Aufarbeitung von 95, 96
Candida acremonium 188
   Cyclase aus 188
Candida fusiformis 191
Candida guilliermondii 56, 154
   im Citronensäurecyclus
Candida paspali 191
Candida pichia 105
Candida purpurea 191
Candida utilis 5, 21, 103, 104, 106
Camembert 118
Candidin 182
Carica papaya 212
Carrier 40
Cellobiase 211
   extracellulär 222
Cellobiohydrolase 211
Cellulase 222
Cellulose 75
   Abbau 244
Cephalosporin, Aufarbeitung von 95, 96
Cephalosporin C 182
Cephalosporine, Geschichtliches 11
Cephalosporium acremonium 11
Cheddar 139
chemischer Sauerstoffbedarf 237
chemo-organotroph 18

Chemostat 45, 46
   perforierter 201
Chloramphenicol 181
Chloraromate, Abbau von 244
Chlortetracyclin 182, 186
Cholera 195
Cholesterol 188, 189
Cholesterol-Oxidase 212
Chrysosporium pruinosum 148
Chromobacterium sp., Anwendung 121
Chymosin 212
Chymosinersatz 213
Citrat, Aufarbeitung von 96
Citratcyclus 30
Citronensäure, Produktion von,
   Geschichtliches 6
   biotechnische Gewinnung von 153
Citronensäurefermentation,
   Metabolismus 32
Clostridium sp. 150
Clostridium acetobutylicum 7, 160
Clostridium botulinum 143
Clostridium butyricum 161
Clostridium tetani 196
Clostridium thermoaceticum 161
Clostridium thermocellum 150, 161
Clostridium thermohydrosulfuricum 150
Clostridium thermosaccharolyticum 150
Clostridium tetani, Toxinbildung 197
Thermoanaerobacter ethanolicus
Clus 12
Cortisol 188, 189
Cortison 12, 188, 189
Corynebacterium sp. 32, 171, 172
Corynebacterium diphtheriae 196
   Toxinbildung 197
Corynebacterium glutamicum 172, 174
   genetische Eigenschaften 171
Corynebacterium simplex, ganze Zellen
   191
Cryptococcus laurentii 176
cotranslationale Sekretion 42
Cross-linking 72
Cunninghamella blakesleeana 190
Cunninghamella elegans 180
Curvularia lunata 190
Cytokinine 80

Daunorubicin 205
DDT, Abbau von 244
Deep-Shaft-Reaktor 58
1-Dehydrogenase, immobilisiert 191
1-Dehydrogenierung von Steroiden 189
Dekoktmaischeverfahren 128

Dekoktmaischeverfahren, Zweifach- 129
Delignifizierung, biologisch 148
Delta-Endotoxin 166
Deoxycorticosteron 188, 189
Destillationsverfahren 86
Detergentien 211
Detergentien, zur Zell-Lyse 90,
Deuteromyceten 20, 167
  Beschreibung 22
Dextranasen aus Pilzen 211
Diacetyl, im Bier 126
  Produktion durch Hefe 215
Diastasen, fermentative Produktion,
  Geschichtliches 10
Diffusion, aktiv 40
  passiv 40
Diosgenin 188, 189
direct digital control 64
DNA-Rekombination, Geschichtliches
14
Downstream-processing 83
Doxorubicin 206
Druckschlaufenreaktor 57

Effront 10
Einzeller-Protein, s. auch SCP 103
  aus Methanol 113
  Ausbeutefaktoren 106
  Bioreaktor für die Produktion 108
  BP-Verfahren 112
  Produktion durch Photosynthese 115
  Kanegufuchi-Verfahren 105
  Mikroorganismen zur Produktion von
  107
  Mycoprotein-Verfahren 114
  Pekilo-Verfahren 104
  Produktionsverfahren 104, 112
  Produktqualität 110
  Produktsicherheit 110
  RNA-Gehalt 108, 111
  Sauerstoff-Transferrate 108
  Substrate für 103
  Symba-Verfahren 104
  Wirtschaftlichkeit 104
  Wirtschaftlichkeit der Produktion
  106
  Zusammensetzung 111
ELISA-Verfahren 208
Embden–Meyerhof-Parnas-Weg 30, 124,
173
Emmentaler-Käse 139
Endocytose 40
Endomycopsis fibuliger 21
Endotoxin 9

Energietransfer 54
Energiezahl 55
Entner-Doudoroff-Weg 30
Enzym, extracellulär, Aufarbeitung 97
  intracellulär, Aufarbeitung 98, 99
  isoliertes, immobilisiert 212
Enzymabbau, intracellulärer Enzyme 35
Enzymaktivität 28
  Anpassung der 38
  Regulierung 38
Enzymanwendungen 211
Enzyme, immobilisiert, zur Steroid-
  transformation 191
  induzierbare, extracellulär 222
  konstitutiv, intracellulär 222
  mikrobielle 10, 212
    Biosynthese 221
  neuere, zum Brauen 214
    zur Stärkehydrolyse 214
  Produktion von 218
  rekombinante, Produktion von 223
  technische 211
  zum Abbau von Polysacchariden 215
  zur Milchverarbeitung 139, 213
Enzymreaktionen in organischen Phasen
216
Enzymsekretion 41
Enzymsynthese, intracellulärer Enzyme
35
epidermaler Wachstumsfaktor 193
Eremothecium ashbyii, zur Produktion
  von Riboflavin 9
Ergot-Alkaloide 191
Erwinia carotovora 205
Erythromycin 182
Escherichia coli 205
  als Wirtsorganismus 9, 14, 192
  asexuelle Fortpflanzung 20
  zur Produktion rekombinanter Enzyme
  224
  rekombinant 193
Essig 143
Essigfermentation, aerob 161
Essigsäure 6, 127
  biotechnische Gewinnung von 161
Estrogen 204
Ethanol, als Kraftstoff 147
  aus Molke 114
  biotechnische Gewinnung, Rohstoffe
  147
  fermentative Gewinnung von 149
Eukaryonten, Zellstruktur 17
Exocytose 40
Exon 223

Explantation 3
Exponentialphase 26

Fällung 95
Fedbatch-Verfahren 43
Feedback-Inhibierung 174, 177
Feedback-Repression 37
Feedback-Steuerung, konzertiert 39
  kumulativ 39
Fermentation, acidogen 161
  Geschichtliches 1
Festphasen-Kultivierungen 59
  Koji-Prozeß 59
Fette, biotechnische Produktion 179
  Abbau 244
Fibroblasteninterferon 207
Filamentenmycel 26
Filter, Platten- 89
  Rahmen- 89
Filterhilfsstoff 89
Filtration 87
  cross-flow 92
Flachblatt-Scheibenturbinenrührer 51
Fließbettverfahren, aerob 240
Flüssigkeitsströmung, im Reaktor 51
Flüssig-Flüssig-Extraktion 95, 96
Fleisch, Fermentationen von 143
Fleming 11
Fließgleichgewicht 44, 45
Flockung 87
Folsäure 9
Formaldehyd, zur viralen Inaktivierung
  197
Frings-Acetator 56
Fruchtbarkeitshormon 204
fungi imperfecti 21
Fusarium graminearum 6, 104, 110
Fusarium moniliforme 163
Fuselalkohol 126
Fuselöl 126

Galactanasen 216
Gasohol Program 7, 150
Gautheret 3
Gellan 8
  biotechnische Gewinnung 165
Gene, heterologe in *B. subtilis* 193
Gibberella fujikuroi 164
Gibberelline 9
Gibberellinsäure, biotechnische
  Gewinnung von 163
Glucanasen 216
β-Glucanase 215
endo-*β*-1,4-Glucanase 211

β-Glucane, in Gerste, Abbau von 211
Glucoamylase 214, 215
Gluconobacter sp. 145
Gluconobacter suboxydans 156, 158
D-Glucono-*δ*-lacton, biotechnische
  Gewinnung von 156
Gluconsäure 6
  biotechnische Gewinnung von 156
  Aufarbeitung von 95, 96
Gluconsäuresalze, biotechnische
  Gewinnung von 156
Glucose 76
Glucose-6-phosphat-Dehydrogenase 212
Glucose-Isomerase 211
  immobilisiert 221
Glucose-Katabolitrepression 37
Glucose-Oxidase 156, 212
Glucoseelektrode 64
β-Glucosidasen 222
Glutaminsäure-Fermentation,
  Metabolismus 32
Glutaminsäure, biotechnische Produktion
  172
  aus Glucose 174
Glycerol 6
Glycerol, biotechnische Gewinnung von
  159
Gorgonzola 118
Gouda 139
Grainwhisky 132
Gramfärbung 18
Griseofulvin 182
Grundnährmedium 79
Guanosinmonophosphat 8
  Biosynthese 176

Hefen 21
  alkoholischen Fermentation 32
  Alkoholtoleranz 125
  Aufarbeitung von 88, 97, 98
  aus Molke 114
Hefeflockung 72
Hefegärung 123
  Temperatureinfluß 125
  organoleptische Verbindungen 126
Hemicellulasen 211
Hemicellulose 75
  Abbau 244
Hepatitis B Oberflächenantigen 194
heterotroph 30
Hexacyanoferrat, bei der Citronensäure-
  produktion 154
Hexokinase 212
Hexose-Monophosphat-Weg 30

HFCS, ‚high-fructose corn syrup‘ 212
Hirsutella thompsonii 167
   Anwendung 121
Histamin, 127
Hochdruckflüssigkeitschromatographie
   (HPLC) 94
Hohlfasern 93
holländisches Verfahren 5
humanes Serumalbumin 193
Humaninsulin 192, 204
Humaninterferon 193
β-Humaninterferon 193
γ-Humaninterferon 193
Humanproteine, rekombinante,
   Aufarbeitung 100
Hybridom 200
   Produktion 200
Hybridomtechnik 13
Hybridomzellen, Einschluß von 59
Hydrocortison 188, 189
11-Hydroxylierung, von Steroiden 189
16α-Hydroxylierung von Steroiden 189
α-Hydroxylase 190
6β-Hydroxylase 190
Hydroxyprogesteron 188, 189
Hyphen 20, 71
   Strukturen 21
Hypoxanthin, beim Hybridomverfahren
   200
Hypoxanthin-Aminopertin-Thymidin-
   Medium 200

ICI, SCP-Produktion 6
immobilisierte Enzyme 213
   Zellen 213
Immobilisierung von Enzymen 221
Immunosorbenschromatographie 94
Impfkultur, mikrobiell 116
   Anwendung 121
Impfstoffe 194
Impfstoff, *Mycobacterium tuberculosis*
   194
   aus mikrobiellen Zellen 194
   gegen Cholera 195
   gegen Diphtherie 196
   gegen Influenza 198
   gegen Lungenentzündung 198
   gegen Poliomyelitis 194
   gegen Typhus 195
   Geschichtliches 12
   isolierter Antigen- 198
   Produktion mit Bakterienzellen 195
   rekombinanter, gegen Herpes 199
     gegen Influenza 199

   gegen Poliomyelitis 199
   Spaltimpfstoffe 198
   viral 13
     Produktion von 197
Induktion 34, 36
Industriealkohol 149
   Produktion von, Geschichtliches 7
Industriechemikalien, biotechnische
   Herstellung von 147
Influenza, Impfstoff gegen 198
Infusionsmaischeverfahren 128
Inhibitor 69
Inkubationsphase 26
Inosinmonophosphat 8
   Biosynthese 176
5′-Inosinmonophosphat, Biosynthese
   177
Insektizide, bakterielle, Aufarbeitung von
   97
   mikrobielle 9
Interferone 193
α-Interferon, Produktion von 193
Ionenaustauschabsorption 95
Itakonsäure 6

Jacob-Monod-Modell 36

Käse 1, 137
   Starterkulturen 118
Kanadischer Rye-Whisky 133
Kanegufuchi-Verfahren 105
Katabolitrepression 37
   bei der Penicillinbiosynthese 183
   durch Glucose 222
Kitasato 12
Klebsiella oxytoca 162
Kluyveromyces fragilis 7, 104, 124, 212
Kluyveromyces lactis 21, 124, 212
Knospung 21
Koch 2, 12
Köhler 13
Kohlenhydrate, in Nährmedien 75
Kohlenwasserstoffe, chlorierte, Abbau
   von 244
Koikuchi 142
Koji-Fermentation 142
Komplexe Substrate 76
Komplexmedium 80
Konidien 21
Kontaktinhibierung 24
kontinuierliche Kultur, Kinetik 45
Konzentration, kritische 69
Krebs-Cyclus 30
Kultivierung, Festphasen- 59

Kultivierungsverfahren 43
  diskontinuierliche 43
  kontinuierliche 43
Kutzing 2

Lab 139
Labpräparate, mikrobielle 213
β-Lactam, Biosynthese 188
Lactasen aus Pilzen 211
Lactobacillus sp. 127, 134
Lactobacillus acidophilus 118
  Anwendung 122
Lactobacillus brevis 121
Lactobacillus bulgaricus 118
Lactobacillus delbrückii 6, 159
Lactobacillus plantarum 121
  Anwendung 122
Lactose 76
lag-Phase 26
Lager-Bier 131
Largomycin F-II, Aufarbeitung von 101
Lebend-Impfstoff 194
Lebensmittelzusatzstoffe 169
Leuconostoc sp. 127
Leuconostoc mesenteroides 121
Leuconostoc oenus 127
Leukozyten-Interferon 208
  humanes, Aufarbeitung von 100
Lignin 75
Lignocellulose 75
  Abbau von 211
γ-Linolensäure, biotechnische Produktion 180
Lipasen, aus Pilzen 211
  aus Hefen 211
  Geschmacksverstärkung durch 214
Lithospermum erythrorhizon 3, 209
log-Phase 26
lymphatischer Wachstumsfaktor 192
Lymphokine 193
Lysergsäure 191
Lysin 8
  Produktion 174
Lysin-Fermentation, Metabolismus 32

Maisquellwasser 68
Malo-Lactat-Gärung 127
Maltwhiskey 132
Malz 128
Malzenzyme 124
Mangan, Beeinflussung von *A. niger* 72
  bei der Citronensäureproduktion 154
Marquardt 5
Massentransfer 53

Melasse 152, 154, 158, 160, 167, 172
Melle Boinot-Verfahren 152
mesophile Mikroorganismen 28
Metabolismus 29
  intermediärer 30
  Steuerung 34
  verzweigter, Regulation 39
Metarrhizium sp., Anwendung 121
Metarrhizium anisopliae 167
Methylenbernsteinsäure 6
  Aufarbeitung von 95, 96
Methylenbernsteinsäure-Fermentation,
  Metabolsimus 32
Methylenpyruvat, biotechnische
  Gewinnung von 158
Micrococcus sp. 121, 143
Methylophilus methylotrophus 6, 105, 113
Mikrocarrier 58, 208
Mikrokapseln 202
Mikroorganismen, technische, Biologie 17
Mikroverkapselung bei der Hybridom-
  produktion 202
Milchpulver, Zusammensetzung 111
Milchsäure 127
  Aufarbeitung von 95, 96
  biotechnische Gewinnung von 159
  Produktion von, Geschichtliches 6
Milchsäurestarterkultur 119
Milstein 13
Minimalmedium 80
Miso 140
Molke 75
  zur Ethanolproduktion 114
  zur Hefeproduktion 114
Monod-Modell 46
Monoklonale Antikörper 199
  Geschichtliches 13
  Produktion mit immobilisierten Zellen 201
Mononatriumglutamat 8
Morgan 3
Moromi 142
Morphologie von Mikroorganismen 71
Mortierella isabellia 180
Mucor miehei 139
  Lab 211, 214
Mutante, auxotrophe 171
  zur Lysinproduktion 174
  regulatorische 171
Mycel 21
  filamentenförmig 71
  Pellets 71

256 Sachverzeichnis

Mycobacterium tuberculosis 196
Mycoprotein 6
Myelomzellen 200

Nährmedien, Wirtschaftlichkeit 67
  Einfluß auf Zellwachstum 68
  Vorstufen im 69
  Sauerstoffbedarf 70
  Verfahrenssteuerung 73
  pH-Kontrolle 73
  Einfluß auf Downstream-processing 74
  zur Kultivierung von Mikroorganismen 74
Nationales brasilianisches Alkohol-programm 7, 151
Natriumbisulfit, Inhibitor 69
Natriumgluconat 157
  Aufarbeitung von 95, 96
Neuberg, Hefe-Glycerol, Produktion nach 7
Newtonsche Flüssigkeit 51
Norcardia sp., Zellen, als Katalysator 217
Northern Regional Research Laboratories, Penicillinproduktion 10
Nucleoside, biotechnische Produktion von 176

Oberflächenkultur 6, 154, 163
Öle, biotechnische Produktion 179
Ölsäure 125
Ottomotor 151
Oximolyse, enzymatisch 218
Oxoglutarat-Dehydrogenase 155
Oxopyrrolidincarbonsäure 169
Oxytetracyclin 186

Pökeln 143
Pankreas-Lipase, Inaktivierung von 218
Papain 212
Pasteur 2, 12
Pasteur-Effekt 71
Pasteurisierung von Bier 4
Pectinasen 211, 216
Pediococcus cerevisiae 121
Pediococcus sp. 127, 143
Paecilomyces varioti 104
Pekilo-Verfahren 104
Pellet 26
  Bildung von 72
Penicillin 11
  Acylase 212
  Aufarbeitung von 95, 96

  Biosynthese von 183
Penicilline 181
  Produktion, Geschichtliches 10
  Sauerstoffbedarf 185
  semi-synthetische 11
Penicillin G, Aufarbeitung von 96
Penicillin V, Aufarbeitung von 96
Penicillium camemberti 118
Penicillium candidum 118
Penicillium caseioculum 118
Penicillium chrysogenum 71, 183, 188
Penicillium emersonii 211
Penicillium notatum 11, 183
Penicillium roqueforti 118
Pentosen, Fermentation von 162
  fermentative Alkoholproduktion aus 149
  Organismen für Fermentation 150
Peptide, Aufarbeitung von 98, 99
Peptidoglykan 18
Pflanzenzellen, Kultur 25
pH-Kontrolle 73
Phageninhibierung 119
Phenoxymethylpenicillin 181
Phosphofructokinase 155
Physiologie von Mikroorganismen 71
Pilz-Zellsubstanz, Aufarbeitung von 97
Pilze 20
  Abtrennung von 88
Pilzmycel, Morphologie 25
Pilzsporen, Produktion von 118
Plasminogenaktivatoren 193
plug-flow-Reaktor 47
Pockenimpfstoff 194
  rekombinant 199
Poly-β-hydroxybutyrat, biotechnische Gewinnung 166
Polyethylenglykol, zur Zellfusion 200
Polygalacturonase 211
  Bildung durch *A. niger* 222
Polyhydroxybutyrat 8
Polysaccharide, Abbau 215
  extracellulär, Aufarbeitung von 97
  mikrobielle, biotechnische Gewinnung von 164
Post-Fusionsmedium 200
Precursor 181
Prednisolon 12
Prednison 12
Pregnenolon 188, 189
Primärmetabolismus 29
Primärmetabolit, Produktion, Optimierung 47
Produktionsverfahren 153

Produktsekretion 40
Progesteron 188, 189
Prokaryonten, Anwendung 122
  Zellstruktur 17
Propiolacton zur viralen Inaktivierung
  198
Propionibacterium sp. 139, 179
Protease 212, 214, 215
Proteinabbau 244
Proteinsynthese 35
Provolone 139
Pruteen 6
Pseudomonas sp. zur Produktion von
  Vitamin B_{12} 9
  Anwendung 121
Pseudomonas denitrificans 179
Pseudomonas elodea 8
Pseudomonas oleovorans, Zellen,
  als Katalysator 217
Pseudorabies, Impfstoff gegen 199
psychrophile Mikroorganismen 28
Pullulan 8
  biotechnische Gewinnung 165
Pullulanase 215
Purinnucleotide, Biosynthese mit
  Bacillus subtilis 176
Pyridoxin 9
Pyrrholnitrin 181

Rührer, Rushton- 50
  Flachblatt-Scheibenturbinen- 51
Rührkesselreaktor 56
Rückkopplung, Repression bei der
  Nucleosid-Biosynthese 177
Rank Hovis McDougall, SCP-Produktion
  6
Reaktion, metabolisch, verzweigt,
  Regulierung 39
Reaktor, Airflow- 60
  Druckschlaufen- 57
  für Belebtschlamm-Verfahren 57
  Gärtassen- 60
  kontinuierlicher Rühr- 60
  Rührkessel- 56
  Schlaufen-Airlift Bio- 57
  statisch, zur MAB-Produktion 202
  Turm- 56
Reaktoren zur Kultivierung 43
  zur anaeroben Abfallbehandlung 243
rekombinante Organismen,
  Genexpression durch 193
Rennin 139
Repression 34
Respirationskoeffizient 61

Reynolds-Zahl 55
Rheologie 52
Rheologie, von Flüssigkeiten 51
Rhizopus arrhizus 71, 188
Rhizopus nigricans 190
Rhizopus oligosporus 142
Riboflavin 9
  Aufarbeitung von 95, 96
  biotechnische Produktion 179
Rohrzucker 147
Romano 139
Roquefort 139
Roux 3
Rushton-Rührer 50

Säugetierzellen, Kultur 24
Saccharomyces sp. als Wirtsorganismus
  14
Saccharomyces bailli 125
Saccharomyces carlsbergensis 124
Saccharomyces cerevisiae sp. 7, 21, 69,
  103, 116, 123, 124, 127, 139, 149, 214,
  215
  zur Produktion rekombinanter Enzyme
  224
Saccharomyces diastaticus 124, 214
Saccharomyces fibuligera 104
Saccharomyces ludwigii 127
Saccharomyces rouxii 125
Saccharomyces uvarum 123
Saccharose 75
Salicylhydroxamsäure 155
Salmonella typhi 195
  Kulturverlauf 196
Sauerstoff, gelöst 70
  Konzentration 53
Sauerstoff-Aufnahmerate 61
Sauerstoffbedarf von Mikroorganismen
  18
Sauerstofftransfer 53
Schaumbildung 73
Schergeschwindigkeit von Flüssigkeiten
  52
Scherspannung von Flüssigkeiten 52
Schizosaccharomyces pombe 127
Schlaufen-Airlift Bioreaktor 57
Schwann 2
Schwanniomyces castelli 215
Schwefelwasserstoff 127
Scleroglucan 8
  biotechnische Gewinnung 165
Sclerotium sp. 8, 165
SCP, Metabolismus bei der Produktion
  32

SCP-Produktion, Geschichtliches 5
Sedimentation 86, 87
Sekundärmetabolismus 33
Sekundärmetabolit, mikrobiell 33
   pflanzlich 34
   Produktion, Optimierung 47
Sensor zur Steuerung von Reaktoren 61
Septomyxa sp. 190
Septum 20
Serinprotease aus *Bacillus licheniformis*
   211
Serratia piscatorum, Anwendung 121
Serum 76, 79
Shikonin, biotechnische Produktion von
   209
Shikoninderivate 209
Signalpeptid 42
Signalsequenz 42
single cell protein, SCP 103
β-Sitosterol 190
Soja, Fermentation von 140
Sojamehl, Zusammensetzung 111
Sojasauce 142
Spaltimpfstoffe 198
spezifische Wachstumsrate 44
Sporen 20
Sporenbildung 72
Sprühtrocknung 86
Stammerhaltung, Medien zur 80
Staphylococcus aureus 11, 143
Staphylococcus carnosus 143
Starterkultur 116
   für Fleisch 120
   für Joghurt 118
   zur Käseherstellung 4
stationäre Phase 26
Stearyl-2-lactylat 159
Steroide, Aufarbeitung von 95, 96
Steroidfermentationen 188
Steroidtransformationen, Geschichtliches
   11
Steuerung, automatisch 64
   digital 64
   von Reaktoren 61
   vollautomatisch 65
Stickstoff, in Nährmedien 76
Stickstoff-Katabolitrepression 37
Stickstofflimitierung bei der
   Gibberellinsäureproduktion 163
Stigmasterol 188, 189
Stilben, Abbau von 244
Stillage 134
Stilton 118
Streptococcus cremoris sp. 118, 134

Streptococcus faecalis, Anwendung 121
Streptococcus lactis sp. 118
Streptococcus pneumonia sp. 198
Streptococcus thermophilus 118
Streptomyces aureofaciens 186
Streptomyces cattleya 187
Streptomyces coeruleorubidus 205
Streptomyces peucetius 205
   in Submerskultur 209
Streptomyces pluricolorescens 101
Streptomycin 11, 182
   Aufarbeitung von 96
Submerskulturen 218
Submersverfahren 6, 56
Substratassimilation 40
Substratlimitierung 29
Sulfhydryl-Oxidase 214
Sulfitlauge 5
Superoxid-Dismutase 194
Suspensionskultur 58
Symba-Verfahren 104

Takadiastase 10
Takamine 10
technische Cellulasen 211
   Enzyme 211
      Aufarbeitung von 212
      extracellulär, stärkeabbauend 211
      intracellulär 212
      Wirtschaftliches 212
Tempeh 140
Tetracyclin, Biosynthese 186
Thermoanaerobacter ethanolicus 150
thermophile Mikroorganismen 28
Thiamin 9
Thiobacillus sp., Anwendung 121
Thioumesterung, enzymatisch 218
Tiefschacht-Verfahren 57
Tierzellenkulturen, Hormonproduktion in
   204
   zur Produktion von viralen Impfstoffen
   197
total organic carbon 237
Toxingen, Klonen von 9
Transglucosidase 220
Transport, aktiv 40
Transportprotein 41
Trennverfahren 85, 86, 88
Tricarbonsäurecyclus 30
Trichoderma reesei 222
Trockenhefe 118
Trockenwurst 143
Trocknungsverfahren 86
Trommeltrocknung 86

Tropfkörperfilter   238
Tuberkulose   12
Turmreaktor   56

Überproduktion   34
Ultrafiltration   91, 93
Umesterungen, enzymatisch   218
Umkehrosmose   91, 93

Vakuum-Drehtrommerfilter   89
Vakuum-Filtration   98
Verdünnungsrate   45, 47
Verdampfungsverfahren   86
Veresterung, enzymatisch   218
Verfahrenskontrolle   64
Vermischung   55
Verticillium lecanii   167
    Anwendung   121
Vibrio cholera   12, 195
    Kulturverlauf   195
Viren, insektizide, Produktion   167
Virus, Aufbau   25
Vitamin B_2, biotechnische Produktion   179
Vitamin B_{12} 9
    biotechnische Produktion   179
Vitamine, biotechnische Produktion   179
    Produktion von   9
Vollmantel-Schneckenzentrifuge   88

Würze   127
Wachstumsfaktor   68, 80
Wachstumsgeschwindigkeit, Parameter für   27
    pH-Einfluß   28
    Temperaturabhängigkeit   28
Wachstumshormon   204
    humanes, Aufarbeitung von   100
Wachstumsmedium, Geschichtliches   3

Wasseraktivität   59
    Einfluß auf Wachstumsgeschwindigkeit   28
Weißsprit   144
Wein   136
Weinessig   144
Whisky   132, 133
    Destillation   135
    Fermentation   134
    Reifung   135
    Vermaischung   133
Wiener Verfahren   5
Wurst   143

Xanthangummi   8
    biotechnische Gewinnung von   164
Xanthomonas campestris   8

Zellaufschluß   90, 92
    enzymatisch   90, 92
    mit Detergentien   90, 92
    mit Glasperlen   90, 92
    mit Lösungsmitteln   90, 92
Zellen, immobilisierte   212
Zellkulturen, pflanzliche, Nährmedium für   81
        Geschichtliches   3
    tierische, Nährmedien für   76, 79
        Geschichtliches   3
Zellpermeabilität   73
Zellsubstanz, mikrobiell, Aufarbeitung von   97
Zellwachstum   25
    Kinetik   26
Zentrifugation   87, 88
Zuckerrohrproduktion   15
Zygomyzeten   20, 22
Zytostatika   205
Zymomonas mobilis   150

In der Reihe Biotechnologie erschienen bisher:

GACESA, Hubble, Enzymtechnologie

JACKSON, Verfahrenstechnik in der Biotechnologie

SINCLAIR, Fermentation - Kinetic und Modelling

TREVAN, BOFFEY, GOULDING, STANBURY, Biotechnologie:
    Die Biologischen Grundlagen

WARD, Bioreaktionen - Prinzipien, Verfahren, Produkte

In Vorbereitung sind:

HALL, Biosensoren

TOMBS, Biotechnologie in der Lebensmittelindustrie